卓越工程师系列教材

混凝土结构(上)

——混凝土结构设计原理

主　编　张克跃

副主编　陈庚生　康　锐　何世龙

科学出版社

北　京

内 容 简 介

《混凝土结构设计原理》是高等院校土木工程专业重要的专业基础课程之一。本书是根据最新修订的国家标准《混凝土结构设计规范》(GB50010—2010)、《工程结构可靠性设计统一标准》(GB50153—2008)等编写的。其主要内容包括绪论、混凝土结构材料的基本性能、以概率理论为基础极限状态设计方法的基本原理、各种受力构件(如受弯、受剪、受压、受拉、受扭等)的受力性能、设计计算方法和构造要求以及预应力混凝土构件的性能和设计计算。

本书可作为普通高等院校土木工程专业教材使用,也可作为工程设计、工程施工技术人员的参考用书。

图书在版编目(CIP)数据

混凝土结构：混凝土结构设计原理. 上 / 张克跃主编. —北京: 科学出版社，2015.2
卓越工程师系列教材

ISBN 978-7-03-043312-1

Ⅰ. ①混… Ⅱ. ①张… Ⅲ. ①混凝土结构-结构设计-教材 Ⅳ. ①TU370.4

中国版本图书馆 CIP 数据核字(2015)第 026615 号

责任编辑：杨 岭 于 楠 / 封面设计：墨创文化
责任校对：贺江艳 / 责任印制：余少力

科学出版社 出版
北京东黄城根北街16号
邮政编码：100717
http://www.sciencep.com

成都创新包装印刷厂印刷
科学出版社发行 各地新华书店经销
*
2015 年 2 月第 一 版 开本：787×1092 1/16
2015 年 2 月第一次印刷 印张：20 1/2
字数：510 千字

定价：58.00 元

前　　言

《混凝土结构(上)——混凝土结构设计原理》是高等院校土木工程专业的一门重要的学科基础课，其主要内容涉及土木工程领域所有混凝土结构的设计，如房屋建筑工程、桥梁工程、地下工程、水利工程、港口工程等。由于混凝土结构是一门理论性强且注重工程实践的学科，掌握本课程的基础理论、基本设计原理与方法，是进一步学习各种混凝土结构设计专业课的基础。

本书是根据教育部土木工程专业的培养要求，结合作者多年来的教学实践经验，并按《混凝土结构设计规范》(GB 50010—2010)、《工程结构可靠性设计统一标准》(GB 50153—2008)、《建筑结构荷载规范》(GB 50009—2012)等最新修订的国家标准而编写，是西南交通大学“卓越工程师”系列教材之一。

本书共10章，包括绪论、混凝土结构材料的物理和力学性能、混凝土结构设计的基本原理、钢筋混凝土受弯构件正截面承载力计算、钢筋混凝土受压构件正截面承载力计算、钢筋混凝土受拉构件正截面承载力计算、钢筋混凝土构件斜截面承载力计算、钢筋混凝土受扭构件承载力计算、正常使用极限状态验算及耐久性设计，以及预应力混凝土构件设计等内容。各章节的编排顺序符合认知规律和教学特点，内容由浅入深，注重混凝土结构构件的受力性能分析和基本公式的理论推导，突出对基本概念的理解和对基本理论知识的应用。为便于读者自学和较好地掌握本课程内容，编写时力求语言通俗易懂，图文并茂，每章均有内容提要、小结以及各种类型的例题，并在每章末附有一定数量的思考题和练习题。

本书由具有丰富教学经验和实践经验的人员共同编写，在编写过程中参考了大量国内外参考文献，引用了一些学者的资料，并在本书末的参考文献中已予以列出。全书由张克跃担任主编，参加编写的人员有：陈庚生(第1章)、何世龙(第2、3章)、张克跃(第4、10章的部分内容)、谢明志(第4章的部分内容)、严传坤(第5章)、邢帆(第6、8章)、李燕强(第7章)、杨雷(第9章)、康锐(第10章)，附录由陈志伟、陈庚生整理，李兰平、黄艳霞、张明、李倩编写了部分章节以及计算例题。

鉴于编者的水平有限，书中难免有错误或疏漏之处，敬请读者批评指正。

编　者

2014年12月

目　　录

第1章　绪　　论

本章主要讲述混凝土结构的一般概念及其特点，简要介绍混凝土结构在实际工程中的应用与发展情况，并对混凝土结构课程的特点以及在学习过程中应注意的问题进行了讨论。重点阐述了钢筋和混凝土两种性质不同的材料结合在一起共同工作的基础以及混凝土结构的特点。

1.1　混凝土结构的一般概念及其特点

1.1.1　混凝土结构的一般概念

混凝土(concrete)是由胶凝材料(水泥)，粗、细骨料(石子、砂子)和水为原材料，按一定配合比经搅拌、成型、养护硬化等过程而形成的人工石材。它是一种各组份具有不同性质的多相复合材料，具有非匀质、非连续和非弹性等性质。

混凝土结构是指以混凝土为主要材料建成的结构，包括素混凝土结构、钢筋混凝土结构、预应力混凝土结构、钢骨混凝土结构和钢管混凝土结构等。

素混凝土结构(plain concrete structure)是由无筋或不配置受力钢筋的混凝土建成的结构，主要用于设备基础、道路路面和某些非承重结构等，如图1-1(a)所示。

钢筋混凝土结构(reinforced concrete structure)是由配置受力的普通钢筋、钢筋网或钢筋骨架的混凝土建成的结构。一般的混凝土结构通常都是由钢筋和混凝土组成的，如图1-1(b)所示。

预应力混凝土结构(prestressed concrete structure)是指在混凝土结构构件承受外荷载之前，在构件制作过程中对其受拉区预先施加压应力的混凝土结构。主要用于大跨度结构构件或对裂缝控制要求较高的构件，如图1-1(c)所示。

钢骨混凝土结构(steel-reinforced concrete structure)是指用型钢或钢板焊成的钢骨架作为主要配筋的混凝土结构，又称为型钢混凝土结构，如图1-1(d)所示。

钢管混凝土结构(concrete filled steel tube structure)是指在钢管内浇捣混凝土形成的一种组合结构，如图1-1(e)所示。

(a)素混凝土基础

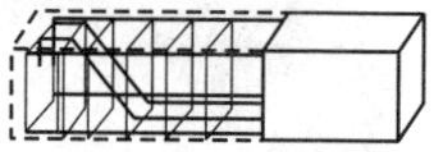
(b)钢筋混凝土梁

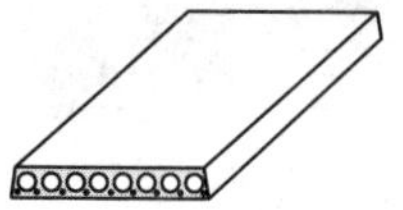
(c)预应力混凝土空心楼板

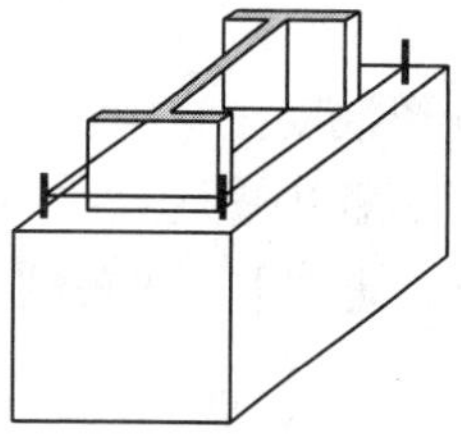
(d)钢骨混凝土柱

(e)钢管混凝土柱

图 1-1　常见混凝土结构构件示意图

随着科学技术的发展，混凝土结构在其所用材料和配筋方式上有了许多新进展，形成了一些新型混凝土及结构形式，如高性能混凝土、纤维增强混凝土等。

本书重点讲述钢筋混凝土结构的材料性能、设计原理、计算方法和构造措施。对于预应力混凝土结构和钢与混凝土组合结构的介绍将分别在本书的第 10 章和《混凝土结构(下)》中给出。

钢筋和混凝土都是土木工程中重要的建筑材料。其中，钢筋的抗拉和抗压强度都很高；而混凝土的抗压强度较高，其抗拉强度却很低。为了充分发挥这两种材料性能的优势，把钢筋和混凝土按照合理的组合方式有机地结合在一起共同工作，使钢筋主要承受拉力，混凝土主要承受压力，以满足工程结构的使用要求，同时充分利用材料性能。

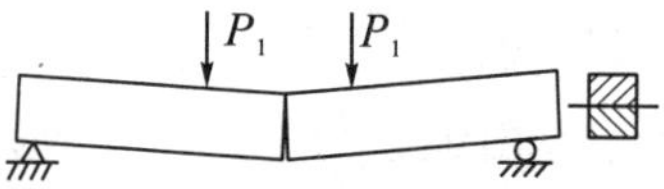

(a)素混凝土梁

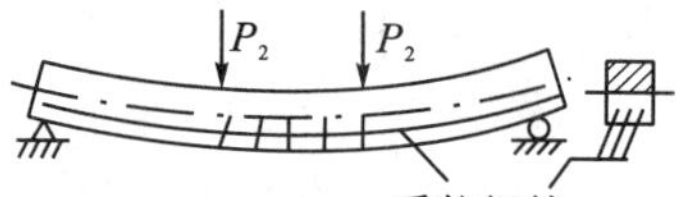

(b)钢筋混凝土梁

图 1-2　素混凝土梁与钢筋混凝土梁

例如，图 1-2(a)所示素混凝土梁，在集中力 P_1作用下，梁会产生弯曲变形，上部为受压区，下部为受拉区。随着荷载的逐渐增大，当截面受拉区边缘纤维拉应变达到混凝土极限拉应变时，该处混凝土首先被拉裂，而后裂缝沿截面高度迅速向上延伸，梁随即发生断裂破坏。此时，其受压区混凝土的压应力还很低，混凝土的抗压强度没有得到充分发挥。同时，由于混凝土抗拉强度很低，梁的破坏荷载(或极限承载力)也很低，而且梁的破坏很突然。图 1-2(b)所示是在截面受拉区配有适量钢筋的钢筋混凝土梁，在其他条件完全相同的情况下，进行同样的荷载试验，可以看到，当集中力 P_2达到一定值时，梁的受拉区仍然开裂，但开裂截面的变形性能与素混凝土梁大不相同。混凝土开裂后，裂缝不会沿截面的高度迅速开展，梁也不会随即发生断裂破坏。裂缝截面的混凝土拉应力由纵向受拉钢筋来承受，故荷载还可进一步增加。此时，变形将相应发展，裂缝的数量和宽度也将增大，直到受拉钢筋抗拉强度和受压区混凝土抗压强度被充分利用时，梁才发生破坏。梁破坏前，变形和裂缝都发展得很充分，呈现明显的破坏预兆，且梁的破坏荷载(或极限承载力)和变形能力大大超过同样条件的素混凝土梁。

从上述对比试验可以得到，根据构件受力状态配置受力钢筋形成钢筋混凝土构件，可以充分利用钢筋和混凝土各自的材料特点，把二者有机地结合在一起共同工作，从而提高构件的承载能力并改善其受力性能。在钢筋混凝土构件中，钢筋的作用是代替混凝土受拉(受拉区出现裂缝后)或协助混凝土受压(如受压构件—柱子)。

钢筋和混凝土这两种物理和力学性能不同的材料能够有效地结合在一起而共同工作，主要是基于以下原因。

(1)混凝土结硬后与钢筋之间存在着良好的黏结，二者成为一个整体，在荷载作用下，可以保证两种材料协调变形，共同受力。因此，黏结力是这两种不同性质的材料能够共同工作的基础。

(2)钢筋和混凝土的温度线膨胀系数很接近，钢筋约为1.2×10^{-5}/℃、混凝土为($1.0\sim1.5$)$\times10^{-5}$/℃，故当温度变化时，两者间不致产生较大的相对变形而使黏结遭受破坏。

(3)钢筋至构件边缘之间的混凝土保护层，起防止钢筋锈蚀的作用。同时，在遭受火灾时不致因钢筋很快软化而导致结构整体破坏。因此，在混凝土结构中，钢筋表面留有一定厚度的混凝土保护层，保证结构具有良好的耐久性，是使钢筋和混凝土能够长期可靠地共同工作的必要措施。

1.1.2 混凝土结构的特点

1. 混凝土结构的优点

混凝土结构在房屋建筑、地下结构、桥梁、隧道、水工、海港、公路、铁路、核电站等土建工程中，具有十分重要的地位，主要因为这种结构具有以下几个方面的优点：

(1)便于就地取材。钢筋混凝土结构中，混凝土所用的原材料是砂和石，一般较易于就地取材。在工业废料(如矿渣、粉煤灰等)比较多的地方，可利用工业废料制成人造骨料用于混凝土结构中。

(2)节约钢材。钢筋混凝土结构合理地利用了钢筋和混凝土这两种材料的性能，充分发挥它们各自的特点，与钢结构相比，能节约钢材并降低造价。

(3)混凝土结构，尤其是现浇结构具有很好的整体性，其抵抗地震、振动以及爆炸冲击波的性能都比较好，相对钢与混凝土组合结构和钢结构来说则稍差。

(4)耐久性和耐火性好。在混凝土结构中，钢筋表面具有一定的混凝土保护层厚度，不易产生锈蚀，所以混凝土结构具有良好的耐久性；同时，由于混凝土是不良导热体，火灾发生时不致因钢筋很快达到软化温度而导致结构破坏。混凝土结构与钢结构相比还可省去经常性的维修费用。

(5)可模性好。钢筋混凝土可以根据设计需要浇制成各种形状和尺寸的结构构件，适用于各种形状复杂的结构，如空间薄壳、箱形结构等。

2. 混凝土结构的缺点

混凝土结构也存在一些缺点，主要有以下几个方面。

(1)自重大。在承受同样荷载的情况下，混凝土构件的自重往往比钢结构构件大很多，对建造大跨度结构、高层建筑结构不利。同时，地震发生时，自重大会使结构地震力增大，对结构抗震不利。

(2)抗裂性差。由于混凝土抗拉强度很低，在正常使用情况下，一般的钢筋混凝土结构构件是带裂缝工作的。结构出现裂缝后，刚度会降低从而变形加大。如果裂缝过多过宽，则会影响钢筋混凝土结构的耐久性和应用范围。

(3)耗费大量的模板。混凝土结构构件的制作，需要模板予以成型，从而耗费大量模板和支撑，工程造价会有所增加。

(4)混凝土结构施工工序多、工期长，且受季节气候条件的限制。

(5)混凝土结构一旦发生破坏，其修复、加固、补强比较困难。

上述这些缺点，使混凝土结构的应用范围受到了一定的限制。但是随着科学技术的不断发展，一些问题已逐步得到解决或有所改进。例如，采用轻质、高强混凝土可以减轻结构自重；采用预应力混凝土可以有效地提高构件的抗裂性，还可提高结构刚度从而减小变形。因此预应力混凝土结构特别适用于大跨度结构以及对防渗、防漏要求较高的结构等；利用先进施工技术(如滑模施工)，采用泵送混凝土、高性能混凝土、自密实混凝土以及预制装配式结构等，可大大提高施工效率。

1.2 混凝土结构的发展简况及其应用

1.2.1 混凝土结构的发展简况

人类采用土、木、石和砖瓦作为结构材料经历了漫长的岁月。虽然英国阿斯普丁(Aspdin)于1824年已发明了波特兰水泥，但直到19世纪50年代，随着水泥和钢材等现代工业的兴起，混凝土才开始出现并被当作结构材料。其中，法国兰波特(Lambot)于1850年制造了第一只钢筋混凝土小船。从那时至今不过一百六十多年的历史，与砖石结构、木结构相比，混凝土结构的历史并不长，但发展非常迅速。目前，混凝土已成为土木工程结构中最主要的结构材料，而且高性能混凝土和新型混凝土结构形式还在不断地发展。

混凝土结构的发展大致可以分为三个阶段。

第一阶段：从混凝土结构开始出现至20世纪20年代，是混凝土结构发展的初期阶段。在此期间出现了钢筋混凝土梁、板、柱、拱和基础等一系列结构构件，但由于当时混凝土和钢筋的强度都比较低，人们对混凝土的性能也缺乏认识，简单地将混凝土视为弹性材料。对结构内力和构件截面的计算均采用弹性理论，沿用容许应力设计方法。

第二阶段：从 20 世纪 20 年代到第二次世界大战前后。随着工业生产的发展、试验和理论研究的逐渐深入、钢筋和混凝土强度的不断提高，混凝土结构进入了第二个发展阶段并逐步得到了广泛的应用。1928 年，法国杰出工程师弗列西涅(Freyssient)成功发明了预应力混凝土。预应力混凝土结构的出现，不仅改善了混凝土结构的性能，克服了抗裂性能差的缺点，而且极大地拓宽了混凝土结构的应用领域，使混凝土结构可以用于建造大跨度结构、压力储罐等。在计算理论上，1938 年前苏联学者格沃兹捷夫提出了破损阶段设计理论，并在此基础上制定了钢筋混凝土结构的设计标准及技术规范。破损阶段设计法与容许应力法的主要区别是前者考虑了混凝土材料的塑性性能。在此基础上，按破损阶段设计法计算构件截面的承载能力，要求构件截面的承载能力(如弯矩、轴力和剪力等)不小于由外荷载产生的内力乘以安全系数。后来，对荷载和材料强度变异性进行进一步研究，20 世纪 50 年代又提出了更为合理的极限状态设计法，奠定了现代钢筋混凝土结构的基本计算理论。

第三阶段：从第二次世界大战后至今。随着各国城市战后的恢复和重建，混凝土结构有了更快的发展，进入了第三个发展时期。随着高强混凝土和高强钢筋的出现，预制装配式混凝土结构、高效预应力混凝土结构、泵送商品混凝土以及各种新的施工技术等广泛地应用于各类土木工程，如超高层建筑、大跨度桥梁、跨海隧道、高耸结构等大型结构工程，成为现代土木工程的标志。在设计计算理论方面，对荷载和材料强度的研究引进概率方法和统计分析，结构可靠度理论的研究也有了很大进展，计算理论已发展到以概率理论为基础的极限状态设计法、三维混凝土结构非线性分析，钢筋混凝土结构的理论研究得到了很大的发展。

19 世纪末 20 世纪初，我国也开始有了混凝土结构，但工程规模很小，发展十分缓慢。1908 年建造的上海电话公司大楼是我国最早的钢筋混凝土框架结构。1949 年新中国成立后，随着大规模社会主义建设事业的蓬勃发展，混凝土结构才逐步在建筑和土木工程中得到迅速的发展和广泛的应用。

1.2.2 混凝土结构的应用与发展

1. 混凝土结构的应用

伴随混凝土结构的发展，混凝土结构在土木工程各领域中得到了极其广泛的应用。以下列举部分现代混凝土结构项目。

1996 年建成的广州中信广场，80 层，高 391 m，是世界上最高的钢筋混凝土建筑结构。

1998 年建成的马来西亚吉隆坡 City Center 的双塔大厦，88 层，高 452 m，采用的是钢骨混凝土结构。

2008 年建成的上海环球金融中心，地上 101 层，地下 3 层，高 492 m，采用的是筒中筒结构体系，其中内筒为钢筋混凝土结构，外筒为型钢混凝土框架，目前是世界第四高楼。

2010年阿联酋迪拜建成的哈利法塔，162层，高828 m，采用的是钢–混凝土组合结构，其中600 m以下为钢筋混凝土结构，600 m以上为钢结构，为当前世界上的最高建筑。

全部为轻质混凝土结构的最高建筑是美国的休斯敦贝壳广场大厦，52层，高215 m。

世界最高的电视塔是加拿大多伦多电视塔，高549 m(混凝土结构部分)，采用的是预应力混凝土。中国最高的电视塔是上海东方明珠电视塔，高468 m，主体为混凝土结构。

1999年日本建成的多多罗大桥，全长1480 m，主跨890 m，边跨采用的是预应力混凝土结构，是当时世界上主跨最长的超大型斜拉桥。

2001年建成的上海杨浦大桥为斜拉桥，主跨605 m，其桥塔和桥面均为混凝土结构。

1997年建成的万州长江大桥，为上承式拱桥，采用钢管混凝土和型钢骨架组成三室箱形截面，跨长420 m，为目前世界上第一长跨拱桥。

水利工程中的水电站、拦洪坝、引水渡槽等均采用钢筋混凝土结构。目前世界上最高的重力坝为瑞士的大狄桑坝，高285 m。我国的三峡水利枢纽，水电站主坝高185 m，设计装机容量为1820万kW，该枢纽发电量居世界第一。

特种结构中的烟囱、水塔、筒仓、储水池、核电站反应堆安全壳等也有很多采用混凝土结构。如瑞典建成了容积为10000 m^3的预应力混凝土水塔；我国山西云岗建成两座容量为60000 t的预应力混凝土煤仓等。

2. 混凝土结构的发展

随着社会经济的快速增长和科学研究水平的不断提升，可以预见，在今后较长的时间里，混凝土结构仍将是一种重要的工程结构，并在材料、结构形式、计算理论以及施工技术等方面得到进一步的发展。

在材料应用方面，混凝土结构材料将继续向轻质、高强、高性能、绿色环保方向发展。

(1)轻质。为了减轻混凝土结构的自重，国内外都在大力发展轻质混凝土。欧洲和美国较多地区采用中密度混凝土作为结构轻骨料混凝土(又称“特定密度混凝土”或“改进普通密度混凝土”)。它是指以轻骨料(如浮石、凝灰岩等)、人造骨料(如页岩陶粒、黏土陶粒、膨胀珍珠岩等)和工业废料(如炉渣、矿渣粉煤灰陶粒等)代替部分普通粗、细骨料，密度介于1800～2000 kg/m^3，强度介于40～80 MPa的中高强的中密度混凝土。其特点是自重小，有利于结构抗震，吸收冲击能快，隔热、隔声性能好。

此外，泡沫混凝土作为轻质混凝土大家族中的一员，近年来，国内外都非常重视泡沫混凝土的研究与开发，使其在建筑领域的应用越来越广。泡沫混凝土通常是用机械方法将泡沫剂水溶液制备成泡沫，再将泡沫加入含硅质材料、钙质材料、水及各种外加剂等组成的料浆中，经混合搅拌、浇注成型、养护而成的一种多孔材料。由于泡沫混凝土中含有大量封闭的孔隙，其密度很小，一般为300～1800 kg/m^3。目前，密度仅为160 kg/m^3的超轻泡沫混凝土也在建筑工程中获得了应用。由于泡沫混凝土的密度小，在建筑物的内外墙体、楼面、立柱等建筑结构中采用该种材料，一般可使建筑物自重降低25%左右，有些可达结构物总重的30%～40%，具有显著的经济效益。但其也存在一定的缺陷，如强度偏低、开裂、吸水等，因而要进一步扩大其应用领域还需在发泡剂、配合比、工艺流程、设备等方面作更进一步的研究。

(2)高强度。提高混凝土的强度可以减少结构构件截面尺寸，减轻自重，提高建筑空间利用率。目前，关于高强混凝土的具体划分标准尚无明确的定论。在美国，ACI提出圆柱体抗压强度的标准值不低于42MPa为高强混凝土，这相当于我国的C50混凝土。因而，我国《高强混凝土结构设计与施工指南》将强度等级在C50以上(含C50)的混凝土划分为高强度混凝土。这个分类标准适合我国国情。目前，国内常用混凝土的强度等级为C30～C60，而国外常用的强度等级则在C60以上。C60～C100区段的高强混凝土的研究开发已经比较成熟，现在的研究热点主要集中在C100～C150区段，预计在不久的将来，C100以上的超高强混凝土将会得到大量的推广应用。高强混凝土的强度高、变形小、耐久性好，适应现代工程结构向大跨、重载、高耸发展，但高强混凝土的塑性不如普通强度的混凝土，因而，研制塑性好的高强混凝土仍是当今研究的一个主要问题。

(3)高性能。高性能混凝土的概念相对于高强度混凝土更加深远，要求混凝土具有高强度、高工作性、高耐久性、高流动性、高抗渗透、抗震、抗暴、抗冲击及高体积稳定性等优点，是今后混凝土材料发展的重要方向。

在混凝土中掺入适当的各种纤维形成的纤维增强混凝土，可以使混凝土在抗拉、抗剪、抗折强度和抗裂、抗冲击、抗疲劳、抗震、抗爆等方面得到显著的提升，因而获得较大的发展和应用。目前，应用比较多的纤维材料有钢纤维、合成纤维、玻璃纤维和碳纤维等。其中，又以钢纤维应用最为广泛。钢纤维混凝土是将短的、不连续的钢纤维均匀乱向地掺入普通混凝土中形成的一种“特殊”混凝土，可以用于预制桩的桩尖和桩顶部分、抗震框架节点、刚性防水屋面、机场跑道、地下人防工程、地下泵房、水工闸门的门槽和渡槽的受拉区、大坝防渗面板、混凝土拱桥受拉区段等。此外，也有采用合成纤维(如尼龙基纤维、聚丙烯纤维等)作为加筋材料，以提高混凝土的抗拉、韧性、抗裂性等结构性能，用于各种水泥基板材。目前，合成纤维混凝土已经在我国上海东方明珠电视塔、上海地铁一号线等工程中使用，取得了较好效果。碳纤维是近年来用得比较多的一类纤维材料，由于其具有轻质、高强、耐腐蚀 、耐疲劳、施工便捷等优点，广泛用于建筑、桥梁结构的加固补强工作中。

(4)绿色环保。1988年“第一届国际材料科学研究会”上首次提出了“绿色材料”的概念。对于绿色混凝土的概念，目前学术界还没有统一的定义，一般来说，绿色混凝土应具有比传统混凝土更高的强度和耐久性，可以实现非再生资源的可循环使用和有害物质的最低排放，既能减少环境污染，又能与自然生态系统协调共生。目前，绿色混凝土有透气、排水性混凝土，绿化、景观混凝土，吸音混凝土，生态水泥混凝土，再生混凝土等。

在结构形式方面，混凝土结构将进一步向组合结构方向发展。

钢与混凝土组合结构是目前发展较快的研究方向，其特点是充分发挥了钢材的抗拉性能和混凝土的抗压性能。常见的组合形式有压型钢板与混凝土组合楼板、钢与混凝土组合梁、钢骨混凝土(劲性钢筋混凝土)和钢管混凝土等。由于组合结构具有强度高、截面小、延性好、施工便捷(如钢骨可代替支架、钢板可作模板使用等)、工期短等优点，在今后将得到更广泛的应用。此外，随着预应力混凝土新材料的利用以及先进工程技术(如无黏结预应力、体外预应力等)的发展，预应力混凝土在高层建筑结构、大跨度结构以及桥梁工程中将会得到更为广泛的应用。

在施工技术方面，将进一步向加快施工速度、降低造价、建筑工业化以及绿色施工的方向发展。

在一般的工业与民用建筑中已广泛采用定型化、标准化的装配式结构。目前，又从一般的标准设计发展到工业化建筑体系，趋向于只用少数几种类型的构件就能建造各类房屋。《国务院办公厅关于转发发展改革委住房城乡建设部绿色建筑行动方案的通知》(国办发〔2013〕1号)中就明确指出，要加快建立促进建筑工业化的设计、施工、部品生产等环节的标准体系，推动结构构件、部品、部件的标准化，丰富标准件的种类、提高通用性和可置换性，推广适合工业化生产的预制装配式混凝土、钢结构等建筑体系，加快发展建设工程的预制和装配技术，提高建筑工业化技术集成水平，支持集设计、生产、施工于一体的工业化基地建设。而产品结构构件、部件的标准化，丰富标准件的种类、提高通用性和可置换性，是影响预制装配式混凝土建筑体系施工及建筑个性化的重要因素，是今后应该重点研究的一个方向。

此外，模板作为混凝土结构构件施工的重要工具，经历了现场木工支模到工具式模板的发展。目前，模板正向着非木材化、高品质、多功能方向发展。从材料上看，在小钢模的基础上开始研制使用中型钢模、钢框胶合板以及玻璃钢模板等；从品质上看，正在探索清水混凝土用模板；从功能上看，开始提出模板的结构化，即施工中采用外形美观的模板，作为结构的一部分参与受力，不再拆除，也可减少装修中的部分工序。

在设计理论方面，随着对混凝土应力-应变等本构关系和弹塑性变形性质的深入研究、电子计算机的迅速发展和有限元计算方法的广泛应用，以及现代化测试技术的采用，混凝土结构计算方法已向弹塑性发展，目前已可进行结构构件从加荷开始直至破坏的全过程分析。今后的研究工作将进一步向全概率的极限状态设计方法、三维混凝土结构非线性分析发展，采用优化设计，研究开发人工智能决策系统及专家系统。

结构分析亦已逐渐从单个构件的分析计算向整体空间工作分析的方向发展。而且不仅对结构的骨架进行分析计算，还将针对结构骨架与其相关部分(如地基基础和填充墙等)之间的相互影响和共同工作进行分析计算。结构工程的发展将把结构作为一个系统，对其全过程反应进行强度和变形的综合分析，主动设计出优化的结构。

关于混凝土软化桁架理论的研究近年来已取得较大进展，应用混凝土软化应力-应变关系，通过软化桁架模型可望从理论上解决混凝土受剪和受扭构件的计算问题，改变长期以来沿用直接依靠试验结果的经验公式。

复杂应力状态下混凝土构件的强度、裂缝和变形计算问题、混凝土裂缝扩展理论、混凝土和钢筋黏结理论、防震减灾结构研究及其对策、混凝土结构在设计和使用期间的评价、结构的风险估计以及混凝土结构耐久性理论研究等都是正在进行而且将不断深化的研究领域。

可以预见，采用现代科学研究的新成果，通过现代学科和混凝土学科的横向联系、交叉和渗透，将为创立新的混凝土结构理论和设计方法开辟更为广阔的前景。

1.3 本课程的主要内容与特点

1.3.1 本课程的主要内容

混凝土结构课程主要包括混凝土结构设计原理以及混凝土结构设计两大部分。

混凝土结构设计原理主要研究混凝土结构材料的基本物理力学性能、结构构件的基本受力性能、结构构件的设计原理和方法以及基本的构造要求。其所研究的构件主要有受弯、受压、受拉、受剪、受扭及其组合受力构件(如弯剪扭构件)。

在混凝土结构设计中，首先根据结构使用功能要求，以及经济、施工等条件，选择合理的结构方案，进行结构布置以及确定结构计算简图等；然后根据结构上所作用的荷载及其他作用，对结构进行内力分析，求出构件截面内力(如弯矩、剪力、轴力、扭矩等)。在此基础上，对组成结构的各类构件分别进行截面设计，确定构件截面所需的钢筋数量、配筋方式并采取必要的构造措施。掌握混凝土结构设计原理的基本知识和概念，是结构选型和结构布置的基础；掌握混凝土结构构件截面承载能力计算分析方法，是截面承载能力分析、配筋计算以及基本构造处理的基础。因此，要做好混凝土结构设计，不仅要熟练地掌握混凝土结构设计原理，还要掌握好结构力学、荷载与结构设计方法、建筑结构抗震等课程。

1.3.2 本课程的特点与学习方法

混凝土结构课程具有较强的实践性，材料的物理力学性能、基本构件的受力性能以及理论分析构成本学科的基本理论，具有问题的复杂性，是混凝土结构的基础知识；构件设计和结构设计是基本理论的工程应用，解决具体工程的实际问题，具有问题的综合性。

在本课程的学习过程中，应注意以下几个方面的问题。

(1)混凝土结构的基本理论是研究由钢筋和混凝土组成的复合结构构件的特殊材料力学。通常意义上的材料力学研究的是单一、匀质、连续、弹性材料的构件，而混凝土材料既不是理想的弹性材料，也不是理想的塑性材料，其力学性能取决于材料组成及其结构，使结构构件的受力性能变得复杂。因此，材料力学的公式一般不能直接用来计算钢筋混凝土构件的承载力和变形，但材料力学分析问题的基本思路，即由材料的物理关系、变形的几何关系和受力的平衡关系建立的理论分析方法，对于钢筋混凝土构件也是适用的，但在具体应用时应注意钢筋混凝土性能上的特点。

(2)钢筋混凝土构件是由两种材料组成的复合构件，其基本受力性能主要取决于钢材和混凝土的力学性能及两种材料间的相互作用。因此，二者在数量和强度上存在一个合理的配比关系问题。如果钢筋和混凝土的配比关系超过了一定的界限，则会引起构件受力性能的改变，从而引起构件截面设计方法的改变，这是单一材料构件所没有的特点。而对于钢筋混凝土构件则是一个既具有基本理论意义，又具有工程实际意义的问题，在学习本课程时必须十分重视。

(3)由于混凝土材料力学性能的复杂性和离散性，目前还没有建立起较为完善的强度和变形理论。钢筋混凝土构件的计算方法一般通过试验来研究其破坏机理和受力性能，建立物理和数学模型，并根据试验数据分析得出半理论半经验的公式。因此，在学习本课程时应重视构件试验研究的方法，掌握并理解构件的受力性能，在运用计算公式时要注意其适用条件和应用范围。

(4)在混凝土结构中，钢筋和混凝土共同工作的基础是二者之间必须具有可靠的黏结力，要使钢筋和混凝土之间具有足够的黏结力，通常是由构造措施来保证。因此，构件的构造设计与设计计算同等重要。

(5)混凝土结构设计具有很强的综合性。它不仅包括构件的承载力和变形计算的问题，还包括结构方案、结构选型、材料选择，构件截面形式确定以及构造措施等。既要做到结构安全、适用、耐久，又要做到技术先进、经济合理。需对各项指标进行全面地综合分析和比较，对同一问题往往有多种解决方案，设计结果往往不是唯一的，应结合具体情况确定最佳方案，以获得良好的技术经济效果。所以在学习过程中，要注意培养对多种因素进行综合分析的能力。

(6)混凝土结构设计必须满足国家颁布的各种结构类型的设计规范和标准，规范条文特别是强制性条文是设计中必须遵守的法律性技术文件。在学习本课程的过程中，要注意正确理解规范条文的概念和实质，只有这样才能确切地运用规范，充分发挥设计者的主动性和创造性。

此外，本课程具有较强的实践性，在学习中应做到理论与实践相结合，多到施工现场进行参观、实习，了解实际工程的结构布置、配筋构造以及施工技术等，以积累感性认识，增加工程经验，加强对基础理论知识的理解。

1.4 本章小结

(1)混凝土结构是以混凝土为主要材料建成的结构，包括素混凝土结构、钢筋混凝土结构、预应力混凝土结构、钢骨混凝土结构和钢管混凝土结构等。根据构件受力状态的不同，配置适量的受力钢筋形成钢筋混凝土构件，可以充分利用钢筋和混凝土各自的材料特点，把二者有机地结合在一起共同工作，从而提高构件的承载能力并改善其受力性能。与其他结构相比，混凝土结构具有一些优点，同样也存在不少缺点。应通过合理设计，发挥其优点，克服其缺点。

(2)钢筋和混凝土这两种物理和力学性能不同的材料能够有效地结合在一起而共同工作，主要基于以下原因：钢筋与混凝土之间存在着良好的黏结；钢筋和混凝土的温度线膨胀系数很接近；钢筋至构件边缘之间具有一定的混凝土保护层厚度，保证结构具有良好的耐久性。这是钢筋混凝土结构得以实现并得到广泛应用的根本原因。

(3)混凝土结构发展至今已有一百六十多年的历史，大致经历三个阶段：第一阶段从混凝土结构开始出现至 20 世纪 20 年代；第二阶段从 20 世纪 20 年代到第二次世界大战前后；第三阶段从第二次世界大战后至今。随着社会经济的快速增长和科学研究水平的不断提升，可以预见，在今后较长的时间里，混凝土结构仍将是一种重要的工程结构，并在材料应用、结构形式、计算理论以及施工技术等方面得到进一步的发展。

(4)混凝土结构课程主要包括混凝土结构设计原理以及混凝土结构设计两大部分。本教材主要讲述混凝土结构设计原理，与材料力学既有联系又有区别，基本构件的受力性能以及理论分析具有问题的复杂性，结构或结构构件设计具有问题的综合性，学习时应予以注意。

思　考　题

1.1　什么是混凝土结构？混凝土结构主要包括哪些结构类型？

1.2　素混凝土结构与钢筋混凝土结构的受力性能有何区别？钢筋和混凝土两种材料结合在一起共同工作的条件是什么？

1.3　混凝土结构具有哪些优缺点？

1.4　本课程主要包括哪些内容？学习本课程应注意哪些问题？

第 2 章　混凝土结构材料的物理和力学性能

钢筋与混凝土材料的物理和力学性能是混凝土结构的计算理论、计算公式建立的基础。本章主要介绍混凝土在各种受力状态下的强度与变形性能；建筑工程中所用钢筋的品种、级别及其性能；钢筋与混凝土的黏结机理、钢筋的锚固与连接构造。

2.1　混　凝　土

混凝土是用水泥、水、细骨料(如砂子)、粗骨料(如卵石、碎石)等原料按一定的比例经搅拌后入模板浇筑，并经养护硬化后做成的人工石材。水泥和水在凝结硬化过程中形成水泥胶块，把细骨料和粗骨料黏结在一起。细骨料和粗骨料以及水泥胶块中的结晶体组成弹性骨架承受外力。弹性骨架使混凝土具有弹性变形的特点，同时水泥胶块中的凝胶体又使混凝土具有塑性变形的性质。由于混凝土内部结构复杂，它的力学性能也极为复杂，主要包括强度和变形性能。

2.1.1　混凝土的强度

1. 立方体抗压强度和混凝土强度等级

抗压强度是混凝土的重要力学指标，与水泥强度等级、水胶比、配合比、龄期、施工方法及养护条件等因素有关。试验方法及试件形状、尺寸也会影响所测得的强度数值，因此，在研究各种混凝土强度指标时必须以统一规定的标准试验方法为依据。我国以立方体抗压强度值作为混凝土最基本的强度指标以及评价混凝土强度等级的标准，主要是因为这种试件的强度比较稳定。我国国家标准《普通混凝土力学性能试验方法标准》(GB/T 50081—2002)中规定：以 150 mm×150 mm×150 mm 的立方体标准试件，在(20±3)℃的温度和相对湿度 90%以上的潮湿空气中养护 28 天，按标准制作和试验方法(以每秒 0.3～0.8 N/mm^2 的加荷速度)连续加载直至试件破坏。试件的破坏荷载除以承压面积，即为混凝土的标准立方体抗压强度实测值，一组标准立方体试件抗压强度实测值的平均值，记为 $f_{cu,m}$。

混凝土的立方体抗压强度标准值是指按上述规定所测得的具有 95%保证率的立方体抗压强度，用 $f_{cu,k}$表示。其中，混凝土强度等级的保证率为 95%是指按混凝土强度总体分布的平均值 $f_{cu,m}$减去 1.645 倍标准差的原则确定。《混凝土结构设计规范》(GB

50010—2010)规定，混凝土强度等级应按立方体抗压强度标准值 $f_{cu,k}$确定的，并将其按 $f_{cu,k}$的大小划分为 14 级，用符号 C 表示，即 C15、C20、C25、C30、C35、C40、C45、C50、C55、C60、C65、C70、C75、C80。字母 C 后面的数字表示以 MPa(N/mm^2)为单位的立方强度标准值。其中，C50 及其以下为普通混凝土，C50 以上属于高强度混凝土。

在试验过程中可以看到，当试件的压力达到极限值时，在竖向压力和水平摩擦力的共同作用下，首先是试块中部外围混凝土发生剥落，形成两个对顶的角锥形破坏面(图 2-1)。这也说明，试块和试验机垫板之间的摩擦对试块有“套箍”作用，而且这“套箍”作用，越靠近试块中部则越小。如果实验室混凝土试块上下支承面涂有润滑试剂，消除“套箍”的影响，则试块将出现与加载方向大致平行的竖向裂缝而破坏，这时所测得的抗压强度比不涂润滑剂的强度低。上述混凝土的立方体抗压强度试验值为试块上下表面不涂润滑剂测得的。

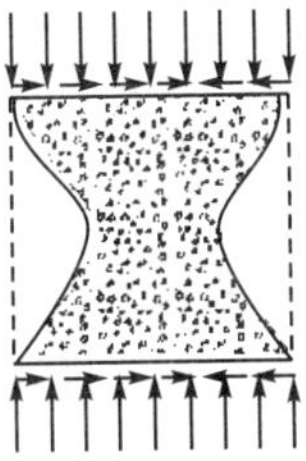

(不涂润滑剂)

图 2-1　混凝土立方体试件破坏情况

试验表明，混凝土的立方体抗压强度还与试块的尺寸有关，立方体尺寸越小，测得混凝土抗压强度越高。当采用边长为 200 mm 或 100 mm 立方体试件时，需将其抗压强度实测值乘以 1.05 或 0.95 转换成标准试件的立方体抗压强度实测值。

试验还表明，加载速度越快，立方体抗压强度越高。

2. 轴心抗压强度

在实际工程中，受压构件往往不是立方体，构件的长度一般要比截面尺寸大很多，形成棱柱体。因此采用棱柱体试件比立方体试件能更好地反映混凝土的实际抗压能力。

试验表明，当棱柱体试件的高度 h 与截面边长 b 之比值在 2～3 时，混凝土的抗压强度比较稳定。这是因为在此范围内既可消除垫板与试件之间摩擦力对抗压强度的影响，又可消除可能的附加偏心距引起较大的纵向弯曲对试件抗压强度的影响。因此，我国《普通混凝土力学性能试验方法标准》(GB/T 50081—2002)中规定，采用 150 mm×150 mm×300 mm 的棱柱体作为轴心抗压强度的标准试件，试件制作、养护和加载试验方法同立方体试件。用一组标准棱柱体试件测定的混凝土抗压强度的平均值，称为棱柱体抗压强度平均值，用符号 $f_{c,m}$表示。

混凝土的轴心抗压强度与立方抗压强度之间的关系很复杂，与很多因素有关。根据试验分析，对于同一混凝土，轴心抗压强度平均值 $f_{c,m}$与标准立方体抗压强度平均值 $f_{cu,m}$的经验关系为

$$f_{c,m} = \alpha_1 \alpha_2 f_{cu,m} \tag{2-1}$$

式中，α_1——轴心抗压强度平均值与立方抗压强度平均值的比值，对 C50 及以下混凝土取 $\alpha_1=0.76$，对高强混凝土 C80 取 $\alpha_1=0.82$，中间按线性插值；

α_2——混凝土考虑脆性的折减系数，对 C40 及以下混凝土取 $\alpha_2=1.0$，对高强混凝土 C80 取 $\alpha_2=0.87$，中间按线性插值。

考虑到实际工程中现场混凝土的制作和养护条件通常比实验室条件差，而且实际结构构件承受的是荷载长期作用，这比试验时承受的短期加载要不利得多，再考虑我国工程实践经验，轴心抗压强度平均值 $f_{c,m}$ 与标准立方体抗压强度平均值 $f_{cu,m}$ 的经验关系修正为

$$f_{c,m}=0.88\alpha_1\alpha_2 f_{cu,m} \tag{2-2}$$

3. 轴心抗拉强度

混凝土的抗拉强度远小于其抗压强度，一般只有抗压强度的 1/20～1/8。因此，在钢筋混凝土结构中，一般不采用混凝土承受拉力。目前常采用直接测试法、劈裂试验和弯折试验三种试验方法测定混凝土轴心抗拉强度。这里仅介绍直接测试法。

采用直接测试法测定混凝土抗拉强度，即对棱柱体试件(100 mm×100 mm×500 mm)两端预埋钢筋(每端埋深为 150 mm，直径为 16 mm 的变形钢筋)，并使钢筋位于试件的轴线上，然后用试验机夹头夹住两端外伸的钢筋施加拉力(图 2-2)，试件破坏时截面的平均拉应力即为混凝土的轴心抗拉强度。

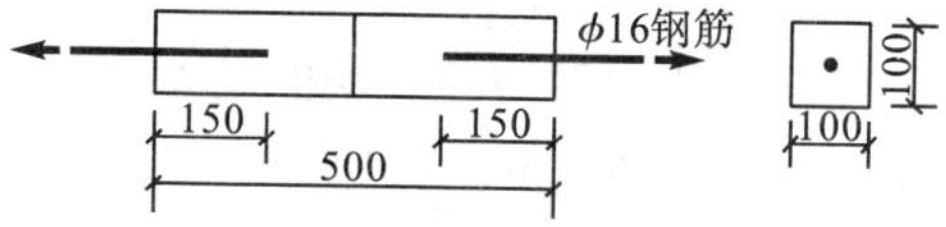

图 2-2 直接法测定混凝土的抗拉强度

根据试验分析，并考虑到构件与试件的差别、尺寸效应及加荷速度等因素的影响，混凝土轴心抗拉强度平均值 $f_{t,m}$ 与立方体抗压强度平均值 $f_{cu,m}$ 的经验关系为

$$f_{t,m}=0.88\times0.395\alpha_2 f_{cu,m}^{0.55} \tag{2-3}$$

4. 复合应力状态下混凝土的强度

在钢筋混凝土结构中，混凝土很少处于理想的单向应力状态，而往往处于轴向力、弯矩、剪力甚至扭矩的多种组合的复合应力状态，如双向应力状态或三向应力状态。

1)双轴应力状态

图 2-3 为混凝土在双向应力状态(两个平面上作用有法向应力 σ_1 和 σ_2，第三个平面上应力为零)下的强度曲线。当混凝土处于双向受压状态时，一个方向的压应力使另一个方向的混凝土抗压强度有所提高，最多可提高 20%左右；当处于双向受拉状态时，互相影响不大；当处于一向受压一向受拉状态时，混凝土强度均低于单向受压和单向受拉强度。

2)压剪或拉剪复合应力状态

压剪或拉剪复合应力状态(在一个单元体上除作用有切应力 τ 外，并在一个面上同时

作用有法向应力 σ)下的混凝土强度试验曲线如图 2-4 所示。从图中可知，当压应力低于一定数值时，混凝土抗剪强度随压应力增大而逐渐增大；但当压应力较大时，抗剪强度随压应力增大反而逐渐减小。

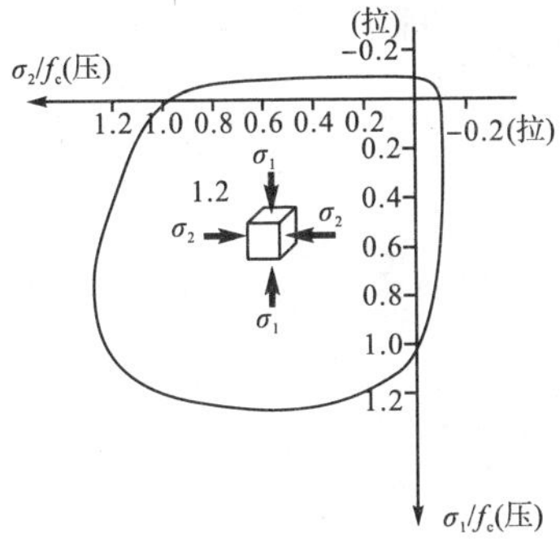

图 2-3　混凝土双向应力下的强度曲线

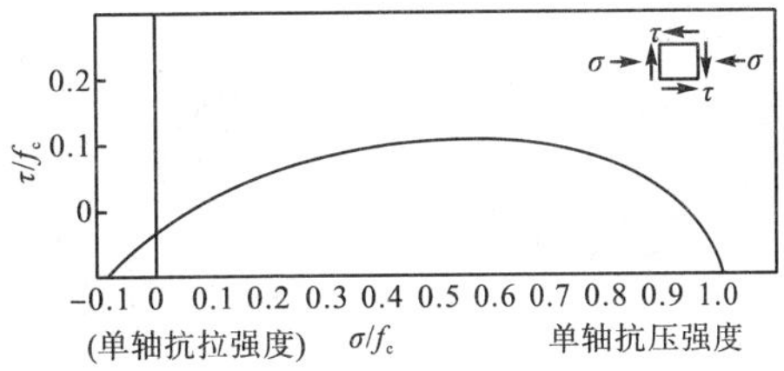

图 2-4　法向应力和切应力组合的破坏曲线

3)三向受压应力状态

混凝土三向受压时，其任一向的抗压强度和极限应变都会随其他两向压应力的增加而有较大程度的增加。根据对圆柱体周围加液压约束混凝土，并在轴向加压(图 2-5)，直至试件破坏，得到下列关系式：

$$f_{cc} = f_c + 4.1\alpha\sigma_r \tag{2-4}$$

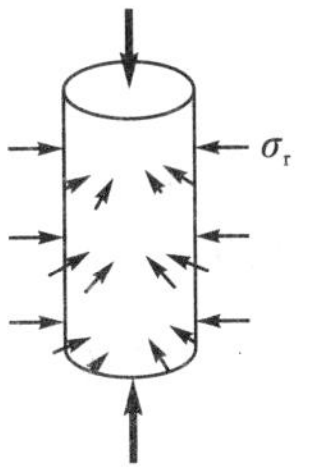

图 2-5　混凝土三向受压

式中，f_{cc}——有侧向压力约束圆柱体试件的轴心抗压强度；

f_c——无侧向压力约束圆柱体试件的轴心抗压强度；

σ_r——侧向约束压应力；

α——系数，当混凝土强度等级不超过 C50 时，取 1.0，当混凝土强度等级为 C80 时，取 0.85，其间按线性内插法确定。

在实际工程中，常常采用横向钢筋约束混凝土的办法提高混凝土的抗压强度和极限变形能力。如在柱中采用密排螺旋钢筋、钢管混凝土柱，由于这种钢筋或钢管有效地约束了混凝土的横向变形，所以混凝土的强度和延性都有较大的提高。

2.1.2　混凝土的变形

混凝土的变形分为两类：一类是荷载作用下的受力变形，包括单调短期加载、多次重复加载以及荷载长期作用下的变形；另一类是体积变形，一般指混凝土由于收缩和温度变化产生的变形等。

1. 混凝土在单调短期加荷时的变形性能

1)混凝土轴心受压应力－应变关系

混凝土在一次单调加荷(荷载从零开始单调增加至试件破坏)下的受压应力－应变关系是混凝土最基本的力学性能之一，它可以较全面地反映混凝土的强度和变形特点，也是确定构件截面上混凝土受压区应力分布图形的主要依据。

测定混凝土受压的应力-应变曲线，通常采用标准棱柱体试件，由试验测得的典型受压应力-应变曲线如图 2-6 所示。图上以 A、B、C 三点将全曲线划分为四个部分。

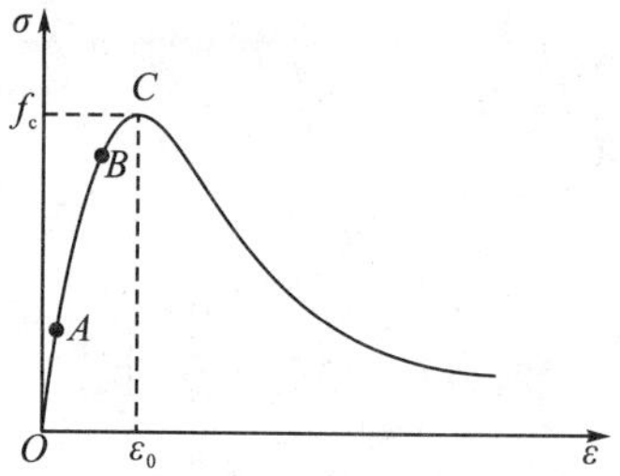

图 2-6 混凝土受压应力-应变曲线

OA 段：σ_A 为$(0.3\sim0.4)f_c$，对于高强度混凝土，σ_A 可达$(0.5\sim0.7)f_c$。混凝土基本处于弹性工作阶段，应力-应变呈线性关系。其变形主要是骨料和水泥结晶体的弹性变形。

AB 段：裂缝稳定发展阶段。混凝土表现出塑性性质，纵向压应变增长开始加快，应力-应变关系偏离直线，逐渐偏向应变轴。这是水泥凝胶体的黏结流动、混凝土中微裂缝的发展以及新裂缝不断产生的结果，但该阶段微裂缝的发展是稳定的，即当应力不继续增加时，裂缝就不再延伸发展。

BC 段：应力达到 B 点，内部一些微裂缝相互连通，裂缝的发展已不稳定，并且随荷载的增加迅速发展，塑性变形显著增大。如果压应力长期作用，裂缝会持续发展，最终导致破坏，故通常取 B 点的应力 σ_B 为混凝土的长期抗压强度。普通强度混凝土 σ_B 约为 $0.8f_c$，高强混凝土 σ_B 可达 $0.95f_c$ 以上。C 点的应力达峰值应力，即 $\sigma_C=f_c$，相应于峰值应力的应变为 ε_0，其值在 0.0015～0.0025 波动，平均值为 $\varepsilon_0=0.002$。

C 点以后：试件承载能力下降，应变继续增大，最终还会留下残余应力。

OC 段为曲线的上升段，C 点以后为下降段。试验结果表明，随着混凝土强度的提高，上升段的形状和峰值应变的变化不很显著，而下降段的形状有较大的差异。混凝土的强度越高，下降段的坡度越陡，即应力下降相同幅度时变形越小，延性越差(图 2-6)。

由上述混凝土的破坏机理可知，微裂缝的发展导致试件最终破坏。试验表明，对横向变形加以约束就可以限制微裂缝的发展，从而可提高混凝土的抗压强度，如螺旋箍筋柱和钢管混凝土柱。

混凝土受拉时的应力-应变曲线与受压相似，但其峰值时的应力、应变都比受压时小得多。

2)混凝土单轴受压应力-应变关系模型

混凝土的应力-应变模型，是对混凝土结构进行非线性分析的重要依据，目前已提出较多的应力-应变关系模型。其中较常用的有美国 Hognestad 建议的模型(图 2-7)和德国 Rusch 建议的模型(图 2-8)。

(1)Hognestad 应力-应变曲线。

如图 2-7 所示，该模型上升段为二次抛物线，下降段为斜直线。表达式如下：

$$\begin{cases}\text{上升段：}\varepsilon \leqslant \varepsilon_0, \sigma = \left[2\dfrac{\varepsilon}{\varepsilon_0} - \left(\dfrac{\varepsilon}{\varepsilon_0}\right)^2\right]f_c \\ \text{下降段：}\varepsilon_0 \leqslant \varepsilon \leqslant \varepsilon_u, \sigma = \left[1 - 0.15\left(\dfrac{\varepsilon - \varepsilon_0}{\varepsilon_u - \varepsilon_0}\right)\right]f_c\end{cases} \tag{2-5}$$

式中，f_c——峰值应力；

ε_0——相应于峰值应力的应变，取 $\varepsilon_0=0.002$；

ε_u——极限压应变，取 $\varepsilon_u=0.0035$。

(2)Rusch 应力－应变曲线。

如图 2-8 所示，该模型上升段为二次抛物线，下降段为水平直线。

$$\begin{cases}\text{上升段：}\varepsilon \leqslant \varepsilon_0, \sigma = \left[2\dfrac{\varepsilon}{\varepsilon_0} - \left(\dfrac{\varepsilon}{\varepsilon_0}\right)^2\right]f_c \\ \text{下降段：}\varepsilon_0 \leqslant \varepsilon \leqslant \varepsilon_u, \sigma = f_c\end{cases} \tag{2-6}$$

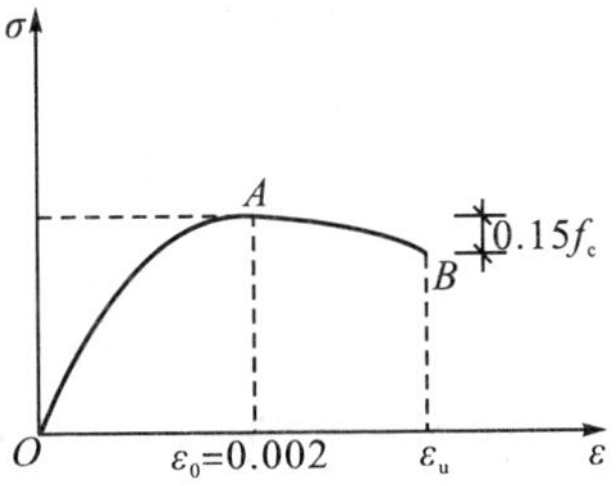

图 2-7　Hognestad 应力－应变曲线

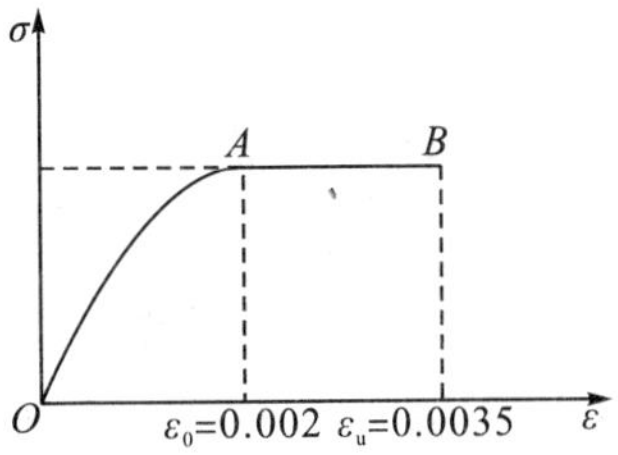

图 2-8　Rusch 应力－应变曲线

我国《混凝土结构设计规范》(GB 50010—2010)所推荐的混凝土单轴受压应力－应变关系模型较复杂，具体表达式按 GB 50010—2010 附录 C. 2 采用。

3)混凝土单轴向受拉应力－应变关系

混凝土受拉时的应力－应变曲线形状与受压时是相似的，如图 2-9 所示。采用等应变速度加载，可以测得应力－应变曲线的下降段，只不过其峰值应力和应变均比受压时小很多。采用一般的拉伸试验方法，只能测得应力－应变曲线的上升段。受拉应力－应变曲线的原点切线斜率与受压时基本一致，因此，受拉弹性模量可取与受压弹性模量相同的值。

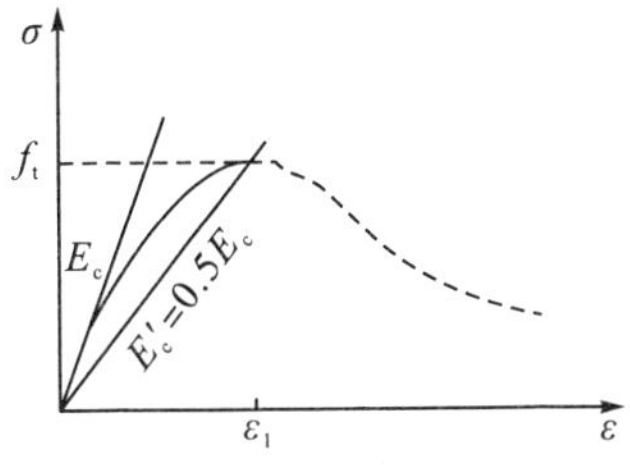

图 2-9　混凝土受拉时应力－应变曲线

当拉应力 $\sigma \leqslant 0.5f_t$ 时，应力－应变曲线接近于直线，随着应力的增大，曲线逐渐偏离直线，反映了混凝土受拉时塑性变形的发展。一般试验方法得出的极限拉应变为 $0.5\times10^{-4}\sim2.7\times10^{-4}$，与混凝土的强度等级、配合比、养护条件有关。在构件计算中 ε_t 常取 1.5×10^{-4}。达到最大拉应力 f_t 时，弹性特征系数 $\lambda\approx0.5$，相应于 f_t 的变形模量为

$$E'_c = \frac{f_t}{\varepsilon_t} = \lambda \frac{f_t}{\varepsilon_e} = 0.5E_c \tag{2-7}$$

2. 重复荷载下混凝土应力-应变关系(疲劳变形)

如钢筋混凝土吊车梁受到重复荷载的作用、港口海岸的混凝土结构受到波浪冲击而损伤等，这种重复荷载作用下引起的结构破坏称为疲劳破坏。其破坏特征是裂缝小而变形大，在重复荷载作用下，混凝土的强度和变形有着重要的变化。

图 2-10 是混凝土棱柱体(150 mm×150 mm×450 mm)在多次重复荷载作用下的应力-应变曲线。当混凝土棱柱体一次短期加荷，其应力达到 A 点时，应力-应变曲线为 OA，此时卸荷至零，其卸荷的应力-应变曲线为 AB，如果停留一段时间，再量测试件的变形，发现变形恢复一部分而到达 B'，则 BB'恢复的变形称为弹性后效，而不能恢复的变形 $B'O$ 称为残余应变。由图 2-10(a)可见，一次加卸荷过程的应力-应变图形是一个环状曲线。

若加荷、卸荷循环往复进行，当 σ_1 小于疲劳强度 f'_c 时，在一定循环次数内，塑性变形的累积是收敛的，滞回环越来越小，趋于一条直线 BD'。继续循环加载、卸载，混凝土将处于弹性工作状态。如果加大应力至 σ_2(仍小于 f'_c)，荷载多次重复后，应力-应变曲线也接近直线 EF'；CD 与 EF 直线都大致平行于在一次加载曲线的原点所做的切线。如果再加大应力至 σ_3(大于 f'_c)，则经过不多几次循环，滞回环变成直线后，继续循环，塑性变形会重新开始出现，而且塑性变形累积成为发散的，即累积塑性变形一次比一次大，且由凸向应力轴转变为凹向应变轴，如此循环若干次以后，由于累积变形超过混凝土的变形能力而破坏，破坏时裂缝小但变形大，这种现象称为疲劳。塑性变形收敛与不收敛的界限就是材料的疲劳强度，大致在$(0.4\sim0.5)f_c$，小于一次加载的棱柱强度 f'_c，此值与荷载的重复次数、荷载变化幅值及混凝土强度等级有关，通常以使材料破坏所需的荷载循环次数不少于 200 万次时的疲劳应力作为疲劳强度［图 2-10(b)］。

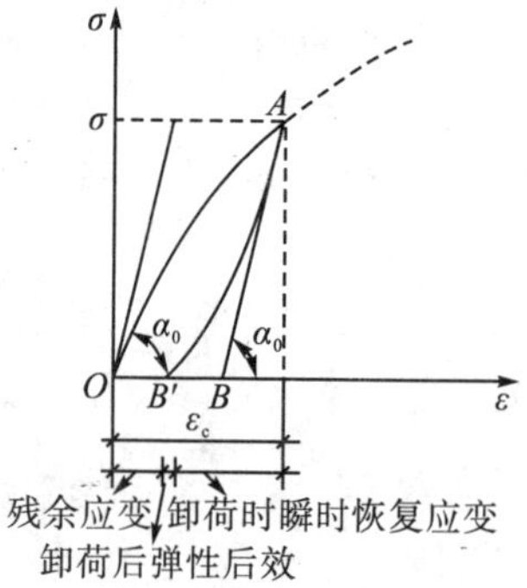

(a)

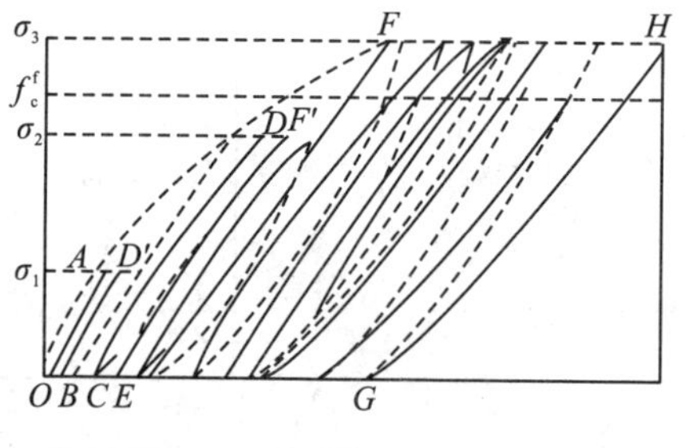

(b)

图 2-10　混凝土棱柱体在重复荷载作用下的应力-应变曲线

施加荷载时的应力大小是影响应力-应变曲线不同的发展和变化的关键因素，即混凝土的疲劳强度与重复作用时应力变化的幅度有关。在相同的重复次数下，疲劳强度随着疲劳应力比值的增大而增大，疲劳应力比值 ρ_c^f 的公式为

$$\rho_c^f = \frac{\sigma_{c,min}^f}{\sigma_{c,max}^f} \tag{2-8}$$

式中，$\sigma_{c,min}^f$、$\sigma_{c,max}^f$——构件截面同一纤维上的混凝土最小应力和最大应力。

3. 混凝土的弹性模量、变形模量

1) 弹性模量 E_c

通过应力－应变曲线上原点 O 引切线，该切线的斜率(图 2-11)为混凝土的原点切线模量，也即混凝土的弹性模量。

$$E_c = \tan\alpha_0 \tag{2-9}$$

式中，E_c——弹性模量；

α_0——混凝土应力－应变曲线在原点处的切线与横坐标轴的夹角。

在混凝土一次短期加荷的应力－应变曲线上作原点的切线，以求得 α_0 的准确值，是很不容易的。我国国家标准《普通混凝土力学性能试验方法标准》(GB/T 50081—2002)中规定，混凝土弹性模量采用棱柱体试件反复加荷的方法来确定，即将棱柱体试件加载至应力为 $\frac{1}{3}f_c$，然后卸载至 0.5 MPa，在 0.5 MPa～$\frac{1}{3}f_c$ 反复加卸载各 5 次后，应力－应变曲线渐趋于稳定并基本上接近于直线，将应力－应变曲线上 $\frac{1}{3}f_c$ 与 0.5 MPa 的应力差 σ_t 与相应的应变差 ε_t 的比值作为弹性模量，即

$$E_c = \frac{\sigma_t}{\varepsilon_t} \tag{2-10}$$

大量试验结果表明，混凝土的弹性模量与混凝土立方体抗压强度标准值 $f_{cu,k}$ 有关，如图 2-12 所示。通过对各种强度等级混凝土弹性模量试验值的统计分析，混凝土弹性模量 E_c(单位为 N/mm^2)的经验计算公式为

$$E_c = \frac{10^5}{2.2 + \dfrac{34.7}{f_{cu,k}}} \tag{2-11}$$

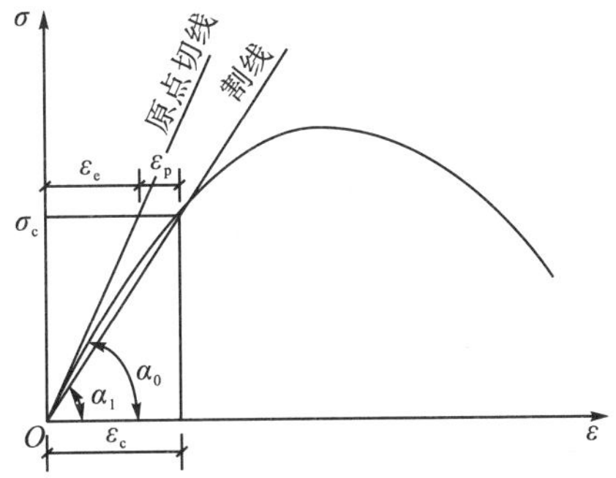

图 2-11　混凝土的弹性模量和变形模量表示方法

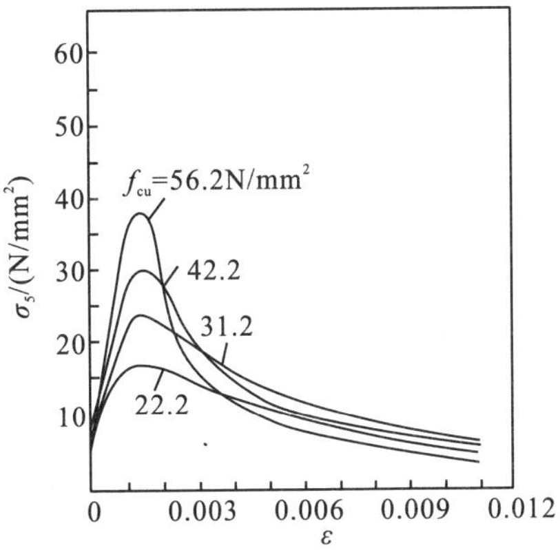

图 2-12　不同强度混凝土的应力－应变关系图

《混凝土结构设计规范》(GB 50010—2010)规定的各混凝土强度等级的弹性模量可查

附表 2。

2)变形模量 E'_c

由图 2-11 可见，随着压应力增大，混凝土的塑性应变发展，初始弹性模量已不能反映此时的应力－应变性质。因此，这里给出变形模量的概念。

连接 O 点至曲线任一点应力为 σ_c 处割线的斜率称为该点的变形模量，也称为割线模量。

$$E'_c = \tan\alpha_1 \text{ 或 } E'_c = \frac{\sigma_c}{\varepsilon_c} \tag{2-12}$$

式中，ε_c——混凝土应力为 σ_c 时的总应变，即 $\varepsilon_c=\varepsilon_e+\varepsilon_p$；

ε_e——混凝土的弹性应变，即为卸载后完全恢复的应变；

ε_p——混凝土的塑性应变，即为卸载后的残余应变。

混凝土的变形模量与弹性模量的关系为

$$E'_c = \frac{\varepsilon_e}{\varepsilon_c}E_c = \lambda E_c \tag{2-13}$$

式中，λ——混凝土受压时的弹性系数，等于混凝土弹性应变与总应变之比。在应力较小时，处于弹性阶段，可认为 $\lambda=1$；当应力增大时，处于弹塑性阶段，$\lambda<1$；当应力接近 f_c 时，$\lambda=0.4\sim0.7$。混凝土强度越高，λ 值越大，弹性特征较为明显。

混凝土受拉时的弹性模量与受压时基本一致，因此二者可取相同值。

另外，混凝土的剪切模量 G_c 可按混凝土弹性模量的 0.4 倍采用。

4. 混凝土在长期荷载下的变形性能

混凝土在长期不变应力作用下，其应变随时间增长的现象称为混凝土徐变。混凝土的徐变会使构件变形增大；在预应力混凝土构件中，徐变会导致预应力损失；对于长细比较大的偏心受压构件，徐变会使偏心距增大，降低构件承载力。

混凝土徐变产生的原因目前有着各种不同的解释，通常认为，混凝土产生徐变的原因之一是混凝土中一部分尚未转化为结晶体的水泥凝胶体，在荷载的长期作用下产生的塑性变形；另一原因是混凝土内部微裂缝在荷载的长期作用下不断发展和增加，从而导致应变的增加。当应力不大时，以前者为主；当应力较大时，以后者为主。

图 2-13 所示为混凝土棱柱体试件加荷至 $\sigma=0.5f_c$ 后使荷载保持不变，测得的变形随时间增长的关系曲线。从图中可以看出，混凝土的徐变有以下规律和特点。

(1)徐变前期增长较快，以后逐渐变慢，半年可达总徐变的 70%～80%，第一年内可完成 90%左右，其余部分持续几年才逐渐完成。

(2)混凝土的总应变由两部分组成，即加载过程中完成的瞬时应变和荷载持续作用下逐渐完成的徐变应变。最终总徐变应变值为加荷瞬间产生的瞬时应变的 2～4 倍。

(3)当长期荷载完全卸除后，混凝土的徐变会经历一个恢复的过程。其中卸载后试件瞬时要恢复的一部分应变称为瞬时恢复应变，其值比加荷时的瞬时变形略小；再经过一段时间(约 20 天)后，徐变逐渐恢复的那部分应变称为弹性后效，其值约为总徐变变形的

1/12，最后剩下的不可恢复的应变称为残余应变。

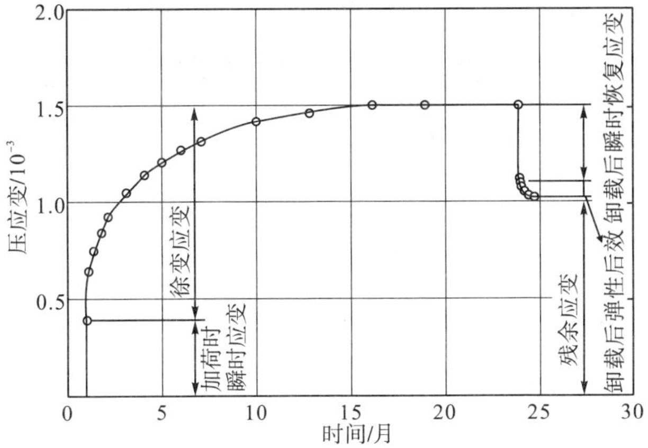

图 2-13　混凝土的徐变—时间曲线

影响混凝土徐变的因素很多，主要有以下几个。

(1)加荷时混凝土的龄期越早，则徐变越大。因此，加强早期养护对减小徐变是有效的，蒸汽养护可使徐变减小 20%～35%。

(2)持续作用的应力越大，徐变也越大。

(3)水灰比大、水泥用量多，徐变大。

(4)使用高质量水泥以及强度和弹性模量高、级配好的集料(骨料)，徐变小。

(5)混凝土工作环境的相对湿度低则徐变大，高温干燥环境下徐变将显著增大。

5. 混凝土的收缩和温度变形

混凝土在空气中结硬时体积减小的现象称为收缩。混凝土收缩的主要原因是混凝土硬化过程中凝胶体本身的体积收缩(称为“凝缩”)和混凝土内的自由水蒸发产生的体积收缩(称为“干缩”)。混凝土的收缩对钢筋混凝土构件往往是不利的。例如，混凝土构件受到约束时，混凝土的收缩将使混凝土中产生拉应力，在使用前就可能因混凝土收缩应力过大而产生裂缝；在预应力混凝土结构中，混凝土的收缩会引起预应力损失。

图 2-14 所示为中华人民共和国铁道部科学研究院的混凝土自由收缩试验结果(测试试件尺寸为 100 mm×100 mm×400 mm；$f_{cu}=42.3\ N/mm^2$；水灰比为 0.45，采用 525 号硅酸盐水泥，恒温 20 ℃±1 ℃，恒湿 65%±5%)。混凝土的收缩值随时间而增长，结硬初期收缩较快，1 个月大约可完成 1/2 的收缩，3 个月后收缩增长缓慢，一般在 2 年后趋于稳定，最终收缩应变为$(2\sim5)\times10^{-4}$，一般取收缩应变值为 3×10^{-4}。引起收缩的重要因素是干燥失水。所以构件的养护条件、使用环境的温、湿度都对混凝土的收缩有影响。使用环境的温度越高、湿度越低，收缩越大，蒸汽养护的收缩值要小于常温养护的收缩值，这是因为在高温、高湿条件下养护可加快水化和凝结硬化作用。

试验还表明，水泥用量越多，水灰比越大，则混凝土收缩越大；骨料的弹性模量大、级配好，混凝土浇捣越密实则收缩越小。因此，加强混凝土的早期养护、减小水灰比、减少水泥用量、加强振捣是减小混凝土收缩的有效措施。

温度变化会使混凝土热胀冷缩，在结构中产生温度应力，甚至会使构件开裂以致损坏。因此，对于烟囱、建筑屋面等结构，设计时应考虑温度应力的影响。

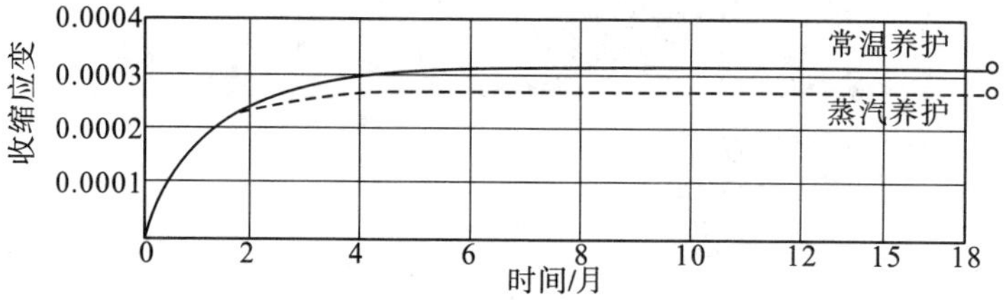

图 2-14 混凝土收缩

2.1.3 混凝土的选用

在混凝土结构中，混凝土强度等级的选用除要做到经济合理、方便施工、符合耐久性要求，还应考虑与钢筋强度相匹配。根据工程经验和技术经济等方面的要求，《混凝土结构设计规范》(GB 50010—2010)规定：素混凝土结构的混凝土强度等级不应低于C15，钢筋混凝土结构的混凝土强度等级不应低于C20；当采用强度等级400 MPa及以上的钢筋时，混凝土强度等级不应低于C25。预应力混凝土结构的混凝土强度等级不宜低于C40，且不应低于C30；承受重复荷载的钢筋混凝土构件，混凝土强度等级不应低于C30。

一般来说，以受弯为主的构件如梁、板，其混凝土强度等级不宜超过C30，这是因为加大混凝土强度等级对于提高构件刚度、承载能力效果不明显，同时等级高的混凝土也不便于施工；以受压为主的构件如柱、墙，其混凝土强度等级不宜低于C30，这样有利于减小构件截面尺寸，达到经济性的目的。

2.2 钢　　筋

2.2.1 钢筋的种类

目前我国钢筋混凝土及预应力混凝土结构中采用的钢筋和钢丝按生产加工工艺的不同，可分为普通热轧带肋钢筋、细晶粒带肋钢筋、余热处理钢筋和预应力钢筋。

热轧钢筋是低碳钢(含碳量小于0.25%)、普通低合金钢或细晶粒钢在高温状态下轧制而成。按其强度由低到高分为HPB300(Φ)级、HRB335(Φ)级、HRBF335(Φ^{F})级、HRB400(Φ)级、HRBF400(Φ^{F})级、RRB400(Φ^{R})级、HRB500(Φ)级、HRBF500(Φ^{F})级。其中，HPB300级为低碳钢，外形为光面圆形，称为光圆钢筋；HRB335级、HRB400级和HRB500级为普通低合金钢筋；HRBF335级、HRBF400级和HRBF500级为细晶粒钢筋，为增强与混凝土的黏结，均在表面轧有月牙肋，称为变形钢筋，如

图 2-15所示。RRB400 级钢筋为余热处理月牙纹变形钢筋，是在生产过程中，钢筋热轧后经高温淬水，余热处理后提高其强度，其延性、可焊性、机械连接性及施工适应性降低，一般可用于对变形性能及加工性能要求不高的构件。

光面钢筋　　月牙纹钢筋

图 2-15　钢筋的形式

其中，HRB335 表示屈服强度标准值(即具有不小于 95%的保证率)为 335 N/mm^2，且随着钢筋强度的提高，塑性降低。除了 HPB300 级钢筋直径为 6～22 mm 外，其余钢筋直径为 6～50 mm，设计时可根据具体情况合适选用。

预应力钢筋分为中强度预应力钢丝、预应力螺纹钢筋、消除应力钢丝和钢绞线。

中强度预应力钢丝的抗拉强度为 800～1270 MPa，外形有光面和螺旋肋两种。消除应力钢丝的抗拉强度为 1570～1860 MPa，外形也有光面和螺旋肋两种。钢绞线是由多根高强度钢丝扭结而成，常用的有 1×3(3 股)和 1×7(7 股)，抗拉强度为 1570～1960 MPa。预应力螺纹钢筋又称精轧螺纹粗钢筋，是用于预应力混凝土结构的大直径高强钢筋，抗拉强度为 980～1230 MPa，这种钢筋在轧制时沿钢筋纵向全部轧有规律性的螺纹肋条，可用螺丝套筒连接和螺帽锚固，不需要再加工螺丝，也不需要焊接。

2.2.2　钢筋的力学性能

钢筋混凝土结构所用的钢筋，按其力学性能的不同可分为有明显屈服点的钢筋(如热轧钢筋)和无明显屈服点的钢筋(如热处理钢筋)两类。

从有明显屈服点钢筋的应力－应变曲线(图 2-16(a))可以看出，应力值在 a 点以前，应力与应变成正比，a 点对应的应力称为比例极限，Oa 段称为弹性阶段。当应力超过 a 点以后，应变比应力增长更快，钢筋开始表现出塑性性质。当应力到达 b 点时，钢筋开始屈服，这时应力不增加而应变继续增加，直至 c 点。b 点对应的应力称为屈服强度，bc 段称为流幅或屈服台阶。过了 c 点之后，应力又继续上升，说明钢筋的抗拉能力有所提高，直到曲线上升到最高点 d。d 点对应的应力称为极限强度，cd 段称为钢筋的强化阶段。过了 d 点以后，试件在薄弱处截面将显著缩小，产生局部颈缩现象，塑性变形迅速增加，而应力随之下降，达到 e 点试件被拉断。de 段称为颈缩阶段。从无明显屈服点钢筋的应力－应变曲线(图 2-16(b)可以看出，钢筋没有明显的流幅，塑性变形大为减少。

在进行钢筋混凝土结构计算时，对于有明显屈服点的钢筋，取它的屈服强度作为设计强度的依据。因为当结构构件中某一截面钢筋应力达到屈服强度后，它将在荷载基本不增加的情况下产生持续的塑性变形，构件可能在钢筋未进入强化阶段以前就已经破坏或产生过大的变形与裂缝而影响正常使用。对于无明显屈服点的钢筋，取相应于残余应变 $\varepsilon=0.2\%$ 时的应力作为强度指标，称为条件屈服强度，用 $\sigma_{0.2}$ 表示，其值相当于 $0.85\sigma_u$(σ_u 为极限抗拉强度)。

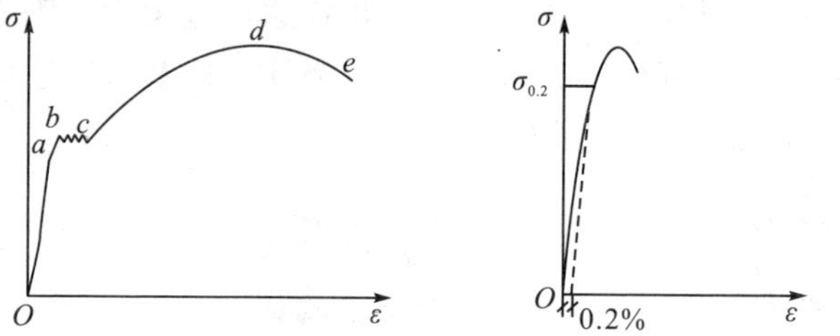

(a)　　　　　　　　　　(b)

图 2-16　有明显屈服点和无明显屈服点钢筋的应力-应变关系曲线

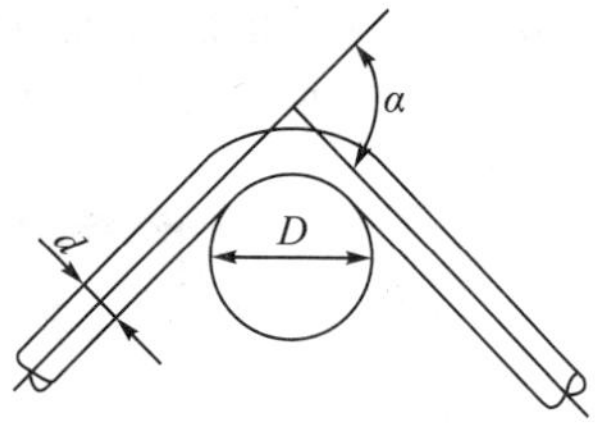

图 2-17　钢筋冷弯实验示意图

钢筋除了有足够的强度，还应具有一定的塑性变形能力，反映钢筋塑性性能的基本指标是伸长率和冷弯性能。钢筋试件拉断后的伸长值与原长的比值称为伸长率。伸长率越大，塑性越好。冷弯是将直径为 d 的钢筋绕直径为 D 的钢辊进行弯曲(图 2-17)，弯成一定的角度而不发生断裂，并且无裂及起层现象，就表示合格。钢辊的直径 D 越小、弯转角 α 越大说明钢筋的塑性越好。

钢筋在弹性阶段应力和应变的比值称为弹性模量，用 E_s 表示。各种钢筋的弹性模量见附表 10。

2.2.3　钢筋的冷加工及塑性性能

钢筋的冷加工是指在常温下采用某种工艺对热轧钢筋进行加工而得到的钢筋。常用的工艺有冷拉、冷拔、冷轧与冷轧扭四种。冷加工的目的主要是提高钢筋的强度和节约钢材，但经冷加工后的钢筋虽然强度提高了，但塑性明显降低，只有经冷拉的钢筋仍具有屈服点，其余的都无明显的屈服点。

1. 冷拉

冷拉是用超过屈服强度的应力对热轧钢筋进行拉伸。如图 2-18 所示，当拉伸到 K 点($\sigma_K > f_y$)后卸载，在卸载过程中，应力-应变曲线沿着直线 KO'($KO' /\!/ BO$)回到 O'点，钢筋产生残余变形为 OO'。如果立即重新加载张拉，则应力-应变曲线仍沿着 $O'KDE$ 变化，即弹性模量不变，仍符合胡克定律。屈服点却从原来的 B 点提高到 K 点，说明钢筋的强度提高了，但没有出现流幅，尽管极限破坏强度没有变，但延性降低了，如图 2-18 中的虚线所示。如果停留一段时间后再进行张拉，则应力-应变曲线沿着 $O'KK'D'E'$变化，屈服点从 K 又提高到 K'点，即屈服强度进一步提高，且流幅较明显，这种现象称为时效硬化。

温度对时效硬化影响很大，如 HPB300 级钢筋在常温下需要 20 d 才能完成时效硬化，若温度为 100 ℃时则仅需 2 h。但如果对冷拉后的钢筋再次加温，则强度又降低到冷拉前的力学指标。所以，有焊接接头的钢筋，一定要先焊接再冷拉，切不可相反。

冷拉质量的控制主要有两个指标：即冷拉应力和冷拉率，即 K(K')点所对应的应力及其对应的应变 OO'。对各种钢筋进行冷拉时，必须规定冷拉控制应力和控制应变(冷拉率)，如果二者都必须满足其标准称为双控，仅满足控制冷拉率称为单控。但应注意，钢筋冷拉只能提高其抗拉强度，不能提高其抗压强度。

2. 冷拔

冷拔是将钢筋用强力数次拔过比其直径小的硬质合金模具。在冷拔的过程中，钢筋受到纵向拉力和横向压力的作用，其内部晶格发生变化，截面变小而长度增加，钢筋强度明显提高，但塑性则显著降低，且没有明显的屈服点，如图 2-19 所示。冷拔可以同时提高钢筋的抗拉强度和抗压强度。

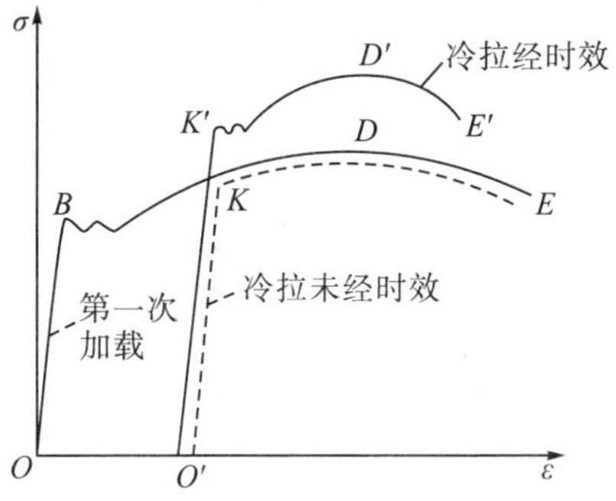

图 2-18　钢筋冷拉的 $\sigma-\varepsilon$ 曲线

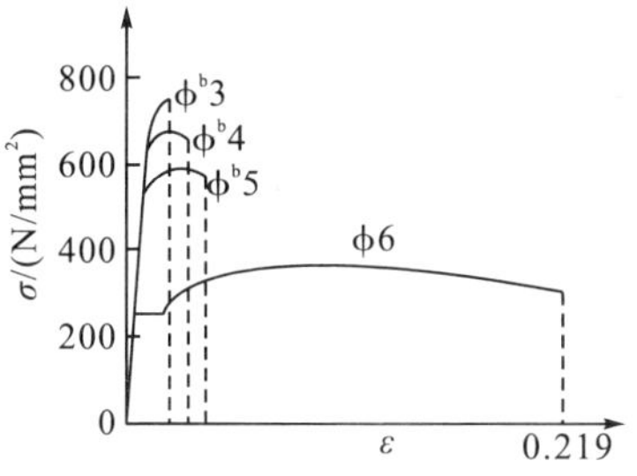

图 2-19　冷拔对钢筋 $\sigma-\varepsilon$ 曲线的影响

3. 冷轧带肋钢筋

冷轧带肋钢筋是用热轧圆盘条经冷轧后，在其表面带有沿长度方向均匀分布的三面或二面横肋的钢筋，如图 2-20 所示。它的极限强度与冷拔低碳钢丝相近，但伸长率比冷拔低碳钢丝有明显提高。用这种钢筋逐步取代普通低碳钢筋和冷拔低碳钢丝，可以改善构件在正常使用阶段的受力性能且节省钢材。

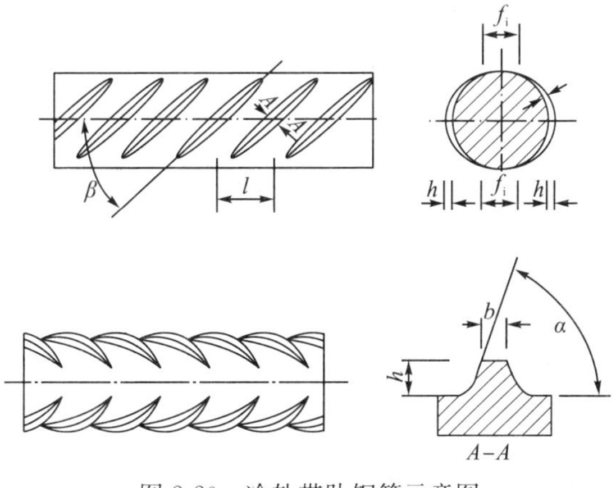

图 2-20　冷轧带肋钢筋示意图

冷轧带肋钢筋的牌号由字母 CRB 和钢筋抗拉强度的最小值构成。C、R、B 分别为冷轧、带肋、钢筋三个词的英文首位字母。冷轧带肋钢筋分为 CRB550、CRB650、CRB800、CRB970、CRB1170 五个牌号，CRB550 为普通钢筋混凝土用钢筋，其他牌号为预应力混凝土用钢筋。CRB550 钢筋的公称直径为 4～12 mm，CRB650 以上牌号钢筋的公称直径为 4 mm、5 mm、6 mm。

4. 冷轧扭钢筋

冷轧扭钢筋是经专用钢筋冷轧扭机调直、冷轧并冷扭一次成型，具有规定截面形状和节距的连续螺旋状钢筋。冷轧扭钢筋的型号标记有产品的名称代号：LZN；特性代号：标志直径符号 ϕ^t。

原材料采用的牌号为 Q235、Q215，当采用 Q215 时，碳的含量不宜小于 0.12%。

2.2.4 钢筋的疲劳特性

钢筋的疲劳是指钢筋在承受重复、周期性的动荷载作用下，经过一定次数后，突然脆性断裂，这种现象称为疲劳破坏。吊车梁、桥面板等承受重复荷载的钢筋混凝土构件在使用期间会发生疲劳破坏。钢筋的疲劳强度与一次循环应力中的应力幅度有关，是指在某一规定应力幅度内，经受一定次数循环荷载后发生疲劳破坏的最大应力值。我国要求满足循环次数为 200 万次。

钢筋疲劳断裂的原因，一般认为是首先从局部缺陷处形成细小裂纹，裂纹尖端处的应力集中使其逐渐扩展直至最后断裂。

钢筋的疲劳强度除与应力变化的幅值有关，还与最小应力值的大小、钢筋外表面几何尺寸和形状、钢筋的直径、钢筋的强度、钢筋的加工和使用环境以及加载的频率等有关。

由于承受重复性荷载的作用，钢筋疲劳强度低于其在静荷载作用下的极限强度。

我国《混凝土结构设计规范》(GB 50010—2010)规定：承受疲劳作用的钢筋宜选用 HRB400、HRB335 热轧带肋钢筋。HRB500 级钢筋和 HRBF 细晶粒钢筋用于承受疲劳荷载的构件时需进一步验证；RRB400 级钢筋不宜用于直接承受疲劳荷载的构件。

2.2.5 混凝土结构对钢筋性能的要求

(1)适当的强度和屈强比。如前所述，钢筋的屈服强度(或条件屈服强度)是构件承载力计算的主要依据，屈服强度高则材料省，但实际结构中钢筋的强度并非越高越好。由于钢筋的弹性模量并不因其强度提高而增大，所以高强度钢筋在高应力下的大变形会引起混凝土结构的过大变形和裂缝宽度。因此，对于混凝土结构，宜优先选用 400 MPa 级和 500 MPa 级钢筋，不应采用高强度钢丝、热处理钢筋等强度过高的钢筋。对于预应力混凝土结构，可采用高强度钢丝等高强度钢筋，但其强度不应超过 1860MPa。屈服强度与极限强度之比称为屈强比，它代表了钢筋的强度储备，也一定程度上代表了结构的强度储备。屈强比小，则结构的强度储备大，但比值太小则钢筋强度的有效利用率低，所以钢筋应具有适当的屈强比。

(2)足够的塑性。在工程设计中，要求混凝土结构承载能力极限状态为具有明显预兆的塑性破坏，避免脆性破坏，抗震结构则要求具有足够的延性，这就要求其中的钢筋具有足够的塑性。另外，在施工时钢筋要弯转成型，因而应具有一定的冷弯性能。

(3)可焊性。要求钢筋具有良好的焊接性能，在焊接后不应产生裂纹及过大的变形，以保证焊接接头性能良好。我国生产的热轧钢筋可焊，而高强度钢丝、钢绞线不可焊。热处理和冷加工钢筋在一定碳当量范围内可焊，但焊接引起的热影响区强度降低，应采取必要的措施。细晶粒热轧带肋钢筋以及直径大于 28 mm 的带肋钢筋，其焊接应试验确定，余热处理钢筋不宜焊接。

(4)耐久性和耐火性。细直径钢筋，尤其是冷加工钢筋和预应力钢筋，容易遭受腐蚀而影响表面与混凝土的黏结性能，甚至削弱截面，降低承载力。环氧树脂涂层钢筋或镀锌钢丝均可提高钢筋的耐久性，但降低了钢筋与混凝土间的黏结性能，设计时应注意这种不利影响。

热轧钢筋的耐久性最好，冷拉钢筋其次，预应力钢筋最差。设计时注意设置必要的混凝土保护层厚度以满足对构件耐久极限的要求。

(5)与混凝土具有良好的黏结。黏结力是钢筋与混凝土共同工作的基础，其中钢筋凹凸不平的表面与混凝土间的机械咬合力是黏结力的主要部分，所以变形钢筋与混凝土的黏结性能最好，设计中宜优先选用变形钢筋。

另外，在寒冷地区要求钢筋具备抗低温性能，以防止钢筋低温冷脆而致破坏。

2.2.6　钢筋的选用

我国《混凝土结构设计规范》(GB 50010—2010)规定：钢筋混凝土结构中的钢筋和预应力混凝土结构中的非预应力纵向受力普通钢筋宜采用 HRB400 级、HRB500 级、HRBF400 级、HRBF500 级钢筋，也可采用 HPB300 级、HRB335 级、HRBF335 级、RRB400 级钢筋。箍筋宜采用 HRB400 级、HRBF400 级、HPB300 级、HRB500 级、HRBF500 级钢筋，也可采用 HRB335 级、HRBF335 级钢筋。

预应力筋宜采用预应力钢丝、钢绞线和预应力螺纹钢筋。

2.3　钢筋与混凝土之间的黏结

2.3.1　黏结力

钢筋与混凝土能够结合在一起共同工作，主要有两个因素：①二者具有相近的线膨胀系数；②混凝土硬化后，钢筋与混凝土之间产生了良好的黏结力。钢筋混凝土受力后会沿其接触面产生剪应力，通常把这种剪应力称为黏结应力。

黏结作用可以用图 2-21 所示的钢筋和其周围混凝土之间产生的黏结应力来说明。根据受力性质的不同，钢筋与混凝土之间的黏结应力可分为裂缝间的局部黏结应力和钢筋端部的锚固黏结应力两种。裂缝间的局部黏结应力是在相邻两个开裂截面之间产生的，钢筋应力的变化受到黏结应力的影响，黏结应力使相邻两个裂缝之间混凝土参与受拉，局部黏结应力的丧失会使构件的刚度降低、促进裂缝的开展。钢筋伸进支座或在连续梁中承担负弯矩的上部钢筋在跨中截断时，需要延伸一段长度，即锚固长度。要使钢筋承受所需的拉力，就要求受拉钢筋有足够的锚固长度以积累足够的黏结力，否则，将发生锚固破坏。

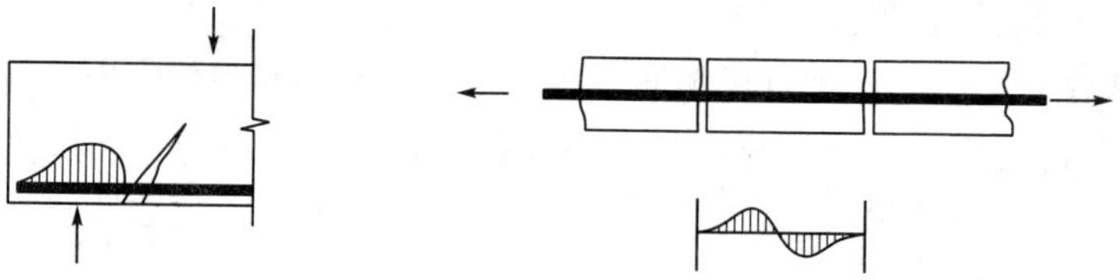

(a)锚固黏结应力　　(b)裂缝间的局部黏结应力

图 2-21　钢筋和混凝土之间粘结应力示意图

2.3.2　黏结机理

1. 黏结力的组成

一般黏结力由以下四部分组成。

①化学胶结力。由混凝土中水泥凝胶体和钢筋表面化学变化而产生的吸附作用力，这种作用力很弱，一旦钢筋与混凝土接触面上发生相对滑移即消失。

②摩阻力(握裹力)。混凝土收缩后紧紧地握裹住钢筋而产生的力。这种摩擦力与压应力大小及接触界面的粗糙程度有关，挤压应力越大、接触面越粗糙，则摩阻力越大。

③机械咬合力。由于钢筋表面凹凸不平与混凝土之间产生的机械咬合作用力。变形钢筋的横肋会产生这种咬合力。

④钢筋端部的锚固力。一般是通过钢筋端部的弯钩、弯折、在钢筋端部焊短钢筋或焊短角钢来提供的锚固力。

2. 黏结强度

钢筋的黏结强度通常采用图 2-22 所示的直接拔出试验来测定，通常按式(2-14)计算平均黏结应力：

$$\tau = \frac{P}{\pi d l} \tag{2-14}$$

式中，P——拔出力；

d——钢筋直径；

l——锚固长度。

由拔出试验知，黏结应力 τ 和相对滑移曲线如图 2-23 所示，黏结性能与混凝土强度有关系，混凝土强度等级越高，黏结强度越大，相对滑移越小，黏结锚固性能越好，劈裂破坏黏结强度较高。

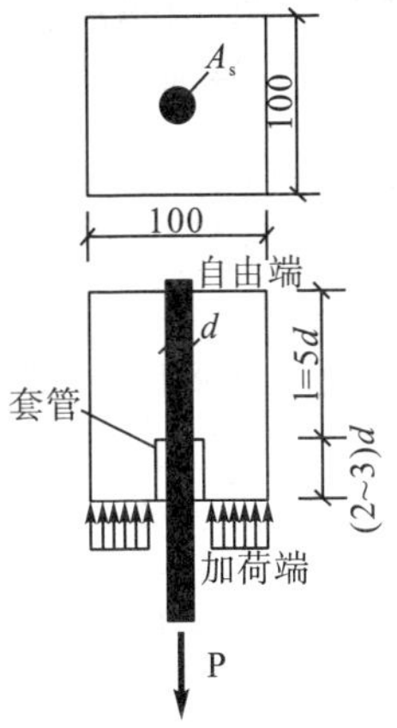

图 2-22　钢筋拔出试验图

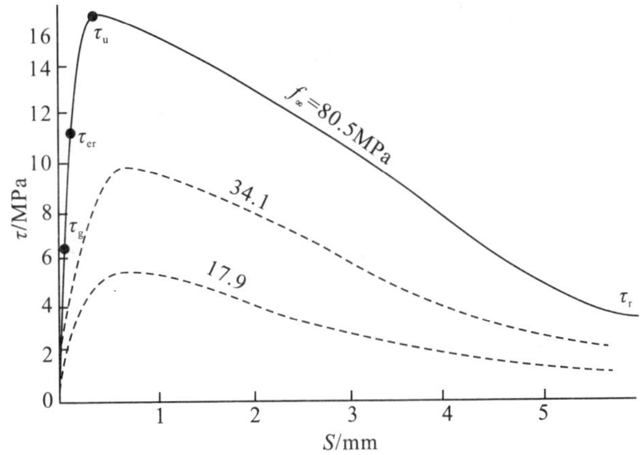

图 2-23　不同强度混凝土的黏结应力和相对滑移曲线

2.3.3　影响黏结性能的因素

影响钢筋与混凝土黏结强度的因素很多，主要有混凝土强度、保护层厚度、钢筋净距、横向配筋、侧向压力以及浇筑混凝土时钢筋的位置等。

1. 混凝土强度等级

无论光面钢筋还是变形钢筋，混凝土强度对黏结性能的影响都是显著的。大量试验表明，当其他条件基本相同时，黏结强度 τ_u 与混凝土抗拉强度 f_t 大致成正比。

2. 钢筋的外形、直径和表面状态

相对于光面钢筋而言，变形钢筋的黏结强度较高，但是，使用变形钢筋，在黏结破坏时容易使周围混凝土产生劈裂裂缝。变形钢筋的外形(肋高)与直径不成正比，大直径钢筋的相对肋高较低，肋面积小，所以粗钢筋的黏结强度比细钢筋有明显降低。例如，$d=32$ mm 的钢筋比 $d=16$ mm 的钢筋黏结强度约降低 12%，设计中，对 $d<25$ mm 的钢筋的锚固长度加以修正，其原因即在于此。

3. 混凝土保护层厚度与钢筋净距

混凝土保护层太薄，可能使外围混凝土产生径向劈裂而使黏结强度降低。增大保护层厚度或钢筋之间保持一定的钢筋净距，可提高外围混凝土的抗劈裂能力，有利于黏结强度的充分发挥。国内外的直接拔出试验或半梁式拔出试验的结果表明，在一定相对埋置长度 l/d 的情况下，相对黏结强度 τ_u/f_t 与相对保护层厚度 c/d 的平方根成正比，但黏结强度随保护层厚度加大而提高的程度是有限的，当保护层厚度大到一定程度时，试件不再是劈裂式破坏而是拔出式破坏，黏结强度将不再随保护层厚度加大而提高。

4. 横向钢筋

构件中配置箍筋能延迟和约束纵向裂缝的发展，阻止劈裂破坏，提高黏结强度。因

此，在使用较大直径钢筋的锚固区、搭接长度范围内，以及同排的并列钢筋根数较多时，应设置一定数量的附加箍筋，以防止混凝土保护层的劈裂崩落。试验表明，箍筋对保护后期黏结强度、改善钢筋延性也有明显作用。

5. 侧向压力

在侧向压力作用下，由于摩阻力和咬合力增加，黏结强度提高。但过大的侧压将导致混凝土裂缝提前出现，反而降低黏结强度。

6. 混凝土浇筑状况

当浇筑混凝土的深度过大(超过 300 mm)时，浇筑后会出现沉淀收缩和离析泌水现象，对水平放置的钢筋，钢筋下部会形成疏松层，导致黏结强度降低。试验表明，随着水平钢筋下混凝土一次浇筑的深度加大，黏结强度降低最大可达 30%。若混凝土浇筑方向与钢筋平行，黏结强度比浇筑方向与钢筋垂直的情况有明显提高。

2.4 钢筋锚固与接头构造

2.4.1 钢筋锚固与搭接的意义

为了保证钢筋不被从混凝土中拔出或压出，除了要求钢筋与混凝土之间有一定的黏结强度，还要求钢筋有良好的锚固，如光面钢筋在端部设置弯钩、钢筋伸入支座一定的长度等；当钢筋长度不足，需要采用施工缝或后浇带等构造措施时，钢筋就需要有接头，为保证在接头部位的传力，就必须有一定的构造要求。锚固与接头的要求也都是保证钢筋与混凝土黏结的措施。由于黏结破坏机理复杂、影响黏结力的因素众多、工程结构中黏结受力的多样性，目前尚无比较完整的黏结力计算理论。GB 50010—2010 采用的是：不进行黏结计算，用构造措施来保证混凝土与钢筋的黏结。

通常采用的构造措施有：①对不同等级的混凝土和钢筋，规定了要保证最小搭接长度与锚固长度和考虑各级抗震设防时的最小搭接长度与锚固长度；②为了保证混凝土与钢筋之间有足够的黏结强度，必须满足混凝土保护层最小厚度和钢筋最小净距的要求；③在钢筋接头范围内应加密箍筋；④受力的光面钢筋端部应做弯钩。

2.4.2 钢筋锚固的长度

在钢筋与混凝土接触界面之间实现应力传递，建立结构承载所必需的工作应力的长度称为钢筋的锚固长度。钢筋的基本锚固长度取决于钢筋强度及混凝土抗拉强度，并与钢筋的直径及外形有关。为了充分利用钢筋的抗拉强度，GB 50010—2010 规定纵向受拉钢筋的基本锚固长度 l_{ab}，按如下公式计算。

普通钢筋：

$$l_{ab} = \alpha \frac{f_y}{f_t} d \tag{2-15}$$

预应力钢筋：

$$l_{ab} = \alpha \frac{f_{py}}{f_t} d \tag{2-16}$$

式中，l_{ab}——受拉钢筋的基本锚固长度；

f_y、f_{py}——普通钢筋、预应力钢筋的抗拉强度设计值；

f_t——混凝土轴心抗拉强度设计值；

d——钢筋直径；

α——钢筋的外形系数，按表 2-1 取值。

表 2-1　钢筋的外形系数

钢筋类型	光面钢筋	带肋钢筋	螺旋肋钢	三股钢绞	七股钢绞
α	0.16	0.14	0.13	0.16	0.17

注：光面钢筋末端应做 180°弯钩，弯后平直段长度不应小于 $3d$，但作为受压钢筋时可不做弯钩

一般情况下受拉钢筋的锚固长度 l_{ab}可取基本锚固长度。

另外，根据试验研究及工程实践，当计算中充分利用受压钢筋的抗压强度时，其锚固长度不应小于相应受拉钢筋锚固长度的 70%。

钢筋的锚固可采用机械锚固的形式，主要有弯钩、贴焊钢筋及焊锚板等，如图 2-24 所示。

采用机械锚固可以提高钢筋的锚固力，因此可以减少锚固长度，GB 50010—2002 规定的锚固长度修正系数(折减系数)为 0.7，同时要有相应的配箍直径、间距及数量等构造措施。

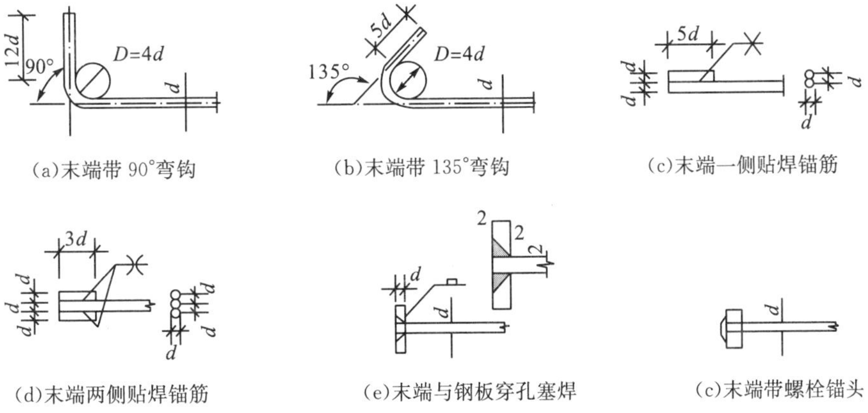

图 2-24　钢筋机械锚固的形式

2.4.3　钢筋的连接

钢筋长度不够时就需要把钢筋连接起来使用，但连接必须保证将一根钢筋的力传给

另一根钢筋。钢筋的连接可分为三类：绑扎搭接、机械连接与焊接连接。由于钢筋通过连接接头传力总不如整体钢筋，所以钢筋搭接的原则是：接头应设置在受力较小处，同一根钢筋上尽量少设接头。

1. 绑扎搭接

同一构件中相邻钢筋的绑扎搭接接头宜相互错开。钢筋绑扎搭接接头连接区段的长度为 1.3 倍搭接长度，凡搭接接头中点位于该连接区段长度内的搭接接头均属于同一连接区段。同一连接区段内纵向搭接钢筋接头面积百分率为该区段内有搭接接头的纵向受力钢筋与全部纵向受力钢筋截面面积的比值，如图 2-25 所示。图中所示搭接接头为同一连接区段内的搭接接头，钢筋为两根，搭接钢筋接头面积百分率为 50%。

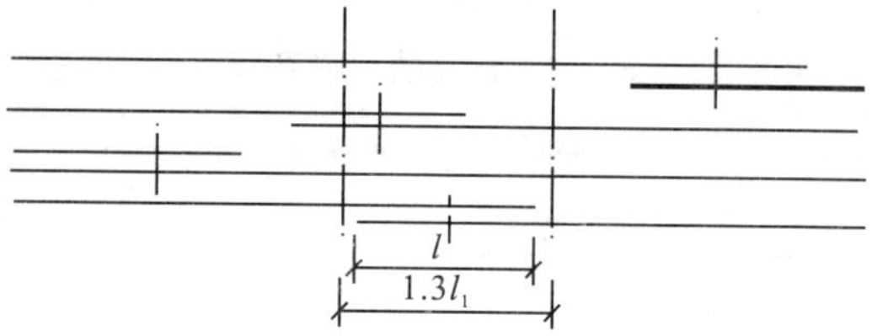

图 2-25　同一连接区段内的纵向受拉钢筋绑扎搭接接头

受拉钢筋绑扎搭接接头的搭接长度计算公式为

$$l_1 = \zeta_1 l_a \tag{2-22}$$

式中，l_1——纵向受拉钢筋的搭接长度；

ζ_1——受拉钢筋搭接长度修正系数，按表 2-2 取用，当纵向搭接钢筋接头面积百分率为表中中间值时，修正系数可内插取值；

l_a——纵向受拉钢筋的锚固长度。

表 2-2　纵向受拉钢筋搭接长度修正系数

纵向钢筋搭接接头面积百分率/%	≤25	50	100
ζ_1	1.2	1.4	1.6

受压钢筋的绑扎搭接长度不应小于纵向受拉搭接长度的 0.7 倍，且不应小于 200 mm。接头及焊接骨架的搭接，也应满足相应的构造要求，以保证力的传递。

2. 机械连接

钢筋的机械连接是通过连接件的直接或间接的机械咬合作用或钢筋端面的承压作用，将一根钢筋中的力传递到另一根钢筋的连接方法。国内外常用的钢筋机械连接方法有以下六种：挤压套筒接头、锥螺纹套筒接头、直螺纹套筒接头、熔融金属充填套筒接头、水泥灌浆充填套筒接头、受压钢筋端面平接头。图 2-26 为直螺纹套筒接头。

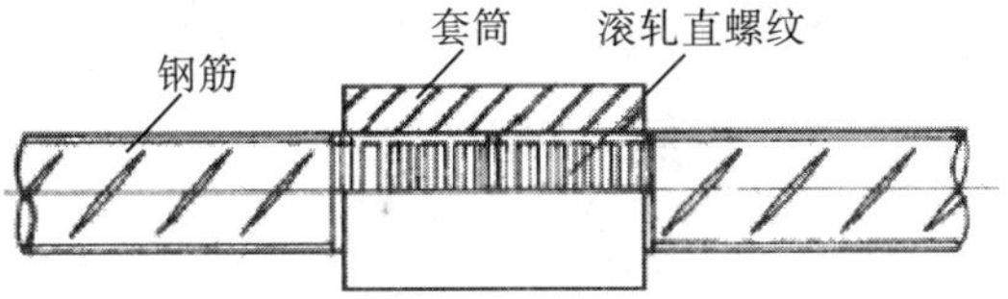

图 2-26　直螺纹套筒接头

3. 焊接连接

焊接连接是常用的连接方法，有电阻点焊、闪光对焊、电弧焊、电渣压力焊、气压焊和埋弧压力焊六种焊接方法。冷拉钢筋的焊接应在冷拉之前进行，冷拉过程中，如果在焊接的接头处发生断裂，可在切除热影响区(每边长度按 0.75 倍钢筋直径计算)后，再焊再拉，但不得多于两次。

2.5　本章小结

(1)混凝土的强度有立方体抗压强度、轴心抗压强度和抗拉强度。立方体抗压强度标准值是确定混凝土强度等级的依据，其他强度均可与其建立相应的换算关系。结构设计中常采用轴心抗压强度和抗拉强度两个强度指标。复合应力状态下混凝土强度变化较复杂，一般双轴受压和三轴受压时强度提高，而一向受压另一向受拉时强度降低。

(2)混凝土物理力学性能的主要特征是：抗拉强度远低于抗压强度；单轴受压、受拉应力-应变关系均是非线性的，只有当应力很小时才可近似地视为线弹性的；徐变和收缩对混凝土及预应力混凝土的性能有重要影响，设计时应予以重视。

(3)钢筋混凝土结构用的钢筋主要为热轧钢筋；预应力混凝土构件用的钢筋主要为钢绞线、预应力钢丝和预应力螺纹钢筋。钢筋有两个强度指标：屈服强度(软钢)或条件屈服强度(硬钢)、极限强度。结构设计时，一般用屈服强度或条件屈服强度作为计算的依据。钢筋还有两个塑性指标：伸长率和冷弯性能。混凝土结构要求钢筋应具有适当的强度和良好的塑性。

(4)将强度较低的热轧钢筋经过冷拉或冷拔等冷加工，提高了钢筋的强度，但降低了塑性。钢筋冷拉只能提高其抗拉强度，不能提高其抗压强度；冷拔可以同时提高钢筋的抗拉和抗压强度。

(5)钢筋与混凝土之间的黏结是两种材料共同工作的基础。黏结强度一般由胶着力、摩擦力和咬合力组成，对于机械锚固措施(如末端带弯钩、末端焊锚板或贴焊锚筋等)的钢筋，还应包括机械锚固力。为了保证钢筋不被从混凝土中拔出或压出，纵向受力钢筋必须保证足够的锚固长度。钢筋的搭接长度，是在锚固长度的基础上，考虑同一连接区段内的钢筋搭接接头面积百分率确定的。

(6)在充分掌握混凝土结构材料的物理和力学性能基础上，合理选用混凝土和钢筋。

思　考　题

2.1　混凝土的强度等级是怎样确定的？混凝土的基本强度指标有哪些？

2.2　混凝土受压时的应力-应变曲线有何特点？

2.3　混凝土的弹性模量是如何确定的？

2.4　什么是混凝土的徐变和收缩？影响混凝土徐变、收缩的主要因素有哪些？混凝土的徐变、收缩对结构构件有哪些影响？

2.5　我国建筑结构用钢筋的品种有哪些？并说明各种钢筋的应用范围。

2.6　有明显屈服点钢筋和无明显屈服点钢筋的应力-应变曲线有何特点？

2.7　钢筋与混凝土产生黏结的作用和原因是什么？影响黏结强度的主要因素有哪些？

第 3 章　混凝土结构设计的基本原理

《工程结构可靠性设计统一标准》(GB 50153—2008)和《建筑结构荷载规范》(GB 50009—2012)是混凝土结构设计宜遵守的基本原则。本章介绍了结构极限状态的基本概念、近似概率的极限状态设计法及极限状态实用设计表达式。

3.1　结构的功能要求和极限状态

3.1.1　结构上的作用、作用效应及结构抗力

1. 结构上的作用和作用效应

结构上的作用是指施加在结构上的集中力或分布力，以及引起结构外加变形或约束变形的原因。结构上的作用分为直接作用和间接作用两种。直接作用是指施加在结构上的力，也称为荷载，如恒荷载、活荷载、风荷载和雪荷载等。间接作用是指引起结构外加变形和约束变形的其他作用，如地震、地基不均匀沉降、温度变化、混凝土收缩、焊接变形等。

结构上的作用可按随时间的变异，可分为三类。

(1)永久作用：是指在设计使用年限内始终存在，其量值变化与平均值相比可以忽略不计的作用，或其变化是单调的并趋于某个限值的作用，如结构自重、土压力、预加应力等。

(2)可变作用：是指在设计使用年限内其量值随时间变化，且其变化与平均值相比不可忽略的作用，如楼面活荷载、风荷载、雪荷载、吊车荷载和温度作用等。

(3)偶然作用：是指在设计使用年限内不一定出现，而一旦出现，其量很大且持续时间很短，如爆炸、撞击等。

当直接作用或间接作用作用在结构上，由此引起的结构或构件的内力(如轴力、剪力、弯矩、扭矩等)变形(如挠度、侧移)和裂缝等，称为作用效应。当作用为集中力或分布力时，其效应可称为荷载效应，通常用 S 表示。

由于结构上的作用是不确定的随机变量，所以作用效应 S 一般说来也是一个随机变量。

2. 结构抗力

结构抗力是指结构或构件承受作用效应的能力，如构件的承载力、刚度、抗裂度等，通常用 R 表示。影响结构抗力的主要因素是材料性能(强度、变形模量等)、几何参数(构件尺寸)以及计算模式的精确性(抗力计算所采用的基本假设和计算公式不够精确等)。考虑到材料性能的变异性、几何参数及计算模式精确性的不确定性，所以由这些因素综合而成的结构抗力也是随机变量。

3.1.2 结构的功能要求

工程结构设计的基本目的是：在一定的经济条件下，结构在预定的使用期限内以适当的可靠度满足设计所预期的各项功能。结构的功能要求如下。

(1)安全性。结构在预定的使用期间内，应能承受在施工和使用期间可能出现的各种作用；当发生爆炸、撞击、人为错误等偶然事件时，结构能保持必需的整体稳固性，不出现与起因不相称的破坏后果，防止出现结构的连续倒塌；当发生火灾时，在规定的时间内可保持足够的承载力。

(2)适用性。结构在正常使用期间，具有良好的工作性能。如不发生影响正常使用的过大的变形(挠度、侧移)、振动(频率、加速度)，或产生让使用者感到不安的过大的裂缝宽度等。

(3)耐久性。结构在正常维护的条件下，应具有足够的耐久性，即在各种因素的影响下(混凝土碳化、钢筋锈蚀)，结构的承载力和刚度不应随时间变化有过大的降低，而导致结构在其预定使用期间内丧失安全性和适用性，降低使用寿命。

3.1.3 设计使用年限与设计基准期

设计使用年限为设计规定的结构或结构构件不需进行大修即可按其预定目的使用的时期，即结构在正常设计、正常施工和正常使用的条件下所应达到的使用年限。《统一标准》规定了各类建筑结构的设计使用年限，如表 3-1 所示，设计时可按表 3-1 的规定采用；若业主提出更高的要求，经主管部门批准，也可按业主的要求采用。

设计基准期为确定可变作用等取值而选用的时间参数，《建筑结构荷载规范》(GB 50009—2012)提供的荷载统计参数，除风、雪荷载的设计基准期为 10、50、100 年，其余都是按设计基准期为 50 年确定的。结构设计过程中，当设计使用年限不等于设计基准期时，则可变荷载取值应乘以相应的荷载调整系数 γ_L，如表 3-1 所示。

表 3-1 房屋建筑结构的设计使用年限及荷载调整系数 γ_L

类别	设计使用年限/年	示例	γ_L
1	5	临时性建筑结构	0.9
2	25	易于替换的结构构件	—

续表

类别	设计使用年限/年	示例	γ_L
3	50	普通房屋和构筑物	1.0
4	100	标志性建筑或特别重要的建筑结构	1.1

注：对设计使用年限为 25 年的结构构件，γ_L 应按各种材料结构设计规范的规定采用。

3.1.4 结构的极限状态

1. 结构极限状态的概念

结构能够满足功能要求而良好地工作，则称结构为“可靠”或“有效”；反之，则结构为“不可靠”或“失效”。区分结构“可靠”与“失效”的临界工作状态称为“极限状态”，即整个结构或结构的一部分超过某一特定状态就不能满足设计规定的某一功能要求，此特定状态即为该功能的极限状态。举例如表 3-2 所示。

表 3-2 钢筋混凝土简支梁的可靠、失效和极限状态概念

结构的功能		可靠	极限状态	失效
安全性	受弯承载力	$M<M_u$	$M=M_u$	$M>M_u$
适用性	挠度变形	$f<[f]$	$f=[f]$	$f>[f]$
耐久性	裂缝宽度	$\omega_{max}<[\omega_{max}]$	$\omega_{max}=[\omega_{max}]$	$\omega_{max}>[\omega_{max}]$

极限状态分为两类：承载能力极限状态和正常使用极限状态，分别规定有明确的标志和限制。

2. 承载能力极限状态

结构或构件达到最大承载力，疲劳破坏或不适于继续承载的变形状态称为承载能力极限状态。当结构或构件出现下列状态之一时，应认为超过了承载能力极限状态，结构就不能满足预定的安全性功能要求，主要包括：①结构构件或连接因所受应力超过材料强度而破坏，或因过度变形而不适于继续承载；②整个结构或结构的一部分作为刚体失去平衡(如倾覆等)；③结构转变为机动体系；④结构或构件丧失稳定(如压曲等)；⑤结构因局部破坏而发生连续倒塌(如初始的局部破坏，从构件到构件扩展，最终导致整个结构倒塌)；⑥地基丧失承载能力而破坏(如失稳等)；⑦结构或构件的疲劳破坏(如由于荷载多次重复作用而破坏)。

承载能力极限状态主要考虑有关结构安全性的功能，出现的概率应该很低。对于任何承载的结构或构件，都需要按承载能力极限状态进行设计。

3. 正常使用极限状态

结构或构件达到正常使用或耐久性的某项规定限值，称为正常使用极限状态。当结构或构件出现下列状态之一时，就认为超过了正常使用极限状态，结构就不能满足预定的适用性和耐久性的功能要求，主要包括：①影响正常使用或外观的变形，如吊车梁变形过大使吊车不能平稳行驶，梁挠度过大影响外观；②影响正常使用或耐久性能的局部损坏(包括裂缝)，如水池开裂漏水不能正常使用，梁裂缝过宽导致钢筋锈蚀；③影响正常使用的振动，如因风荷载作用下高层房屋振动让人产生不适感；④影响正常使用的其他特定状态，如相对沉降量过大等。

正常使用极限状态主要考虑有关结构适用性和耐久性的功能，对财产和生命的危害较小，故出现概率允许稍高一些，但仍应予以足够的重视。

通常对结构构件先按承载能力极限状态进行承载能力计算，然后根据使用要求按正常使用极限状态进行变形、裂缝宽度或抗裂等验算。

3.1.5 结构的设计状况

设计状况是指结构从施工到使用的全过程中，代表一定时段的一组物理条件，设计应做到结构在该时段内不超越有关的极限状态。因此，建筑结构设计时，应根据结构在施工和使用中的环境条件和影响，区分下列四种设计状况。

(1)持久设计状况。在结构使用过程中一定出现，且持续期很长的状况。持续期一般与设计使用年限为同一数量级。如房屋结构自重，以及家具、正常人员荷载的状况。

(2)短暂设计状态。在结构施工和使用过程中出现概率较大，而与设计使用年限相比，持续期很短的状况，如结构施工和维修时承受堆料和施工荷载的状况。

(3)偶然设计状况。在结构使用过程中出现概率很小，且持续期很短的状况，如结构遭受火灾、爆炸、撞击等作用的状况。

(4)地震设计状况。结构使用过程中遭受地震作用时的状况。

对于上述四种设计状况，均应进行承载能力极限状态设计，以确保结构的安全性；对于持久设计状况，应进行正常使用极限状态设计，以保证结构的适用性和耐久性；对于短暂设计状况和地震设计状况，可根据需要进行正常使用极限状态设计；对于偶然设计状况，因持续时间很短，可不进行正常使用极限状态设计。

3.1.6 极限状态方程

极限状态函数可表示为

$$Z = R - S \tag{3-1}$$

式中，R——结构构件抗力，它与材料的力学指标、几何参数以及计算模式的精确性有关，既可以是承载力，也可以是变形或裂缝宽度的限值；

S——作用(荷载)效应及其组合，它与作用的类型有关。

R 和 S 均可视为随机变量，Z 为复合随机变量，它们之间的运算规则应按概率理论进行。

式(3-1)可以用来表示结构的三种工作状态。

当 $Z>0$ 时，结构能够完成预定的功能，处于可靠状态。

当 $Z<0$ 时，结构不能完成预定的功能，处于失效状态。

当 $Z=0$ 时，即 $R=S$，结构处于临界的极限状态，$Z=g(R, S)=R-S=0$，称为极限状态方程。

保证结构可靠的条件 $Z=R-S>0$，是一非确定性的问题。只有用概率来解决。

设 R、S 符合正态分布，R 的均值为 μ_R，标准差为 σ_R；S 的均值为 μ_S，标准差为 σ_S，则 Z 的统计参数(两正态分布随机变量差)为

$$\mu_Z=\mu_R-\mu_S \tag{3-2}$$

$$\sigma_Z=\sqrt{\sigma_R^2+\sigma_S^2} \tag{3-3}$$

$$f(Z)=\frac{1}{\sqrt{2\pi}\sigma_Z}\exp\left[-\frac{(Z-\mu_Z)^2}{2\sigma_Z^2}\right] \tag{3-4}$$

3.2　概率极限状态设计方法

3.2.1　结构可靠度

结构在规定的时间内和规定的条件下完成预定功能的能力称为结构的可靠性，是结构安全性、适用性和耐久性的总称。而结构可靠度是结构可靠性的概率度量，指结构在规定时间内、规定的条件下完成预定功能的概率。规定的时间是指设计使用年限；所谓规定的条件，是指正常设计、正常施工和正常使用的条件，即不考虑人为过失的影响，人为过失应通过其他措施予以避免。

3.2.2　失效概率与可靠指标

结构能够完成预定功能的概率称为可靠概率 P_s；结构不能完成预定功能的概率称为失效概率 P_f。显然，二者是互补的，即 $P_s+P_f=1.0$。因此，结构可靠性也可用结构的失效概率来度量，失效概率越小，可靠概率越大，结构可靠度越大。

可靠概率：

$$P_s=P(Z\geqslant 0)=\int_0^{+\infty}f(Z)\mathrm{d}Z \tag{3-5}$$

失效概率：

$$P_f=P(Z<0)=\int_{-\infty}^{0}f(Z)\mathrm{d}Z=1-P_s \tag{3-6}$$

当失效概率 P_f 小于某个值时，人们因结构失效的可能性很小而不再担心，即可认为结构设计是可靠的。该失效概率限值称为容许失效概率 $[P_f]$。

可近似地认为结构抗力 R 和荷载效应 S 均服从正态分布且二者为线性关系，则 Z 也服从正态分布，用图形表示如图 3-1 所示。

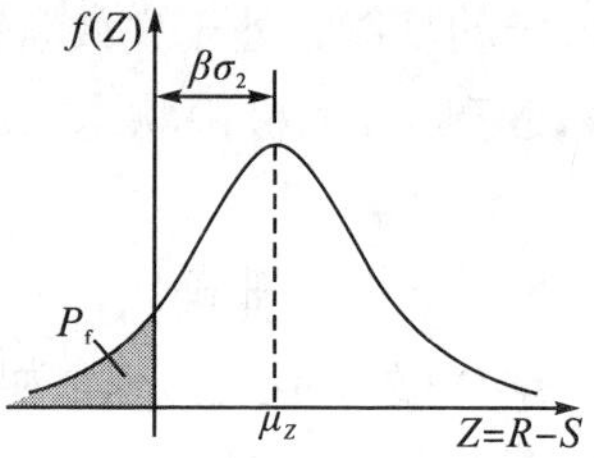

图 3-1　Z 的概率密度分布曲线

图中的阴影部分表示出现 $Z<0$ 事件的概率，也就是构件的失效概率，即

$$P_f = P(Z<0) = \int_{-\infty}^{0} \frac{1}{\sigma_Z \sqrt{2\pi}} \exp\left[-\frac{(Z-\mu_Z)^2}{2\sigma_Z^2}\right] dZ \tag{3-7}$$

为便于查表，将 $N(\mu_Z, \sigma_Z)$化成标准正态变量 $N(0, 1)$。引入标准化变量 $t=\frac{Z-\mu_Z}{\sigma_Z}$，则式（3-7）可改写为

$$P_f = P\left(t < -\frac{\mu_Z}{\sigma_Z}\right) = \int_{-\infty}^{-\frac{\mu_Z}{\sigma_Z}} \frac{1}{\sqrt{2\pi}} \exp\left(-\frac{t^2}{2}\right) dZ = \Phi\left(-\frac{\mu_Z}{\sigma_Z}\right) \tag{3-8}$$

式中，$\Phi(\cdot)$为标准正态分布函数，可从数学手册中查表求得，且有

$$\Phi\left(-\frac{\mu_Z}{\sigma_Z}\right) = 1 - \Phi\left(\frac{\mu_Z}{\sigma_Z}\right) \tag{3-9}$$

用失效概率度量结构可靠性具有明确的物理意义，能较好地反映问题的实质，且 P_f 的值取决于$\frac{\mu_Z}{\sigma_Z}$，令 $\beta=\frac{\mu_Z}{\sigma_Z}$，$\beta$ 越大，P_f 越小，结构越可靠，β 称为结构可靠指标。

β 与失效概率 P_f 之间有一一对应关系，在随机变量 R、S 服从正态分布时，β 与 P_f 在数值上的对应关系如表 3-3 所示。从表中可以看出，β 值相差 0.5，失效概率 P_f 大致差一个数量级。

表 3-3　β 与 P_f 之间对应关系

β	2.7	3.2	3.7	4.2
P_f	3.5×10^{-3}	6.9×10^{-4}	1.1×10^{-4}	1.3×10^{-5}

3.2.3　结构的安全等级

结构的重要性不同，一旦结构发生破坏，对生命财产的危害程度以及社会的影响也不同。《工程结构可靠性统一标准》(GB 50153—2008)根据结构破坏可能产生的后果的严重性，将建筑结构安全等级分为三级。建筑结构安全等级见表 3-4。

3.2.4　目标可靠指标

结构功能函数的失效概率 P_f小到某种可接受的程度或可靠指标大到某种可接受的程

度，就认为该结构处于有效状态。即 $P_f \leqslant [P_f]$ 或 $\beta \geqslant [\beta]$。

结构按承载能力极限状态设计时，要保证其完成预定功能的概率不低于某一允许的水平，应对不同情况下的目标可靠指标 $[\beta]$ 值做出规定。GB 50153—2008 根据结构的安全等级和破坏类型，在对代表性的构件进行可靠度分析的基础上，规定了按承载能力极限状态设计时的目标可靠指标 $[\beta]$ 值，见表 3-4。

表 3-4　建筑结构安全等级及目标可靠指标

安全等级	破坏后果	建筑物类型	构件的目标可靠指标 β	
			延性破坏	脆性破坏
一级	很严重	大型的公共建筑等	3.7	4.2
二级	严重	普通的住宅和办公楼等	3.2	3.7
三级	不严重	小型的或临时性储存建筑等	2.7	3.2

注：延性破坏是指结构或构件在破坏前有明显预兆；脆性破坏是指结构或构件在破坏前无明显预兆。

在后续的概率极限状态实用设计表达式中，结构的安全等级导致目标可靠指标 $[\beta]$ 的变化是用结构重要性系数 γ_0 来体现的。

3.3　荷载和材料强度取值

结构物所承受的荷载不是一个定值，而是在一定范围内变动；结构所有材料的实际强度也在一定范围内波动。因此，结构设计时所取用的荷载值和材料强度值应采用概率方法来确定。

3.3.1　荷载代表值

荷载代表值是指设计中用以验算极限状态所采用的荷载量值，如标准值、准永久值、频遇值和组合值。建筑结构设计时，对不同荷载应采用不同的代表值。永久荷载采用标准值作为代表值；可变荷载应根据设计要求采用标准值、组合值、频遇值或准永久值作为代表值；偶然荷载应按建筑结构使用的特点确定其代表值。

1. 荷载标准值

荷载标准值是《建筑结构荷载规范》(GB 50009—2012)规定的荷载基本代表值，为设计基准期内最大荷载统计分布的特征值(如均值、众值、中值或某个分位值)。由于最大荷载值是随机变量，原则上应由设计基准期内荷载最大值概率分布的某一分位数来确定。但是，有些荷载并不具备充分的统计参数，只能根据已有的工程经验确定。故实际上荷载标准值取值的分位数并不统一。

永久荷载标准值，对于结构或非承重构件的自重，可由设计尺寸与材料单位体积的自重计算确定。GB 50009—2012 给出的自重大体上相当于统计平均值，其分位数为 0.5。

对于自重变异较大的材料(如屋面保温材料、防水材料、找平层等)，在设计中应根据该荷载对结构有利或不利，分别取 GB 50009—2012 中给出的自重上限和下限值。

可变荷载标准值由 GB 50009—2012 给出，设计时可直接查用。如住宅、宿舍、旅馆、办公楼、医院病房、托儿所、幼儿园等楼面均布荷载标准为 2.0 kN/m^2；教室、食堂、餐厅、一般资料档案室等楼面均布荷载标准为 2.5 kN/m^{2}等。

2. 荷载准永久值

荷载准永久值是指可变荷载在设计基准期内，其超越的总时间约为设计基准一半的荷载值，即在设计基准期内经常作用的荷载(接近于永久荷载)。可变荷载准永久值为可变荷载标准值乘以荷载准永久值系数 ψ_q。荷载准永久值系数 ψ_q 由 GB 50009—2012 给出。如住宅，楼面均布荷载标准为 2.0 kN/m^2，荷载准永久值系数 ψ_q 为 0.4，则活荷载准永久值为 2.0 kN/m$^2\times$0.4=0.8 kN/m^2。

3. 荷载频遇值

荷载频遇值是指可变荷载在设计基准期内，其超越的总时间约为规定的较小比率或超越频率为规定频率的荷载值，即在结构上较频繁出现且量值较大的荷载值。可变荷载频遇值为可变荷载标准值乘以荷载频遇值系数 ψ_f。荷载准永久值系数 ψ_f 由 GB 50009—2012 给出。如住宅，楼面均布荷载标准为 2.0 kN/m^2，荷载频遇值系数 ψ_f 为 0.5，则活荷载频遇值为 2.0 kN/m$^2\times$0.5=1.0 kN/m^2。

4. 荷载组合值

当结构上作用几个可变荷载时，各可变荷载最大值(即标准值)在同一时刻出现的概率小，因此必须对可变荷载标准值乘以调整系数。荷载组合值系数 ψ_{ci}就是这种调整系数。$\psi_{ci}Q_{ik}$称为可变荷载的组合值。荷载组合值系数 ψ_{ci}由 GB 50009—2012 给出。如住宅，楼面均布荷载标准为 2.0 kN/m^2，荷载组合值系数 ψ_{ci}为 0.7，则活荷载组合值为 2.0 $\times$0.7=1.4 kN/m^2。

3.3.2 材料强度标准值的确定

1. 混凝土的强度标准值

混凝土强度标准值为具有 95%保证率的强度值，不同强度等级的混凝土强度标准值见附表 1。

2. 钢筋强度的标准值

《混凝土结构设计规范》规定：钢筋强度标准值应具有不小于 95%的保证率，具体取值方法如下：

(1)对于有明显屈服点的热轧钢筋，取国家标准规定的屈服点作为强度标准值。

(2)对于无明显屈服点的钢筋、钢丝及钢绞线，取国家标准规定的极限抗拉强度 σ_b 作为标准值，但设计时对钢丝和钢绞线取 $0.8\sigma_b$ 作为条件屈服点。

各类钢筋、钢丝和钢绞线的强度标准值见附表 6 和附表 7。

3.4　概率极限状态实用设计表达式

3.4.1　承载能力极限状态实用设计表达式

采用概率极限状态方法用可靠指标 β 进行设计，需要大量的统计数据，计算可靠指标比较复杂，GB 50153—2008 提出了便于实际使用的设计表达式，称为实用设计表达式。采用了以荷载和材料强度的标准值分别与荷载分项系数和材料强度分项系数相联系的荷载设计值、材料强度设计值来表达的方式。分项系数按照目标可靠指标 [β] 值，并考虑工程经验优选原则进行确定，通过分项系数将可靠指标隐含在设计表达式中。所以，实用设计表达式引入分项系数来体现目标可靠指标 β，既能满足以往设计人员的习惯，又能满足目标可靠度的要求。下面对极限状态实用设计表达式进行介绍。

1. 基本表达式

对持久设计状况、短暂设计状况和地震设计状况，当用内力的形式表达时，混凝土结构构件应采用下列承载能力极限状态设计表达式：

$$\gamma_0 S \leqslant R \tag{3-10}$$

式中，γ_0——结构重要性系数，在持久设计状况和短暂设计状况下，对于安全等级为一级的结构构件，不应小于 1.1；对于安全等级为二级的结构构件，不应小于 1.0；对于安全等级为三级的结构构件不应小于 0.9；在地震设计状况下应取 1.0；

S——荷载效应组合设计值；

R——结构构件的抗力设计值；

在进行承载能力极限状态设计时，必要时尚应考虑偶然设计状况。

2. 荷载效应组合设计值 S

结构设计时，应根据所考虑的设计状况，选用不同的组合：对于持久和短暂设计状况，应采用基本组合；对于偶然设计状况，应采用偶然组合；对于地震设计状况，应采用作用效应的地震组合。这里仅介绍基本组合，偶然组合和地震组合小荷载效应的设计值公式，可按有关规定确定。

对于基本组合，荷载效应组合的设计值 S 应从下列组合中取最不利值(即最容易使结构发生破坏的组合值)确定。

(1)由可变荷载效应控制的组合。

$$S = \sum_{i\geqslant 1}\gamma_{Gi}S_{Gik} + \gamma_{Q_1}\gamma_{L_1}S_{Q_{lk}} + \sum_{j>1}\gamma_{Q_j}\psi_{cj}\gamma_{Lj}S_{Qjk} \tag{3-11}$$

(2)由永久荷载效应控制的组合。

$$S = \sum_{i\geqslant 1}\gamma_{Gi}S_{Gik} + \gamma_L\sum_{j\geqslant 1}\gamma_{Q_j}\psi_{cj}S_{Qjk} \tag{3-12}$$

式中，S_{Gik}——第 i 个永久作用标准值的效应；

S_{Qjk}——第 j 个可变作用标准值的效应；

S_{Qlk}——第 l 个可变作用(主导可变作用)标准值的效应，当对 S_{Qlk} 无法明显判断时，轮次以各可变荷载效应为 S_{Qlk}，选其中最不利的荷载效应组合；

γ_{Gi}——第 i 个永久作用的分项系数，见表 3-5；

γ_{Q_1}，γ_{Qj}——第一个和第 j 个可变荷载分项系数，见表 3-5；

γ_{L1}，γ_{Lj}——第一个和第 j 个关于结构设计使用年限的荷载调整系数，应按表 3-1 取用；

ψ_j——第 j 个可变荷载的组合值系数，其值不应大于 1。

在式(3-11)和式(3-12)中，$\gamma_{Gi}S_{Gik}$ 称为永久荷载效应设计值，$\gamma_{Qi}S_{Qk}$ 称为可变荷载效应设计值。

表 3-5 荷载分项系数

极限状态	荷载类别	荷载特征	荷载分项系数 r_G 或 r_Q
承载能力极限状态	永久荷载	当其效应对结构不利时 对由可变荷载效应控制的组合 对由永久荷载效应控制的组合	 1.20 1.35
		当其效应对结构有利时 一般情况 对结构的倾覆、滑移或漂浮验算	 1.0 0.9
	可变荷载	一般情况 对标准值大于 4 kN/m² 的工业房屋楼面活荷载	1.4 1.3
正常使用极限状态	永久荷载 可变荷载	所有情况	1.0

3. 构件的抗力设计值 *R*

为了充分考虑材料的离散性和施工中不可避免的偏差带来的不利影响，再将材料强度标准值除以一个大于 1 的系数，即得到材料强度设计值，相应的系数称为材料的分项系数，即

$$f_c = f_{ck}/\gamma_c \quad f_s = f_{sk}/\gamma_s$$

确定钢筋和混凝土材料分项系数时，按设计可靠指标 [β] 通过可靠度分析和工程经验共同确定。《混凝土结构设计》规定的混凝土材料分项系数 $\gamma_c=1.4$；HPB300 级、HRB335 级、HRBF335 级、HRB400 级、HRBF400 级钢筋的材料分项系数 $\gamma_s=1.1$，HRB500 级、HRBF500 级钢筋的材料分项系数 $\gamma_s=1.15$；预应力筋的材料分项系数 $\gamma_s=1.2$。

钢筋及混凝土的强度设计值分别见附表 1、附表 6 和附表 8。

结构构件的抗力设计值 R 由材料强度设计值、几何参数以及计算模式共同确定。

【例 3-1】某纪念性办公楼楼面板受均布荷载，其中永久荷载引起的跨中弯矩标准值 $M_{Gk}=1.8\ \mathrm{kN\cdot m}$，查阅《荷载规范》获知楼面活荷载标准值为 $2.0\ \mathrm{kN/m^2}$，由其引起的跨中弯矩标准值 $M_{Qk}=1.5\ \mathrm{kN\cdot m}$，设计使用年限为 100 年，构件安全等级为一级，可变荷载组合系数 $\psi_c=0.7$，求板跨中最大弯矩设计值。

解：(1)按可变荷载效应控制组合计算。

查表 3-5 得　$\gamma_G=1.2$，$\gamma_Q=1.4$

$$M=\gamma_0(\gamma_G M_{Gk}+\gamma_Q\gamma_L M_{Qk})$$
$$=1.1\times(1.2\times1.8+1.4\times1.1\times1.5)=4.92\ \mathrm{kN\cdot m}$$

(2)按永久荷载效应控制组合计算。

查表 3-5 得　$\gamma_G=1.35$，$\gamma_Q=1.4$

$$M=\gamma_0(\gamma_G M_{G_k}+\gamma_L\gamma_Q\psi_c M_{Qk})$$
$$=1.1\times(1.35\times1.8+1.1\times1.4\times0.7\times1.5)=4.45\ \mathrm{kN\cdot m}$$

故板跨中最大弯矩设计值取大者为 $4.92\ \mathrm{kN\cdot m}$。

3.4.2　正常使用极限状态实用设计表达式

正常使用极限状态主要验算构件变形(或侧移)和裂缝宽度，以便满足结构适用性和耐久性的要求。由于其危害程度不及承载能力破坏，所以《规范》将正常使用极限状态目标可靠指标定得低一些，相应的恒荷载和活荷载的分项系数均取 1.0(表 3-5)，且也不考虑重要性系数 γ_0。

《工程结构可靠性统一标准》(GB 50153—2008)中对于正常使用极限状态，结构构件应分别采用荷载效应的标准组合、频遇组合和准永久组合进行设计，使变形(或侧移)、裂缝宽度等荷载效应组合的设计值符合如下要求：

$$S\leqslant C \tag{3-13}$$

式中，S——变形、裂缝等荷载效应组合值；

C——设计对变形、裂缝宽度等规定的相应限值。

变形(或侧移)、裂缝等荷载效应组合值 S 应符合下列规定：

(1)标准组合：$$S=\sum_{i\geqslant1}S_{G_{ik}}+S_{Q1k}+\sum_{j>1}\psi_{cj}S_{Qjk} \tag{3-14}$$

(2)频遇组合：$$S=\sum_{i\geqslant1}S_{Gik}+\psi_{f1}S_{Q1k}+\sum_{j>1}\psi_{qj}S_{Qjk} \tag{3-15}$$

(3)准永久组合：$$S=\sum_{i\geqslant1}S_{Gik}+\sum_{j\geqslant1}\psi_{qj}S_{Qjk} \tag{3-16}$$

式中，ψ_{f1} 为在频遇组合中起控制作用的一个可变荷载频遇值系数；ψ_{qj} 为第 j 个可变荷载准永久值系数。

【例 3-2】求例 3-1 中，可变荷载频遇值系数 $\psi_f=0.5$，准永久值系数 $\psi_q=0.4$，分别按标准组合、频遇组合及准永久组合计算的弯矩值 M。

解：(1)按标准组合：

$$M = M_{Gk} + M_{Qk} = 1.8 + 1.5 = 3.3\ \text{kN} \cdot \text{m}$$

(2)按频遇组合：

$$M = M_{Gk} + \psi_f M_{Qk} = 1.8 + 0.5 \times 1.5 = 2.55\ \text{kN} \cdot \text{m}$$

(3)按准永久组合：

$$M = M_{Gk} + \psi_q M_{Qk} = 1.8 + 0.4 \times 1.5 = 2.40\ \text{kN} \cdot \text{m}$$

3.5 本章小结

结构设计的本质就是要科学地解决结构物的可靠与经济这对矛盾。结构的功能要求包括安全性、适用性和耐久性。结构可靠性的概率度量称为结构可靠度。设计基准期和设计使用年限是两个不同的概念。前者为确定可变作用等取值而选用的时间参数，后者表示结构在规定的条件下应达到的使用年限。

结构的极限状态分为两类：承载能力极限状态和正常使用极限状态。以结构的失效概率或可靠指标来度量结构可靠度，并且建立结构可靠度与结构极限状态之间的数学关系，这就是概率极限状态设计法。因计算失效概率或可靠指标比较复杂，GB 50153—2008 提出采用分项系数的实用设计表达式，各分项系数是根据结构构件基本变量的统计特性，以可靠度分析经优选确定的，它们起着相当于设计可靠指标 $[\beta]$ 的作用。

作用于建筑物上的荷载分为永久荷载、可变荷载和偶然荷载。永久荷载采用标准值作为代表值；可变荷载采用标准值、组合值、频遇值和准永久值作为代表值，其中标准值是基本代表值，其他代表值都可在标准值的基础上乘以相应的系数后得出。钢筋和混凝土强度的概率分布属正态分布，它们的强度标准值都是具有不小于 95%保证率的偏低强度值，钢筋和混凝土的强度设计值是用各自的强度标准值除以相应的材料分项系数而得到的。

对于承载能力极限状态的荷载组合，应采用基本组合(对持久和短暂设计状况)、偶然组合(对偶然设计状况)或地震组合(对地震设计状况)；对正常使用极限状态的荷载组合，对持久状况，应进行正常使用极限状态设计；对于短暂状况，可根据需要进行正常使用极限状态设计。

思考题

3.1 什么是结构上的作用，它们如何分类？

3.2 结构可靠性的含义是什么？它包含哪些功能要求？

3.3 什么是结构的极限状态？结构的极限状态分为几类，其含义各是什么？

3.4 材料强度是服从正态分布的随机变量 x，其概率密度为 $f(x)$，怎样计算材料强度大于某一取值 x_0 的概率 $P(x<x_0)$？

3.5　什么叫结构可靠度和结构可靠指标？《建筑结构设计统一标准》(GB 50068—2001)对结构可靠度是如何定义的？

3.6　材料强度的设计值与标准值有什么关系？荷载强度的设计值和标准值有什么关系？

3.7　我国《建筑结构荷载规范》(GB 50009—2012)规定的承载能力极限状态表达式采用了何种形式？说明式中各符号的物理意义及荷载效应基本组合的取值原则。式中的可靠指标体现在何处？

3.8　什么情况下要考虑荷载组合系数，为什么荷载组合系数值小于 1？

3.9　何为荷载效应的基本组合、标准组合、频遇组合和准永久组合？分别写出其设计表达式。

习　题

3.1　受恒载 N 作用的钢筋混凝土拉杆 $b\times h=250\ \mathrm{mm}\times 200\ \mathrm{mm}$，配有 2Φ20 钢筋，钢筋截面面积的平均值 $\mu_A=509\ \mathrm{mm}^2$，变异系数 $\delta_A=0.032$。钢筋屈服强度平均值 $\mu_{f_y}=370\ \mathrm{N/mm}^2$，变异系数 $\delta_{f_y}=0.08$。设恒载为正态分布平均值 $\mu_G=14\mathrm{k\ N/mm}^2$，变异系数 $\delta_G=0.09$。不考虑计算公式精度的不确定性。求此拉杆的可靠指标 β。

3.2　某单层工业基础厂房属一般工业建筑，采用 18 m 预应力混凝土屋架，恒载标准值产生的下弦拉杆轴向力 $N_{Gk}=300\ \mathrm{kN}$，屋面活荷载标准值产生的轴向力 $N_{Qk}=100\ \mathrm{kN}$。组合值系数 $\psi_c=0.9$，频遇值系数 $\psi_f=0.9$，准永久值系数 $\psi_q=0.9$。

要求计算：

(1)进行承载力计算时的轴向力设计值。

(2)进行正常使用极限状态设计时按标准组合、频遇组合及准永久组合计算的轴向力。

第4章　钢筋混凝土受弯构件正截面承载力计算

梁和板是钢筋混凝土结构中最为典型的受弯构件，在工业与民用建筑以及桥梁工程中应用广泛。如房屋结构中的梁、行车道板、简支梁桥以及墩柱式墩(台)中的盖梁等都属于受弯构件。在荷载作用下，由力学分析可知，受弯构件截面内将承受弯矩 M 及剪力 V 的作用。因此，为保证构件的安全性，需满足承载能力极限状态要求，即：①在弯矩作用下，需进行正截面承载力计算，避免构件发生正截面破坏；②在弯矩 M 及剪力 V 的共同作用下，需进行斜截面承载力计算，防止可能发生的斜截面破坏。

本章主要解决钢筋混凝土受弯构件正截面承载力计算问题。介绍受弯构件的基本构造及相关要求；重点讲述钢筋混凝土受弯构件正截面受力性能、破坏形态、计算假定、计算公式及适用条件。

4.1　概　　述

受弯构件是指承受弯矩和剪力为主的构件。各种类型的梁和板是典型的受弯构件。梁一般是指承受垂直于其纵轴方向荷载的线形构件，它的截面尺寸小于其跨度；板是一个具有较大平面尺寸，但有相对较小厚度的面形构件。民用建筑中的楼盖、屋盖梁、板以及楼梯、门窗过梁；工业厂房中屋面大梁、吊车梁；公路和铁路桥中的简支梁等均为受弯构件。

图 4-1 为梁、板常用的截面形式。梁的截面形式一般有矩形、T 形、I 形、箱形等；常见板的形式为实心板、空心板、T 形板及槽形板等。通常矩形截面用于荷载和跨度较小的情况；T 形、I 形和箱形等截面常用于荷载和跨度较大的情况，其中箱形截面具有抗扭刚度大的特点。

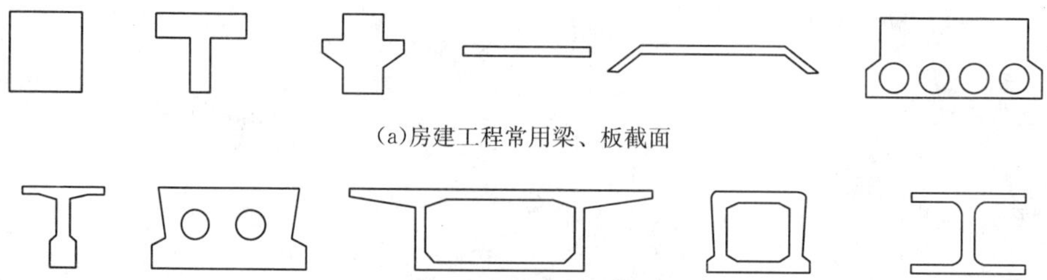

(a)房建工程常用梁、板截面

(b)桥梁工程常用梁、板截面

图 4-1　常用的梁、板截面形式

受弯构件在外荷载作用下，截面内将产生弯矩 M 及剪力 V。弯矩的存在使得截面中性轴一侧受压，另一侧受拉。由于混凝土抗拉强度低，为保障正截面(与构件轴线相垂直的截面)承载力及构件的正常使用，需在受拉区布置纵向钢筋承受拉力，且受拉钢筋尽可能远离中性轴，以增加力臂，提高构件的抗弯性能。仅在受拉区布置受力纵筋时，称为单筋截面；若同时在受压区配置纵向受压钢筋时，称为双筋截面，如图 4-2 所示。

荷载作用下，受弯构件可能发生两种破坏：一种是沿弯矩最大截面破坏，破坏截面与构件的轴线垂直，称为正截面破坏，如图 4-3(a)所示；另一种是沿剪力最大或弯矩和剪力都较大的截面破坏，破坏截面与构件的轴线斜交，称为斜截面破坏，如图 4-3(b)所示。

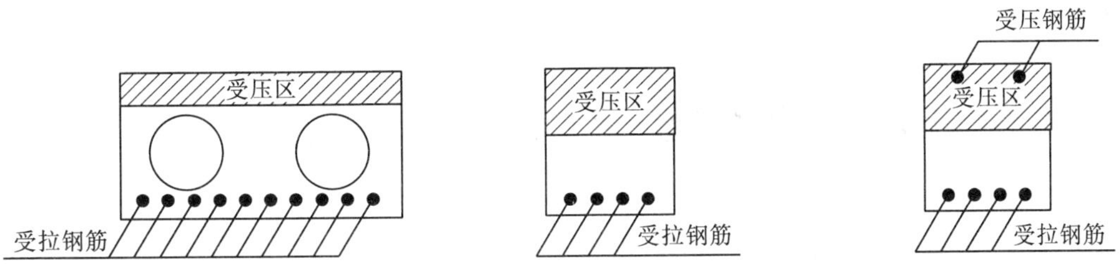

(a)单筋板　(b)单筋矩形截面梁　(c)双筋矩形截面梁

图 4-2　截面纵向受力钢筋

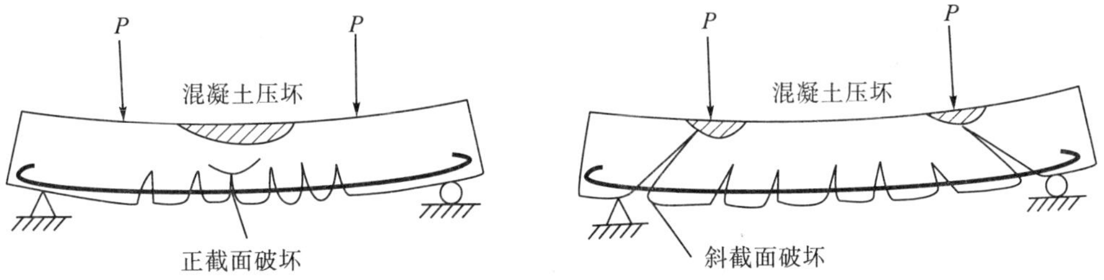

(a)正截面破坏　(b)斜截面破坏

图 4-3　受弯构件破坏形式

受弯构件的破坏计算属于承载能力极限状态问题，可按式(4-1)计算：

$$\gamma_0 S \leqslant R \tag{4-1}$$

式中，γ_0——结构重要性系数；

S——作用效应，根据力学方法进行计算，由结构上的作用产生的弯矩或剪力设计值；

R——结构抗力，根据材料的力学指标、截面尺寸等确定，正截面受弯或斜截面受剪承载力设计值。

本章阐述钢筋混凝土受弯构件构造要求、正截面受力性能、破坏形态、计算理论及方法。

4.2　受弯构件的基本构造要求

构造要求是考虑结构计算中未计及的因素，如环境的影响、施工条件、混凝土收缩徐变和温度应力等。它是基于长期工程实践及试验研究等基础上对结构计算做的必要补充，是结构设计的重要组成部分。结构设计计算和构造要求是相互协调、配合的。因此，掌握相关构造要求，对深入学习受弯构件正截面承载力的计算具有重要意义。

4.2.1　梁的构造要求

1. 截面尺寸及混凝土强度等级

梁的截面尺寸取决于构件的支承条件、跨度及荷载大小等因素。为满足正常使用极限状态及经济等要求，根据大量工程实践，梁截面高度一般取 $h=\left(\frac{1}{16}\sim\frac{1}{10}\right)l_0$（$l_0$ 为梁的计算跨度）；截面宽度一般取 $b=\left(\frac{1}{3}\sim\frac{1}{2}\right)h$（矩形截面）和 $b=\left(\frac{1}{4}\sim\frac{1}{2.5}\right)h$（T 形截面）。

为使构件的截面尺寸统一，方便施工，通常梁的截面尺寸宜按下述采用。

(1)梁宽：矩形截面的宽度或 T 形截面的肋宽 b 一般为 100 mm，120 mm，150 mm，180 mm，200 mm，220 mm，250 mm 和 300mm；300mm 以上时级差为 50mm。括号中的数值仅用于木模。

(2)梁高：矩形和 T 形截面的高度 h 一般为 250 mm，300 mm，…，800mm，每个级差为 50mm，800mm 以上时级差为 100mm。

梁常用的混凝土强度等级是 C25，C30，C35，C40 等。

2. 混凝土保护层厚度

钢筋的外表面到截面边缘最小垂直距离，称为混凝土保护层厚度，用 c 表示，如图 4-4 所示。混凝土保护层的主要作用为：防止或减少混凝土开裂后纵向钢筋的锈蚀；在火灾等情况下，使钢筋的温度上升缓慢；使纵向受力钢筋与混凝土具有良好的黏结性能。

考虑构件种类、环境类别和混凝土强度等级等因素，《混凝土结构设计规范》规定，构件中受力钢筋的保护层厚度不应小于钢筋的公称直径 d；设计使用年限为 50 年的混凝土结构，最外层钢筋的保护层厚度应符合附表 13 的规定；设计使用年限为 100 年的混凝土结构，最外层钢筋的保护层厚度不应小于附表 13 中数值的 1.4 倍。

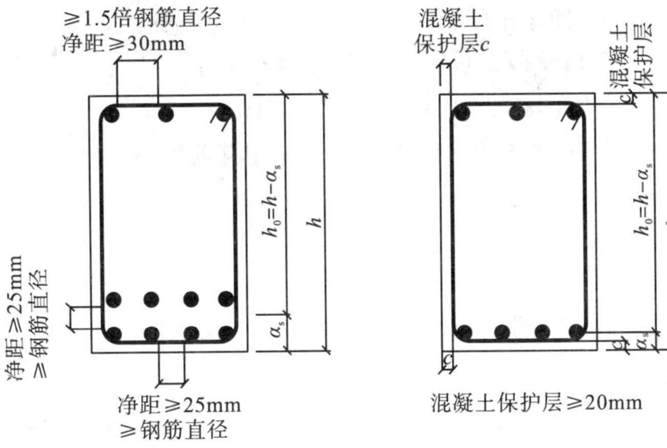

(a)双层钢筋矩形截面　　(b)单层钢筋矩形截面

图 4-4　混凝土保护层厚度、钢筋净间距及截面有效高度

3. 梁的钢筋布置

为满足梁受力及构造要求，通常在梁中配有纵向受力钢筋、弯起钢筋、箍筋、架立钢筋及梁侧纵向构造钢筋等，如图 4-5 所示。

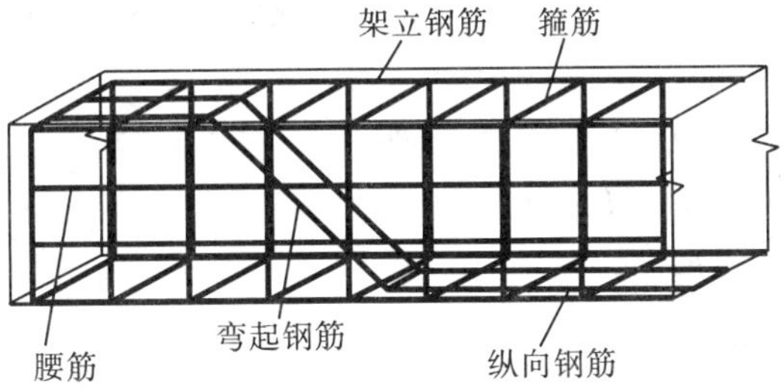

图 4-5　梁的配筋

1)纵向受力钢筋

为充分发挥混凝土的抗压和钢筋的抗拉作用，纵向受力钢筋一般布置在梁的受拉区，其主要作用是受拉区混凝土开裂退出工作后代替受拉区混凝土受拉，并与受压区混凝土压应力的合力一起形成截面抵抗力矩，用于抵抗荷载所产生的弯矩；有时也在梁的受压区布置纵向受力钢筋，协助混凝土受压。

纵向受力钢筋的数量根据正截面的抗弯承载力经计算确定，且伸入梁支座范围内的纵向受力钢筋不应少于 2 根。纵向受力钢筋通常采用 HRB400 级、HRB500 级、HRBF400 级、HRBF500 级钢筋，在建筑结构中钢筋的直径一般为 10～28 mm；在桥梁结构中一般为 10～32 mm，其中常用的是 12 mm、14 mm、16 mm、18 mm、20 mm、22 mm、25 mm。梁高不小于 300 mm 时，钢筋直径不应小于 10 mm；梁高小于 300 mm 时，钢筋直径不应小于 8 mm。

为使钢筋和混凝土之间有较好的黏结，并避免因钢筋布置过密而影响混凝土浇筑，梁内纵向受力钢筋在水平和竖直方向都应满足相应的净间距要求，当纵向受力钢筋为多层(两层及以上)布置时，上、下层钢筋应对齐，不能错列。梁内钢筋布置如图 4-4 所示，纵向受拉钢筋的水平和竖向净距(当为一层和两层时)不应小于 25 mm 和 d，受压区纵筋的水平净距不应小于 30 mm 和 $1.5d$。当受拉区钢筋多于 2 层时，2 层以上钢筋水平方向的中距应比下面 2 层的中距增大一倍；各层钢筋之间的净距不应小于 25 mm 和 d。上述 d 为钢筋的最大直径。在梁的配筋密集区域，宜采用并筋(两根或三根并在一起形成钢筋束)的配筋形式以增大钢筋间距。当采用并筋时，上述构造要求中的钢筋直径应改用并筋的等效直径。

2)架立钢筋

为了固定箍筋并与纵向钢筋一起形成钢筋骨架，同时承受由于混凝土收缩、徐变以及温度变化引起的拉应力。通常在梁截面的受压区布置架立钢筋(一般不计入计算)，其直径通常为 10～14 mm。当梁的跨度小于 4 m 时，架立钢筋的直径不宜小于 8 mm；当梁的跨度为 4～6m 时，直径不应小于 10 mm；当梁的跨度大于 6 m 时，直径不宜小于 12 mm。

3)腹筋

腹筋是箍筋和弯起钢筋(又称斜筋)的统称。箍筋垂直于梁轴线布置，其作用除了主要抵抗斜截面上的部分剪力，还有固定纵筋位置以形成钢筋骨架，保证受拉区和受压区的良好联系及保证受压钢筋稳定的作用，同时约束斜裂缝宽度的开展和延伸。

斜筋通常由富余的纵筋弯起而成，以抵抗斜截面上的剪力。当富余纵筋弯起不足以抵抗剪力时，也可以另外加设钢筋。

箍筋和斜筋的数量是由斜截面的抗剪承载力经计算确定的。梁的箍筋宜采用 HRB400 级、HRBF400 级、HPB300 级、HRB500 级、HRBF500 级钢筋，也可采用 HRB335 级、HRBF335 级钢筋，常用直径是 6 mm、8 mm 和 10 mm。

4)梁侧纵向构造钢筋

梁侧纵向构造钢筋又称腰筋，通常梁的腹板高度不小于 450 mm 时，在梁的两个侧面沿高度配置纵向构造钢筋。其主要作用在于保持梁骨架的刚度、承受梁侧面混凝土收缩以及温度变化引起的应力，并抑制混凝土裂缝的发展。梁侧纵向构造钢筋的间距不宜大于 200 mm，截面面积不小于腹板面积 bh_w 的 0.1%，如图 4-6 所示。

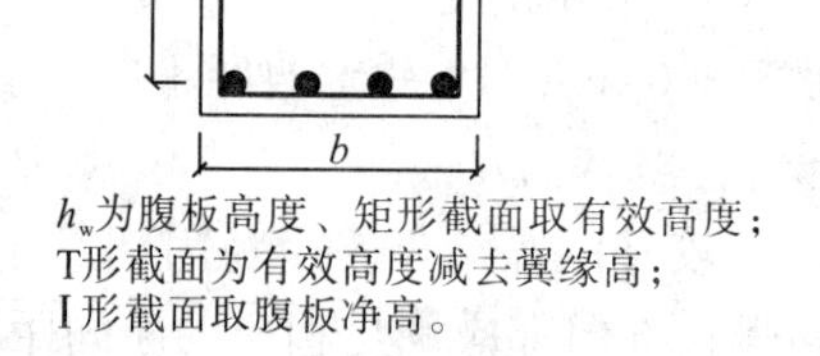

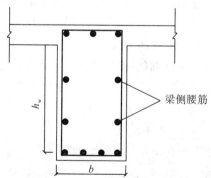

h_w为腹板高度、矩形截面取有效高度；
T形截面为有效高度减去翼缘高；
I形截面取腹板净高。

图 4-6 梁侧纵向构造钢筋

4.2.2 板的构造要求

1. 板厚度及混凝土强度等级

钢筋混凝土板是房屋建筑和各种工程结构中的基本结构或构件，常用做屋盖、楼盖、平台、墙、挡土墙、基础、水池等，应用范围极广。板的厚度应满足强度和刚度(舒适性)的要求。根据实践经验，钢筋混凝土板的跨厚比需满足：单向板不大于 30，双向板不大于 40；无梁支承的无柱帽板不大于 30。预应力板可适当增加；若板所承受的荷载及跨度较大，可适当减小。现浇钢筋混凝土板厚不应小于表 4-1 规定的数值。

表 4-1　现浇钢筋混凝土板的最小厚度　(单位：mm)

板的类别		最小厚度
单向板	屋面板	60
	民用建筑楼板	60
	工业建筑楼板	70
	行车道下的楼板	80
双向板		80
密肋楼盖	面板	50
	肋高	250
悬臂板(根部)	悬臂长度不大于 500mm	60
	悬臂长度 1200mm	100
无梁楼盖		150
现浇空心楼盖		200

板常用的混凝土强度等级为 C25、C30、C35、C40 等。

2. 混凝土保护层厚度

板的保护层相比梁可适当小一些，详见附表 13。从表中可得知，钢筋混凝土板的最小保护层厚度一般为 15mm。

板的截面有效高度 $h_0=h-a_s$，受力钢筋一般为一排钢筋，$a_s=c+d/2$；截面设计时，可取 $d=10$mm 计算 a_s。

3. 板的钢筋布置

梁式板内的钢筋一般有两种：受力钢筋和分布钢筋，如图 4-7 所示。

1)受力钢筋

受力钢筋沿跨度方向在截面受拉一侧布置，其主要作用同梁的纵向受拉钢筋，数量也同样由正截面抗弯承载力经计算确定。板内受力钢筋伸入支座数量每米不少于 3 根，并不少于跨中钢筋截面的1/4。由于板较宽，且其荷载在板宽方向按均匀分布考虑，为方便起见，常取1m宽的板带进行设计。板中受力钢筋的数量以其直径及间距表示，板不论宽窄，按此钢筋直径及间距布置即可。

板的受力钢筋通常采用HRB400级、HRB500级、HRBF400级、HRBF500级钢筋，也可采用HPB300级、HRB335级、HRBF335级、RRB400级钢筋，直径通常采用8～14 mm；当板厚较大时，钢筋直径可用14～18 mm。

为了便于浇筑混凝土，保证钢筋周围混凝土的密实性，板内钢筋间距不宜过密(不小于70 mm)；为了使板内钢筋能够正常地分担内力，钢筋间距也不宜过稀(不大于250 mm)。板内受力钢筋的间距一般为70～200 mm；当板厚$h \leqslant 150$ mm时，钢筋间距不宜大于200 mm；当板厚$h > 150$ mm时，钢筋间距不宜大于$1.5h$，且不应大于250 mm。

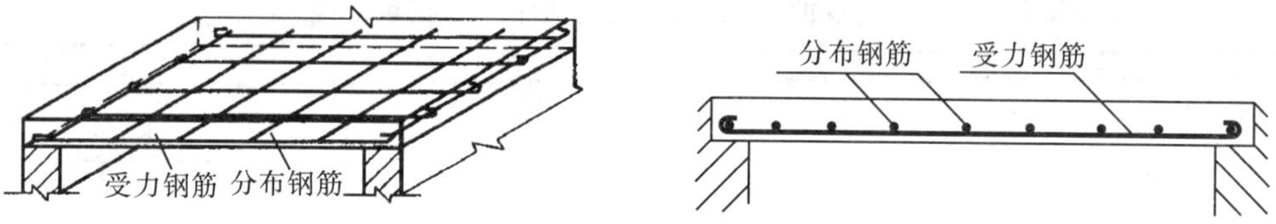

图4-7 梁式板的钢筋布置

2)分布钢筋

当按单向板计算时，应在垂直于受力钢筋的内侧布置分布钢筋。交点处用细铁丝绑扎或焊接。其作用是与受力钢筋一起形成钢筋网，固定受力钢筋位置；将荷载均匀分布传递给受力钢筋；承受因混凝土收缩和温度变化引起的应力。

分布钢筋之所以布置在受力钢筋的内侧，是因为：①在保证混凝土净保护层条件下，增大受力钢筋重心至受压区混凝土压应力合力之间的距离，从而增大其正截面抗弯承载力；②板常受竖向荷载作用(承受正弯矩)，分布钢筋布置在受力钢筋内侧可起到分散传递荷载的作用。

分布钢筋按构造要求布置，宜采用HPB300级、HRB335级、HRBF335级钢筋，常用直径是6 mm和8 mm。单位长度上分布钢筋的截面面积不宜小于单位宽度上受力钢筋截面面积的15%，且配筋率不宜小于0.15%，其直径不宜小于6 mm，分布钢筋的间距不宜大于250 mm。集中荷载较大时，分布钢筋的截面面积应适当增加，其间距不宜大于200 mm。在温度、收缩应力较大的现浇板区域，应在板的表面双向配置防裂构造钢筋，其配筋率均不宜小于0.10%，间距不宜大于200 mm。

设计计算和实践经验表明，板内剪力很小，其抗剪承载力足够，不需依靠箍筋抗剪，因此，板内一般不配置箍筋。同时板厚较小也较难设置箍筋。

4.3 受弯构件的正截面受力性能试验分析

钢筋混凝土构件由两种物理力学性能不同的材料组成，钢筋和混凝土在材料特性及力学行为上存在很大不同。混凝土是一种抗压强度较高、抗拉强度低的塑性材料，很容易开裂；钢筋抗拉及抗压强度较高，在屈服前表现为理想的线弹性性质，但在屈服后几乎表现出纯塑性性质。钢筋混凝土受弯构件虽遵循材料力学中的基本原则，但与弹性、匀质及各向同性的梁相比，其受力性能存在较大差异。鉴于此，其计算理论是建立在试验基础上的。

4.3.1　正截面工作的三个阶段

为探明钢筋混凝土梁的弯曲性能，研究正截面的应力和应变分布规律，通常采用图 4-8 布置的试验梁进行研究。试验中，通常采用两点对称加载，这样，在两个对称集中荷载间的 *CD* 段（“纯弯段”）内，不仅可以基本上排除剪力的影响(忽略自重)，同时也有利于布置测试仪表以观察试验梁受荷后变形和裂缝出现与开展的情况。在纯弯段内，沿梁的截面高度布置应变测点，测量各点的应变。在跨中截面布置百分表，量测挠度值；与此同时，为消除架立钢筋对截面受弯性能的影响，仅在该区段受拉区配置纵向受力筋，受压区不放架立筋，即可形成理想的单筋截面。

在梁段纯弯段内，沿着梁高两侧布置适当标距设置应变传感器或应变片量测标距内混凝土纵向平均应变，得到沿梁高应变分布规律及混凝土受压破坏时的极限应变。浇筑混凝土时，在梁段跨中处钢筋表面预埋电阻应变片，测量纵向受拉力钢筋的应变。不论采用何种设备量测应变，其都有一定标距。因此，所测得的数值都表示标距范围内的平均值。此外，为量测跨中挠度及支座沉降的变形对实测挠度的影响，在跨中梁底安装位移计(也有千分表或百分表测挠度)，同时在梁端支座处安装百分表或千分表，有时还要安装倾角仪以量测梁的转角。

试验采用由小到大分级加载方法，每级加载后观测和记录裂缝出现、扩展及发展情况，并记录各级荷载下仪表和应变片的读数，直至正截面破坏而告终。图 4-9 为配筋适当具有代表性的单筋矩形截面梁的试验结果。图 4-9(a)为各级荷载作用下混凝土和钢筋平均应变沿梁高分布图；图 4-9(b)～图 4-9(d)为弯矩与中和轴、纵向钢筋应力、跨中挠度之间的关系曲线。钢筋应力通过实测应变，按屈服前为理想弹性、屈服后为理想弹塑性的假定进行计算求出。弯矩 M 根据所给外荷载计算出梁纯弯段内截面的弯矩，M_u为截面所能承受的极限弯矩，根据破坏荷载得出梁同一截面的破坏弯矩。图 4-9(b)～图 4-9(d)的 M/M_u采用无量纲形式表示。

试验测得的跨中截面的荷载-挠度关系曲线有两个明显的转折点，如图 4-10 所示。对于配筋适当的适筋梁，从开始加载到受弯破坏的受力全过程可划分为三个阶段。

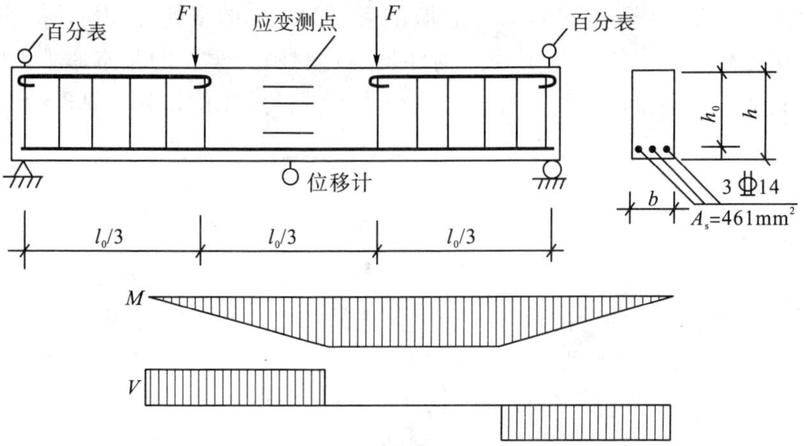

图 4-8 钢筋混凝土试验梁

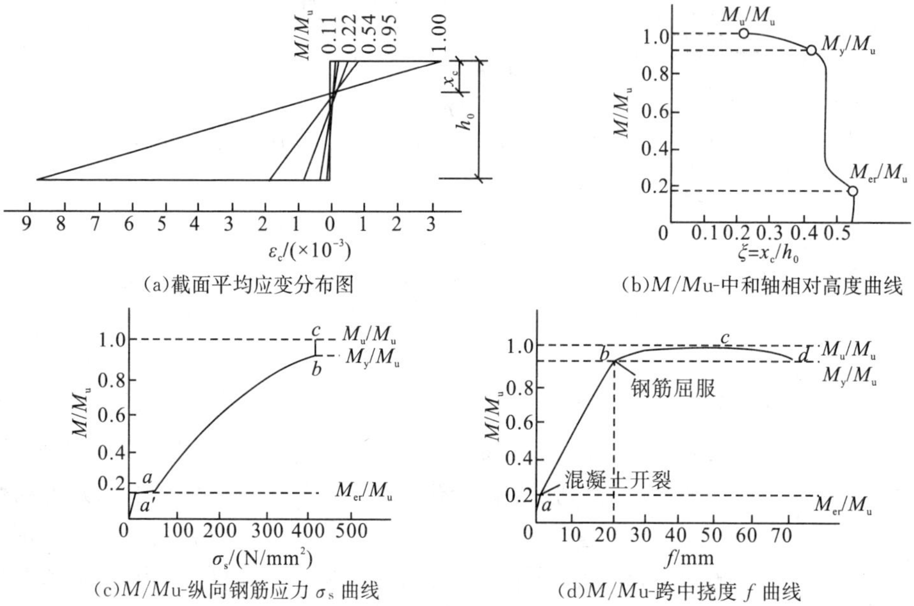

图 4-9 截面应变、中和轴高度、纵筋拉应力及挠度试验曲线

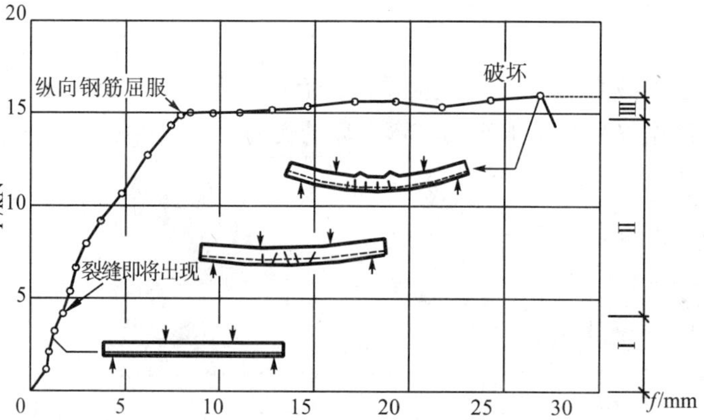

图 4-10 试验梁受荷发展情况曲线

1)第Ⅰ阶段：未开裂阶段

加载初期，弯矩较小，受拉区梁段边缘纵向应变小于混凝土极限拉应变，混凝土未开裂，全截面参与受力，且应变沿梁高为直线变化，符合平截面假定，挠度及钢筋应力与弯矩成正比。该阶段梁处于弹性工作阶段。随着荷载的增加，当受拉区混凝土应变达到极限拉应变时，在纯弯段某薄弱位置将出现垂直裂纹，此时称为开裂状态，即Ⅰ阶段末，以Ⅰ$_a$表示。梁体在此刻承受的弯矩称为开裂弯矩 M_{cr}。

2)第Ⅱ阶段：混凝土开裂后至钢筋屈服前的带裂缝工作阶段

自梁体出现第一条垂直裂缝后，进入带裂缝工作状态，即Ⅱ阶段，如图 4-9(d)所示，在弯矩-挠度曲线上出现第一个转折点 a。此时，在纯弯段梁内，不大弯矩增量将致使出现一系列的裂缝，从而导致梁的刚度降低，变形迅速增大。由于受拉区截面开裂，混凝土退出工作，先前承担的拉力转移给受拉钢筋。因此，受拉钢筋在经历Ⅰ$_a$阶段的瞬间，发生应力突变，如图 4-9(c)所示，钢筋应力由 b 点突变到 c 点。随着弯矩的继续增大，不仅在纯弯段出现新的裂缝或在剪弯段出现斜向裂缝，而且原有裂缝宽度开始增加并向上延伸；与此同时，受拉钢筋应变及梁体挠度增加迅速，梁的中和轴不断上移，受压区混凝土压应变也随之增大。当截面弯矩增加到使纵向受拉钢筋应变达到屈服应变 $\varepsilon_s=f_y/E_s$ 时，钢筋应力达到屈服强度，开始屈服，称为梁的屈服状态，以Ⅱ$_a$表示，此时梁所受的弯矩为屈服弯矩 M_y。

梁体自开裂后，截面应变分布不满足平截面假定，若应变量测标距布置过大时，在该范围内的实测平均应变沿梁高变化仍能符合平截面假定，如图 4-9(a)所示。

3)第Ⅲ阶段：钢筋开始屈服至截面破坏的破坏阶段

纵向受力钢筋一旦屈服，梁体受力性能将发生重大变化，进入第Ⅲ阶段工作——破坏阶段。此时，梁体刚度下降，截面曲率和梁的挠度突然增大，出现第二个转折点 b，如图 4-9(d)所示，随后曲率变化平缓，呈水平状发展。钢筋屈服后，其应力 $\sigma_s=f_y$ 不变，应变继续增大 $\varepsilon_s>\varepsilon_y$，故裂缝宽度随之扩展并沿梁高向上延伸，中和轴继续上移，受压区高度进一步减小，受压区边缘混凝土压应变迅速增大。

截面弯矩若继续增加，达到梁体所能承受的最大弯矩，如图 4-9(d)c 点时，受压区混凝土达到极限压应变，其边缘混凝土将被压坏并向外鼓出。与此同时，梁受压区两侧有一定的压裂裂隙，标志着第Ⅲ阶段即将结束，梁达到极限状态，以Ⅲ$_a$表示。此时梁所受的弯矩即梁正截面受弯承载力，称为极限弯矩 M_u。其后，在实验室条件下的一般试验梁虽仍可继续变形，但所承受的弯矩将有所降低，如图 4-9(d)cd 段。最后在破坏区段上受压区混凝土被压碎甚至剥落，裂缝宽度已很大而完全破坏。

在第Ⅲ阶段整个过程中，钢筋所承受的总拉力大致保持不变。但由于中和轴逐步上移，内力臂略有增加，截面极限弯矩 M_u略大于屈服弯矩 M_y。第Ⅲ阶段是截面的破坏阶段，破坏始于纵向受拉钢筋屈服，终结于受压区混凝土压碎。该阶段纵向受拉钢筋屈服，拉力保持为常值；裂缝截面处，受拉区大部分混凝土已退出工作；受压区边缘混凝土压应变达到其极限压应变试验值 ε_{cu}时，混凝土被压碎，截面破坏。

4.3.2 适筋梁截面应力分布

目前常规的试验手段只能通过测混凝土和钢筋应变，不能直接测其应力。钢筋及混凝土的应力通过测得的应变分布和材料的应力－应变曲线关系即可求得。因此只要知道二者的应力－应变，如图 4-11 所示，就可以根据测得的应变求出相应的应力。因各阶段截面受力符合平截面假定，因此只要知道某一边缘的应变值，就可求得截面各点的应变值，进而求得钢筋和混凝土各阶段截面各点的应力值。图 4-12 为按照上述方法所得各截面应变及应力分布图。

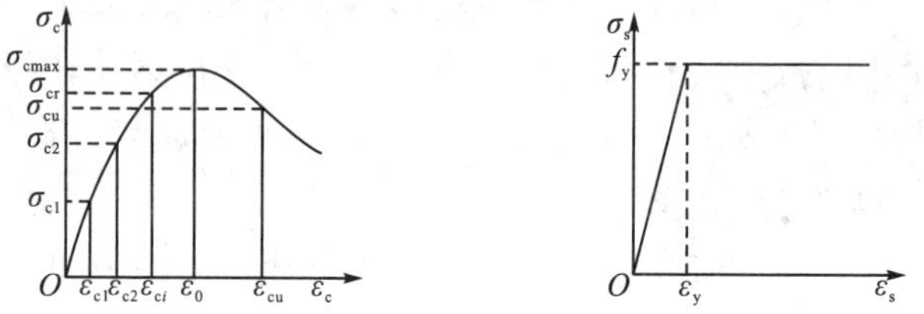

(a)混凝土应力－应变曲线　(b)钢筋应力－应变曲线

图 4-11　混凝土和钢筋应力－应变曲线

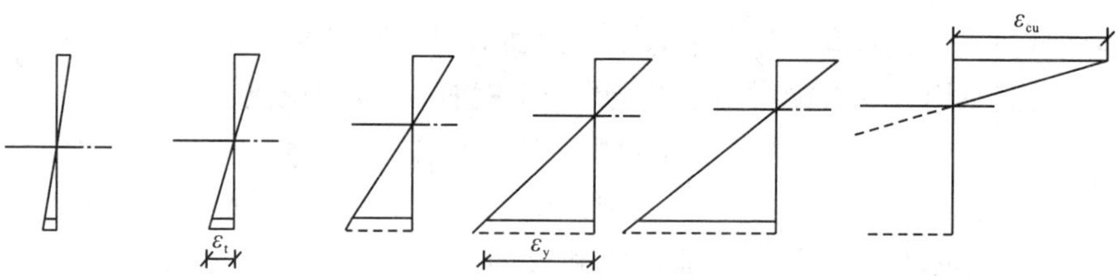

(a)截面应变分布

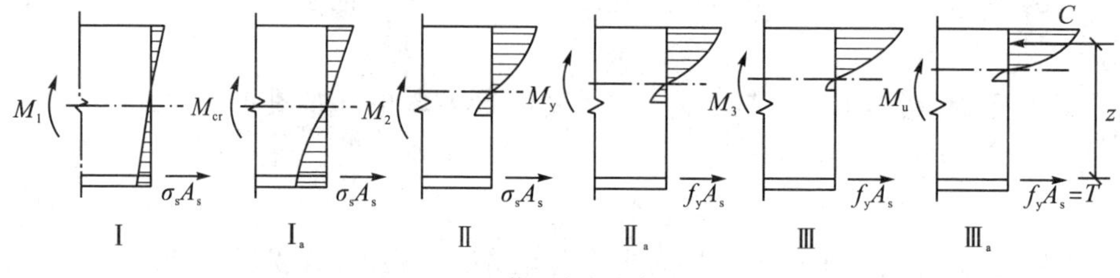

(b)截面应力分布

图 4-12　梁各阶段截面应变及对应的应力分布图

从图 4-12 可看出，各阶段截面应变均满足平截面假定所规定的变形协调条件，也满足静力平衡条件，即拉区由混凝土和钢筋所承担的总拉力等于压区混凝土所承受的总压力；总拉力和总压力形成的抵抗弯矩等于外荷载在截面所引起的弯矩。适筋量各阶段截面应力分布具有以下特点。

1)第Ⅰ阶段

加载初期，由于弯矩很小，沿梁高量测到的梁截面上各点纤维应变也小，应变沿梁截面高度为直线变化，即符合平截面假定，如图 4-12(a)所示。由于应变很小，这时梁的工作情况与匀质弹性体梁相似，混凝土基本上处于弹性工作阶段，可用材料力学公式，引用换算截面的几何特性计算钢筋和混凝土的应力。此阶段应力与应变成正比，受压区和受拉区混凝土应力分布图形为三角形。

随着弯矩再增大，应变也随之加大，但其变化仍符合平截面假定。由于混凝土抗拉能力远比抗压能力弱，截面受拉区呈现塑性特性，在其边缘处混凝土首先表现出应变比应力增长速度快的塑性特征。受拉区应力图形开始偏离直线呈曲线分布。弯矩继续增大，受拉区应力图形中曲线部分的范围不断沿梁高向上发展。当弯矩增加到 M_{cr} 时，受拉区边缘纤维的应变值即将到达混凝土受弯时的极限拉应变 ε_{tu} 时，拉区混凝土即将开裂，其拉应力达到抗拉强度 f_t，应力呈曲线分布；此时，受压区边缘纤维应变量测值相对还很小，压区混凝土仍处于弹性阶段，应力图形呈三角形，如图 4-12(b)中 I_a 所示。I_a 阶段时，由于黏结力的存在，受拉钢筋的应变与周围同一水平处混凝土拉应变相等，此时钢筋应变接近 ε_{tu}(混凝土极限拉应变一般为 0.0001～0.00017，受拉钢筋应力为 20～34 MPa)，钢筋应力较低。由于受拉区混凝土塑性的发展，I_a 阶段时中和轴的位置比第Ⅰ阶段初期略有上升。I_a 阶段可作为受弯构件确定开裂弯矩的主要依据。

2)第Ⅱ阶段

受拉区混凝土一旦开裂，原先由其承担的那一部分拉力将转给钢筋，导致钢筋应力突然增大，故裂缝出现时梁的挠度和截面曲率都将突然增大；同时裂缝具有一定的宽度，并将沿梁高延伸到一定的高度。裂缝截面处的中和轴位置也将随之上移，在中和轴以下裂缝尚未延伸到的部位，混凝土虽然仍可承受一小部分拉力，但受拉区的拉力将主要由钢筋承担，此时钢筋还未屈服。

随着弯矩继续增大，截面曲率变大，同时主裂缝开展越来越宽。由于受压区混凝土应变不断增大，其塑性性质越来越明显，受压区应力图形呈曲线变化，如图 4-12(b)中Ⅱ所示。该阶段为混凝土正常使用阶段，其应力分布可作为梁体正常使用阶段验算变形和裂缝开展宽度验算的依据。

当弯矩继续增大到受拉钢筋屈服强度 f_y 时，压区混凝土塑性进一步发展，其应力曲线更加丰满，如图 4-12(b)中 II_a 所示。

3)第Ⅲ阶段

纵向受力钢筋屈服后，钢筋应变继续增大，应力不变，截面曲率和梁的挠度也突然增大，裂缝宽度随之扩展并沿梁高向上延伸，中和轴继续上移，受压区高度进一步减小。此时受压区混凝土边缘纤维应变也迅速增长，塑性特征将表现得更为充分，受压区压应力图形更趋丰满，如图 4-12(b)中Ⅲ所示。

随着受压区高度的减小，其边缘纤维压应变显著增大，当到达混凝土受弯时的极限压应变时(一般可达 0.003～0.004)，由图 4-11(a)可知，混凝土应力峰值将往下偏移，如图 4-12 III_a 所示。第Ⅲ阶段末的 III_a 状态可作为正截面受弯承载力计算的依据。

综上所述，钢筋混凝土受弯构件各阶段受力及变形呈现不同特点，差异较大。造成这些差异的主要原因在于钢筋与混凝土两种材料的力学性能及相互作用。适筋梁正截面受弯三个受力阶段的主要特点可归纳总结于表 4-2。

表 4-2 适筋梁正截面受弯三个受力阶段的主要特点

受力阶段 主要特点		第Ⅰ阶段	第Ⅱ阶段	第Ⅲ阶段
习称		未裂阶段	带裂缝工作阶段	破坏阶段
外观特征		没有裂缝，挠度很小	有裂缝，挠度还不明显	钢筋屈服，裂缝宽，挠度大
弯矩-截面曲率(M-φ)		大致成直线	曲线	接近水平的曲线
混凝土应力图形	受压区	直线	受压区高度减小，混凝土压应力图形为上升段的曲线，应力峰值在受压区边缘	受压区高度进一步减小，混凝土压应力图形为较丰满的曲线；后期为有上升段与下降段的曲线，应力峰值不在受压区边缘而在边缘的内侧
	受拉区	前期为直线，后期为有上升段的曲线，应力峰值不在受拉区边缘	大部分退出工作	绝大部分退出工作
纵向受拉钢筋应力		$\sigma_s \leqslant 20 \sim 30\ \text{N/mm}^2$	$20 \sim 30\ \text{N/mm}^2 < \sigma_s < f_y$	$\sigma_s = f_y$
与设计计算的联系		I_a阶段用于抗裂验算	用于裂缝宽度及变形验算	III_a阶段用于正截面受弯承载力计算

4.3.3 正截面的破坏形态

试验研究表明，梁的正截面的破坏形式与纵向受拉钢筋配筋量的多少、钢筋及混凝土强度等级息息相关。纵向受拉钢筋配筋量一般用配筋率 ρ 表示。对于单筋矩形截面配筋率 $\rho = A_s/bh_0$，其中 A_s为受拉钢筋截面面积，bh_0为截面有效面积(b 为矩形截面的宽度，h_0为截面有效高度，如图 4-4 所示)。图 4-13 给出了不同配筋率的试验梁的荷载-挠度关系曲线。对于常用的钢筋和混凝土等级，当梁的截面尺寸和材料强度一定时，正截面破坏形式主要受配筋率影响。若改变配筋率 ρ，不仅梁的受弯承载力会发生变化，而且梁在破坏所受力性质也会发生明显的变化。根据正截面破坏特征的不同，正截面受弯矩破坏形式可归纳为以下三种情况。

1)适筋破坏——塑性破坏(适筋梁)

当配筋率 ρ 适当，随着荷载的增加，受拉纵筋和受压区混凝土应力相应增加过程中，先是钢筋屈服，钢筋屈服以后，钢筋应力维持不变，裂缝宽度开展，裂缝长度延伸，挠度增加，但并不立即破坏。截面中性轴上移(在受压区面积减少，受压区应力分布饱满的情况下，受压区混凝土压应力合力保持与纵向受拉钢筋拉力相平衡)，以增大内力偶臂来抵抗进一步的荷载弯矩。其主要特征为纵向受拉钢筋首先屈服，随后受压区混凝土应变达到极限压应变致使压区混凝土压碎而破坏。由于此种破坏在破坏前有明显的预兆(变形)，破坏过程比较缓慢，称为“塑性破坏”或“延性破坏”，如图 4-14(a)所示。梁体发生破坏时钢筋达到屈服强度，混凝土达到极限抗压强度，二者的材料得到充分利用。因此，工程中的受弯构件都应设计成适筋梁。

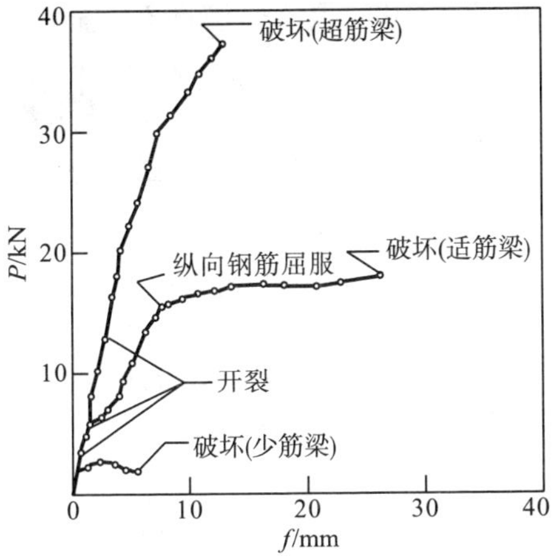

图 4-13　不同配筋率的试验梁荷载-挠度关系曲线图

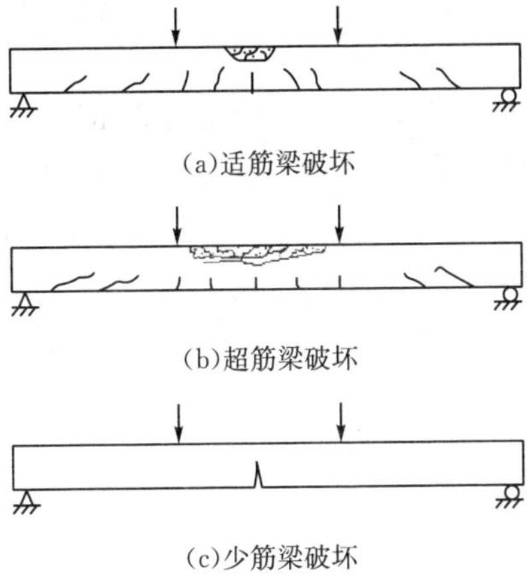

图 4-14　钢筋混凝土梁的三种破坏形态

对适筋梁而言，其塑性变形能力随配筋率的大小而发生变化。当配筋率较低时，随着拉区混凝土的开裂，钢筋拉应变迅速增长，其速率大于压区混凝土压应变增长速率。当钢筋屈服时，压区混凝土边缘压应变尚不太大，要达到极限压应变，钢筋还需经历一个拉应变的增长过程。在此过程中，梁体发生明显的变形，给人以破坏前的征兆。因此，这种配筋率偏低的适筋梁，塑性变形能力较好，如图 4-15 所示。随着配筋率的增加，钢筋发生屈服到压区混凝土达到极限压应变的变形过程越来越短，变形能力越来越低，其塑性亦越来越差。当配筋率达到某个限制时，钢筋一旦屈服，压区混凝土即刻达到极限压应变而发生破坏，这种破坏称为“界限破坏”或“平衡破坏”。该配筋率即为适筋梁配筋上限，为“最大配筋率”或“界限配筋率”。

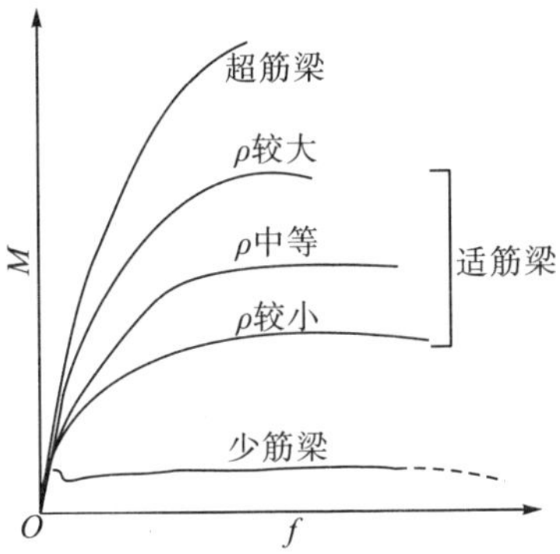

图 4-15　各种受弯破坏梁的弯矩－挠度曲线

2)超筋破坏——脆性破坏(超筋梁)

当配筋率 ρ 很大时，其破坏特点是受拉钢筋应力尚未达到屈服强度之前，受压区混凝土边缘纤维的应力已达到抗压强度极限值(即压应变达到混凝土抗压应变极限值)，由于混凝土局部压碎而导致梁的破坏，如图 4-14(b)所示。发生这种梁破坏，梁体仅仅经历Ⅰ、Ⅱ两个阶段，受拉钢筋尚处于弹性阶段，裂缝开展宽度小且延伸不高，不能形成一条较大的裂缝，梁体挠度不大，是在没有明显破坏征兆的情况下突然发生的“脆性破坏”。超筋梁配置钢筋过多，并没有充分发挥钢筋的作用，既不经济又不安全，在设计中一般不准采用。

3)少筋破坏——脆性破坏(少筋梁)

当配筋率 ρ 很小时，其破坏特点是受拉区混凝土一旦出现裂缝，受拉钢筋的应力立即达到屈服强度，并迅速经历整个流幅，进入强化工作阶段，这时裂缝迅速向上延伸，开展宽度很大，即使受压区混凝土尚未压碎，由于裂缝宽度过大，已标志着梁的“破坏”，如图 4-14(c)所示。这种一裂即坏的现象是在很短时间内突然发生的，也无任何征兆，属于“脆性破坏”。少筋梁虽然配有钢筋，但其承载力相当于素混凝土梁的承载力，材料强度未充分利用，压区混凝土并未发挥其作用。从经济及安全考虑，在结构设计中也不准采用。

表 4-3 给出了适筋梁、超筋梁、少筋梁的破坏原因、破坏性质和材料利用情况的对比。

表 4-3　三种破坏梁的对比

破坏形态	适筋梁破坏	超筋梁破坏	少筋梁破坏
破坏性质	塑性	脆性	脆性
材料利用	钢筋抗拉强度及混凝土抗压强度充分利用	混凝土抗压强度充分利用，钢筋抗拉强度未充分利用	钢筋和混凝土均不能充分利用
破坏原因	钢筋达到屈服，压区混凝土被压碎	压区混凝土被压碎	混凝土开裂

从经济及安全考虑，受弯构件正截面设计中，均应设计成适筋梁，避免成为超筋梁或少筋梁。在设计规范中，通常以最大配筋率和最小配筋率的限制来防止梁发生后两种脆性破坏，保证梁的配筋处于适筋梁的范围，发生正常的塑性破坏。比较适筋梁和超筋梁的破坏，二者的差异在于：前者始于钢筋屈服，随后压区混凝土压碎；后者始于压区混凝土压碎，而钢筋并未达到屈服。显然，当钢筋级别和混凝土强度等级确定以后，二者之间有个界限，使得钢筋屈服的同时，混凝土刚好被压碎。如前所述，对应的该破坏形态为“界限破坏”或“平衡破坏”，是适筋梁与超筋梁的分界状态，该状态 $M_{y}=M_{u}$，此时的配筋称为 ρ_{b}。当 $\rho<\rho_{b}$ 时为适筋破坏；当 $\rho>\rho_{b}$ 时为超筋破坏。因此，该配筋率 ρ_{b} 实质上为限制梁体的最大配筋率，即 $\rho_{b}=\rho_{max}$。同理可知，适筋梁与少筋梁之间也有个界限配筋率，称为最小配筋率 ρ_{min}。当 $\rho>\rho_{min}$ 时为适筋梁；当 $\rho<\rho_{min}$ 时为少筋梁；当 $\rho=\rho_{min}$，梁体一裂即坏，即开裂弯矩 $M_{cr}=M_{u}$。

后续章节所研究的钢筋混凝土梁都是指适筋梁，所有的计算公式都是针对适筋梁的塑性破坏状态导出的。

4.4　正截面承载力计算原则

4.4.1　基本假定

基于受弯构件正截面的破坏特征，正截面受弯承载力计以适筋梁破坏阶段的Ⅲ$_{a}$受力状态为依据。为便于工程应用，《混凝土结构设计规范》规定，其承载力按下列基本假定进行计算。

(1)截面应变保持平面。荷载作用下，梁的变形规律符合“平均应变平截面假定”，简称为平截面假定。由此引起的误差不大。

(2)不考虑混凝土的抗拉强度。在裂缝截面处，受拉区混凝土已大部分退出工体，只有靠近中性轴附近一小部分混凝土承担着拉应力。由于混凝土的抗拉强度很小，且这部分混凝土的拉力的内力臂也不大，因此对截面受复，承载力的影响很小，不考虑该部分传用误差一般在1%~2%之内。略去不计以简化计算，且偏于安全。

(3)混凝土受压的应力与应变关系曲线按下列规定取用，如图 4-16 所示，其数学表达式如下。

当 $\varepsilon_c \leqslant \varepsilon_0$ 时

$$\sigma_c = f_c\left[1-\left(1-\frac{\varepsilon_c}{\varepsilon_0}\right)^n\right] \tag{4-2}$$

当 $\varepsilon_0 < \varepsilon_c \leqslant \varepsilon_{cu}$ 时

$$\sigma_c = f_c \tag{4-3}$$

$$n = 2-\frac{1}{60}(f_{cu,k}-50) \tag{4-4}$$

$$\varepsilon_0 = 0.002+0.5(f_{cu,k}-50)\times 10^{-5} \tag{4-5}$$

$$\varepsilon_{cu} = 0.0033-(f_{cu,k}-50)\times 10^{-5} \tag{4-6}$$

式中，σ_c——混凝土压应变为 ε_c 时的压应力；

f_c——混凝土轴心抗压强度设计值；

ε_c——受压区混凝土压应变；

ε_0——混凝土压应力刚达到 f_c 时的混凝土压应变，当计算的 ε_0 小于 0.002 时，取为 0.002；

ε_{cu}——混凝土极限压应变，当处于非均匀受压时，按式(4-6)计算，如果计算的 ε_{cu} 值大于 0.0033，取为 0.0033；当处于轴心受压时，取为 ε_0；

$f_{cu,k}$——混凝土立方体抗压强度标准值；

n——系数，当计算的 n 大于 2.0 时，取为 2.0。

假定(3)规定混凝土极限压应变值 ε_{cu}，实际是给定了混凝土单轴受压情况下的破坏准则。

(4)纵向钢筋的应力等于钢筋应变与其弹性模量的乘积，但其值不应大于其相应的强度设计值，如图 4-17 所示。纵向受拉钢筋的极限拉应变取为 0.01。假定(4)实际上是给定了钢筋混凝土构件中钢筋的破坏准则，即 ε_s=0.01。

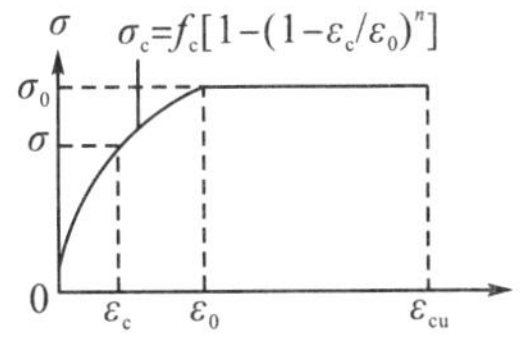

图 4-16 混凝土应力－应变计算曲线

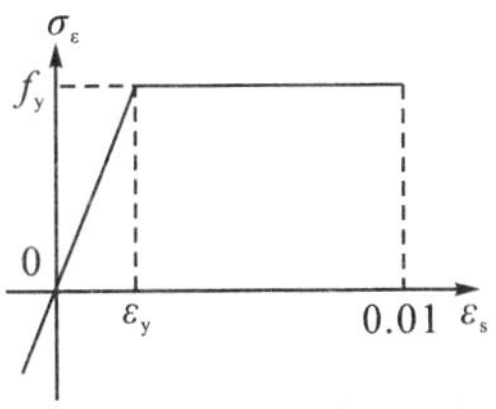

图 4-17 钢筋应力－应变计算曲线

4.4.2 正截面承载能力计算图示及基本方程

以单筋矩形截面为例，根据上述基本假定可得出截面在承载力极限状态下，受压边缘达到了混凝土的极限压应变 ε_{cu}。若假定这时截面受压区高度为 x_c，则受压区某一混凝土纤维的压应变为

$$\varepsilon_c = \varepsilon_{cu}\frac{y}{x_c} \tag{4-7}$$

受拉钢筋的应变为

$$\varepsilon_s = \varepsilon_{cu}\frac{h_0 - x_c}{x_c} \tag{4-8}$$

式中，y——受压区任意纤维距截面中和轴的距离。

将式(4-7)计算的值代入式(4-2)或式(4-3)，可得到图 4-18 所示的截面受压区应力分布图形，压应力的合力 C 为

$$C = \int_0^{x_c}\sigma_c b\,dy \tag{4-9}$$

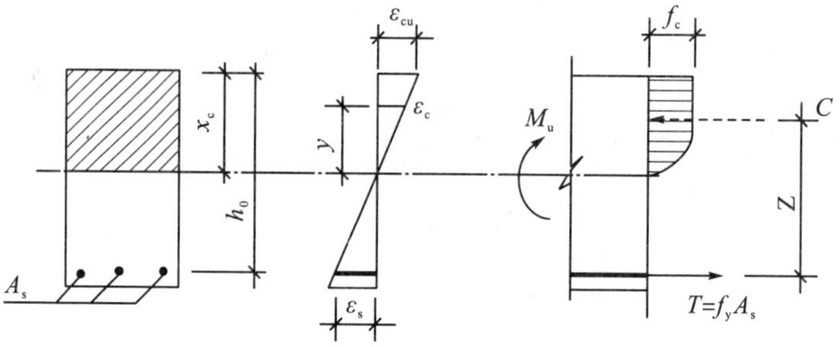

图 4-18 受压区混凝土的应力图形

当梁的配筋率处于适筋范围时，受拉钢筋应力已经达到屈服强度，钢筋的拉力 T 即为

$$T = f_y A_s \tag{4-10}$$

根据截面的基本平衡条件 $C=T$，得

$$\int_0^{x_c}\sigma_c b\,dy = f_y A_s \tag{4-11}$$

此时，截面所能抵抗的弯矩，即截面受弯承载力 M_u 为

$$M_u = CZ = \int_0^{x_c}\sigma_c b(h_0 - x_c + y)\,dy \tag{4-12}$$

式中，Z——C 与 T 之间的距离，称为内力臂。

利用上述公式虽然可以计算出截面的抗弯承载力，但计算过于复杂，尤其是当弯矩已知而需确定受拉钢筋截面面积时，必须经多次试算才能获得满意的结果。因此，需要对受压区混凝土的应力分布图形做进一步的简化。具体做法是采用图 4-19 所示的等效矩形应力图形来代替受压区混凝土的曲线应力图形。

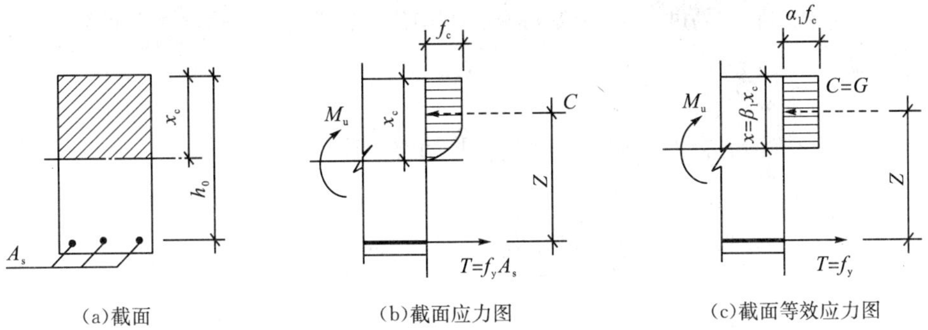

图 4-19　等效矩形应力图形的换算

用等效矩形应力图形代替实际曲线应力分布图形时，应满足下列条件：①保持原来受压区合力 C 的作用点不变；②保持原来受压区合力 C 的大小不变。

等效矩形应力图由无量纲参数 α_1 和 β_1 来确定。计算时，等效矩形应力图的受压区高度为 $x=\beta_1 x_c$，受压混凝土强度为 $\alpha_1 f_c$，此处 x_c 为受压区实际高度。

由条件①，得

$$\int_0^{x_c}\sigma_c b\mathrm{d}y=\alpha_1 f_c bx \tag{4-13}$$

由条件②，得

$$\frac{\int_0^{x_c}\sigma_c b(h_0-x_c+y)\mathrm{d}y}{\int_0^{x_c}\sigma_c b\mathrm{d}y}=h_0-\frac{1}{2}\beta_1 x_c \tag{4-14}$$

由式(4-13)和式(4-14)，根据不同的混凝土强度等级可计算出不同的应力图形系数 β_1 和 α_1。《混凝土结构设计规范》建议采用的应力图形系数 β_1 和 α_1 见表 4-4。

表 4-4　受压混凝土的简化应力图形系数 $\boldsymbol{\beta}_1$ 和 $\boldsymbol{\alpha}_1$ 值

混凝土强度等级	≤C50	C55	C60	C65	C70	C75	C80
β_1	0.8	0.79	0.78	0.77	0.76	0.75	0.74
α_1	1.0	0.99	0.98	0.97	0.96	0.95	0.94

采用等效矩形应力图形即可大大简化受弯构件正截面受弯承载力计算，其基本公式为

$$\sum X=0,\quad \alpha_1 f_c bx=f_yA_s \tag{4-15a}$$

$$\sum M=0,\quad M\leqslant M_u=\alpha_1 f_c bx\left(h_0-\frac{x}{2}\right) \tag{4-15b}$$

或

$$M\leqslant M_u=f_yA_s\left(h_0-\frac{x}{2}\right) \tag{4-15c}$$

式中，x——计算受压区高度，简称受压区高度；

b——截面宽度；

A_s——受拉区纵向受力钢筋的截面面积；

h_0——截面有效高度，取受拉钢筋合力作用点至截面受压边缘之间的距高，其值为 $h_0=h-a_s$；

h——截面高度；

a_s——受拉钢筋合力作用点至截面受拉边缘的距离。

4.4.3 界限受压区高度及配筋率

1. 界限受压区高度

如前所述，“界限破坏”或“平衡破坏”是适筋梁与超筋梁的分界状态，受拉钢筋达到屈服强度时，压区边缘混凝土应变恰好达到极限压应变 ε_{cu}。此时配筋率为适筋梁配筋上限，即最大配筋率。由平截面假定，正截面破坏时受压区高度应变分布如图 4-20 所示。当混凝土强度等级确定时，ε_{cu}、β_1 为常数，破坏时受压区高度越大，则钢筋的拉应变越小。

将等效矩形的受压区高度 x 与截面有效高度 h_0 之比定义为相对受压区高度 ξ。界限破坏时，由平截面假定及压区应力分布图形计算的中和轴高度称为界限中和轴高度 x_{cb}；由等效矩形应力图形计算的高度称为界限受压区高度 x_b。因此，由图 4-20 可得

相对中和轴高度：$\xi_{nb}=x_{cb}/h_0=\varepsilon_{cu}/(\varepsilon_{cu}+\varepsilon_y)$ (4-16)

引用 $x=\beta_1 x_c$ 的关系，则相对界限受压区高度 ξ_b 为

$$\xi_b=\frac{x_b}{h_0}=\beta_1\xi_{nb}=\beta_1\frac{\varepsilon_{cu}}{\varepsilon_{cu}+\varepsilon_y}=\frac{\beta_1}{1+\dfrac{\varepsilon_y}{\varepsilon_{cu}}} \tag{4-17}$$

对于有明显屈服点的钢筋，$\varepsilon_y=f_y/E_s$，式(4-17)可写为

$$\xi_b=\frac{\beta_1}{1+\dfrac{f_y}{\varepsilon_{cu}E_s}} \tag{4-18}$$

由式(4-18)可知，对不同的钢筋级别和不同混凝土强度等级有着不同的 ξ_b 值，见表 4-5。

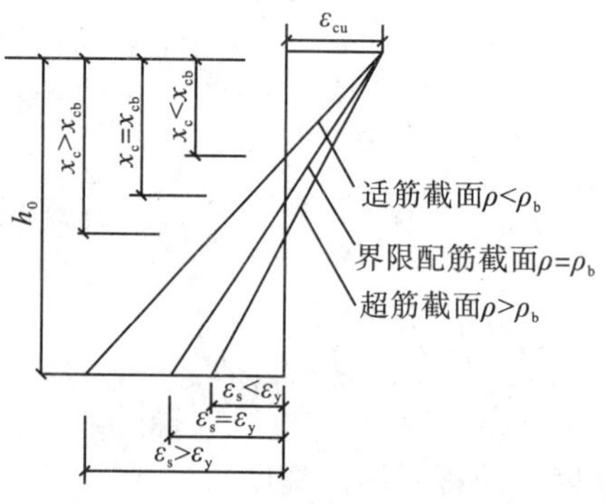

图 4-20 不同配筋的正截面平均应变分布图

表 4-5　钢筋混凝土构件配有屈服点钢筋的 ξ_b 值

钢筋级别	ξ_b						
	≤C50	C55	C60	C65	C70	C75	C80
HPB300	0.576	0.566	0.556	0.547	0.537	0.528	0.518
HRB335、HRBF335	0.550	0.541	0.531	0.522	0.512	0.503	0.493
HRB400、HRBF400、RRB400	0.518	0.508	0.499	0.490	0.481	0.472	0.463
HRB500、HRBF500	0.482	0.473	0.464	0.455	0.447	0.438	0.429

由图 4-20 可知，受弯构件正截面破坏类别可根据相对受压区高度 ξ 进行判别。当相对受压区高度 $\xi \leqslant \xi_b$ 时，属于适筋梁破坏；当相对受压区高度 $\xi > \xi_b$ 时，属于超筋梁破坏；当相对受压区高度 $\xi = \xi_b$ 时，属于界限破坏。

2. 最大配筋率及最大受弯承载力

当 $\xi = \xi_b$ 时，可求出界限破坏时的界限配筋率 ρ_b，即适筋梁的最大配筋率 ρ_{max} 值。由图 4-19(c)，取 $x = x_b$，$A_s = \rho_{max} bh_0$，则

$$\alpha_1 f_c b x_b = f_y A_s = f_y \rho_{max} bh_0 \tag{4-19}$$

故

$$\rho_{max} = \frac{x_b}{h_0}\frac{\alpha_1 f_c}{f_y} = \xi_b \frac{\alpha_1 f_c}{f_y} \tag{4-20}$$

由 $\xi = \rho \dfrac{f_y}{\alpha_1 f_c}$ 可知，ξ 与纵向受拉钢筋配筋率 ρ 相比，不仅考虑了纵向受拉钢筋截面面积 A_s 与混凝土有效面积 bh_0 的比值，也考虑了两种材料力学性能指标的比值，能更全面地反映受拉钢筋与混凝土有效面积的匹配关系，因此 ξ 又称为配筋系数。由于纵向受拉钢筋配筋率 ρ 比较直观，通常还用 ρ 作为纵向受拉钢筋与混凝土两种材料匹配的标志。

对于单筋矩形截面适筋梁，求得最大配筋率后，可根据式(4-15)求得最大正截面弯矩承载力 $M_{u,max}$，即

$$M_{u,max} = \alpha_1 f_c b x_b \left(h_0 - \frac{x_b}{2}\right) = \alpha_1 f_c b h_0^2 \xi_b (1 - 0.5\xi_b) \tag{4-21}$$

从式(4-18)、式(4-20)、式(4-21)可看出，对于材料强度等级给定的截面，ξ_b、ρ_{max}、$M_{u,max}$ 之间存在明确的相互转化关系，只要确定了 ξ_b，即可求出 ρ_{max} 和 $M_{u,max}$。因此，这三者本质上是相同的，只是从不同侧面作为适筋梁配筋的上限值。ξ_b 在实际计算中较方便而应用普遍。

3. 最小配筋率

为了避免少筋破坏状态，必须确定构件的最小配筋率 ρ_{min}。最小配筋率是少筋梁与适筋梁的界限。单从承载力方面考虑，最小配筋率 ρ_{min} 可按 Ⅲ_a 阶段钢筋混凝土正截面承载力 M_u 与同样条件下素混凝土梁按 Ⅰ_a 阶段计算的开裂弯矩 M_{cr} 相等原则来确定。因此可得最小配筋率为

$$\rho_{min} = \frac{A_{s,min}}{bh} = 0.33\frac{f_{tk}}{f_{yk}} \tag{4-22}$$

由式(4-22)可知，最小配筋率随混凝土抗拉强度的变化呈线性增减，随钢筋抗拉强度的增加而降低。考虑计算接近实际开裂弯矩和极限弯矩，式(4-22)采用材料的强度标准值。当采用材料的设计值时，$f_{tk}/f_{yk}=1.4f_t/1.1f_y=1.273f_t/f_y$。因混凝土材料的离散性，涉及诸多复杂因素，如收缩徐变、温度等影响，《混凝土结构设计规范》在考虑上述因素及参考传统经验后，规定受弯构件受拉钢筋的最小配筋率取0.2%和$0.45f_t/f_y$的较大值，见附表16，即

$$\rho_{min}=\max\left\{0.45\frac{f_t}{f_y},0.2\%\right\} \tag{4-23}$$

对于板类受弯构件(不包括悬臂板)的受拉钢筋，当采用强度等级为400MPa、500MPa的钢筋时，其最小配筋率应允许采用0.15%和$0.45f_t/f_y$中的较大值；卧置于地基上的混凝土板，板中受拉钢筋的最小配筋率可适当降低，但不应小于0.15%。

对于矩形截面，对受拉钢筋最小配筋率的限制是针对全截面面积而言的；对于T形或I形截面，由于素混凝土梁截面开裂弯矩M_{cr}不仅与混凝土抗拉强度相关，还与截面面积相关，但受压区翼缘悬出部分面积较小，可忽略该部分的影响。因此，对于矩形和T形截面，最小受拉钢筋面积为

$$A_{s,min}=\rho_{min}bh \tag{4-24}$$

对于倒T形和I形截面，则最小受拉钢筋面积为

$$A_{s,min}=\rho_{min}[hb+(b_f-b)h_f] \tag{4-25}$$

式中，b——腹板宽度；

b_f、h_f——受拉区翼缘的宽度和高度。

因此，设计中为避免少筋破坏，受拉钢筋面积需满足$A_s\geqslant A_{s,min}=\rho_{min}bh$。

4.5 单筋矩形截面受弯承载力计算

4.5.1 基本公式及适用条件

1. 基本公式

单筋矩形截面受弯构件正截面承载力计算简图如图4-21所示。

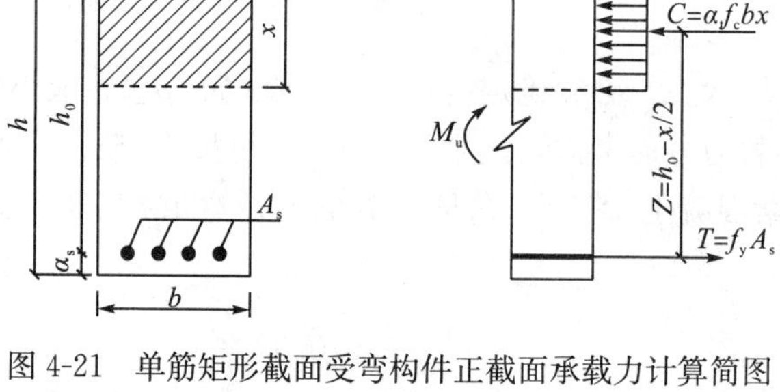

图4-21 单筋矩形截面受弯构件正截面承载力计算简图

根据截面的静力平衡条件，可列出其基本方程：

$$\sum X = 0 \qquad \alpha_1 f_c bx = f_y A_s \tag{4-26}$$

$$\sum M = 0 \qquad M \leqslant M_u = f_y A_s\left(h_0 - \frac{x}{2}\right) \tag{4-27a}$$

$$\sum M = 0 \qquad M \leqslant M_u = \alpha_1 f_c bx\left(h_0 - \frac{x}{2}\right) \tag{4-27b}$$

式中，M——弯矩设计值；

M_u——正截面受弯承载力设计值；

f_c——混凝土轴心抗压强度设计值；

f_y——钢筋抗拉强度设计值；

b——截面宽度；对于现浇板，通常取每延米宽进行计算，即 $b=1000$ mm；

α_1——混凝土受压区等效矩形应力图形系数，按表 4-4 查用；

A_s——受拉区纵向钢筋截面面积；

x——混凝土受压区高度或受压区计算高度；

h——截面高度；

h_0——截面的有效高度，$h_0=h-a_s$，即受拉钢筋合力点至压区边缘的距离；

a_s——受拉区边缘到受拉钢筋合力作用点的距离。截面设计时，因钢筋直径未知，需根据最外层钢筋的混凝土最小保护层厚度(附表 13)进行预先估算 a_s。考虑箍筋直径以及受拉钢筋直径，当环境类别为一类时，可按表 4-6 取值。

表 4-6　室内环境 a_s 设计取值

梁的受拉钢筋为一排	40 mm
梁的受拉钢筋为两排	65 mm
板	20 mm
混凝土强度等级大于 C25 时	a_s 再增加 5 mm

2. 适用条件

(1)为了防止超筋破坏，保证构件破坏时纵向受拉钢筋首先屈服，应满足

$$\xi \leqslant \xi_b \text{ 或 } x \leqslant \xi_b h_0 \text{ 或 } \rho \leqslant \rho_{max}$$

(2)为了防止少筋破坏，应满足 $A_s \geqslant \rho_{min} bh$。

4.5.2　截面计算

在工程设计计算中，受弯构件正截面承载力计算包括截面设计和截面复核两类问题，计算方法有所不同。

1. 截面设计

截面设计时，应满足 $M_u \geqslant M$，为经济起见，一般取 $M_u=M$ 进行分设计。通常遇到

的情形有两种。

情形 1：已知截面设计弯矩 M、截面尺寸 $b\times h$、混凝土强度等级及钢筋级别，求受拉钢筋截面面积 A_s。

设计步骤如下。

(1)根据环境类别和混凝土强度等级，由附表 13 查得混凝土保护层最小厚度 c，假定 a_s，得截面有效高度 $h_0=h-a_s$。

(2)由式(4-27b)解一元二次方程式，确定 x。

(3)验算适用条件(1)，要求满足 $\xi\leqslant\xi_b$。若 $>\xi_b$，则要加大截面尺寸，或提高混凝土强度等级，或改用双筋矩形截面重新计算。

(4)若 $\xi\leqslant\xi_b$，由式(4-26)解得

$$A_s=\xi\frac{\alpha_1 f_c}{f_y}bh_0 \tag{4-28}$$

(5)按 A_s 选择钢筋直径及根数，确定钢筋间距，并在截面内进行布筋。一般情况选择钢筋时应使实际采用的截面面积 A_s 与计算值接近，不宜小于计算值，也不宜超过计算值的 5%；钢筋直径、根数和间距应符合相关构造要求。

(6)验算适用条件(2)，要求满足最小配筋 $A_s\geqslant\rho_{min}bh$。

情形 2：已知截面设计弯矩 M，要求选择材料强度、确定构件截面尺寸 $b\times h$ 和受拉钢筋截面面积 A_s。由于基本公式中 f_c、f_y、b、h、A_s 和 x 均为未知，所以结果不唯一。因此需综合考虑材料供应、施工条件及使用要求等因素进行分析，确定经济和受力合理的设计。

根据经验及相关要求，选取材料类型，确定混凝土强度等级及钢筋类别，得到 f_c、f_y；然后拟定截面尺寸，即可得到 b 和 h；从而根据式(4-26)和式(4-27)求得 A_s、x。

从设计经济性方面考虑，当截面弯矩设计值 M 一定时，由基本公式可知，截面尺寸 b、h 越大，所需钢筋面积 A_s 越小，混凝土用量和模板费用增加；反之亦然。因此，从工程总造价来讲，一定存在一个经济配筋率范围如图 4-22 所示。根据我国的设计经验，板的经济配筋率为 0.3%~0.8%，混凝土受弯构件的经济配筋率为 0.6%~1.5%，T 形截面梁的经济配筋率为 0.9%~1.8%。

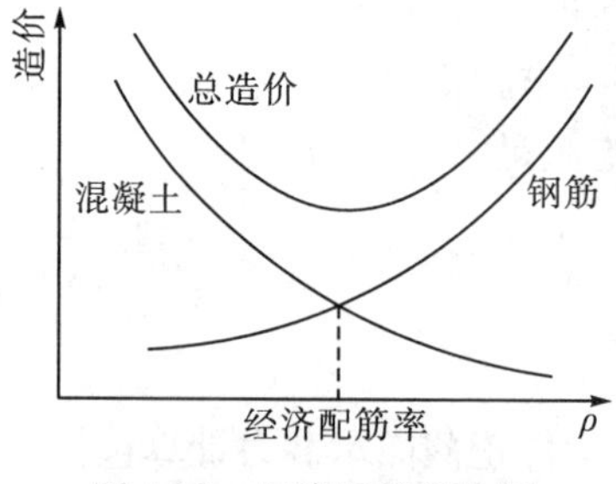

图 4-22 经济配筋率分析

因此，截面的有效高度可由经济配筋率 ρ 进行估算确定：

$$h_0=(1.05\sim1.1)\sqrt{\frac{M}{\rho f_y b}} \tag{4-29}$$

从而得到 $h=h_0+a_s$，并按模板数取整后确定截面尺寸。

计算 A_s后进行配筋率验算。若求得的配筋率 ρ 大于 ρ_{max}，说明先前所选截面尺寸过小，需加大截面尺寸(一般情况下加大截面高度)后重新计算，直至配筋率满足要求。若受条件限制，则需提高混凝土标号或设计成双筋截面梁(见 4.6 节)。

由上述可知，当截面尺寸 b、h、混凝土强度等级、钢筋类别确定了，即可按“情形1”进行计算和验算，直至设计满足要求。

2. 截面复核

已知截面设计弯矩 M、截面尺寸 $b\times h$、受拉钢筋截面面积 A_s、混凝土强度等级及钢筋级别，求正截面承载力 M_u是否足够，并判断其安全性。

复核步骤如下。

(1)检验是否满足适用条件 $A_s\geqslant\rho_{min}bh$，若不满足，则按 $A_s=\rho_{min}bh$ 配筋或修改截面重新设计。

(2)检验是否满足适用条件 $\xi\leqslant\xi_b$，若 $\xi>\xi_b$，按 $\xi=\xi_b$计算。

(3)由 $\rho=\dfrac{A_s}{bh_0}$，计算 $\xi=\rho\dfrac{f_y}{\alpha_1 f_c}$；

(4)求 M_u，由式(4-27)得

$$M_u=\alpha_1 f_c bh_0^2\xi\left(1-\frac{\xi}{2}\right)\tag{4-30a}$$

$$M_u=f_yA_sh_0\left(1-\frac{\xi}{2}\right)\tag{4-30b}$$

当 $M_u\geqslant M$ 时，截面受弯承载力满足要求，否则构件不安全。但若 M_u大于 M 过多，则认为该截面设计不经济。

4.5.3　计算表格编制及其应用

按式(4-26)和式(4-27)计算时，一般需联立解二次方程组，为了实际应用方便，可将计算公式制成表格，以简化计算。

根据式(4-30a)和式(4-30b)，取

$$\alpha_s=\xi\left(1-\frac{\xi}{2}\right)\tag{4-31}$$

$$\gamma_s=1-\frac{\xi}{2}\tag{4-32}$$

则得

$$M_u=\alpha_s\alpha_1 f_c bh_0^2\tag{4-33}$$

$$M_u=f_yA_sh_0\gamma_s\tag{4-34}$$

式中，α_s——截面抵抗矩系数；

γ_s——内力臂系数。

式(4-31)和式(4-32)表明，ξ 与 α_s、γ_s 之间存在一一对应的关系，因此可以将不同的

α_s 所对应的 ξ 和 γ_s 计算出来，列成表格，如表 4-7 所示。设计时查用此表，可避免解二次联立方程组，从而使计算简化。

表 4-7 钢筋混凝土矩形截面受弯构件正截面承载力计算系数表

ξ	γ_s	α_s	ξ	γ_s	α_s
0.01	0.995	0.010	0.32	0.840	0.269
0.02	0.990	0.020	0.33	0.835	0.275
0.03	0.985	0.030	0.34	0.830	0.282
0.04	0.980	0.039	0.35	0.825	0.289
0.05	0.975	0.048	0.36	0.820	0.295
0.06	0.970	0.058	0.37	0.815	0.301
0.07	0.965	0.067	0.38	0.810	0.309
0.08	0.960	0.077	0.39	0.805	0.314
0.09	0.955	0.085	0.40	0.800	0.320
0.10	0.950	0.095	0.41	0.795	0.326
0.11	0.945	0.104	0.42	0.790	0.332
0.12	0.940	0.113	0.43	0.785	0.337
0.13	0.935	0.121	0.44	0.780	0.343
0.14	0.930	0.130	0.45	0.775	0.349
0.15	0.925	0.139	0.46	0.770	0.354
0.16	0.920	0.147	0.47	0.765	0.359
0.17	0.915	0.155	0.48	0.760	0.365
0.18	0.910	0.164	0.49	0.755	0.370
0.19	0.905	0.172	0.50	0.750	0.375
0.20	0.900	0.180	0.51	0.745	0.380
0.21	0.895	0.188	0.52	0.740	0.385
0.22	0.890	0.196	0.53	0.735	0.390
0.23	0.885	0.203	0.54	0.730	0.394
0.24	0.880	0.211	0.55	0.725	0.400
0.25	0.875	0.219	0.56	0.720	0.403
0.26	0.870	0.226	0.57	0.715	0.408
0.27	0.865	0.234	0.58	0.710	0.412
0.28	0.860	0.241	0.59	0.705	0.416
0.29	0.855	0.248	0.60	0.700	0.420
0.30	0.850	0.255	0.61	0.695	0.424
0.31	0.845	0.262	0.62	0.690	0.428

由 ξ_b 可计算出相应的单筋矩形截面受弯构件的截面抵抗矩系数最大值 α_{sb}，见表 4-8。验算适用条件时可选择使用 $\alpha_s \leqslant \alpha_{sb}$。

表 4-8　钢筋混凝土受弯构件的截面抵抗矩系数最大值 α_{sb}

钢筋级别	f_y /N/mm^2	α_{sb}						
		≤C50	C55	C60	C65	C70	C75	C80
HPB300	270	0.410	0.406	0.401	0.397	0.393	0.389	0.384
HRB335、HRBF335	300	0.399	0.395	0.39	0.386	0.381	0.376	0.371
HRB400、HRBF400、RRB400	360	0.384	0.379	0.374	0.37	0.365	0.361	0.356
HRB500、HRBF500	435	0.366	0.361	0.356	0.351	0.347	0.342	0.337

当需要插值计算时，可直接按如下公式计算：

$$\xi = 1 - \sqrt{1 - 2\alpha_s} \tag{4-35}$$

$$\gamma_s = \frac{1 + \sqrt{1 - 2\alpha_s}}{2} \tag{4-36}$$

【例 4-1】：已知某民用建筑内廊采用简支在砖墙上的现浇钢筋混凝土平板(图 4-23)，安全等级为二级，处于一类环境，承受均布荷载设计值为 6.50 kN/m^2(含板自重)。选用 C25 混凝土和 HRB400 级钢筋。试配置该平板的受拉钢筋。

解：本例题属于截面设计类。

(1)设计参数

查附表 1、附表 6、表 4-4～4-8 可知，C25 混凝土 f_c=11.9 N/mm^2，f_t=1.27 N/mm^2；HRB400 级钢筋 f_y=360 N/mm^2；α_1=1.0，α_{sb}=0.384，ξ_b=0.518。

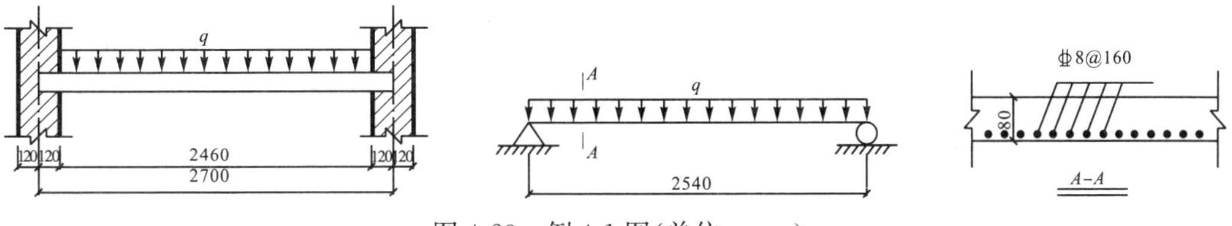

图 4-23　例 4-1 图(单位：mm)

取 1m 宽板带为计算单元，b=1000 mm，初选 h=80 mm(约为跨度的 1/35)。

查附表 13，一类环境，c=20 mm，则 $a_s=c+d/2$=25 mm，$h_0=h-25$=55 mm。

查附表 16，$\rho_{min}=0.2\%>0.45\dfrac{f_t}{f_y}=0.45\times\dfrac{1.27}{360}=0.159\%$。

(2)内力计算

板的计算简图如图 4-23 所示，板的计算跨度取轴线标志尺寸和净跨加板厚的小值。有

$$l_0 = l_n + h = 2460 + 80 = 2540 < 2700 \text{ mm}$$

板上均布线荷载为

$$q = 1.0 \times 6.5 = 6.50 \text{ kN/m}$$

则跨中最大弯矩设计值为

$$M = \gamma_0 \frac{1}{8} q l_0^2 = 1.0 \times \frac{1}{8} \times 6.50 \times 2.54^2 = 5.242 \text{ kN} \cdot \text{m}$$

(3)计算钢筋截面面积

①利用基本公式直接计算

由式(4-27b)可得

$$x = h_0 - \sqrt{h_0^2 - \frac{2M}{\alpha_1 f_c b}} = 55 - \sqrt{55^2 - \frac{2 \times 5.242 \times 10^6}{1.0 \times 11.9 \times 1000}}$$

$$= 8.7 \text{ mm} < \xi_b h_0 = 28.5 \text{ mm}$$

由式(4-26)可得

$$A_s = \frac{\alpha_1 f_c b x}{f_y} = \frac{1.0 \times 11.9 \times 1000 \times 7.8}{360} = 257.8 \text{ mm}^2 > \rho_{\min} bh$$

$$= 0.20\% \times 1000 \times 80 = 160.0 \text{ mm}^2$$

符合适用条件。

②查表法计算

$$\alpha_s = \frac{M}{\alpha_1 f_c b h_0^2} = \frac{5.242 \times 10^6}{1.0 \times 11.9 \times 1000 \times 55^2} = 0.146 < \alpha_{sb} = 0.384$$

相应地，查表 4-7 可得 γ_s=0.935，则

$$A_s = \frac{M}{f_y \gamma_s h_0} = \frac{5.242 \times 10^6}{360 \times 0.935 \times 55} = 283.2 \text{ mm}^2 > \rho_{\min} bh = 160.0 \text{ mm}^2$$

符合适用条件。

(4)选配钢筋及绘配筋图

查附表 23，选用⌀ 8@160(A_s=314 mm²)，配筋见图 4-23。

在设计初期，一般情况下构件承受的荷载和内力尚未确定，往往根据构件的跨度和经验初步确定构件截面进行计算(如本例)。如果荷载和内力已知，则可以根据常用配筋率和有关构造要求确定截面尺寸后进行计算。本例中，截面尺寸亦可按下述方式初步确定

根据常用配筋率，初步确定板的配筋率 ρ=0.5%，则板的厚度相应地为

$$h_0 = 1.05\sqrt{\frac{M}{\rho f_y b}} = 1.05 \times \sqrt{\frac{5.242 \times 10^6}{0.5\% \times 360 \times 1000}} = 56.7 \text{ mm}$$

取 h=80 mm，则 $h_0 = h - 20 = 60$ mm，然后以此计算配筋。

【例 4-2】已知某民用建筑矩形截面钢筋混凝土简支梁(图 4-24)，安全等级为二级，处于一类环境，计算跨度 l_0=6.3 m，截面尺寸 $b \times h$=200 mm×550 mm，承受板传来永久荷载及梁的自重标准值 g_k=15.6 kN/m，板传来的楼面活荷载标准值 q_k=7.8 kN/m。选用 C25 混凝土和 HRB400 级钢筋，试求该梁所需纵向钢筋面积并画出截面配筋简图。

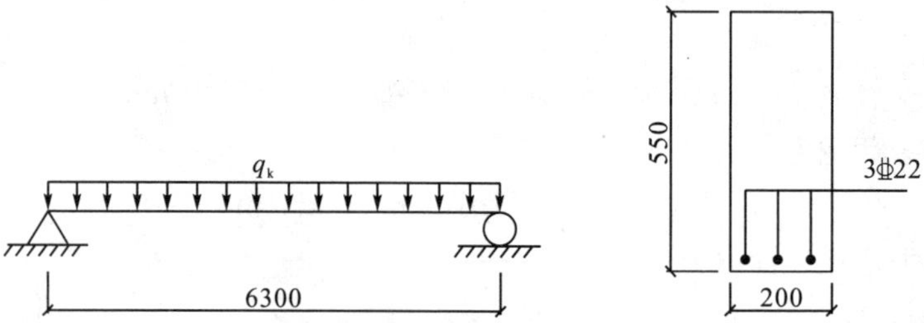

图 4-24 例 4-2 图(单位：mm)

解：本例题属于截面设计类。

(1)设计参数

查附表 1、附表 6、表 4-4 表 4-8 可知，C25 混凝土 $f_c=11.9\ \text{N/mm}^2$，$f_t=1.27\ \text{N/mm}^2$；HRB400 级钢筋 $f_y=360\ \text{N/mm}^2$；$\alpha_1=1.0$，$\alpha_{sb}=0.384$，$\xi_b=0.518$。

查附表 13，一类环境，$c=25$ mm，假定钢筋单排布置，则 $a_s=c+d/2=35$ mm，$h_0=h-35=515$ mm

查附表 16，$\rho_{min}=0.2\%>0.45\dfrac{f_t}{f_y}=0.45\times\dfrac{1.27}{360}=0.159\%$。

(2)内力计算

梁的计算简图如图 4-24 所示。荷载分项系数：$\gamma_G=1.2$，$\gamma_Q=1.4$，则梁上均布荷载设计值为

$$p=\gamma_G g_k+\gamma_Q q_k=1.2\times 15.60+1.4\times 7.80=29.64\ \text{kN/m}$$

跨中最大弯矩设计值为

$$M=\gamma_0\frac{1}{8}pl_0^2=1.0\times\frac{1}{8}\times 29.64\times 6.3^2=147.05\ \text{kN}\cdot\text{m}$$

(3)计算钢筋截面面积

$$\alpha_s=\frac{M}{\alpha_1 f_c bh_0^2}=\frac{147.05\times 10^6}{1.0\times 11.9\times 200\times 515^2}=0.233<\alpha_{sb}=0.384$$

由式(4-36)可得　$\gamma_s=0.865$，则

$$A_s=\frac{M}{f_y\gamma_s h_0}=\frac{147.05\times 10^6}{360\times 0.865\times 515}=916.9\ \text{mm}^2>\rho_{min}bh$$
$$=0.2\%\times 200\times 550=220\ \text{mm}^2$$

符合适用条件。

(4)选配钢筋及绘配筋图

查附表 22，选用 3 ⌽ 22($A_s=1140\ \text{mm}^2$)，截面配筋简图如图 4-24 所示。

【例 4-3】已知某矩形钢筋混凝土梁，安全等级为二级，处于二 a 类环境，截面尺寸为 $b\times h=200\ \text{mm}\times 500\ \text{mm}$，选用 C35 混凝土和 HRB400 级钢筋，截面配筋如图 4-25 所示。该梁承受的最大弯矩设计值 $M=210\ \text{kN}\cdot\text{m}$，复核该截面是否安全？

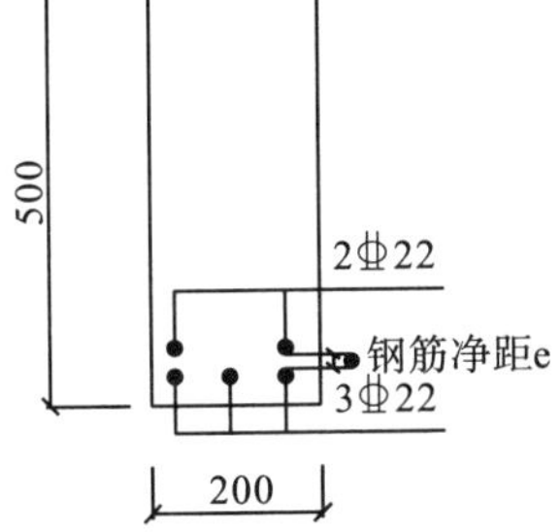

图 4-25　例 4-3 图(单位：mm)

解：本例题属于截面复核类。

(1)设计参数

查附表 1、附表 6、表 4-4～表 4-5 可知，C35 混凝土 $f_c=16.7\ \text{N/mm}^2$，$f_t=1.57\ \text{N/mm}^2$；HRB400 级钢筋 $f_y=360\ \text{N/mm}^2$；$\alpha_1=1.0$，$\xi_b=0.518$。

查附表 13，一类环境，$c=25$ mm，则 $a_s=c+d+e/2=25+22+25/2=59$ mm，取值 60 mm，$h_0=h-60=440$ mm。

查附表 16，$\rho_{min}=0.2\%>0.45\dfrac{f_t}{f_y}=0.45\times\dfrac{1.57}{360}=0.196\%$。

钢筋净间距 $s_n=\dfrac{200-2\times25-3\times22}{2}=42\ \text{mm}>d$，且 $s_n>25$ mm，符合要求。

(2)公式适用条件判断

①是否少筋

$$A_s=1900\ \text{mm}^2>\rho_{min}bh=0.2\%\times200\times500=200\ \text{mm}^2$$

因此，截面不会产生少筋破坏。

②计算受压区高度，判断是否超筋

由式(4-26)可得

$$x=\frac{f_yA_s}{\alpha_1f_cb}=\frac{360\times1900}{1.0\times16.7\times200}=204.8\ \text{mm}<\xi_bh_0=0.518\times440=227.9\ \text{mm}$$

因此，截面不会产生超筋破坏。

(3)计算截面所能承受的最大弯矩并复核截面

$$M_u=\alpha_1f_cbx\left(h_0-\frac{x}{2}\right)=1.0\times16.7\times200\times204.8\times\left(440-\frac{204.8}{2}\right)$$

$$=2.3093\times10^6\ \text{N}\cdot\text{mm}=230.93\ \text{kN}\cdot\text{m}>M=210\ \text{kN}\cdot\text{m}$$

因此，该截面安全。

4.6 双筋矩形截面受弯承载力计算

双筋矩形截面受弯构件是指在截面的受拉区和受压区都配有纵向受力钢筋的矩形截面梁。一般来说，利用受压钢筋来帮助混凝土承受压力是不经济的，所以应尽量少用，只在以下情况下采用：①当截面承受的弯矩很大，按单筋矩形截面计算所得的 $\xi\gg\xi_b$，而梁的截面尺寸和混凝土强度等级受到限制时；②梁在不同荷载组合下(如地震作用)梁截面承受变号弯矩作用时；③因某种原因在构件截面的受压区已布置了一定数量的受力钢筋(如框架梁和连续梁的支座截面)。

对于双筋构件，由于混凝土受压区设置受压钢筋，有利于减少混凝土的徐变变形，对提高截面的延性、抗裂和变形等有一定的作用。

试验表明，双筋截面受弯构件的受力特点和破坏特征基本上与单筋截面类似。当 $\xi\leqslant\xi_b$ 时，仍然是受拉钢筋首先达到屈服，然后受压区混凝土压碎，属适筋破坏；当 $\xi>\xi_b$ 时，受拉钢筋未屈服，而受压区混凝土先压碎，属超筋破坏。双筋截面一般不会发生少筋破坏。混凝土受压区钢筋受压时，将发生侧向弯曲，若没有横向箍筋或箍筋间距较大，或采用开口箍筋，则受压钢筋将发生压屈而侧向凸出，导致保护层崩裂，构件提前破坏，并且受压钢筋不能充分发挥其强度。为保证受压钢筋强度能得到充分利用，且避免受压钢筋发生压屈失稳，《混凝土结构设计规范》规定：当梁中配有按计算需要的纵向受压钢筋时，箍筋应做成封闭式，且弯钩直线段长度不应小于 5 倍箍筋直径；箍筋间距不应大于 15 倍纵向受压钢筋的最小直径，并不应大于 400 mm。当一层内的纵向受压钢筋多于 5 根且直径大于 18 mm 时，箍筋间距不应大于 10 倍纵向受压钢筋的最小直径；当梁的宽度大于 400 mm 且一层内的纵向受压钢筋多于 3 根时，或当梁的宽度不大于 400 mm 但一层内的纵向受压钢筋多于 4 根时，应设置复合箍筋。

对于双筋截面，由于受压钢筋参与混凝土受压，其强度得到充分利用的条件是构件达到承载能力极限状态时，受压钢筋应有足够的压应变，使其达到屈服强度。当压区混凝土边缘达到极限压应变 ε_{cu}时，如图 4-26 所示，根据平截面假定，可求得受压钢筋合力点处的压应变 $\varepsilon_s{}'$为

$$\varepsilon_s' = \frac{x_c - a_s'}{x_c}\varepsilon_{cu} = \left(1 - \frac{a_s'}{x/\beta_1}\right)\varepsilon_{cu} = \left(1 - \frac{\beta_1 a_s'}{x}\right)\varepsilon_{cu} \tag{4-37}$$

由图 4-26 可知

$$\varepsilon_s' = \frac{x_c - a_s'}{x_c}\varepsilon_{cu} = \left(1 - \frac{a_s'}{x/\beta_1}\right)\varepsilon_{cu} = \left(1 - \frac{\beta_1 a_s'}{x}\right)\varepsilon_{cu} \tag{4-38}$$

式中，a_s'——受压钢筋合力作用点至截面受压区边缘的距离。

若取 $a_s'=0.5x$，由平截面假定可得受压钢筋的压应变 $\varepsilon_s'=(1-0.5\beta_1)\varepsilon_{cu}$。$\varepsilon_{cu}\approx 0.0033$，$\beta_1\approx 0.8$，则受压钢筋应变为

$$\varepsilon_s' = 0.0033 \times (1 - 0.5 \times 0.8) \approx 0.002$$

其应力为

$$\sigma_s{}' = E_s{}'\varepsilon_s' = (2.00 \sim 2.10) \times 10^5 \times 0.002 = 400 \sim 420\text{MPa}$$

因受到箍筋的约束，受压区的实际极限压应变更大，受压钢筋可达到较大的强度。我国常用的有屈服点的热轧钢筋，$f_y'\leqslant 410$ MPa，其应力都能达到强度设计值。综上所述，双筋矩形截面梁计算中，纵向受压钢筋达到屈服强度的充分条件为

$$x \geqslant 2a_s' \tag{4-39}$$

式(4-39)的含义为受压钢筋位置应不低于矩形应力图中受压区的重心。若不满足式(4-39)规定，则表明受压钢筋离中和轴太近，受压钢筋压应变 ε_s' 过小，致使其应力 σ_s' 达不到抗压强度设计值 f_y'。

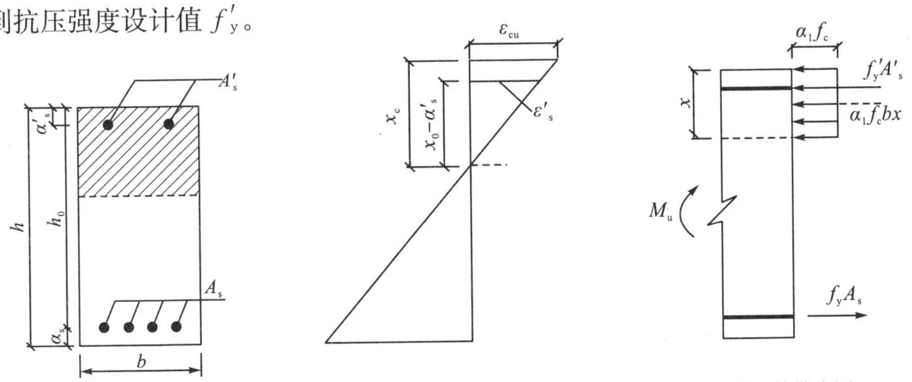

(a)截面　　(b)截面应变图　　(c)截面等效应图

图 4-26　双筋矩形截面受弯构件正截面承载力计算简图

4.6.1 基本公式及适用条件

1. 基本公式

如前所述，双筋矩形截面受弯构件正截面承载力计算简图如图 4-26 所示。

根据截面静力平衡条件，可得正截面受弯承载力计算的基本公式，即

$$\sum x = 0, \alpha_1 f_c bx + f_y{}' A_s' = f_y A_s \tag{4-40}$$

$$\sum M = 0 \quad M \leqslant M_u = \alpha_1 f_c bx\left(h_0 - \frac{x}{2}\right) + f_y' A_s' (h_0 - a_s') \tag{4-41}$$

2. 适用条件

(1)由于纵向受拉钢筋和受压钢筋数量和相对位置的不同，梁在破坏时它们可能达到屈服，也可能未达到屈服。与单筋矩形截面梁类似，双筋矩形截面梁也应防止脆性破坏，使双筋梁破坏从受拉钢筋屈服开始。因此，为了防止超筋破坏，保证构件破坏时纵向受拉钢筋首先屈服，应满足

$$\xi \leqslant \xi_b \text{ 或 } x \leqslant \xi_b h_0 \text{ 或 } \rho \leqslant \rho_{max} \tag{4-42}$$

(2)为了保证受压钢筋在构件破坏时达到屈服强度，应满足

$$x \geqslant 2a_s' \tag{4-43}$$

双筋截面中纵向受拉钢筋一般配置较多，因此不需验算受拉钢筋最小配筋率的条件。

当条件(2)不满足时，说明给定的受压钢筋面积 A_s' 较多，受压钢筋应力还未达到抗压强度设计值 f_y'，材料不能充分发挥。因应力值未知，为偏于安全起见，通常可近似地取 $x = 2a_s'$，并对受压钢筋的合力作用点取矩(图 4-27)，则正截面承载力可直接根据式(4-44)确定：

$$M \leqslant f_y A_s (h_0 - a_s') \tag{4-44}$$

若由构造要求或按正常使用极限状态计算要求配置的纵向受拉钢筋截面面积大于正截面受弯承载力要求，则在验算 $x \leqslant \xi_b h_0$ 时，可仅取正截面受弯承载力条件所需的纵向受拉钢筋面积。

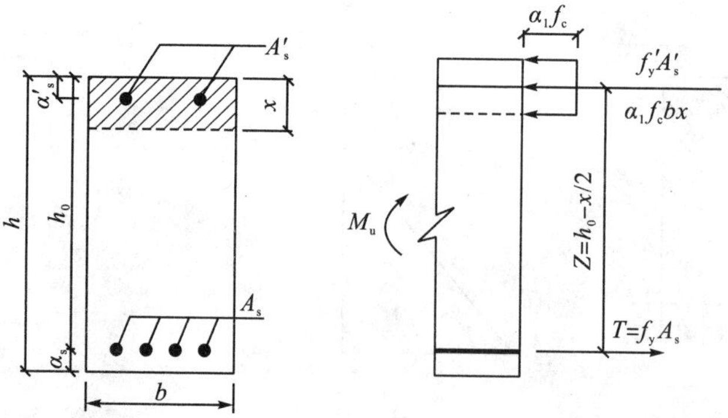

图 4-27 $x < 2a_s'$ 时双筋矩形截面受弯构件正截面承载力计算简图

4.6.2 截面计算

双筋矩形截面受弯构件正截面承载力计算包括截面设计和截面复核两类问题。

1. 截面设计

双筋矩形截面受弯构件的截面设计，一般是受拉、受压钢筋 A_s 和 A'_s 均未知，都需要确定。有时由于构造等因素，受压钢筋截面面积 A'_s 已知，只要求确定受拉钢筋截面面积 A_s。因此，双筋截面的截面设计，可能有以下两种情形。

情形 1：已知截面的弯矩设计值 M、构件截面尺寸 $b\times h$、混凝土强度等级和钢筋级别，求受拉钢筋截面面积 A_s 和受压钢筋截面面积 A'_s。

求解 A_s、A'_s 时，只有式(4-40)和式(4-41)两个基本计算公式，而未知数有三个，即 A_s、A'_s 和 x，因此需补充一个条件才能求解。为经济起见，在截面尺寸和材料强度确定的情况下，充分利用混凝土受压，引入总用钢量($A_s+A'_s$)最小为优化解。一般情况下，在实际工程中通常取 $f_y=f'_y$，由式(4-41)得

$$A'_s=\frac{M-\alpha_1 f_c bx\left(h_0-\dfrac{x}{2}\right)}{f'_y(h_0-a'_s)} \tag{4-45}$$

由式(4-40)得

$$A_s=A'_s+\frac{\alpha_1 f_c bx}{f_y} \tag{4-46}$$

由式(4-45)和式(4-46)相加，得

$$A_s+A'_s=\frac{\alpha_1 f_c bx}{f_y}+2\frac{M-\alpha_1 f_c bx\left(h_0-\dfrac{x}{2}\right)}{f'_y(h_0-a'_s)} \tag{4-47}$$

对式 (4-47) 求导，令 $\dfrac{\mathrm{d}(A_s+A'_s)}{\mathrm{d}x}=0$，得

$$\frac{x}{h_0}=\xi=\frac{1}{2}\left(1+\frac{a'_s}{h_0}\right) \tag{4-48}$$

对于常用的钢筋级别以及 a'_s/h_0 值的情况下，由式(4-48)得 $\xi\geqslant\xi_b$，根据适用条件，取 $\xi=\xi_b$。当由式(4-48)计算得 $\xi<\xi_b$ 时，取 $\xi=\dfrac{1}{2}\left(1+\dfrac{a'_s}{h_0}\right)$。

当取 $\xi=\xi_b$ 时，则由式(4-41)得

$$A'_s=\frac{M-\alpha_1 f_c bh_0^2\xi_b\left(1-\dfrac{\xi_b}{2}\right)}{f'_y(h_0-a'_s)}=\frac{M-\alpha_{sb}\alpha_1 f_c bh_0^2}{f'_y(h_0-a'_s)} \tag{4-49}$$

由式(4-40)得

$$A_s=A'_s\frac{f_y'}{f_y}+\xi_b\frac{\alpha_1 f_c bh_0}{f_y} \tag{4-50}$$

情形 2：已知截面的弯矩设计值 M、截面尺寸 $b\times h$、混凝土强度等级和钢筋级别、

受压钢筋截面面积 A_s'，求构件受拉钢筋截面面积 A_s。

求解 A_s时，只有 A_s和 x 两个未知数，利用式(4-40)和式(4-41)即可直接联立求解。

为更好地理解双筋截面受弯承载力与受力钢筋之间的关系，矩形截面可按图 4-28 进行简化等代求解。

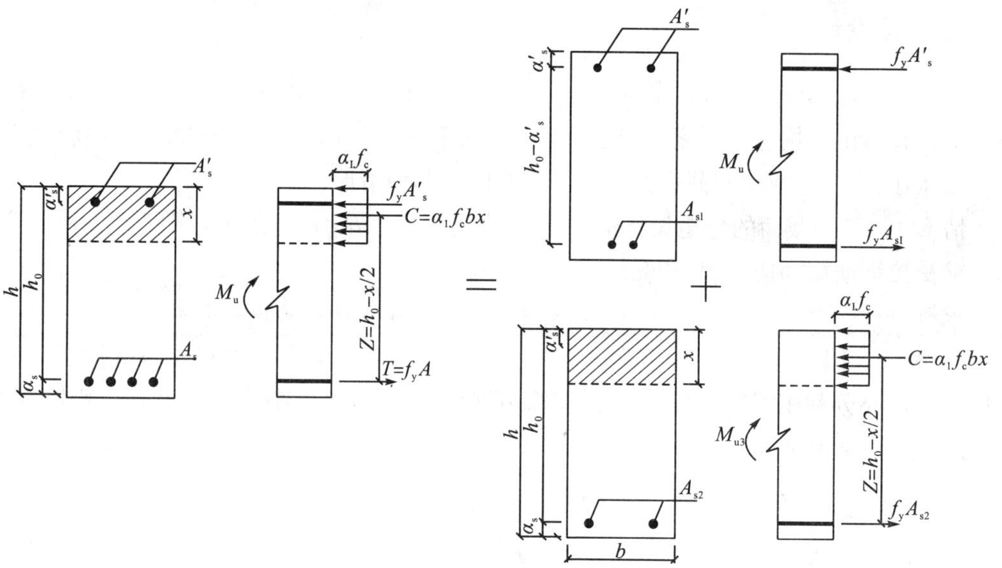

图 4-28 A_s'已知的双筋矩形截面受弯构件正截面设计

双筋矩形截面梁可分解成无混凝土的钢筋梁和单筋矩形截面梁两部分。钢筋面积一部分由受压钢筋 A_s'和与之相对的受拉钢筋 A_{s1} 组成，其能承担的极限弯矩为 M_{u1}；另一部分由单筋截面对应的受拉钢筋 A_{s2} 组成，其能承担的极限弯矩为 M_{u2}。相应地 M 也分解成两部分。因此，可将基本公式分解成

$$M = M_1 + M_2 \tag{4-51}$$

$$A_s = A_{s1} + A_{s2} \tag{4-52}$$

其中，无混凝土的钢筋梁，受拉与受压钢筋承担的弯矩 M_1为

$$M_1 \leqslant M_{u1} = f_y' A_s'(h_0 - a_s') \tag{4-53}$$

因此

$$A_{s1} = A_s' \frac{f_y'}{f_y} \tag{4-54}$$

单筋矩形截面承担的弯矩 M_2为

$$M_2 = M - M_1 \leqslant M_{u2} = \alpha_1 f_c bx\left(h_0 - \frac{x}{2}\right) = \alpha_s \alpha_1 f_c b h_0^2 = \gamma_s h_0 f_y A_{s2} \tag{4-55}$$

与单筋矩形截面梁计算一样，根据式(4-55)确定 α_s，由式(4-36)可得相应的 γ_s，则

$$A_{s2} = \frac{M_2}{f_y \gamma_s h_0} = \frac{M - M_1}{f_y \gamma_s h_0} \tag{4-56}$$

在 A_{s2}的计算中，应注意验算适用条件是否满足。若 $\xi > \xi_b$(或 $\alpha_s > \alpha_{sb}$)，说明给定的受压钢筋截面面积 A_s'不足，应按情形 1 重新计算 A_s和 A_s'；若求得的 $x < 2a_s'$，应按式

(4-44)计算受拉钢筋截面面积 A_s。

2. 截面复核

已知截面弯矩设计值 M，截面尺寸 $b\times h$、混凝土强度等级和钢筋级别，受拉钢筋 A_s和受压钢筋 A'_s，求正截面受弯承载力 M_u是否足够。

复核步骤如下。

根据式(4-40)确定 x，若 x 满足适用条件，则代入式(4-41)确定截面弯矩承载力 M_u；

若 $x<2a'_s$，则按式(4-44)确定 M_u；

若 $x>\xi_b h_0$，则取 $x=\xi_b h_0$，代入式(4-41)确定 M_u。

将截面弯矩承载力 M_u与截面弯矩设计值 M 进行比较，若 $M_u\geqslant M$，则说明截面承载力足够，构件安全；反之，若 $M_u<M$，则说明截面承载力不够，构件不安全，需重新设计，直至满足要求。

【例 4-4】某建筑楼面大梁截面尺寸 $b\times h=250\ \text{mm}\times 600\ \text{mm}$，处于二 a 类环境。选用 C20 混凝土和 HRB400 级钢筋，承受弯矩设计值 $M=320\ \text{kN}\cdot\text{m}$。试计算所需配置的纵向受力钢筋。

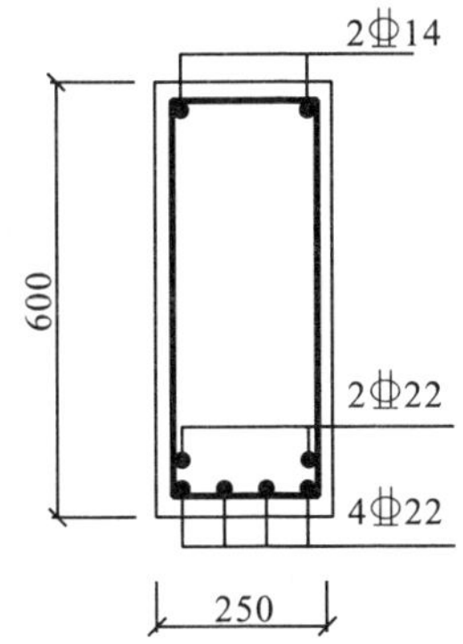

图 4-29　例 4-4 图(单位：mm)

解：本例题属于截面设计类。

(1)设计参数

查附表 1、附表 6、表 4-4～表 4-8 可知，C20 混凝土 $f_c=9.60\ \text{N/mm}^2$，$f_t=1.10\ \text{N/mm}^2$；HRB400 级钢筋 $f_y=f'_y=360\ \text{N/mm}^2$；$\alpha_1=1.0$，$\alpha_{sb}=0.384$，$\xi_b=0.518$。

查附表 13，二 a 类环境，$c=30\ \text{mm}$，

假定受拉钢筋双排布置，则 $a_s=c+d+e/2=30+20+25/2=62.5\ \text{mm}$，取值 65 mm，$h_0=h-65=535\ \text{mm}$。

假定受压钢筋单排布置，则 $a'_s=c+d/2=30+20/2=40\ \text{mm}$。

(2)判断是否需要采用双筋截面。

单筋截面所能承受的最大弯矩值为

$$M_{max}=\alpha_{sb}\alpha_1 f_c bh_0^2=0.384\times 1.0\times 9.60\times 250\times 535^2=263.78\times 10^6\ \text{N}\cdot\text{mm}$$
$$=263.78\ \text{kN}\cdot\text{m}<M=320\ \text{kN}\cdot\text{m}$$

需要采用双筋截面。

(3)计算钢筋截面面积

①求受压钢筋的面积 A'_s

由式(4-49)可得

$$A'_s = \frac{M - M_{max}}{f'_y(h_0 - a'_s)} = \frac{(320 - 263.78) \times 10^6}{360 \times (535 - 40)} = 315.5 \text{ mm}^2$$

②求受拉钢筋的面积 A_s

由式(4-50)可得

$$A_s = \frac{f'_y}{f_y}A'_s + \xi_b \frac{\alpha_1 f_c}{f_y}bh_0 = \frac{360}{360} \times 315.5 + 0.518 \times \frac{1.0 \times 9.60}{360} \times 250 \times 535$$

$$= 315.5 + 1847.5 = 2163.0 \text{ mm}^2$$

符合适用条件。

(4)选配钢筋及绘配筋图

受拉钢筋选用 6 ⏀ 22(A_s=2281 mm²),受压钢筋选用 2 ⏀ 14(A'_s=308 mm²),配筋简图如图 4-29 所示。

【例 4-5】梁的基本情况与例 4—4 相同,由于构造等原因,在受压区已经配有受压钢筋 2 ⏀ 20(A'_s=628 mm²),试求所需受拉钢筋面积。

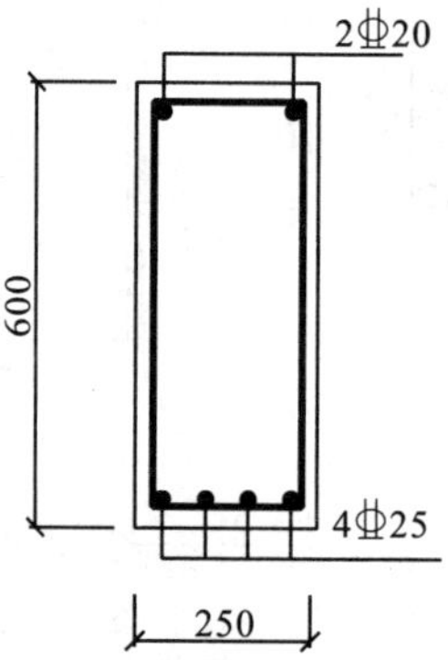

图 4-30　例 4-5 图(单位:mm)

解:本例题属于截面设计类。

(1)设计参数。

查附表 1、附表 6、表 4-4~表 4-8 可知,C20 混凝土 f_c=9.60 N/mm²,f_t=1.10 N/mm²;HRB400 级钢筋 $f_y = f'_y$=360 N/mm²;α_1=1.0,α_{sb}=0.384,ξ_b=0.518。

查附表 13,二 a 类环境,c=30mm,

假定受拉钢筋双排布置,则 $a_s = c + d + e/2 = 30+20+25/2 = 62.5$ mm,取值 65 mm,$h_0 = h - 65 = 535$ mm,A'_s=628 mm²,$a'_s = c + d/2 = 30+20/2 = 40$ mm。

(2)分解弯矩。

由式(4-53)得

$M_1 = f'_y A'_s(h_0 - a'_s) = 360 \times 628 \times (535-40) = 111.91 \times 10^6$(N·mm)=111.91 kN·m

由式(4-55)得

$$M_2 = M - M_1 = 320 - 111.91 = 208.09\ \text{kN}\cdot\text{m}$$

(3)计算受拉钢筋面积 A_s

由式(4-55)得

$$\alpha_s = \frac{M_2}{\alpha_1 f_c b h_0^2} = \frac{208.09 \times 10^6}{1.0 \times 9.60 \times 250 \times 535^2} = 0.303 < \alpha_{sb} = 0.384$$

由式(4-35)和式(4-36)得 $\xi=0.372$，$\gamma_s=0.814$，则

$$x = \xi h_0 = 0.372 \times 535 = 199\ \text{mm} > 2a'_s = 80\ \text{mm}$$

$$A_{s2} = \frac{M_2}{f_y \gamma_s h_0} = \frac{208.09 \times 10^6}{360 \times 0.814 \times 535} = 1327.3\ \text{mm}^2$$

由式(4-54)得

$$A_{s1} = \frac{f'_y}{f_y} A'_s = \frac{360}{360} \times 628 = 628\ \text{mm}^2$$

则

$$A_s = A_{s1} + A_{s2} = 1327.3 + 628 = 1955.3\ \text{mm}^2$$

(4)选配钢筋及绘配筋图

受拉钢筋选用 4 ⌀ 25(A_s=1964 mm²)，配筋简图如图 4-30 所示。

【例 4-6】已知某矩形钢筋混凝土梁，截面尺寸 $b \times h$=200 mm×500 mm，选用 C25 混凝土和 HRB400 级钢筋，截面配筋如图 4-31 所示，环境类别一类。如果该梁承受的最大弯矩设计值 M=150 kN·m，复核截面是否安全。

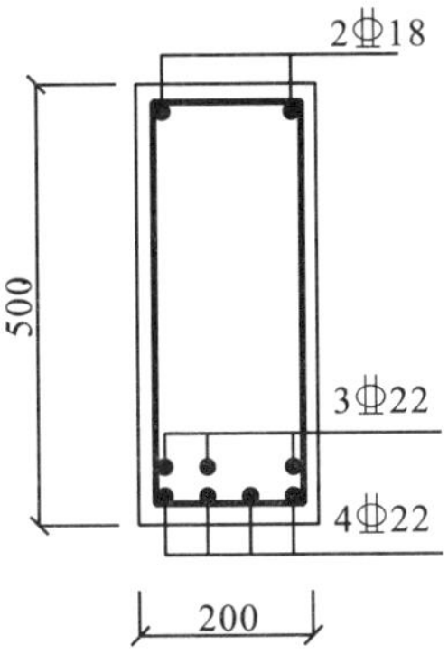

图 4-31 例 4-6 图(单位：mm)

解：本例题属于截面复核类。

(1)设计参数

查附表 1、附表 6、表 4-4～表 4-8 可知，C25 混凝土 f_c=11.9 N/mm²，f_t=1.27 N/mm²；HRB335 级钢筋 $f'_y=f_y$=360 N/mm²；α_1=1.0，ξ_b=0.518。A_s=1901 mm²，A'_s=509 mm²

查附表 13，一类环境，c=25 mm，则 $a_s=c+d+e/2=25+22+25/2=59.5$ mm，取值 60 mm，$h_0=h-60=440$ mm，$a'_s=c+d/2=25+18/2=34$ mm，取值 35 mm。

(2)计算 ξ

$$\xi=\frac{(A_s-A'_s)f_y}{\alpha_1 f_c b h_0}=\frac{(1901-509)\times 360}{1.0\times 11.9\times 200\times 440}=0.479<\xi_b=0.518 \text{ 且 } \xi>\frac{2a'_s}{h_0}=0.155$$

满足公式适用条件。

(3)计算极限承载力，复核截面

由式(4-31)得 $\alpha_s=0.364$，则

$$M_u=\alpha_s\alpha_1 f_c bh_0^2+f_y'A_s'(h_0-a_s')=0.364\times1.0\times11.9\times200\times440^2+360\times509\times(440-35)$$

$$=241.9\times10^6\ \text{N}\cdot\text{mm}=241.9\ \text{kN}\cdot\text{m}>150\ \text{kN}\cdot\text{m}$$

该截面安全。

4.7 T形截面受弯承载力计算

4.7.1 概述

由矩形截面受弯构件的受力分析可知，受弯构件进入破坏阶段以后，大部分受拉区混凝土已退出工作，正截面承载力计算时不考虑混凝土的抗拉强度，因此设计时可将一部分受拉区的混凝土去掉，将原有纵向受拉钢筋集中布置在梁肋中，形成T形截面，见图4-32(a)，其中伸出部分称为翼缘$(b_f'-b)\times h_f'$，中间部分称为梁肋$(b\times h)$。与原矩形截面相比，T形截面的极限承载能力不受影响，同时还能节省混凝土，减轻构件自重，产生一定的经济效益。

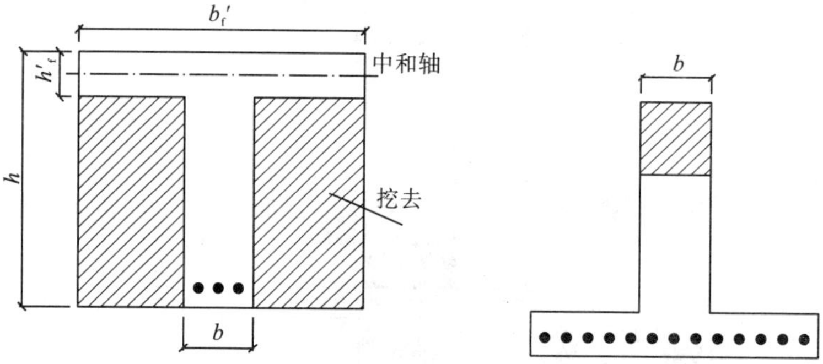

(a)T形截面　　(b)倒T形截面

图4-32　T形截面与倒T形截面

T形截面受弯构件广泛应用于工程实际中。例如，现浇肋梁楼盖的梁与楼板浇筑在一起形成T形梁；预制构件中的独立T形梁等。一些其他截面形式的预制构件，如槽形板、双T屋面板、I形吊车梁、薄腹屋面梁以及预制空心板等(图4-33)，也都按T形截面受弯构件考虑。

而对于倒T形截面梁(图4-32(b))，其翼缘在梁的受拉区，计算受弯承载力时应按宽度为b的矩形截面计算。现浇肋梁楼盖连续梁的支座附近截面就是倒T形截面(图4-33(d))，该处承受负弯矩，使截面下部受压，翼缘(上部)受拉，而跨中则按T形截面计算。

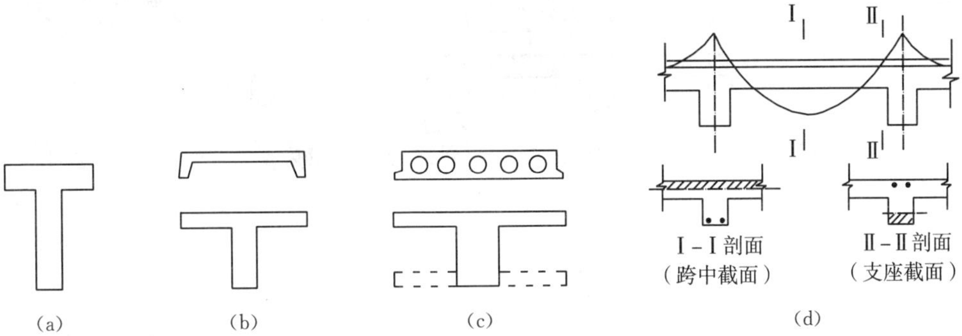

图 4-33　工程结构中的 T 形截面

T 形截面与矩形截面的主要区别在于翼缘参与受压，随着翼缘宽度的增大，受压区高度将减小，内力臂增大，对截面受弯有利，使所需的受拉钢筋面积减小。试验研究与理论分析证明，翼缘的压应力分布不均匀，离梁肋越远应力越小[图 4-34(a)和图 4-34(c)]，可见翼缘参与受压的有效宽度是有限的。为简化计算，并考虑受压翼缘压应力不均匀分布的影响，可采用有效翼缘宽度 b_f'，即认为 b_f' 范围以内压应力为均匀分布[图 4-34(b)和图 4-34(d)]，b_f' 范围以外部分的翼缘则不考虑参与受力。有效翼缘宽度 b_f' 也称为翼缘计算宽度。翼缘计算宽度 b_f' 与翼缘厚度 h_f'、梁的跨度 l_0、受力条件(独立梁、整浇肋形楼盖梁)等因素有关。

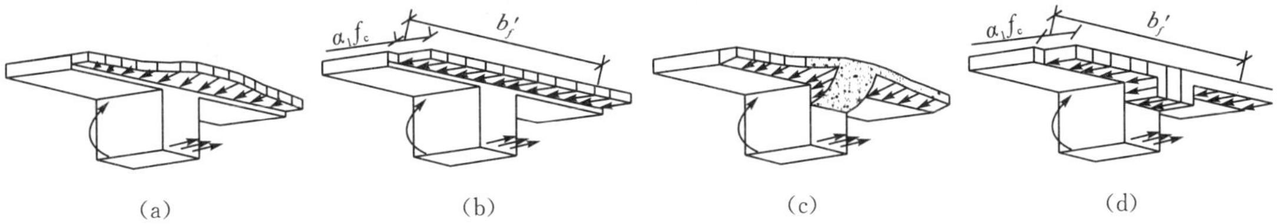

图 4-34　T 形截面应力分布图

《混凝土结构设计规范》规定了不同情况的 T 形截面梁受压区翼缘计算宽度 b_f' 的取值，可按表 4-9 中所列情况中的最小值取用。

表 4-9　受弯构件受压区有效翼缘计算宽度 b_f'

情　况		T 形截面		倒 L 形梁
		肋形梁(板)	独立梁	肋形梁(板)
按计算跨度 l_0 考虑		$l_0/3$	$l_0/3$	$l_0/6$
按梁(肋)净距 s_n 考虑		$b+s_n$	—	$b+s_n/2$
按翼缘高度 h_f' 考虑	$h_f'/h_0 \geqslant 0.1$	—	$b+12h_f'$	—
	$0.1>h_f'/h_0 \geqslant 0.05$	$b+12h_f'$	$b+6h_f'$	$b+5h_f'$
	$h_f'/h_0<0.05$	$b+12h_f'$	b	$b+5h_f'$

注：①表中 b 为梁的腹板宽度；

②肋形梁在梁跨内设有间距小于纵肋间距的横肋时，则可不考虑表中情况 3 的规定；

③加腋的 T 形、I 形和倒 L 形截面，当受压区加腋的高度 h_h 不小于 h_f' 且加腋的长度 b_h 不大于 $3h_f'$ 时，其翼缘计算宽度可按表中情况 3 的规定分别增加 $2b_h$(T 形、I 形截面)和 b_h(倒 L 形截面)；

④独立梁受压区的翼缘板在荷载作用下经验算沿纵肋方向可能产生裂缝时，其计算宽度应取腹板宽度 b。

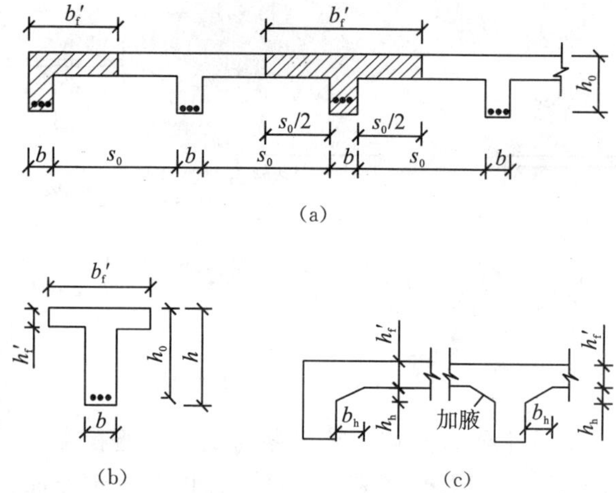

图 4-35 不同情况的 T 形截面梁

4.7.2 计算公式及适用条件

1. T 形截面的两种类型及判别条件

T 形截面受弯构件正截面受力的分析方法与矩形截面的基本相同，不同之处在于需要考虑受压翼缘的作用。根据中和轴是否在翼缘中，将 T 形截面分为以下两种类型。

(1)第Ⅰ类 T 形截面：中和轴在翼缘内，受压区为矩形，即 $x \leqslant h_f'$，如图 4-37 所示。

(2)第Ⅱ类 T 形截面：中和轴在梁肋内，受压区为 T 形，即 $x > h_f'$，如图 4-38 所示。

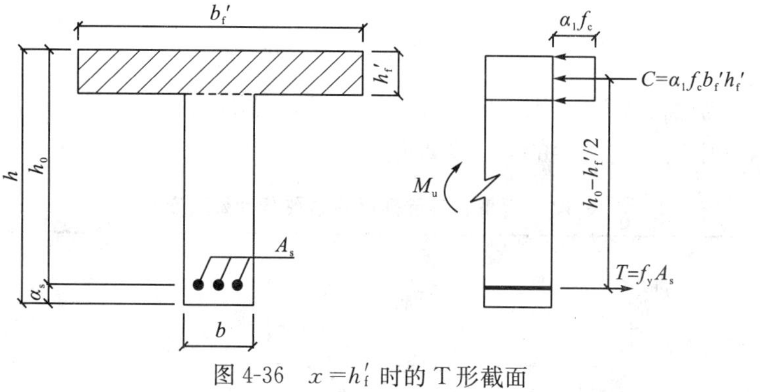

图 4-36 $x = h_f'$ 时的 T 形截面

要判断中和轴是否在翼缘中，首先应对界限位置进行分析，界限位置为中和轴在翼缘与梁肋交界处，即 $x = h_f'$ 处(图 4-36)。根据截面静力平衡条件

$$\sum x = 0, \alpha_1 f_c b_f' h_f' = f_y A_s \tag{4-57}$$

$$\sum M_{As} = 0, M_u = \alpha_1 f_c b_f' h_f' \left(h_0 - \frac{h_f'}{2}\right) \tag{4-58}$$

对于第Ⅰ类 T 形截面，有 $x \leqslant h'_f$，则

$$f_y A_s \leqslant \alpha_1 f_c b_f' h_f' \tag{4-59}$$

$$M \leqslant M_u = \alpha_1 f_c b'_f h'_f \left(h_0 - \frac{h'_f}{2}\right) \tag{4-60}$$

对于第Ⅱ类 T 形截面，有 $x > h'_f$，则

$$f_y A_s > \alpha_1 f_c b'_f h'_f \tag{4-61}$$

$$M > \alpha_1 f_c b'_f h'_f \left(h_0 - \frac{h'_f}{2}\right) \tag{4-62}$$

以上即为 T 形截面受弯构件类型判别条件。但应注意不同设计阶段采用不同的判别条件。

(1)在截面设计时，由于 A_s未知，采用式(4-60)和式(4-62)进行判别。

(2)在截面复核时，由于 A_s已知，采用式(4-59)和式(4-61)进行判别。

2. 第Ⅰ类 T 形截面承载力的计算公式

由于不考虑受拉区混凝土的作用，计算第Ⅰ类 T 形截面承载力时，如图 4-37 所示，与梁宽为 b'_f 矩形截面的计算公式相同，即

$$\alpha_1 f_c b'_f x = f_y A_s \tag{4-63}$$

$$M \leqslant \alpha_1 f_c b'_f x \left(h_0 - \frac{x}{2}\right) \tag{4-64}$$

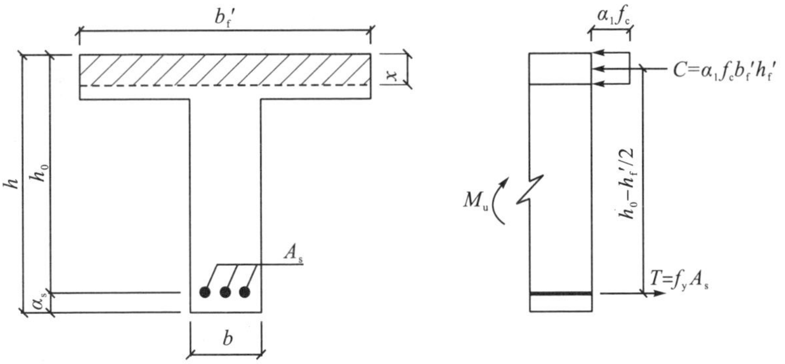

图 4-37　第Ⅰ类 T 形截面

式(4-63)和式(4-64)的适用条件如下。

(1)$x \leqslant \xi_b h_0$。由于 T 形截面的 h'_f 较小，而第Ⅰ类 T 形截面中和轴在翼缘中，故 x 值较小，该条件一般都可满足，不必验算。

(2)$A_s \geqslant \rho_{min} bh$。应该注意的是，尽管第Ⅰ类 T 形截面承载力按 $b'_f \times h$ 的矩形截面计算，但最小配筋面积按 $\rho_{min} bh$ 而不是 $\rho_{min} b'_f h$。这是因为最小配筋率 ρ_{min}是根据钢筋混凝土梁开裂后的受弯承载力与相同截面素混凝土梁受弯承载力相同的条件得出的。而素混凝土 T 形截面受弯构件(肋宽 b、梁高 h)的受弯承载力与素混凝土矩形截面受弯构件($b \times h$)的受弯承载力接近，为简化计算，按 $b \times h$ 的矩形截面受弯构件的 ρ_{min}来判断 T 形截面的最小配筋率。

对于工字形截面和倒 T 形截面，应满足 $A_s \geqslant \rho_{min}[bh + (b_f - b)h_f]$，其中 b_f、h_f分别为按 T 形截面计算承载力的工字形截面、倒 T 形截面的受拉翼缘宽度和高度。

3. 第Ⅱ类T形截面承载力的计算公式

第Ⅱ类T形截面的中和轴在梁肋中，如图4-38所示，由截面静力平衡条件可得基本公式为

$$\alpha_1 f_c(b_f'-b)h_f'+\alpha_1 f_c bx=f_y A_s \tag{4-65}$$

$$M\leqslant\alpha_1 f_c(b_f'-b)h_f'\left(h_0-\frac{h_f'}{2}\right)+\alpha_1 f_c bx\left(h_0-\frac{x}{2}\right) \tag{4-66}$$

与双筋矩形截面梁类似，可将第Ⅱ类T形截面所承担的弯矩分解为两部分来考虑。第一部分是由翼缘伸出部分的受压混凝土与部分受拉钢筋A_{s1}组成的截面，其受弯承载力为M_1；第二部分是梁肋部分受压区混凝土与另一部分受拉钢筋A_{s2}组成的单筋矩形截面，其受弯承载力为M_2。如图4-38所示，则计算公式可以写成以下形式：

$$\alpha_1 f_c(b_f'-b)h_f'=f_y A_{s1} \tag{4-67}$$

$$M_1\leqslant M_{u1}=\alpha_1 f_c(b_f'-b)h_f'\left(h_0-\frac{h_f'}{2}\right) \tag{4-68}$$

$$\alpha_1 f_c bx=f_y A_{s2} \tag{4-69}$$

$$M_2\leqslant M_{u2}=\alpha_1 f_c bx\left(h_0-\frac{x}{2}\right) \tag{4-70}$$

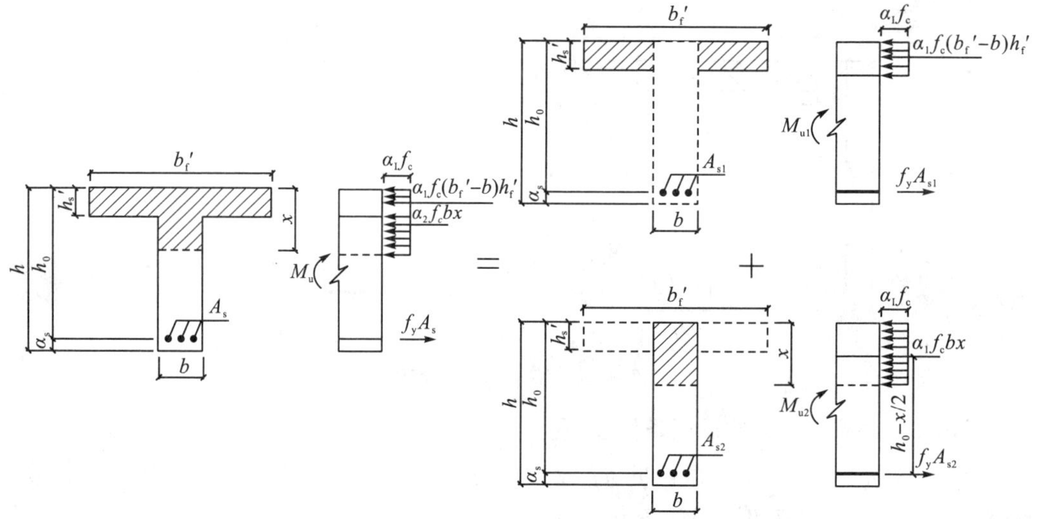

图4-38　第Ⅱ类T形截面计算简图

式中，$A_s=A_{s1}+A_{s2}$；$M_u=M_{u1}+M_{u2}$；$M=M_1+M_2$。

式(4-65)和式(4-66)的适用条件如下。

(1)$x\leqslant\xi_b h_0$；

(2)$A_s\geqslant A_{s,\min}$。对于第Ⅱ类T形截面，该条件一般都可满足，不必验算。

4.7.3 计算方法

1. 截面设计

已知截面弯矩设计值 M、截面尺寸、混凝土强度等级和钢筋级别，求受拉钢筋截面面积 A_s。

设计步骤如下。

(1)根据已知条件，按式(4-60)或式(4-62)判别 T 形截面类型。

当满足式(4-60)时，即 $M \leqslant \alpha_1 f_c b_f' h_f' \left(h_0 - \frac{h_f'}{2}\right)$，为第Ⅰ类 T 形截面；

当满足式(4-62)时，即 $M > \alpha_1 f_c b_f' h_f' \left(h_0 - \frac{h_f'}{2}\right)$，为第Ⅱ类 T 形截面。

(2)若为第Ⅰ类 T 形截面，按梁宽为 b_f' 的单筋矩形截面受弯构件计算，并验算 $A_s \geqslant A_{s,min}$。

(3)若为第Ⅱ类 T 形截面，根据式(4-65)和式(4-66)直接计算，并验算 $x \leqslant \xi_b h_0$。

如果将截面分解为图 4-38 所示的两部分，也可按以下步骤计算：

$$M = M_1 + M_2 \tag{4-71}$$

$$A_s = A_{s1} + A_{s2} \tag{4-72}$$

对于第一部分，有

$$f_y A_{s1} = \alpha_1 f_c (b_f' - b) h_f' \tag{4-73}$$

$$M_1 = \alpha_1 f_c (b_f' - b) h_f' \left(h_0 - \frac{h_f'}{2}\right) \tag{4-74}$$

则

$$A_{s1} = \frac{\alpha_1 f_c (b_f' - b) h_f'}{f_y} \tag{4-75}$$

对于第二部分，有

$$M_2 = M - M_1 = \alpha_1 f_c b x \left(h_0 - \frac{x}{2}\right) = \alpha_s \alpha_1 f_c b h_0^2 = \gamma_s h_0 f_y A_{s2} \tag{4-76}$$

与梁宽为 b 的单筋矩形截面一样，根据式(4-76)确定 α_s，由式(4-36)计算 γ_s，则

$$A_{s2} = \frac{M - M_1}{\gamma_s h_0 f_y} \tag{4-77}$$

若 $x > \xi_b h_0$，则说明为超筋梁，可增加截面高度或提高混凝土强度等级。当受到限制时，也可设计成双筋 T 形截面。

2. 截面复核

已知截面弯矩设计值 M，截面尺寸、受拉钢筋截面面积 A_s、混凝土强度等级及钢筋级别，求正截面受弯承载力 M_u 是否足够。

复核步骤如下：

(1)根据已知条件，按式(4-59)或(4-61)判别T形截面类型。

当满足式(4-59)时，即：$f_yA_s \leqslant \alpha_1 f_c b_f' h_f'$，为第Ⅰ类T形截面；

当满足式(4-61)时，即 $f_yA_s > \alpha_1 f_c b_f' h_f'$，为第Ⅱ类T形截面。

(2)若为第Ⅰ类T形截面，按 $b_f' \times h$ 的单筋矩形截面受弯构件复核方法进行计算。

(3)若为第Ⅱ类T形截面，由基本公式(4-65)得

$$x = \frac{f_yA_s - \alpha_1 f_c(b_f' - b)h_f'}{\alpha_1 f_c b} \tag{4-78}$$

若 $x \leqslant \xi_b h_0$，则将 x 代入式(4-66)计算 M_u，即

$$M_u = \alpha_1 f_c(b_f' - b)h_f'\left(h_0 - \frac{h_f'}{2}\right) + \alpha_1 f_c bx\left(h_0 - \frac{x}{2}\right) \tag{4-79}$$

若 $x > \xi_b h_0$，则令 $x = \xi_b h_0$ 计算 M_u，即

$$M_u = \alpha_1 f_c(b_f' - b)h_f'\left(h_0 - \frac{h_f'}{2}\right) + \alpha_1 f_c b h_0^2 \xi_b(1 - 0.5\xi_b) \tag{4-80}$$

将计算的正截面受弯承载力 M_u 与弯矩设计值 M 相比较，若 $M_u \geqslant M$，则承载力足够，截面安全。若 $M_u < M$，则承载力不够，截面不安全，应重新设计。

【例4-7】已知预制空心楼板如图4-39(a)所示。选用C30混凝土和HRB400级钢筋，承受弯矩设计值 M=15 kN·m。试计算所需配置的纵向受力钢筋。

解：本例题属于截面设计类。

(1)设计参数

查附表1、附表6、表4-4～表4-8可知，C30混凝土 $f_c = 14.3\ \text{N/mm}^2$，$f_t = 1.43\ \text{N/mm}^2$；HRB400级钢筋 $f_y = 360\ \text{N/mm}^2$；$\alpha_1 = 1.0$，$\alpha_{sb} = 0.384$，$\xi_b = 0.518$。

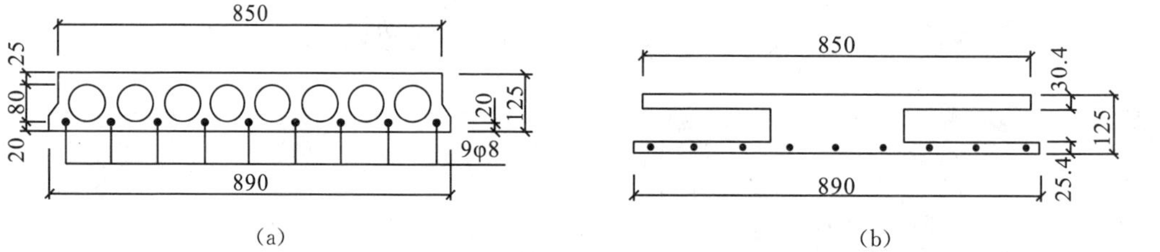

图4-39 例4-7图(单位：mm)

查附表13，一类环境，c=15 mm，则 $a_s = c + d/2 = 20$ mm，$h_0 = h - 20 = 105$ mm。

$\rho_{min} = 0.2\% > 0.45\dfrac{f_t}{f_y} = 0.45 \times \dfrac{1.43}{360} = 0.179\%$

(2)将圆孔空心板换算为I形截面

根据截面面积不变、截面惯性矩不变的原则，先将圆形孔转换为矩形孔。取圆孔直径为 d，换算后矩形孔宽、高为 b_R、h_R，则

$$\frac{\pi d^2}{4} = b_R h_R, \quad \frac{\pi d_R^4}{64} = \frac{b_R h_R^3}{12}$$

可以解得

$$h_R = 0.866d = 0.866 \times 80 = 69.2\ \text{mm}$$
$$b_R = 0.907d = 0.907 \times 80 = 72.6\ \text{mm}$$

则换算后 I 形截面尺寸如图 4-39(b)所示。

(3)计算钢筋截面面积

1)截面类型判别。

当 $x=h_f'$ 时

$$\alpha_1 f_c b_f' h_f'\left(h_0-\frac{h_f'}{2}\right)=1.0\times 14.3\times 850\times 30.4\times\left(105-\frac{30.4}{2}\right)$$

$$=33.18\times 10^6\ \text{N}\cdot\text{mm}=33.18\ \text{kN}\cdot\text{m}>M=13.2\ \text{kN}\cdot\text{m}$$

属于第一类截面类型，可以按矩形截面 $b_f'\times h=850\ \text{mm}\times 125\ \text{mm}$ 计算。

②求受拉钢筋的面积 A_s。

$$\alpha_s=\frac{M}{\alpha_1 f_c b_f' h_0^2}=\frac{15\times 10^6}{1.0\times 14.3\times 850\times 105^2}=0.112<\alpha_{sb}=0.384$$

由式(4-36)得 $\gamma_s=0.948$，则

$$A_s=\frac{M}{f_y\gamma_s h_0}=\frac{15\times 10^6}{360\times 0.948\times 105}=418.6\ \text{mm}^2$$

$$>\rho_{min}[bh+(b_f-b)h_f]=0.2\%\times[777.4\times 125+(890-777.4)\times 25.4]$$

$$=200.1\ \text{mm}^2$$

符合适用条件。

(4)选配钢筋及绘配筋图

受拉钢筋选用 9 ⌀ 8($A_s=453\ \text{mm}^2$)，配筋简图如图 4-39 所示。

【例 4-8】已知现浇楼盖梁板截面如图 4-40 所示。选用 C20 混凝土和 HRB400 级钢筋，L－1 的计算跨度 $L_0=3.3$ m，承受弯矩设计值为 $M=275$ kN·m，环境类别为二 a。试计算 L－1 截面所需配置的纵向受力钢筋。

解：本例题属于截面设计类。

(1)设计参数。

查附表 1、附表 6、表 4-4～表 4-8 可知，C20 混凝土 $f_c=9.6\ \text{N/mm}^2$，$f_t=1.10\ \text{N/mm}^2$；HRB400 级钢筋 $f_y=360\ \text{N/mm}^2$；$\alpha_1=1.0$，$\alpha_{sb}=0.384$，$\xi_b=0.518$。

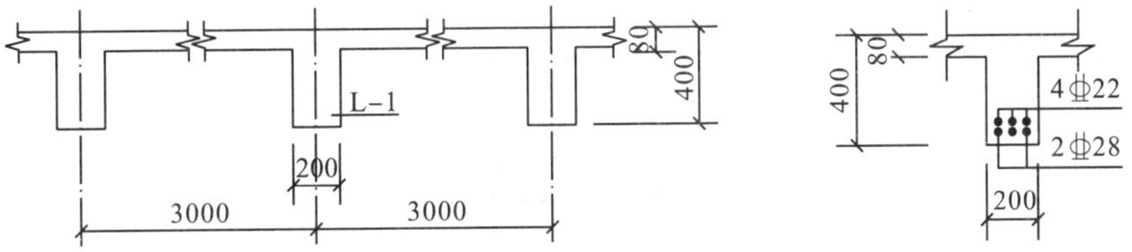

图 4-40　例 4-8 图（单位：mm）

查附表 13，二 a 类环境，$c=30$ mm，假设配置两排钢筋，则

$a_s=c+d+e/2=30+20+25/2=62.5$ mm，取值 65 mm，$h_0=h-65=335$ mm。

$$\rho_{min}=0.2\%>0.45\frac{f_t}{f_y}=0.45\times\frac{1.10}{360}=0.138\%$$

(2)确定受压翼缘宽度

按计算跨度考虑：

$$b_f' = \frac{l_0}{3} = \frac{3300}{3} = 1100\ \text{mm}$$

按梁净距 S_n 考虑：

$$b_f' = s_n + b = 2800 + 200 = 3000\ \text{mm}$$

按翼缘高度 h_f' 考虑：

$$b_f' = b + 12h_f' = 200 + 12 \times 80 = 1160\ \text{mm}$$

则 L－1 计算截面尺寸见图 4-40。

(3)计算钢筋截面面积

①截面类型判别

当 $x = h_f'$ 时

$$\alpha_1 f_c b_f' h_f' \left(h_0 - \frac{h_f'}{2}\right) = 1.0 \times 9.60 \times 1100 \times 80 \times \left(335 - \frac{80}{2}\right)$$

$$= 249.2 \times 10^6\ \text{N}\cdot\text{mm} = 249.2\ \text{kN}\cdot\text{m} < M = 275\ \text{kN}\cdot\text{m}$$

属于第二类截面类型。

②求 M_1 及 A_{s1}

$$M_1 = \alpha_1 f_c (b_f' - b) h_f' \left(h_0 - \frac{h_f'}{2}\right) = 1.0 \times 9.60 \times (1100 - 200) \times 80 \times \left(335 - \frac{80}{2}\right)$$

$$= 203.9 \times 10^6\ \text{N}\cdot\text{mm} = 203.9\ \text{kN}\cdot\text{m}$$

$$A_{s1} = \frac{\alpha_1 f_c (b_f' - b) h_f'}{f_y} = \frac{1.0 \times 9.6 \times (1100 - 200) \times 80}{360} = 1920\ \text{mm}^2$$

③求 M_2 及 A_{s2}

$$M_2 = M - M_1 = 275 - 203.9 = 71.1\ \text{kN}\cdot\text{m}$$

$$\alpha_s = \frac{M_2}{\alpha_1 f_c b h_0^2} = \frac{71.1 \times 10^6}{1.0 \times 9.60 \times 200 \times 335^2} = 0.330 < \alpha_{sb} = 0.384$$

由式(4-36)得 $\gamma_s = 0.791$ 则

$$A_{s2} = \frac{M_2}{f_y \gamma_s h_0} = \frac{71.1 \times 10^6}{360 \times 0.791 \times 335} = 745.3\ \text{mm}^2$$

④求 A_s

$$A_s = A_{s1} + A_{s2} = 1920 + 745.3 = 2665.3\ \text{mm}^2$$

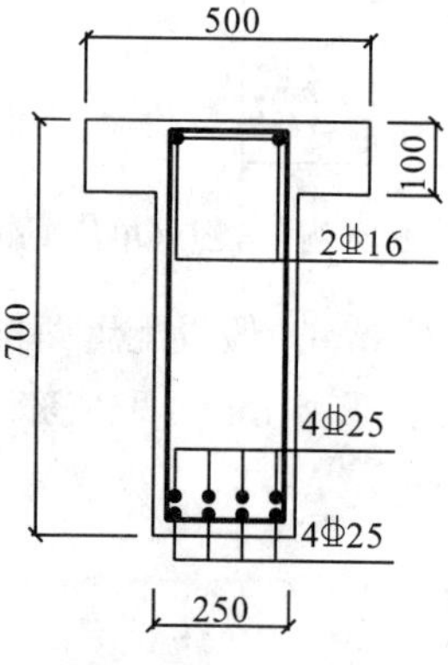

图 4-41 例 4-9 图

(4)选配钢筋及绘配筋图。

受拉钢筋选用 2 ф 28+4 ф 22(A_s=2752 mm²)，配筋简图如图 4-40 所示。

【例 4-9】已知 T 形截面梁，截面尺寸和配筋如图 4-41 所示，环境类别为一类。选用 C25 混凝土和 HRB400 级钢筋，试求该截面所能承受的最大弯矩。

解：本例题属于截面复核类。

(1)设计参数

查附表 1、附表 6、表 4-4～表 4-8 可知，C25 混凝土 $f_c=11.9\ \text{N/mm}^2$；HRB400 级钢筋 $f'_y=f_y=360\ \text{N/mm}^2$；$\alpha_1=1.0$，$\alpha_{sb}=0.384$，$\xi_b=0.518$。

查附表 13，一类环境，$c=25$ mm，则 $a_s=c+d+e/2=25+25+25/2=62.5$ mm，取值 65 mm，$h_0=h-65=635$ mm。

$a'_s=c+d/2=25+16/2=33$ mm，取值 35 mm。$A_s=3927\ \text{mm}^2$，$A'_s=402\ \text{mm}^2$

(2)截面类型判别。

$$f_yA_s=360\times3927=1.4137\times10^6\text{N}>\alpha_1f_cb'_fh'_f+A'_sf'_y=1.0\times11.9\times100\times500+360\times402=0.7397\times10^6\ \text{N}$$

故为第二类 T 形截面梁

(3)计算 M_1 及 A_{s1}

$$A_{s1}=\frac{\alpha_1f_c(b'_f-\text{b})\text{h}'_f}{f_y}=\frac{1.0\times11.9\times(500-250)\times100}{360}=826\ \text{mm}^2$$

$$M_1=\alpha_1f_c(b'_f-b)h'_f\left(h_0-\frac{h'_f}{2}\right)=1.0\times11.9\times(500-250)\times100\times\left(635-\frac{100}{2}\right)$$

$$=174.0\times10^6\ \text{N}\cdot\text{mm}=174.0\ \text{kN}\cdot\text{m}$$

(4)求与 A'_s 对应的 A_{s3} 和 M_3

$$A_{s3}=\frac{f'_yA'_s}{f_y}=\frac{360\times402}{360}=402\ \text{mm}^2$$

$$M_3=f_yA_{s3}(h_0-a'_s)=360\times402\times(635-35)=86.8\times10^6\ \text{N}\cdot\text{mm}=86.8\ \text{kN}\cdot\text{m}$$

(5)求 A_{s2}及对应 M_2

$$A_{s2}=A_s-A_{s1}-A_{s3}=3927-826-402=2699\ \text{mm}^2$$

$$x=\frac{f_yA_{s2}}{\alpha_1f_cb}=\frac{360\times2699}{1.0\times11.9\times250}=326.6\ \text{mm}<\xi_bh_0=328.9\ \text{mm}$$

$$M_2=\alpha_1f_cbx\left(h_0-\frac{x}{2}\right)=1.0\times11.9\times250\times326.6\times\left(635-\frac{326.6}{2}\right)$$

$$=458.3\times10^6\ \text{N}\cdot\text{mm}=458.3\ \text{kN}\cdot\text{m}$$

则该截面所能承受的最大弯矩为

$$M_u=M_1+M_2+M_3=174.0+458.3+86.8=719.1\ \text{kN}\cdot\text{m}$$

4.8 本章小结

(1)本章主要内容为钢筋混凝土受弯构件的正截面受弯承载力分析计算，对梁、板尺寸、混凝土保护层厚度及梁中钢筋的配置进行叙述。

(2)钢筋混凝土受弯构件的正截面破坏为沿竖向开裂的弯曲破坏。根据纵向钢筋配筋率的不同，其破坏形态有三种：适筋破坏、超筋破坏、少筋破坏。掌握三种破坏的特征，从而理解设计适筋受弯构件的必要性。

(3)适筋梁的受力过程划分为三个阶段。阶段Ⅰ截面未出现裂缝，其最后阶段I_a用于抗裂检算；阶段Ⅱ为带裂缝工作阶段，一般混凝土受弯构件的正常使用处于这个阶段范围内，用于裂缝宽度及变形验算；阶段Ⅲ为破坏阶段，用于正截面受弯承载力计算。受弯构件正截面计算时，最小配筋率应得到保证，为避免超筋破坏，应用$x<x_b$进行检算。

(4)根据钢筋混凝土受弯构件计算假定，为简化计算，采用受压区等效矩形应力图形建立平衡方程，即截面拉力与压力保持平衡，弯矩保持平衡。截面设计时可先确定受压区高度x后计算钢筋面积A_s；截面复核时可先求出x后再计算M_u。对于双筋截面应考虑受压区钢筋作用；T形截面的计算应判断其属于第Ⅰ类还是第Ⅱ类。本章应熟练掌握单筋截面、双筋截面和T形截面的基本公式及应用。

思 考 题

4.1 适筋梁从开始加载到正截面承载力破坏经历了哪几个阶段？各阶段截面上应变-应力分布、裂缝开展、中和轴位置、梁的跨中的挠度的变化规律如何？各阶段的主要特征是什么？每个阶段是哪种极限状态设计的基础？

4.2 适筋梁、超筋梁和少筋梁的破坏特征有何不同？

4.3 什么是界限破坏？界限破坏时的界限相对受压区高度ξ_b与什么有关？ξ_b与最大配筋率ρ_{max}有何关系？

4.4 适筋梁正截面承载力计算中，如何假定钢筋和混凝土材料的应力？

4.5 单筋矩形截面承载力公式是如何建立的？为什么要规定其适用条件？

4.6 α_s、γ_s和ξ的物理意义是什么？试说明其相互关系及变化规律。

4.7 钢筋混凝土梁若配筋率不同，即$\rho<\rho_{min}$，$\rho_{min}<\rho<\rho_{max}$，$\rho=\rho_{max}$，$\rho>\rho_{max}$，试回答下列问题：

(1)它们属于何种破坏？破坏现象有何区别？

(2)哪些截面能写出极限承载力受压区高度x的计算式？哪些截面则不能？

(3)破坏时钢筋应力各等于多少？

(4)破坏时截面承载力M_u各等于多少？

4.8　根据矩形截面承载力计算公式，分析提高混凝土强度等级、提高钢筋级别、加大截面宽度和高度对提高承载力的作用？哪种最有效、最经济？

4.9　在正截面承载力计算中，对于混凝土强度等级小于 C50 的构件和混凝土强度等级等于及大于 C50 的构件，其计算有什么区别？

4.10　复核单筋矩形截面承载力时，若 $\xi>\xi_b$，如何计算其承载力？

4.11　在双筋截面中受压钢筋起什么作用？为何一般情况下采用双筋截面受弯构件不经济？在什么条件下可采用双筋截面梁？

4.12　为什么在双筋矩形截面承载力计算中必须满足 $x\geqslant 2a'_s$ 的条件？当双筋矩形截面出现 $x<2a'_s$ 时应当如何计算？

4.13　在矩形截面弯矩设计值、截面尺寸、混凝土强度等级和钢筋级别已知的条件下，如何判别应设计成单筋还是双筋？

4.14　设计双筋截面，A_s 及 A'_s 均未知时，x 应如何取值？当 A'_s 已知时，应当如何求 A_s？

4.15　T 形截面翼缘计算宽度为什么是有限的？取值与什么有关？

4.16　根据中和轴位置不同，T 形截面的承载力计算有哪几种情况？截面设计和承载复核时应如何鉴别？

4.17　第Ⅰ类 T 形截面为什么可以按宽度为 b'_f 的矩形截面计算？如何计算其最小配筋面积？

4.18　T 形截面承载力计算公式与单筋矩形截面及双筋矩形截面承载力计算公式有何异同点？

习　题

4.1　已知钢筋混凝土矩形梁，处于二类环境，其截面尺寸 $b\times h=200\ \text{mm}\times 550\ \text{mm}$，承受弯矩设计值 M=250 kN·m，采用 C25 混凝土和 HRB400 级钢筋。试配置截面钢筋。

4.2　已知钢筋混凝土矩形梁，处于二类环境，承受弯矩设计值 $M=260$ kN·m，采用 C35 混凝土和 HRB400 级钢筋，试按正截面承载力要求确定截面尺寸及纵向钢筋截面面积。

4.3　已知某单跨简支板，处于一类环境，计算跨度 $l=2.58$ m，承受均布荷载设计值 $g+q=8\ \text{kN/m}^2$(包括板自重)，采用 C30 混凝土和 HRB335 级钢筋，求现浇板的厚度 h 以及所需受拉钢筋截面面积 A_s。

4.4　已知钢筋混凝土矩形梁，处于二类环境，其截面尺寸 $b\times h=300\ \text{mm}\times 600\ \text{mm}$，采用 C25 混凝土，配有 HRB400 级钢筋 3 ⌀ 22($A_s=1140\ \text{mm}^2$)。试验算此梁承受弯矩设计值 $M=280$ kN·m 时，是否安全？

4.5　已知某矩形梁，处于一类环境，截面尺寸 $b\times h=200\ \text{mm}\times 550\ \text{mm}$，采用 C30 混凝土和 HRB500 级钢筋，截面弯距设计值 $M=300$ kN·m。试配置截面钢筋。

4.6　已知条件同题 4.5，但在受压区已配有 3 ⌀ 20 的 HRB400 钢筋。试计算受拉钢筋的截面面积 A_s。

4.7　已知一矩形梁，处于二a类环境，截面尺寸 $b\times h=300\ \text{mm}\times 500\ \text{mm}$，采用C35混凝土和HRB400级钢筋。在受压区配有3 ⏀ 20的钢筋，在受拉区配有3 ⏀ 22的钢筋，试验算此梁承受弯矩设计值 $M=220\ \text{kN}\cdot\text{m}$ 时，是否安全？

4.8　已知T形截面梁，处于一类环境，截面尺寸为 $b\times h=200\ \text{mm}\times 650\ \text{mm}$，$b_f'=550\ \text{mm}$，$h_f'=100\ \text{mm}$，承受弯矩设计值 $M=400\ \text{kN}\cdot\text{m}$，采用C30混凝土和HRB500级钢筋。求该截面所需的纵向受拉钢筋。若选用混凝土强度等级为C40，其它条件不变，试求纵向受力钢筋截面面积，并将两种情况进行对比。

4.9　已知T形截面梁，处于二a类环境，截面尺寸为 $b\times h=200\ \text{mm}\times 800\ \text{mm}$，$b_f'=550\ \text{mm}$，$h_f'=120\ \text{mm}$，承受弯距设计值 $\text{M}=550\ \text{kN}\cdot\text{m}$，采用C30混凝土和HRB400级钢筋，配有8 ⏀ 20的受拉钢筋，该梁是否安全？

4.10　已知T形截面吊车梁，处于二a类环境，截面尺寸为 $b_f'=500\ \text{mm}$，$h_f'=100\ \text{mm}$，$b=250\ \text{mm}$，$h=650\ \text{mm}$。承受的弯矩设计值 $M=550\ \text{kN}\cdot\text{m}$，采用C30混凝土和HRB400级钢筋。试配置截面钢筋。

4.11　已知T形截面梁，处于一类环境，截面尺寸为 $b_f'=400\ \text{mm}$，$h_f'=120\ \text{mm}$，$b=250\ \text{mm}$，$h=650\ \text{mm}$，采用C30混凝土和HRB500级钢筋。试计算如果受拉钢筋为4 ⏀ 25，截面所能承受的弯矩设计值是多少？

第 5 章　钢筋混凝土受压构件正截面承载力计算

本章讲述钢筋混凝土受压构件正截面承载力计算问题，主要分为轴心受压构件和偏心受压构件的正截面承载力计算。轴心受压构件分为普通箍筋柱和螺旋箍筋柱两类，其构造特点和计算方法均有所不同。偏心受压构件按破坏特征的不同分为大、小偏心受压构件，本章会讲述它们的区分标准、破坏特征和计算方法上的差异。偏心受压构件还可以根据截面配筋的特点分为对称配筋和非对称配筋两种，本章也会讲述其各自的适用情况、计算方法上的联系与区别等。

5.1　概　　述

受压构件是指承受轴向压力或以承受轴向压力为主的构件，是工程结构中最基本和最常见的构件之一。常见的实例如房屋结构中的柱、桁架结构中的受压弦杆和腹杆以及桥梁结构中的桥墩、桥台等都属于这一类型。受压构件往往处于结构传力的比较靠下的位置，支撑着上部的梁、板等构件，所以具有重要作用，一旦发生破坏，往往会导致连续性的坍塌，后果极其严重。

实际工程中的受压构件，其所受荷载的形式多种多样，可能是均布压应力，可能是一个或若干个集中压力，甚至可能在承受压力的同时还受到集中弯矩或横向力的作用。但对所有这些荷载形式，都可以按照力学中力的合成原理，将其转化为一个与原先所受荷载等效的集中力(横向力还会造成构件受剪)。而根据这个集中力作用位置的不同，可以把受压构件分为两大类：若该力作用于构件正截面的形心，称为轴心受压构件，否则为偏心受压构件。在偏心受压构件中，最为常见的矩形和工字形截面均有两个相互垂直的对称轴，其交点即为截面形心。若合力作用点虽不在形心上，但在其中一条对称轴上，则称为单向偏心；反之，若合力作用点不在任何一条对称轴上，则称为双向偏心，如图 5-1 所示。

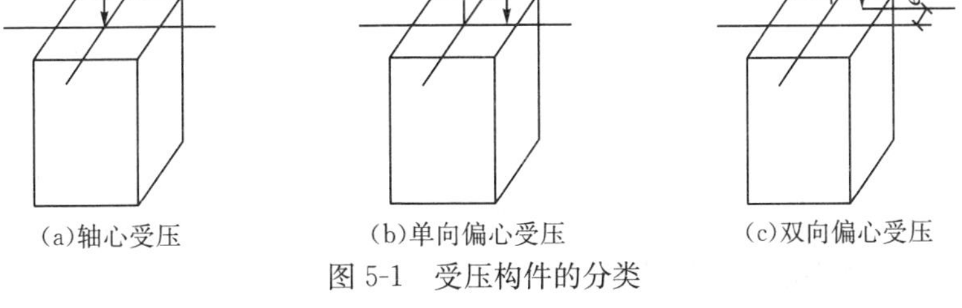

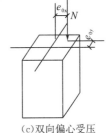

(a)轴心受压　　(b)单向偏心受压　　(c)双向偏心受压

图 5-1　受压构件的分类

受压构件中的钢筋骨架主要由沿构件轴线方向的纵筋和垂直于轴线方向的箍筋构成，但轴心受压构件和偏心受压构件的钢筋布置特点和设计计算方法都相差很大。

5.2 轴心受压构件的正截面承载力计算

在实际工程中，绝对理想的轴心受压的情况几乎没有，由于材料本身的不均匀性、施工的尺寸误差以及荷载作用位置的偏差等因素的影响，轴向压力的合力点位置或多或少都会有些偏心。但是，考虑到轴心受压构件的计算通常比偏心受压构件要简单方便得多，所以，在偏心距相对较小的情况下，可以忽略偏心，近似地按照轴心受压构件进行计算。如受恒载较大的多跨多层房屋的中间柱、屋架的受压腹杆等构件的设计计算，均如此处理。

钢筋混凝土轴心受压构件按照箍筋配置方式的不同分为两类：一类是配有纵向受压钢筋和普通箍筋的普通箍筋柱；另一类是配有纵向受压钢筋和螺旋箍筋(或焊接环筋)的螺旋箍筋柱，如图 5-2 所示。

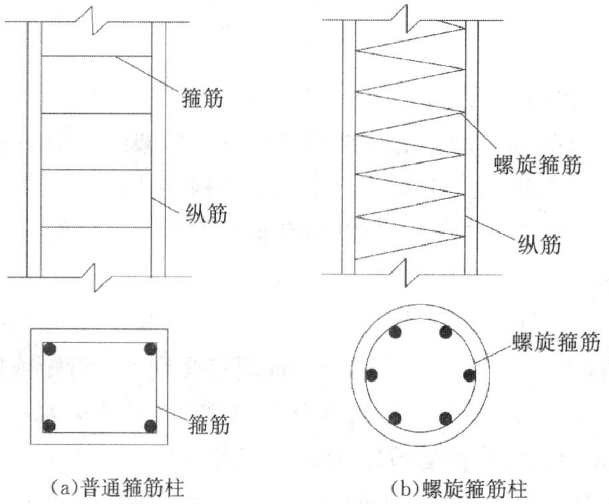

图 5-2 两类轴心受压构件

在轴心受压构件中配置的纵向受压钢筋具有以下作用：协助混凝土共同承受压力，因钢筋的抗压强度比混凝土的抗压强度高得多，从而可以有效地减少截面尺寸，避免构件外形笨重粗大；承受偶然出现的弯矩所引起的拉应力以及混凝土收缩和温度变化引起的拉应力；改善混凝土的变形能力，防止突然的脆性破坏；减小混凝土的收缩和徐变变形。

在轴心受压构件中，箍筋的作用是与纵向受压钢筋共同构成稳固的钢筋骨架，保证构件中各种钢筋，尤其是纵筋位置的稳定；箍筋还能减短纵筋的自由长度，从而防止纵筋在混凝土压碎之前向外压屈失稳。

上述箍筋的两个作用，无论对普通箍筋还是螺旋箍筋均成立，但螺旋箍筋还有一个作用：对其内侧的核心部分混凝土形成较强的环向约束作用，使其处于三向受压的应力状态，从而可以提高构件的承载能力和延性。而对普通箍筋来说，这种环向约束作用比较弱，一般不予考虑。由于这一区别，使得普通箍筋柱和螺旋箍筋柱的正截面承载力计算方法有很大的不同。

5.2.1　普通箍筋柱正截面承载力计算

根据普通箍筋柱长细比的不同，可以分为长柱和短柱两种。短柱是指构件长细比 $l_0/b \leqslant 8$(针对矩形截面，l_0 为构件的计算长度，b 为截面的短边长度)或 $l_0/d \leqslant 7$（针对圆形截面，d 为该圆形截面的直径)或 $l_0/i \leqslant 28$（针对除矩形和圆形之外的其他截面形式，l 为截面的最小回转半径)的柱，否则即为长柱。长柱由于稳定性较差，发生失稳破坏的倾向较明显，使得它和短柱的承载力和破坏形态都有所不同。

1. 短柱的受力特点和破坏形态

短柱的应力-荷载曲线如图 5-3 所示，图中 σ_s' 和 σ_c 分别表示纵向受压钢筋和混凝土的应力。

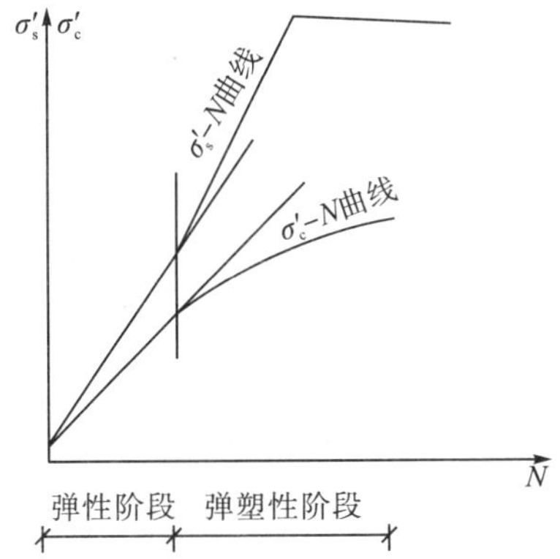

图 5-3　普通箍筋短柱应力-荷载曲线图

在轴心压力的作用下，截面应变是均匀分布的，由于钢筋和混凝土之间存在黏结力，二者变形协调，应变相等，即 $\varepsilon_c = \varepsilon_c$。当荷载较小时，混凝土和钢筋都处于弹性阶段，柱的压缩变形与荷载成正比，纵筋与混凝土的压应力也与荷载成正比。当荷载增大到一定程度，由于混凝土塑性变形的发展，在混凝土与钢筋之间会出现应力的重分布：随着外荷载的增加，钢筋的压应力比混凝土的压应力增加得快。

随着荷载进一步增大，由于选用材料的等级不同，可能混凝土先被压碎，也可能钢筋先达到受压屈服。若是受压钢筋先屈服，由于钢筋良好的塑性，它可以在保持应力不变的情况下继续压缩变形，此后继续增加的荷载全都由混凝土承担，直到混凝土被压碎；但若是混凝土先被压碎，单独存在的纵向受压钢筋不可能再承受荷载，其强度不能得到充分发挥。由此可见，不管是钢筋先屈服还是混凝土先压碎，都应该以混凝土被压碎作为构件破坏的标志。临近破坏时，短柱四周出现明显的纵向裂缝，箍筋间的纵向钢筋发生灯笼状的压曲外鼓，且沿四周的变化基本均匀，最终混凝土压碎而致构件破坏。其破坏时的外形特征如图 5-4 所示。

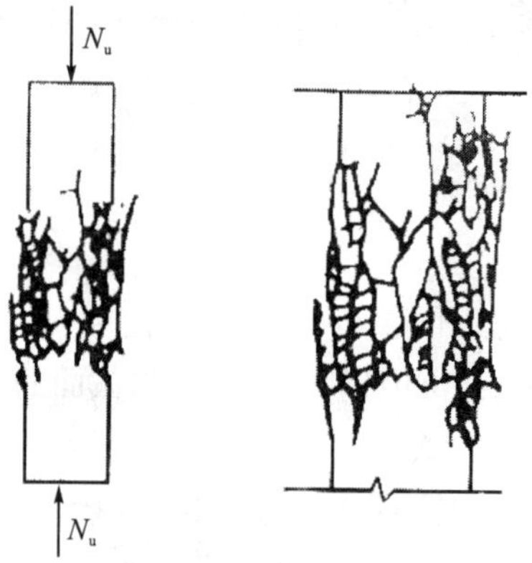

图 5-4　普通箍筋短柱破坏的外形特征

根据对混凝土棱柱体受压试件的测定，其峰值应变随混凝土等级的不同在 0.0015～0.002 变化，而由于配置纵向钢筋后混凝土的变形性能得到进一步的改善，所以当钢筋混凝土短柱达到最大承载力时，混凝土压应变达到 0.0025～0.0035，甚至更大。在一般普通钢筋混凝土的轴心受压构件计算中，通常是偏于安全地取压应变为 0.002 作为控制条件，即认为当压应变达到 0.002 时混凝土强度达到 f_c。由于各个等级钢筋的弹性模量相差不大，可以近似地看做一个常数，取为 $E'_s=2\times10^5\ \text{N/mm}^2$，则此时钢筋的应力为

$$\sigma_s = E'_s\varepsilon_s = 2\times10^5\times0.002 = 400\ \text{N/mm}^2$$

在实际工程中，常用的普通热轧钢筋的抗压强度设计值大都低于 400 N/mm^2，说明它们均早于混凝土受压破坏之前达到屈服，其强度可以得到充分发挥。只有 HRB500 和 HRBF500 两种钢筋，其抗压强度设计值为 410 N/mm^2，超出 400 N/mm^2，计算时应取为 400 N/mm^2。由于二者相差不大，考虑到柱中配置钢筋后构件的极限压应变还会有所增大，也可以取 410 N/mm^2 进行计算。因此，在轴心受压构件的计算中，普通热轧钢筋的强度都可以按其抗压强度设计值取。换言之，在轴心受压短柱中，钢筋和混凝土两种材料的抗压强度都得到充分的利用。

2. 长柱的受力特点和破坏形态

如前所述，绝对的轴心受压构件几乎是没有的，微小的初始偏心距对短柱的影响很小，可以忽略不计，但对长柱的影响则不能忽略。构件承受荷载后，由于初始偏心距将产生附加弯矩，而附加弯矩引起构件的侧向挠曲又会反过来加大原来的初始偏心距，这样相互影响的结果使长柱最终在轴向力和弯矩的共同作用下发生破坏。破坏时受压一侧往往产生较长的纵向裂缝，箍筋之间的纵筋向外压屈，混凝土被压碎；而另一侧的混凝土则可能被拉裂，产生横向裂缝(图 5-5)。这实际是偏心受压构件的破坏特征。

试验表明，长柱的破坏荷载低于相同条件下短柱的破坏荷载，其降低的程度与构件的长细比和构件两端的约束情况有关。《混凝土结构设计规范》采用系数 φ 来反映这种承载力降低的程度，称为“稳定系数”。该系数随构件长细比的增大而降低，此外混凝土的强度等级、钢筋种类和配筋率对 φ 值也略有影响。《混凝土结构设计规范》根据试验研究

结果并结合使用经验给出了构件不同长细比下的 φ 值，见表 5-1。

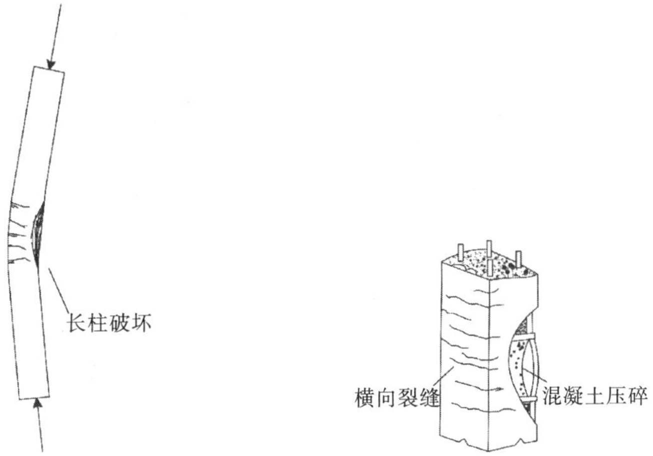

(a)长柱失稳破坏示意图　　(b)长柱破坏外形特征

图 5-5　普通箍筋长柱的破坏特征

表 5-1　钢筋混凝土轴心受压构件的稳定系数 φ

l_0/b	l_0/d	l_0/i	φ	l_0/b	l_0/d	l_0/i	φ
≤8	≤7	≤28	1.0	30	26	104	0.52
10	8.5	35	0.98	32	28	111	0.48
12	10.5	42	0.95	34	29.5	118	0.44
14	12	48	0.92	36	31	125	0.40
16	14	55	0.87	38	33	132	0.36
18	15.5	62	0.81	40	34.5	139	0.32
20	17	69	0.75	42	36.5	146	0.29
22	19	76	0.70	44	38	153	0.26
24	21	83	0.65	46	40	160	0.23
26	22.5	90	0.60	48	41.5	167	0.21
28	24	97	0.56	50	43	174	0.19

注：表中 l_0 为构件的计算长度；b 为矩形截面的短边尺寸；d 为圆形截面的直径；i 为截面的最小回转半径。

表 5-1 中的计算长度 l_0 并非构件实际长度，其取值还与构件两端的约束情况有关，一般约束越强，l_0 取值越小。《混凝土结构设计规范》中对此有具体的规定。

3. 普通箍筋柱正截面承载力计算公式

根据前面对短柱受力特点和破坏过程的分析，短柱中钢筋和混凝土两种材料强度都得到充分的发挥，其计算简图如图 5-6 所示。

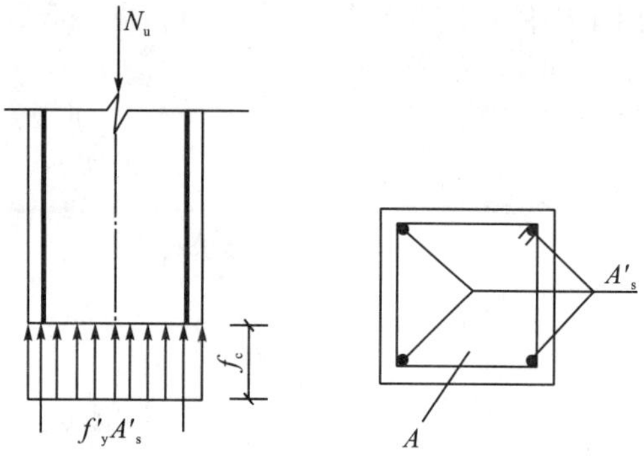

图 5-6 普通箍筋柱截面受压承载力计算简图

至于长柱，在短柱承载力计算公式基础上乘以一个稳定系数 φ 即可。另外，为了保持与偏心受压构件正截面承载力计算具有相同的可靠度，还需要引入一个降低系数 0.9。综合以上分析，考虑长、短柱计算公式的统一，按照平衡条件很容易得到普通箍筋柱的计算公式：

$$N \leqslant N_u = 0.9\varphi(f_cA + f'_yA'_s) \tag{5-1}$$

式中 N——轴心压力设计值；

N_u——轴心受压承载力设计值；

0.9——可靠度调整系数；

φ——钢筋混凝土轴心受压构件的稳定系数，见表 5-1；

f_c——混凝土轴心抗压强度设计值；

A——构件截面面积，当纵向钢筋的配筋率大于 3%时，应改用$(A - A'_s)$；

f'_y——纵向钢筋的抗压强度设计值；

A'_s——全部纵向钢筋的截面面积。

4. 公式的应用

应用式(5-1)主要可解决两大类问题：截面设计和截面复核。

1)截面设计

在截面设计时，可先选定材料强度等级，并根据建筑设计的要求确定构件的计算长度 l_0，按照荷载组合的要求求出轴向压力设计值 N。在此基础上，对截面进行设计，包括确定截面尺寸和配置纵筋两项主要内容。通常可以有两种处理方法。

方法一：①根据轴力大小和总体刚度要求先拟定截面形状和尺寸，以矩形截面为例，即拟定 $b \times h$。

②计算出构件的长细比，查表 5-1 得到稳定系数 φ。

③将 φ 值代入式 5-1 计算出所需的纵筋面积 A'_s。

此种方法的缺点是拟定截面尺寸时可能太偏大或太偏小，导致纵筋配筋率过低或过高，由于柱的构造要求中对纵筋配筋率有一个限制范围，若是超出这个范围则需要回头修改尺寸，为了达到较为理想的经济配筋率的要求，甚至可能需要反复修改，增大了计算工作量。

方法二：为了避免方法一中反复修改截面尺寸的情况出现，可先拟定截面形状，但截面尺寸 A 作为未知数；在经济配筋率范围内选定纵筋配筋率 ρ'，则有 $A_s'=\rho' A$，将其代入式 5-1 式，暂取 $\varphi=1$，就能计算出截面面积 A，根据计算出的 A 同时结合构造要求确定截面尺寸 $b\times h$(以矩形截面为例)。之后配筋的计算与方法一的第②、③步相同。

2)截面复核

轴心受压普通箍筋柱的截面复核问题比较简单，先由构件长细比 l_0/b 查表得到稳定系数 φ 值，再将其他已知条件代入式 5-1 求出截面抗压承载力设计值 N_u，将其与截面受到的轴心压力设计值 N 进行比较，若 $N\leqslant N_u$ 则符合构件承载力要求。

5. 构造要求

轴心受压构件的构造要求包括截面形式、材料选择、纵向钢筋和箍筋的相关要求等。

1)截面形式及尺寸要求

普通箍筋柱的截面形式一般多采用构造简单，施工方便的方形或矩形截面，但根据需要也有采用圆形或正多边形的。截面最小边长不宜小于 250 mm，以避免构件长细比过大。此外，为施工支模方便，柱截面尺寸宜采用整数，在 800 mm 以下者宜取 50 mm 的倍数，在 800 mm 以上者宜取 100 mm 的倍数。

2)材料的选择

混凝土强度对受压构件的承载力影响较大，故宜选用强度等级较高的混凝土，一般采用 C25～C40。对于多层及高层建筑结构的下层柱，其混凝土强度等级可以更高。

钢筋与混凝土共同受压时，若钢筋屈服强度过高，则不能充分发挥其强度，故不宜采用高强度钢筋作为受压纵筋。

3) 纵向钢筋

选用纵筋时应符合以下规定：纵向受力钢筋直径 d 不宜小于 12 mm，为便于施工，同时为了提高钢筋的劲性以防过早压屈，宜适当地选用较大的直径和较少的根数；全部纵向受压钢筋的配筋率不宜超过 5%，也不宜低于 0.6%，其中一侧的纵筋配筋率不低于 0.2%，一般全部纵筋配筋率以 1%～2%的最为经济；纵筋净距不应小于 50 mm，也不宜大于 300 mm；矩形截面柱中纵向钢筋不少于 4 根，保证四个角边有纵筋布置，圆柱中纵向钢筋不宜少于 8 根，不应少于 6 根，且宜沿周边均匀布置。

4) 箍筋

柱中箍筋则应符合以下规定：应采用封闭式箍筋，以保证钢筋骨架的整体刚度，并保证构件在破坏阶段箍筋对混凝土和纵向钢筋的侧向约束作用；箍筋的间距 s 不应大于截面短边尺寸 b 且不大于 400 mm，同时不应大于 15 d，d 为纵向钢筋最小直径；箍筋一般采用热轧钢筋，其直径不应小于 6 mm，且不应小于 $d/4$，d 为纵向受力钢筋最大直径。

当柱截面短边尺寸大于 400 mm 且各边纵筋多于 3 根时，或当柱截面短边尺寸不大于 400 mm 但各边纵向钢筋多于 4 根时，应设置复合箍筋，常用的简单箍筋及复合箍筋形式如图 5-7 所示。

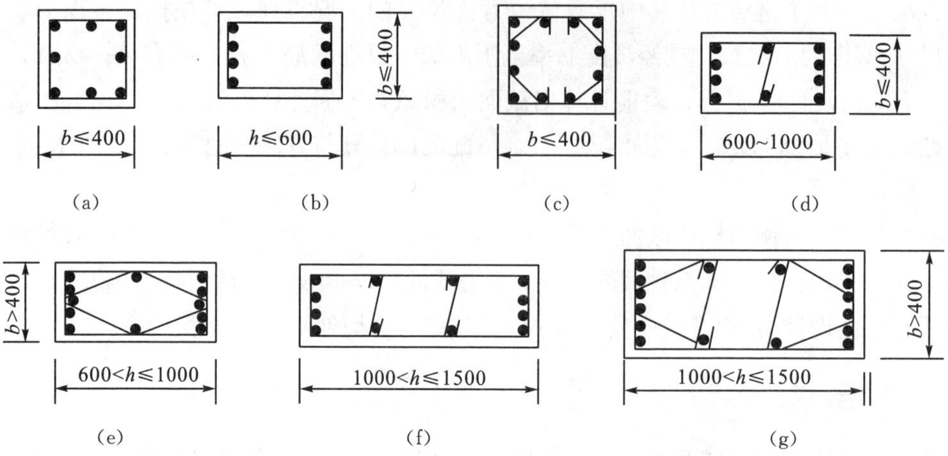

图 5-7 矩形柱中简单箍筋和部分复合箍筋的构造形式

当柱中全部纵向受力钢筋配筋率超过 3%时，箍筋直径不应小于 8 mm，其间距不应大于 10 d 且不应大于 200 mm；箍筋末端应做成 135°弯钩，且弯钩末端平直段长度不应小于 10 d，d 为纵向受力钢筋最小直径。

【例 5-1】 截面尺寸为 $b \times h$=350 mm×350 mm 的钢筋混凝土轴心受压柱，计算长度 l_0=4.9 m，承受轴向力设计值 N=2000 kN，采用 C25 混凝土，纵筋采用 HRB400 级钢筋，箍筋采用 HRB335 级钢筋，试求：(1)纵向受力钢筋面积，选择其直径和根数并布置于截面；(2)选择箍筋直径和间距。

解：(1)查附表 1 和附表 6 得混凝土抗压强度设计值 f_c=11.9 N/mm^2，纵筋抗压强度设计值 f'_y=360 N/mm^2，最小配筋率 ρ'_{min}=0.55%

(2)计算稳定系数 φ。

计算长细比： l_0/b=4.9/0.35=14

查表 5-1 可知，φ=0.92。

(3)计算受压钢筋面积。

由式(5-1)可得

$$A'_s = \frac{\dfrac{N}{0.9\varphi} - f_c A}{f'_y} = \frac{\dfrac{2000000}{0.9 \times 0.92} - 11.9 \times 350 \times 350}{360} = 2660\ \text{mm}^2$$

选择 4 Φ 20+4 Φ 22 钢筋，交错布置。(A'_s=1256+1520=2776 mm^2)

(4)验算配筋率。

总配筋率 $$\rho' = \frac{A'_s}{A} = \frac{2776}{350 \times 350} = 2.27\%$$

$$0.55\% < \rho' < 3\%$$

单侧配筋率 $$\rho' = \frac{1074}{350 \times 350} = 0.88\% > 0.2\%$$

所以满足要求。

(5)选择箍筋。

根据纵筋直径，按照箍筋配置的构造要求，选择Φ 8@300 mm 的箍筋，满足各项构造要求。最终确定配筋截面图如图 5-8 所示。

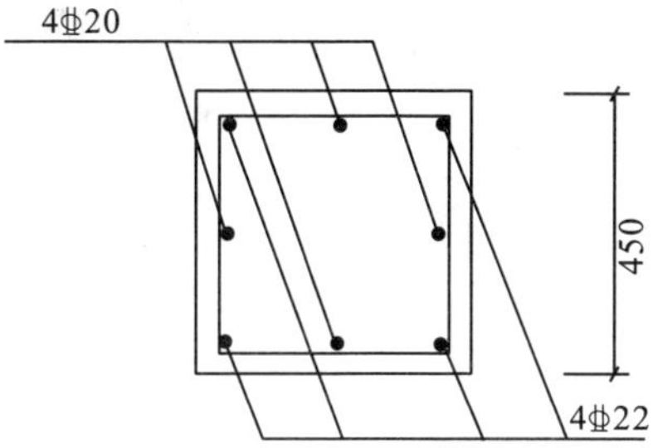

图 5-8　例 5-1 截面配筋图

【例 5-2】　某钢筋混凝土柱，承受轴心压力设计值 $N=3000$ kN，计算长度 $l_0=4.5$ m，选用 C30 混凝土($f_c=14.3$ N/mm^2)和 HRB400 级钢筋($f'_y=360$ N/mm^2)，试设计该柱截面。

解：(1)计算并选择截面尺寸。

将式(5-1)变换为

$$N \leqslant 0.9\varphi A(f_c + f'_y\rho')$$

在经济配筋率范围内选择 $\rho'=1\%$并暂取稳定系数 $\varphi=1$，则有

$$A \geqslant \frac{N}{0.9\varphi(f_c + f'_y\rho')} = \frac{3000000}{0.9 \times 1 \times (14.3 + 360 \times 0.01)} = 186220 \text{ mm}^2$$

采用正方形截面，则有

$$b = h = \sqrt{A} = \sqrt{186220} = 432 \text{ mm}$$

取为　$b \times h = 450$ mm。

(2)确定稳定系数。

由 $l_0/b=4500/450=10$，查表 5-1 得，$\varphi=0.98$

(3)计算纵筋面积。

由式(5-1)得

$$A'_s = \frac{\dfrac{N}{0.9\varphi} - f_c A}{f'_y} = \frac{\dfrac{3000000}{0.9 \times 0.98} - 14.3 \times 450 \times 450}{360} = 1404.5 \text{ mm}^2$$

选用 8 ϕ 16 的纵向受压钢筋，$A'_s=1608$ mm^2，则有

配筋率：　$\rho'=A'_s/A=1608/450^2=0.794\%$

有　$0.55\%<\rho'<3\%$

另外，单侧配筋率：　$\rho'=603/450^2=0.3\%>0.2\%$

所以均满足要求。

箍筋设计从略，配筋截面图如图 5-9 所示。

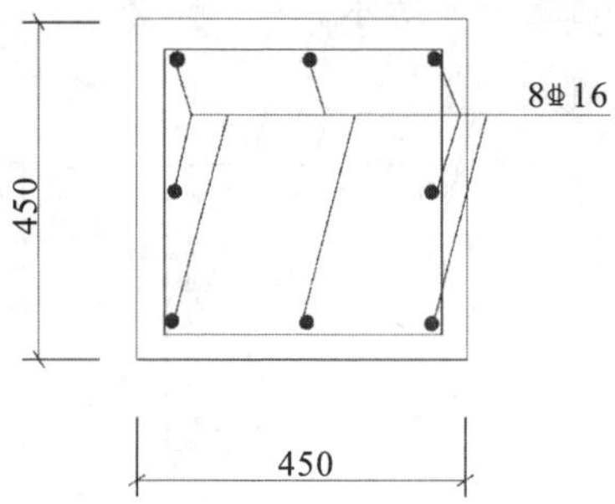

图 5-9 例 5-2 截面配筋图

5.2.2 螺旋箍筋柱正截面承载力计算

螺旋箍筋柱或焊接环筋柱由于配筋麻烦，工艺复杂，且用钢量大，一般仅用于轴心受压构件，且仅用于受荷载很大而截面尺寸又受到限制的较短的柱。这类构件的钢筋骨架整体上多呈圆柱形，与之相应，其截面多采用圆形或正多边形。下面以螺旋箍筋柱为例来说明这类柱的构造和计算。

1. 受力分析和破坏特征

混凝土的三向受压强度试验表明，侧向压力能有效阻止混凝土在受压后产生的侧向变形和内部微裂缝的发展，从而较大地提高混凝土的抗压强度。螺旋箍筋柱中配置的螺旋箍筋就能起到这种作用，以一种间接的方式参与承受外荷载压力。

试验研究表明，当混凝土所受到的压应力较低时，螺旋箍筋的受力并不明显；而当混凝土的压应力增大到大约 $0.8f_c$ 以后，混凝土中沿受力方向的微裂缝开始迅速扩展，其横向变形明显增大并对箍筋形成径向压力，使箍筋受拉，而箍筋又反作用于混凝土，对混凝土施加被动的径向约束压力；当构件截面混凝土的压应变超过无约束混凝土的极限压应变后，箍筋外侧的保护层混凝土由于没有受到箍筋横向压力的约束作用而首先发生破坏，体现为表层混凝土逐步地脱落。此时纵向受压钢筋若是普通钢筋，则基本也已经达到屈服，但由于箍筋内侧的核心部分混凝土在箍筋的横向约束下处于三向受压的应力状态，强度和变形能力都大大提高(其抗压极限强度和极限压应变提高的程度随着箍筋约束力的增大而增大，而箍筋约束力决定于箍筋数量，通常箍筋直径越大，螺距越小，其约束力越强)，所以并未破坏，构件尚未达到正截面承载力的极限状态；随着荷载压力的进一步增大，最终螺旋箍筋达到受拉屈服，不再能有效约束混凝土的横向变形，混凝土被压碎，构件才破坏。(混凝土圆柱体三向受压时轴向应力-应变曲线的变化可参看本书第 2 章相关内容)

从以上的受力过程来看，螺旋箍筋起到了普通箍筋所不具备的独特作用：提高了整个构件的抗压承载力和延性。因这类钢筋发挥其作用的方式比较间接，以自身受拉的方式来提高柱的受压承载力，所以又称为“间接钢筋”。

2. 螺旋箍筋柱正截面承载力计算公式

根据第 2 章对材料在三轴受压状态下的强度试验分析结果，混凝土圆柱体在径向均匀压力的作用下，其轴心抗压强度 f_{cl} 可表述为

$$f_{cl} = f_c + 4\sigma_r \tag{5-2}$$

在螺旋箍筋柱中，由螺旋箍筋的横向约束形成的径向压应力可以看做均匀分布的，但其大小则随着荷载的增大而增大，最终当螺旋箍筋屈服时，达到最大值 σ_r。

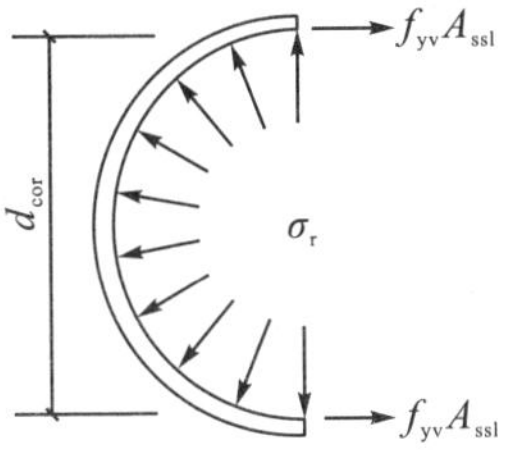

图 5-10　螺旋筋隔离体径向受力示意图

取如图 5-10 所示的隔离体，由平衡条件可得

$$2f_{yv}A_{ss1} = \sigma_2 sd_{cor} \tag{5-3a}$$

则有

$$\sigma_2 = 2f_{yv}A_{ss1}/(s \cdot d_{cor}) \tag{5-3b}$$

式中，A_{ss1}——螺旋箍筋或焊接环筋的单根横截面积；

f_y——间接钢筋的抗拉强度设计值；

s——间接钢筋的间距；

d_{cor}——构件核心部分圆柱体的直径，从间接钢筋的内表面算起。

将式(5-3b)代入式(5-2)可得

$$f_{cl} = f_c + 8f_{yv}A_{ss1}/sd_{cor} \tag{5-4}$$

该式中的第二项 $8f_yA_{ss1}/sd_{cor}$ 就是由于间接钢筋（螺旋箍筋或焊接环筋）对核心部分混凝土的约束作用而使其轴心抗压强度提高的部分。

螺旋箍筋柱正截面受压承载力可以利用普通箍筋柱公式(5-1)并只考虑短柱的情况（即取 $\varphi=1$），可得

$$N \leqslant 0.9(f'_yA'_s + f_{cl}A_{cor}) \tag{5-5}$$

式中，A_{cor}——核心部分混凝土的截面积，即有 $A_{cor}=\pi d_{cor}^2/4$。将其与式(5-4)同时代入式(5-5)，则有

$$N \leqslant 0.9(f_cA_{cor} + f'_yA'_s + 2f_yA_{sso}) \tag{5-6}$$

式中，A_{sso}——螺旋箍筋（或焊接环筋）的换算截面积，$A_{sso}=\pi d_{cor}A_{ss1}/s$。

关于间接钢筋的换算截面积 A_{sso} 的计算式可以这样理解：在一个螺距 s 范围内，近似将螺旋筋体积看做 $\pi d_{cor}A_{ss1}$，将其同体积化为假想纵筋，则这些假想纵筋的横截面积即为 A_{sso}。

考虑到当采用高强度混凝土时，间接钢筋对混凝土的约束作用会有所减弱，故在公式的第三项中引入一个折减系数 α，当混凝土强度等级在 C50 及以下时，取 $\alpha=1$；当混凝土强度等级为 C80 时，取 $\alpha=0.85$；其间按线性内插法计算确定。则螺旋箍筋柱正截

面承载力计算公式为

$$N \leqslant 0.9(f_c A_{cor} + f'_y A'_s + 2\alpha f_y A_{sso}) \tag{5-7}$$

式中，f_c、f'_y 和 A'_s 等符号的含义都同普通箍筋柱。

该计算式必须满足相关条件的限制才能采用，根据《混凝土结构设计规范》的规定，对该式做如下补充要求。

(1)当长细比 $l_0/d>12$ 时，因构件长细比较大，有可能因纵向弯曲的影响致使螺旋箍筋尚未屈服而构件已经破坏，所以不能设计为螺旋箍筋柱，即使设计为螺旋箍筋柱也只能按照普通箍筋柱计算其承载力。

(2)螺旋箍筋柱公式中由于只考虑核心部分混凝土作为有效面积，所以当外层混凝土较厚而螺旋筋数量较少时，有可能按该式计算出的承载力还不如按普通箍筋柱公式(5-1)计算出的承载力高，此时应按普通箍筋柱公式计算，即不考虑间接钢筋的承载作用。

(3) 当间接钢筋配置过少时，对核心混凝土的约束作用不明显，因此，间接钢筋的换算面积 A_{sso} 应不小于纵筋面积的 25%，否则不考虑其作用，按普通箍筋柱公式计算。

(4) 为了避免混凝土保护层的过早剥落，应避免三向受压的核心部分混凝土与单向受压的保护层混凝土强度差过大，所以对间接钢筋的使用应有所限制。《混凝土结构设计规范》规定：对于同一个螺旋箍筋柱，按螺旋箍筋柱公式(5-7)计算出的受压承载力不应超过按普通箍筋柱公式(5-1)计算出的承载力的 1.5 倍。

3. 构造要求

螺旋箍筋柱的截面形式通常选择圆形或正多边形(如正八边形)；其纵筋在螺旋箍筋的内侧沿截面周边均匀布置，不应少于 6 根，也不宜少于 8 根。

如果计算中要考虑间接钢筋的作用，则间接钢筋的间距(或螺距)s 不应大于 80 mm 及 $d_{cor}/5$，且不应小于 40 mm。

其他构造要求与普通箍筋柱相同。

【例 5-3】某圆形截面钢筋混凝土柱，承受轴心压力设计值 $N=4000$ kN，计算长度 $l_0=4.8$ m，已限定截面直径 $d=400$ mm。选定材料为：混凝土强度等级 C35，纵筋采用 HRB500 级钢筋，箍筋采用 HRB335 级钢筋。混凝土保护层厚度 $c=25$ mm。要求为该柱配筋。

解：(1)先考虑按普通箍筋柱进行配筋设计。

① 查附表 1 和附表 6 得各材料强度。

纵筋：$f'_y=410\ \text{N/mm}^2$，箍筋：$f_y=300\ \text{N/mm}^2$，混凝土：$f_c=16.7\ \text{N/mm}^2$。

② 计算稳定系数。

长细比为

$$l_0/d = 4800/400 = 12$$

查表 5-1 得 $\varphi=0.92$

③ 计算纵筋截面面积。

$$A'_s = \frac{\dfrac{N}{0.9\varphi} - f_c A}{f'_y} = \frac{\dfrac{4000000}{0.9 \times 0.92} - 16.7 \times \dfrac{3.14 \times 400^2}{4}}{410} = 6667\ \text{mm}^2$$

④验算配筋率。

$$\rho' = \frac{A'_s}{A} = \frac{6667}{3.14 \times 400^2/4} = 5.3\% > 5\%$$

纵筋配筋率明显偏高，而截面尺寸已被限定不能再增大，采用普通箍筋柱无法满足规范对配筋率范围的要求。由于该柱长细比为 12，刚好满足不超出 12 的限制条件，可以采用螺旋箍筋柱设计。

(2)按螺旋箍筋柱设计。

①确定纵筋数量。

取纵筋配筋率 $\rho'=0.035$，则有 $A'_s=\rho' A=0.035\times3.14\times400^2/4=4396\ \text{mm}^2$，选择 8 ф 28的纵筋，即实际配置的 $A'_s=4926\ \text{mm}^2$。

②计算螺旋筋的换算截面积 A_{sso}。

假定选择直径为 10 mm 的箍筋，则有

$$d_{cor} = d - (25 + 10) \times 2 = 400 - 70 = 330\ \text{mm}$$

$$A_{cor} = \pi d_{cor}^2/4 = 3.14 \times 330^2/4 = 854871$$

由公式(5-7)可得

$$A_{ss0} = \frac{\frac{N}{0.9} - f_c A_{cor} - f'_y A'_s}{2\alpha f_y} = \frac{\frac{4000000}{0.9} - 16.7 \times 85487 - 410 \times 4926}{2 \times 1 \times 300}$$

$$= 1662\ \text{mm}^2 > 0.25A'_s = 0.25 \times 4926 = 1232\ \text{mm}^2$$

满足要求。

③选取螺旋箍筋。

选择螺旋箍筋的直径为 10 mm，则有 $A_{ss1}=78.5\ \text{mm}^2$，该直径大于 $d/4=28/4=7\ \text{mm}$，满足构造要求。由此计算出螺距为

$$s = \frac{\pi d_{cor} A_{ss1}}{A_{ss0}} = \frac{3.14 \times 330 \times 78.5}{1662} = 49\ \text{mm}$$

取 $s=45\ \text{mm}$，满足螺旋箍筋间距不应大于 80 mm 及 $d_{cor}/5=330/5=66\ \text{mm}$，且不应小于 40 mm 的要求。

④验算承载力。

根据实际配置的螺旋箍筋的直径和间距，重新求其换算截面积：

$$A_{ss0} = \frac{\pi d_{cor} A_{ss1}}{s} = \frac{3.14 \times 330 \times 78.5}{45} = 1808\ \text{mm}^2$$

其抗压承载力为

$$N_u = 0.9(f_c A_{cor} + f'_y A'_s + 2 f_y A_{ss0})$$

$$= 0.9(16.7 \times 85487 + 2 \times 1.0 \times 300 \times 1808 + 410 \times 4926) \times 10^{-3}$$

$$= 4079\ \text{kN} > N = 4000\ \text{kN}$$

再按照普通箍筋柱公式计算其承载力：

$$N'_u=0.9\varphi(f_c A+f'_y A'_s)=0.9\times0.92\times(16.7\times3.14\times400^2/4+410\times4926)=3409\ \text{kN}$$

$$N'_u<N_u<1.5N'_u=1.5\times3409=5114\ \text{kN}$$

所以满足要求。

5.3 偏心受压构件的正截面受力性能分析

当受压构件所受压力的合力作用点偏离截面形心，且其偏心的程度不可忽略时，应按偏心受压构件进行设计。如前所述，根据合力作用点位置的不同，偏心受压构件可以分为单向偏心和双向偏心两种。双向偏心的情况较为复杂，本节只讲述单向偏心的相关内容。

在单向偏心受压构件中，偏心的合压力总是可以分解为一个轴心压力 N 加一个弯矩 M，所以，其受力状态介于轴心受压和受弯之间。如果把轴心压力 N 和弯矩 M 看做两个变量，也可以说，轴心受压(M 趋于 0)和受弯(N 趋于 0)是偏心受压的两个极端情形。如图 5-11 所示。

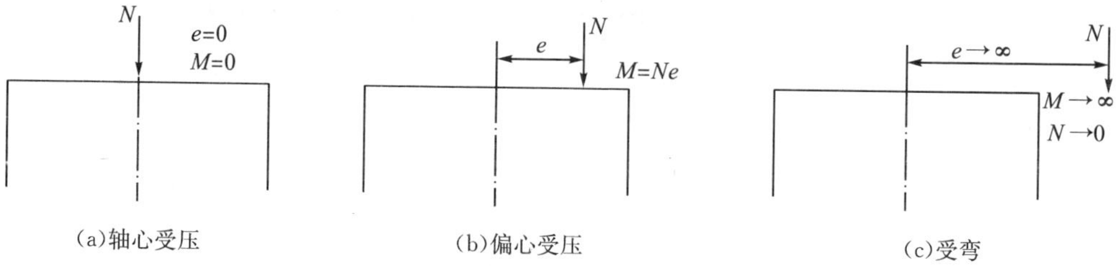

图 5-11 轴心受压、偏心受压和受弯三种受力形式对比示意图

与轴心受压构件中纵筋要求沿截面周边均匀布置不同，偏心受压构件的纵筋布置特点类似于受弯构件中的双筋梁，即主要在偏心弯矩作用平面的两侧，其面积分别用 A_s'(近轴力一侧)和 A_s(远轴力一侧)表示。

偏心受压构件的截面尺寸表示方法也与受弯构件相同，以矩形截面为例，偏心弯矩作用方向的边长用 h 表示，而垂直于偏心方向的边长用 b 表示。如图 5-12 所示。

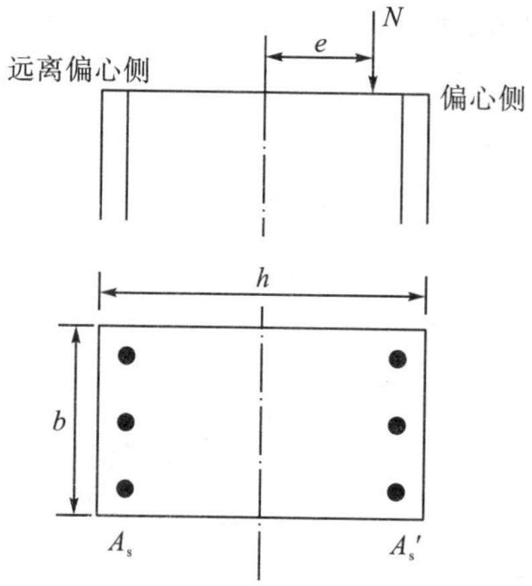

图 5-12 矩形截面偏心受压构件截面尺寸与配筋表示符号示意图

5.3.1　受力过程与破坏特征

偏心受压构件的试验研究表明，构件的最终破坏由混凝土的压碎造成。对偏心一侧的钢筋 A'_s 一定是受压，只要采用的是普通热轧钢筋，破坏时受压钢筋 A'_s 应力一般能达到屈服。至于远离偏心一侧的钢筋 A_s，根据偏心距的大小和配筋数量的不同，其可能受拉也可能受压，可能屈服也可能不屈服，使构件的破坏呈现出不同的特征。

根据破坏特征的不同，偏心受压的破坏形态可以分为大偏心受压破坏和小偏心受压破坏两类。

1. 大偏心受压破坏(受拉破坏)

当轴向力偏心距较大且远离偏心一侧的钢筋 A_s 配置得不太多时，发生大偏心受拉破坏。这种破坏形式因偏心距比较大，偏心弯矩也相对较大，在受力形式上更接近于受弯构件，中性轴位于截面内，即截面上存在受拉区；而又因为 A_s 配置不太多，所以类似于受弯构件中的适筋梁。

随着荷载的增加，此类构件的受力变化过程为：首先在受拉区出现横向的裂缝，并且这些裂缝随着荷载的增大而不断发展加宽，使得受拉区的拉应力主要由受拉钢筋 A_s 承受，同时中性轴逐渐往受压区移动，受压区面积逐渐减小；当荷载增大到一定程度，受拉钢筋首先达到屈服，形成明显的主裂缝；随着主裂缝的宽度增加并向受压侧延伸，受压区面积减小的速度进一步加快，混凝土压应变迅速增大；最后，当受压边缘混凝土达到极限压应变时，出现纵向裂缝，受压混凝土被压碎导致整个构件破坏。破坏时，受压钢筋 A'_s 只要是采用的普通钢筋一般也都能屈服。该破坏类型的应变图、应力图和截面图如图 5-13 所示。

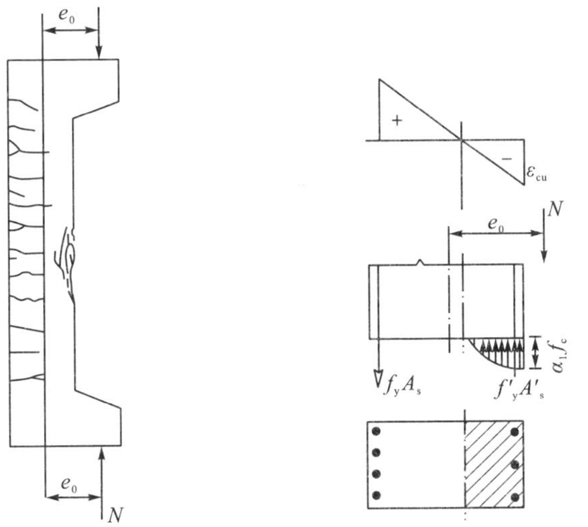

(a)破坏形态图　(b)应变图、应力图和截面图

图 5-13　大偏心受压破坏形态及应变、应力图

从上述破坏过程看，大偏心受压破坏的破坏特征与受弯构件中的双筋适筋梁的破坏特征完全相同，即受拉钢筋首先达到屈服，之后由于混凝土被压碎导致构件破坏。破坏之前构件会产生明显的变形，属于延性破坏。由于该种破坏始于受拉区钢筋的屈服，所以又称为“受拉破坏”。

2. 小偏心受压破坏(受压破坏)

发生此种破坏有两种情况：一种是偏心距很小；另一种是偏心距较小或虽然偏心距较大，但受拉钢筋 A_s 配置较多。

在前一种情况下，中性轴位于截面之外，构件全截面受压。截面上压应力的分布特点为偏心一侧混凝土所受压应力较大，其边缘处最大；远离偏心一侧混凝土所受压应力较小，其边缘处最小。构件的破坏由受压应力较大一侧的混凝土压碎引起，破坏时该侧钢筋 A'_s 能达到受压屈服，而另一侧的钢筋 A_s 也受压，但通常达不到屈服，如图 5-14(c)所示。但需要说明的是，在这一破坏类型中，当偏心距很小，轴向力 N 相对很大，而远离偏心一侧的钢筋 A_s 配置过少时，也可能发生相反的情况，即远离偏心一侧的混凝土先被压碎导致构件破坏，这种破坏通常称为“反向破坏”，可视为小偏心受压破坏的一种特殊情况。

在后一种情况下，中性轴仍在截面内，即截面内存在受拉区，但相对于大偏心受压破坏的情况，受拉部分的面积较小，截面大部分受压。随着荷载的增大，受拉区虽有横向裂缝发生但发展得比较慢，受拉钢筋 A_s 的拉应力增加也比较慢。最终，由于受压区混凝土被压碎导致构件破坏，破坏较突然，没有明显的预兆，且压碎区域较大；破坏时，受压纵筋 A'_s 一般都能达到受压屈服，而受拉钢筋 A_s 并没有屈服，如图 5-14(b)所示。

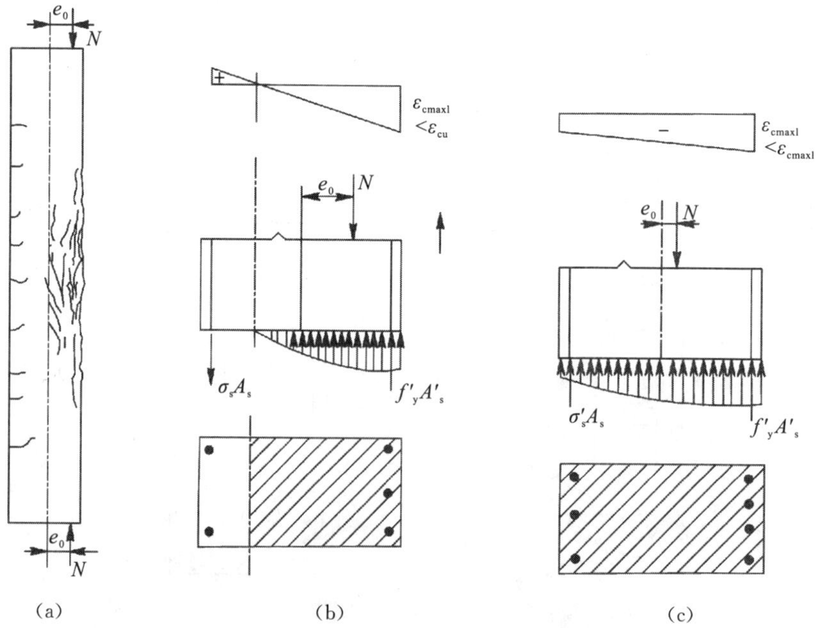

图 5-14 小偏心受压破坏形态

综合上述两种情况下构件受压破坏的共同特征是：偏心一侧的混凝土首先被压碎并引起构件破坏，该侧的钢筋 A_s' 受压并能达到屈服；而远离偏心一侧的钢筋 A_s 可能受拉也可能受压，一般均达不到屈服。破坏没有明显预兆，脆性特征比较明显。由于该种破坏始于受压区，所以又称为“受压破坏”。

5.3.2　两类偏心受压破坏的界限

从以上的叙述可以看出，大、小偏心受压破坏的根本区别在于随着荷载的增加，到底是远离偏心一侧的钢筋先受拉屈服，还是偏心侧边缘的混凝土先被压碎导致构件破坏。那么，可以设想一种破坏状态，即在远离偏心一侧的钢筋 A_s 达到受拉屈服(也就是其应变达到屈服应变值 $\varepsilon_y=f_y/E_s$)的同时，偏心侧边缘的混凝土刚好达到极限压应变 ε_{cu}，这种破坏状态是大、小偏心的界限破坏。试验表明，从开始加载到构件破坏的整个过程中，偏心受压构件的截面平均应变都较好地符合平截面假定，即截面应变为直线分布，所以，界限破坏时的应变分布情况如图 5-15 中的 ad 所示。

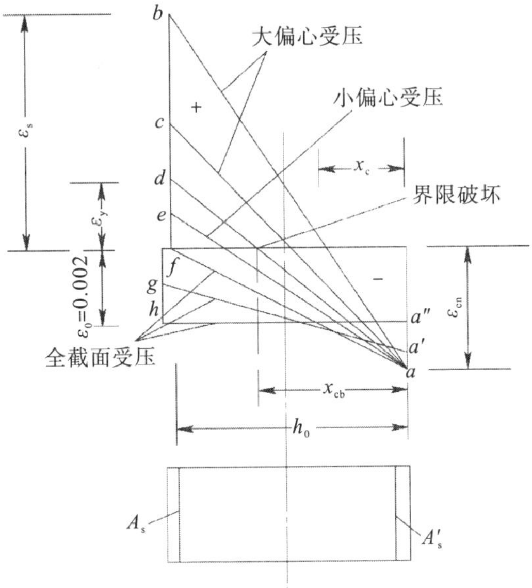

图 5-15　大、小偏心受压构件的截面应变分布对比

若是大偏心受压破坏，$\varepsilon_s>\varepsilon_y$，则有 $x_c<x_{cb}$，如图 5-15 中的 ab、ac 所示；若是小偏心受压破坏，$\varepsilon_s<\varepsilon_y$(即未达屈服)，则有 $x_c>x_{cb}$，如图 5-15 中的 ae 所示。当进入全截面受压状态后，压应力较大的偏心一侧边缘极限压应变将随着偏心距的减小而有所下降，其截面应变分布如图 5-15 中的 af、$a'g$ 和水平线 $a'h$ 的顺序变化。到 $a'h$ 实际上已经是轴心受压的状态。在此变化过程中，受压边缘的极限压应变将大约由 0.0033 逐步下降到接近轴心受压时的 0.002。

显然，上述偏心受压构件截面应变变化规律与受弯构件中双筋梁从适筋到超筋的截面应变变化规律是相似的。因此，可以用受弯构件中判别适筋与超筋的公式来判断大、小偏心受压破坏，即：当 $\xi \leqslant \xi_b$ 时，为大偏心受压；当 $\xi > \xi_b$ 时，为小偏心受压。

该判别式中的 ξ 和 ξ_b 的含义与受弯构件相同，即 ξ 为截面计算相对受压区高度，$\xi = x/h_0$；ξ_b 为界限相对受压区高度。

5.3.3 附加偏心距 e_a 和初始偏心距 e_i

如前所述，偏心受压构件截面所受荷载可以分解为一个轴心压力 N 和一个弯矩 M，由此易求得其偏心距为 $e_0 = M/N$。但是，由于实际工程中一般都存在荷载作用位置的不稳定性、混凝土质量的不均匀性以及施工的偏差等因素的影响，使得实际的偏心距会有一定的变化，故引入附加偏心距 e_a 来体现这种变化。e_0 越小，e_a 的影响越明显。《混凝土结构设计规范》规定，在两类偏心受压构件的正截面承载力计算中，均应计入在轴向力偏心方向存在的附加偏心距 e_a，其值取 20 mm 和偏心方向截面最大尺寸的 1/30(即 $h/30$)两者中的较大值。

这样，在 e_0 的基础上再引入了附加偏心距 e_a 之后，得到的轴向压力偏心距用 e_i 表示，称为初始偏心距，即有 $e_i = e_0 + e_a$。需要说明的是，附加偏心距的影响其实既可能使偏心距增大，也可能使偏心距减小，公式里的加号说明是按偏心距增大考虑，这是遵循最不利原则。但在某些计算中，如果偏心距越小越不利(如小偏心受压反向破坏的计算)，则应按照偏心距减小来处理，即有 $e_i = e_0 - e_a$，当然，这同样也是遵循最不利原则。

5.3.4 纵向弯曲(挠曲)的影响

偏心受压构件在偏心弯矩的作用下，会产生侧向的弯曲变形，这种侧向弯曲对构件正截面承载力的影响程度与构件的长细比有关。若柱的长细比较小，则这种侧向弯曲很小，可以忽略不计；但若柱的长细比较大，这种侧向弯曲也会比较大，使柱产生二阶弯矩，降低柱的承载力，则不可忽略，在设计时应予以考虑。

钢筋混凝土柱按长细比的不同，可分为短柱、长柱和细长柱三种。

1. 短柱

当长细比较小(如矩形截面 $l_o/b \leqslant 5$)时，称为短柱。短柱的纵向弯曲较小，偏心距增大的影响可忽略不计，偏心距被看做始终保持为常数，弯矩 M 和轴力 N 成比例的增长，如图 5-16 中的直线 oa。构件破坏时，材料强度能得到充分的利用。这种破坏称为材料破坏。

2. 长柱

当长细比较大(如矩形截面 $5 < l_o/b \leqslant 30$)时，称为长柱。该类柱在承受偏心压力时，当荷载加大到一定值后，弯矩 M 和轴力 N 就不再成比例增长，M 的增长快于 N 的增长，如图 5-16 中的 ob 段曲线。这是由于柱的纵向弯曲造成偏心距增大，产生附加弯矩，长柱的承载力比短柱的承载力有所降低。不过，长柱破坏时仍能让材料强度得到充分利用，所以仍然属于材料破坏。

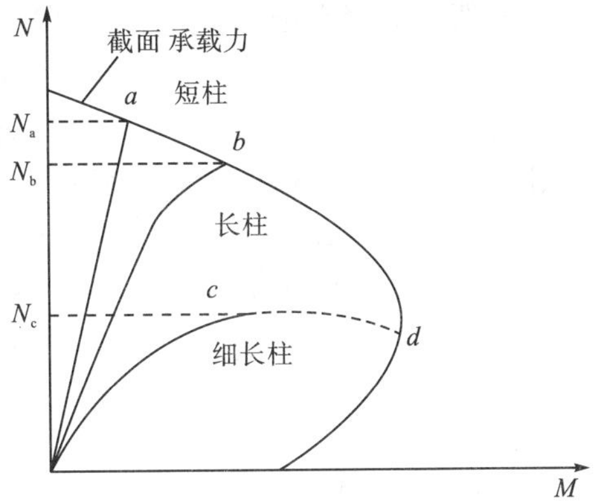

图 5-16　不同长细比的偏心受压柱从加载到破坏的 N-M 曲线

3. 细长柱

当长细比更大(如矩形截面 $l_o/b>30$)时，称为细长柱。这种构件在加载初期与长柱类似，但之后随着荷载的增长，M 的增长速度更快，在尚未充分发挥出材料强度之前就由于侧向挠度的突然剧增而破坏，如图 5-16 中的 oc 段曲线。这种破坏称为失稳破坏。其破坏时的纵向压力 N_c 远远小于相同条件下的短柱承载力 N_a。由于这种破坏具有突然性，且材料强度得不到充分发挥，既不安全又不经济，所以在实际工程中一般不允许设计成细长柱。

图 5-16 中曲线 abd 是偏心受压构件的破坏曲线，其上某点的横坐标表示破坏时的抗弯承载力 M_u，纵坐标表示破坏时候的抗压承载力 N_u。如果截面实际受到的轴向压力 N 和弯矩 M 对应的点位于该曲线的内侧，则说明截面所受荷载还未达到极限，是安全的；否则，若截面实际受到的轴向压力 N 和弯矩 M 对应的点位于该曲线的外侧，则说明截面所受荷载超出了承载力，截面不安全。图 5-16 表明，偏心受压构件在材料等级、截面尺寸和配筋一定的情况下，其破坏并不仅仅取决于轴向压力 N 和弯矩 M 单独某一样的大小，而是二者的共同作用，即截面承受的内力值 N 和 M 并不是独立的，而是彼此相关。图中的细长柱在 c 点就发生破坏，尚未达到破坏曲线上对应的 d 点，这也是失稳破坏的特点。

5.3.5　偏心受压长柱的二阶弯矩

从 5.3.4 节的分析看，细长柱在实际工程中一般是不被允许的，而短柱则不需要考虑纵向弯曲的影响，唯一需要考虑这个问题的就是长柱。

结构工程中的二阶效应(或称二阶弯矩)泛指在产生了挠曲变形或层间位移的结构构件中，由轴向压力所引起的附加内力。对于无侧移的框架结构，二阶效应是指轴向压力在产生了挠曲变形的柱段中引起的附加内力，通常称为 P-δ 效应；对于有侧移的框架结构，二阶效应主要是指竖向荷载在产生了侧移的框架中引起的附加内力，通常称为 P-Δ 效应。

由侧移产生的二阶效应(P-Δ 效应)可在结构分析时采用有限元法计算，也可采用增大系数法近似计算。本章主要介绍《混凝土结构设计规范》中关于构件挠曲引起的附加内力(P-δ 效应)的计算方法。

在结构分析中求得的是偏心受压构件两端的弯矩和轴力。而在设计时，依据最不利原则，应采用弯矩最大截面处的弯矩作为弯矩设计值。对于无侧移的偏心受压构件，根据两端弯矩值的不同，可能出现以下三种情况。

(1)构件单曲率弯曲且 $M_1=M_2$ 如图 5-17 所示，单曲率弯曲指两端弯矩引起构件挠曲的曲率方向一致(即引起的受拉侧和受压侧一致)。当 $M_1=M_2$，最大弯矩 M_{max}出现在构件中点截面，且有 $M_{max}=M_2+Ne_a+Na_f$，其中 a_f 为最大弯矩点的侧移量。

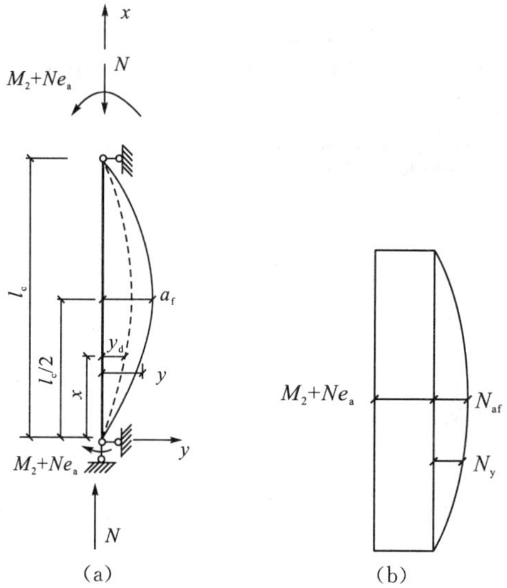

图 5-17 构件单曲率弯曲且 $M_1=M_2$ 时的二阶弯矩

(2)构件单曲率弯曲且 $M_1<M_2$ 如图 5-18 所示，此时最大弯矩 M_{max}不再出现在构件中点截面，而是出现在离端部的某一距离处，且有 $M_{max}=M_d+Na_f$，其中 M_d 表示考虑附加偏心距后的一阶弯矩，a_f 为该最大弯矩点的侧移量。

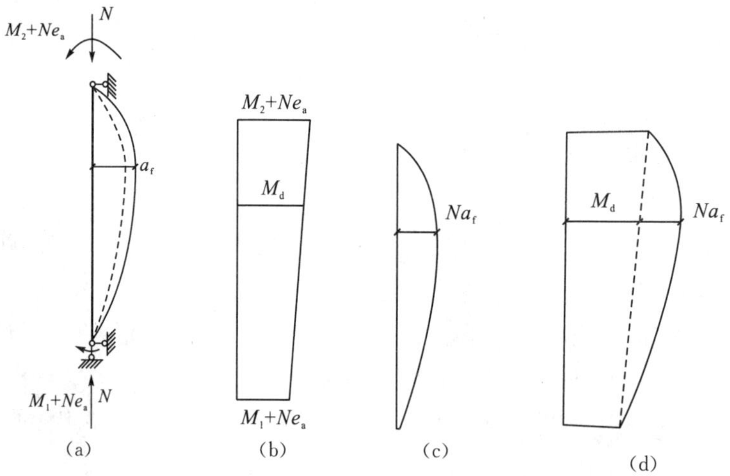

图 5-18 构件单曲率弯曲且 $M_1<M_2$ 时的二阶弯矩

(3) 构件双曲率弯曲。此时两端弯矩引起构件挠曲的曲率方向相反，如图 5-19 所示。此时的最大弯矩点可能出现在柱端(弯矩绝对值较大的 M_2 端)，$M_{max}=M_2+Ne_a$，如图 5-19(d)所示；但也可能出现在离端部的某一距离处，$M_{max}=M_d+Na_f$，如图 5-19(e)所示。

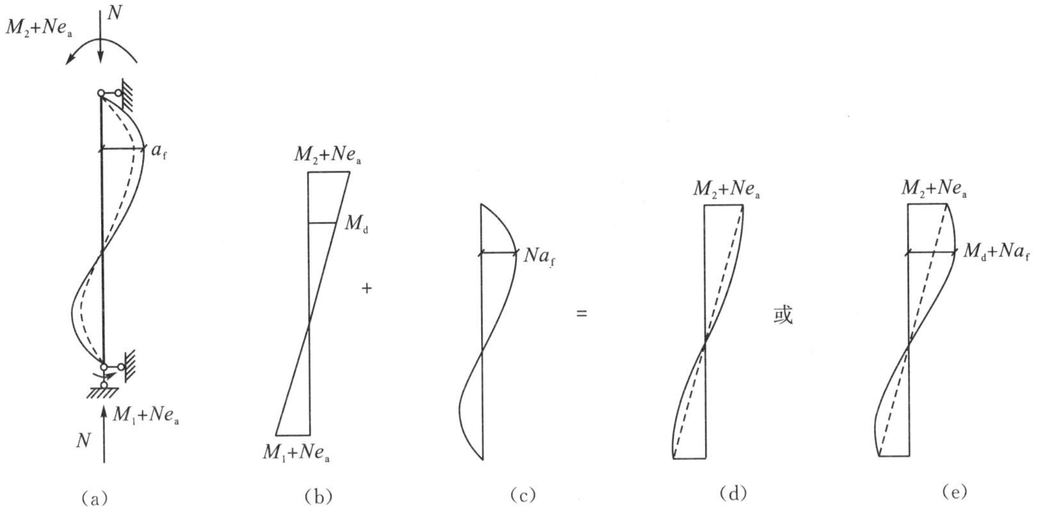

图 5-19　构件双曲率弯曲时的二阶弯矩

根据分析，可以得到以下一些结论：①构件单曲率弯曲且 $M_1=M_2$ 时，一阶弯矩最大处和二阶弯矩最大处重合，这种情况下弯矩增加得最多；②构件单曲率弯曲且 $M_1>M_2$ 时,弯矩增加较多；③构件双曲率弯曲时，会沿构件产生一个反弯点，弯矩增加很少，考虑二阶效应后的最大弯矩值有可能没有超过杆端弯矩，也可能比杆端弯矩有一定的增大。

关于构件的挠曲效应，规范规定如下。

(1)考虑构件挠曲二阶效应的条件。弯矩作用平面内截面对称的偏心受压构件，当同一主轴方向的杆端弯矩比$\frac{M_1}{M_2}$不大于 0.9 且设计轴压比$\frac{N}{f_cA}$不大于 0.9 时，若构件的长细比满足式(5-8)的要求，可不考虑轴向压力在该方向挠曲杆件中产生的附加弯矩影响；否则应按截面的两个主轴方向分别考虑轴向压力在挠曲杆件中产生的附加弯矩影响。

$$l_c/i \leqslant 34-12(M_1/M_2) \tag{5-8}$$

式中，M_1、M_2——已考虑侧移影响的偏心受压构件两端截面按结构弹性分析确定的对同一主轴的组合弯矩设计值，绝对值较大端为 M_2，绝对值较小端为 M_1，当构件按单曲率弯曲时，M_1/M_2 取正值，否则取负值；

l_c——构件偏心方向的计算长度，可近似取偏心受压构件相应主轴方向上下支撑点之间的距离；

i——偏心方向的截面回转半径。

(2)考虑构件挠曲二阶效应的弯矩计算。除排架结构柱外的其他偏心受压构件，考虑轴向压力在挠曲杆件中产生的二阶效应后控制截面的弯矩设计值，应按下列公式计算：

$$M = C_m \eta_{ns} M_2 \tag{5-9}$$

$$C_m = 0.7 + 0.3 \frac{M_1}{M_2} \tag{5-10}$$

$$\eta_{ns} = 1 + \frac{1}{1300(M_2/N + e_a)/h_0} \left(\frac{l_c}{h}\right)^2 \xi_c \tag{5-11}$$

$$\xi_c = \frac{0.5 f_c A}{N} \tag{5-12}$$

式中，C_m——构件端截面偏心距调节系数，当小于 0.7 时取 0.7；

η_{ns}——弯矩增大系数；

N——与弯矩设计值 M_2 相应的轴向压力设计值；

e_a——附加偏心距；

ξ_c——截面曲率修正系数，当计算值大于 1.0 时取 1.0；

h——截面高度；对环形截面，取外直径；对圆形截面，取直径；

h_0——截面有效高度；对环形截面，取 $h_0 = r_2 + r_s$；对圆形截面，取 $h_0 = r + r_s$；此处，r_2 为环形截面外半径；r 为圆形截面半径；r_s 为纵向普通钢筋重心所在圆周的半径；

A——构件截面面积。

当 $C_m\eta_{ns}$小于 1.0 时取 1.0。

5.4 矩形截面非对称配筋偏心受压构件正截面承载力计算

5.4.1 基本公式及适用条件

根据前面分析的偏心受压构件的受力特点和破坏特征，与受弯构件很相似，因此，可以利用与受弯构件正截面承载力计算相同的基本假定，并同样将混凝土受压区的应力分布图用等效矩形应力图来代替，其高度为计算受压区高度 x（它与实际受压区高度 x_c 的关系见第 4 章)，其应力值为 $\alpha_1 f_c$，从而得到构件的计算简图，再根据平衡条件就很容易推出其计算公式。

1. 大偏心受压构件

根据试验研究结果，大偏心受压构件远离偏心侧的钢筋受拉，且截面破坏时受拉钢筋 A_s、受压钢筋 A_s' 和受压区混凝土均充分发挥出各自的强度，所以它们在计算简图中的应力可以取为各自的强度设计值。矩形截面非对称配筋大偏心受压构件截面应力计算图形如图 5-20 所示。

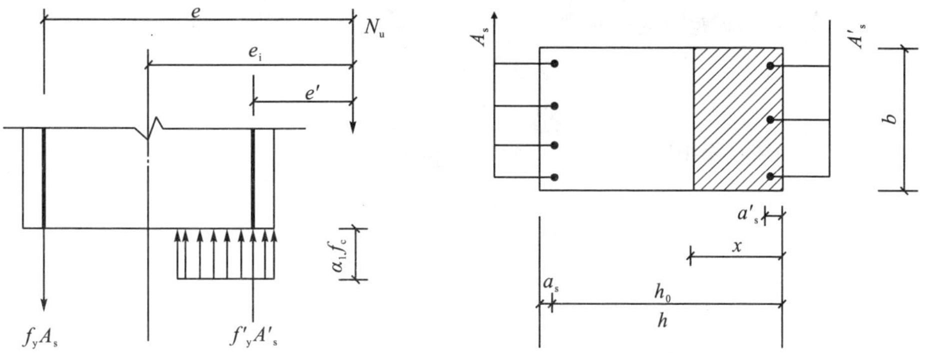

图 5-20　矩形截面非对称配筋大偏心受压构件计算简图

分别按照纵向力平衡和对 A_s 合力点取矩的力矩平衡条件，可以得到以下两个基本计算公式。

由 $\sum Y = 0$ 得

$$N \leqslant N_u = \alpha_1 f_c bx + f'_y A'_s - f_y A_s \tag{5-13}$$

由 $\sum M_{A_s} = 0$ 得

$$Ne \leqslant N_u e = \alpha_1 f_c bx\left(h_0 - \frac{x}{2}\right) + f'_y A'_s (h_0 - a'_s) \tag{5-14}$$

式中，N——偏心压力设计值；

N_u——偏心受压承载力设计值；

α_1——混凝土受压区等效矩形应力图形系数，当混凝土强度等级不超过 C50 时，取；当混凝土强度等级为 C80 时，取；其间按线性内插法确定；

e——偏心压力作用点到受拉钢筋 A_s 合力点之间的距离。

$$e = e_i + \frac{h}{2} - a_s \tag{5-15}$$

其中

$$e_i = e_0 + e_a \tag{5-16}$$

而

$$e_0 = M/N \tag{5-17}$$

注意当需要考虑二阶效应时，式(5-17)中的 M 应按公式(5-9)计算确定。

当然，也可以将大偏心的两个基本计算公式化为用相对受压区高度 $\xi = x/h_0$ 和截面抵抗矩系数 $\alpha_s = \xi(1-0.5\xi)$ 来表示的形式，即

$$N \leqslant N_u = \alpha_1 f_c bh_0 \xi + f'_y A'_s - f_y A_s \tag{5-18}$$

$$Ne \leqslant N_u e = \alpha_1 f_c bh_0^2 \alpha_s + f'_y A'_s (h_0 - a'_s) \tag{5-19}$$

该公式的适用条件如下。

(1) 为了保证是大偏心受压破坏，也就是保证破坏时受拉钢筋 A_s 能达到屈服，应满足 $\xi \leqslant \xi_b$ (或 $x \leqslant \xi_b h_0$)。

(2) 为了保证构件破坏时，受压钢筋 A'_s 能达到受压屈服，应满足 $x \geqslant 2a'_s$ $\left(或 \xi \geqslant \frac{2a'_s}{h_0}\right)$。如果计算中出现 $x < 2a'_s$ 的情况，说明受压钢筋 A'_s 到构件破坏时未能达

到屈服，其计算应力不能取为抗压强度设计值 f'_y，此时，采用类似于受弯构件中的处理办法，近似取 $x=2a'_s$，并对受压钢筋的合力点取矩，则有

$$Ne' \leqslant N_u e' = f_y A_s (h_0 - a'_s) \tag{5-20}$$

式中，e'为——向压力作用点到受压区纵向钢筋 A'_s 合力点的距离，其计算式为

$$e' = e_i - \frac{h}{2} + a'_s \tag{5-21}$$

2. 小偏心受压构件

与大偏心受压的情形相比，小偏心受压破坏时最大的不同在于远离偏心一侧的钢筋 A_s 可能受压，也可能受拉，但不论是受拉还是受压，其应力通常情况下都达不到屈服。所以在构件的计算简图中，其应力值只能用一个应力符号 σ_s 来表示。σ_s 值的大小在理论上可按应变的平截面假定确定 ε_s，再由 $\sigma_s=\varepsilon_s E_s$ 确定，但计算过于烦琐。σ_s 值和截面的相对受压区高度 ξ 有关，《混凝土结构设计规范》参照实测结果近似地按如下公式计算：

$$\sigma_s = \frac{\xi - \beta_1}{\xi_b - \beta_1} f_y \tag{5-22}$$

当按该式计算出的结果为正时，表示钢筋受拉；反之，则为受压。另外，按该式计算出的结果必须符合下述列条件：

$$-f'_y \leqslant \sigma_s \leqslant f_y \tag{5-23}$$

这个限制说明钢筋 A_s 不管受拉还是受压，其应力都不应超过钢筋的设计强度。

小偏心受压破坏时有部分截面受压和全截面受压两种情况，分别对应 σ_s 为正值(受拉)和负值(受压)，如图 5-21(a)和图 5-21(b)所示。为了统一公式，可将全截面受压看做是受压区高度 $x=h$ 的特殊情况，从而得到图 5-21(c)所示的计算简图。

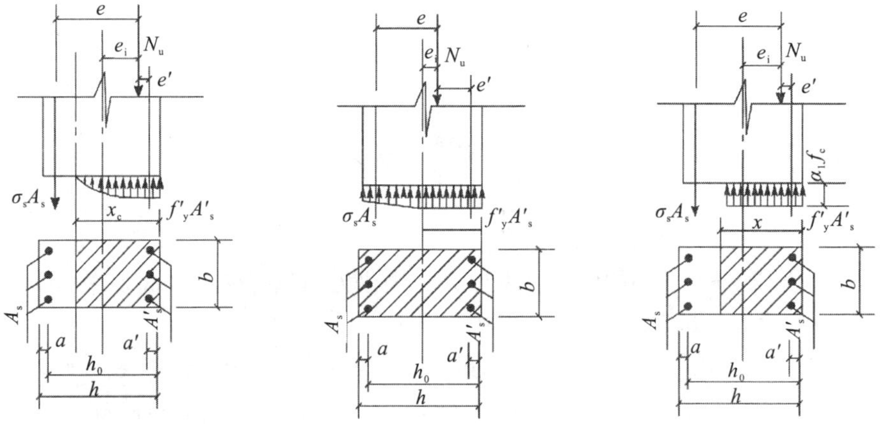

(a)A_s 受拉不屈服　　(b)A_s 受压不屈服　　(c)等效应力图

图 5-21　矩形截面非对称配筋小偏心受压构件计算简图

根据该计算简图，按照力的平衡条件和力矩平衡条件，很容易得到以下公式。

由 $\sum Y = 0$ 得

$$N \leqslant N_u = \alpha_1 f_c b x + f'_y A'_s - \sigma_s A_s \tag{5-24}$$

由 $\sum M_{A_s}=0$ 得

$$Ne \leqslant N_u e = \alpha_1 f_c bx\left(h_0-\frac{x}{2}\right)+f'_y A'_s(h_0-a'_s) \tag{5-25}$$

当然也可以把它们化为用相对受压区高度 ξ 来表示的形式：

$$N \leqslant N_u = \alpha_1 f_c bh_0\xi + f'_y A'_s - \sigma_s A_s \tag{5-26}$$

$$Ne \leqslant N_u e = \alpha_1 f_c bh_0^2\xi(1-0.5\xi)+f'_y A'_s(h_0-a'_s) \tag{5-27}$$

式中，

$$e = e_i + \frac{h}{2} - a_s \tag{5-28}$$

如前所述，在小偏心受压破坏中，当轴向压力较大而偏心距较小时还可能出现一种所谓“反向破坏”的特殊情况，即远离偏心一侧的钢筋 A_s 首先达到受压屈服，为了防止发生这种破坏，可如图 5-22 所示，对近轴力一侧钢筋 A'_s 取矩，可得

$$Ne' \leqslant N_u e' = \alpha_1 f_c bh\left(h'_0-\frac{h}{2}\right)+f'_y A_s(h'_0-a_s) \tag{5-29}$$

式中，e'——轴向压力作用点至偏心一侧纵向钢筋合力点的距离，其计算式为

$$e' = \frac{h}{2} - a'_s - (e_0 - e_a) \tag{5-30}$$

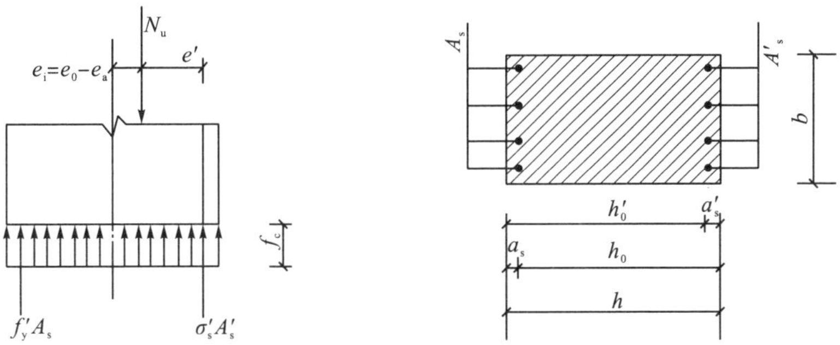

图 5-22　小偏心受压反向破坏计算简图

用式(5-29)对反向破坏进行验算，并不是在任何小偏心受压时都需要。《混凝土结构设计规范》规定，对采用非对称配筋的小偏心受压构件，只有当构件为全截面受压，且轴向压力设计值 $N>f_c bh$ 时，为了防止 A_s 发生受压破坏，才要求必须满足式(5-29)。注意式(5-29)中的初始偏心距取 $e_i=e_0-e_a$，这是因为在反向破坏的计算中，偏心距越小越不利，按这样考虑计算出的 e'会增大，从而使 A_s 用量增加，偏于安全。

5.4.2　基本公式的应用

偏心受压构件的承载力计算问题，通常分为截面设计和截面复核两种情况。分述如下。

1. 截面设计

偏心受压构件的截面设计，通常已知截面上所受的轴向压力设计值 N 和弯矩设计值 M，并已先选定混凝土和钢筋两种材料的等级，初步拟定了截面尺寸 $b\times h$，根据构件长

度以及支承情况已经确定了构件的计算长度 l_0。之后的主要工作就是给截面配筋，也就是确定截面上偏心弯矩两侧的钢筋面积 A_s 和 A_s'。

在进行偏心受压构件的截面配筋设计时，应首先确定构件的偏心类型，即需要进行大小偏心的判别，从而确定该用哪一套公式进行计算。如前所述，判别大、小偏心的准确方法是比较相对受压区高度 ξ 和界限相对受压区高度 ξ_b 的大小。但是，由于钢筋面积尚未确定，无法求出 ξ，因此，必须另外寻求一种间接的近似判别方法。

根据研究分析表明，当构件的材料、截面尺寸和配筋为已知，并且配筋量适当时，纵向力偏心距的大小是影响受压构件破坏特征的主要因素。对于采用普通热轧钢筋和普通等级混凝土的钢筋混凝土偏心受压构件，当 $e_i \leqslant 0.3h_0$ 时，一般为小偏心受压，此时就应按小偏心受压构件进行设计；当 $e_i > 0.3h_0$ 时，根据配筋情况的不同可能是大偏心受压也可能是小偏心受压，考虑到小偏心受压时 A_s 一般达不到屈服，出于充分利用材料强度的要求，一般先按大偏心受压进行设计。

1)大偏心受压构件

情况一：受拉钢筋 A_s 和受压钢筋 A_s' 均为未知。

分析：从大偏心受压基本公式可以看出，此时公式中共有三个未知数 A_s、A_s' 和 ξ，而两个基本方程三个未知数，不能得出唯一解。在截面尺寸给定的情况下，当总用钢量(A_s+A_s')为最小时，构件最为经济。与双筋截面受弯构件一样，可取 $\xi=\xi_e$，ξ_e 为经济相对受压区高度。由于 ξ_e 和界限相对受压区高度 ξ_b 一般很接近，同时由于是大偏心受压，必须满足 $\xi \leqslant \xi_b$ 的要求，所以一般直接取 $\xi=\xi_b$。这样，只剩下两个未知数 A_s 和 A_s'，就可以用基本公式提供的两个方程来求解了。

由基本公式(5-19)可直接求得 A_s'

$$A_s' = \frac{Ne - \alpha_1 f_c b h_0^2 \alpha_{sb}}{f_y'(h_0 - a_s')}$$

式中，

$$\alpha_{sb} = \xi_b(1 - 0.5\xi_b)$$

求出的 A_s'，按照最小配筋率的要求，又可能有几种情况，分别应有不同的处理。

(1)$A_s' \geqslant \rho_{min}' bh$，满足最小配筋率的要求，则可直接将 A_s' 和 ξ_b 代入式(5-18)求出 A_s：

$$A_s = \frac{\alpha_1 f_c b h_0 \xi + f_y' A_s' - N}{f_y}$$

求得的结果同样应满足最小配筋率的要求，即应有 $A_s \geqslant \rho_{min} bh$，否则应取 $A_s = \rho_{min} bh$。选配钢筋后，再验算是否满足 $x \leqslant \xi_b h_0$ 的条件，否则应按小偏心计算。

(2)$A_s' < \rho_{min} bh$，但 A_s' 和 $\rho_{min}' bh$ 相差不大，这种情况下可取 $A_s' = \rho_{min}' bh$，然后将 A_s' 和 ξ_b 代入式(5-18)求出 A_s。

(3)$A_s' < \rho_{min}' bh$ 且 A_s' 和 $\rho_{min}' bh$ 相差较大，这种情况下可取 $A_s' = \rho_{min}' bh$，但不能再取 $\xi=\xi_b$，而应将 ξ 看做未知数，按第二种情况(即已知 A_s' 求 A_s)计算 A_s。

情况二：已知 A_s'，求 A_s

此时共有两个未知数：A_s 和 ξ，而基本计算公式刚好可以提供两个独立方程，所以可以求出唯一的一组解，不过由于已知的 A_s' 相对于外荷载和截面尺寸可能偏大、偏小或适中，求出的结果可能会有几种不同的情况，需要分别有不同的处理。具体步骤如下。

(1)由式(5-19)求出 α_s：

$$\alpha_s = \frac{Ne - f'_y A'_s (h_0 - a'_s)}{\alpha_1 f_c b h_0^2}$$

(2)再求出 ξ：

$$\xi = 1 - \sqrt{1 - 2\alpha_s}$$

求出的 ξ 可能出现三种情况，应分别做不同处理。

(1)$\frac{2a'_s}{h_0} \leqslant \xi \leqslant \xi_b$，可以直接将其代入式(5-18)求出 A_s，即

$$A_s = \frac{\alpha_1 f_c b h_0 \xi + f'_y A'_s - N}{f_y}$$

且应满足最小配筋率的要求，即应有 $A_s \geqslant \rho_{min} bh$，否则应取 $A_s = \rho_{min} bh$。

(2)$\xi > \xi_b$，不符合大偏心受压的条件，说明已知的受压钢筋 A'_s 数量不足，应增加其数量，按 A'_s 为未知的第一种情况重新计算 A'_s 和 A_s。

(3)$\xi < \frac{2a'_s}{h_0}$，说明在构件截面发生破坏时，受压钢筋 A'_s 不能达到屈服，所以不能按式(5-18)进行计算。此时偏于安全地取 $x = 2a'_s$ 即 $\xi = \frac{2a'_s}{h_0}$，按式(5-20)计算受拉钢筋 A_s：

$$A_s = \frac{Ne'}{f_y (h_0 - a'_s)} \geqslant \rho_{min} bh$$

不管大、小偏心受压构件，通过截面设计，在满足弯矩作用平面内受压承载力的情况下，均应按轴心受压构件验算垂直于弯矩作用平面的承载力。此时，公式(5-1)中的 A'_s 应改为$(A_s + A'_s)$，稳定系数 φ 值应按长细比 l_0/b 查表 5-1 得到。l_0 为弯矩作用平面外的构件计算长度。

【例 5-4】某钢筋混凝土偏心受压柱，已知截面尺寸为 $b \times h = 350\ \text{mm} \times 500\ \text{mm}$，该柱承受轴向压力设计值 $N = 750\ \text{kN}$，柱两端截面承受的弯矩设计值分别为 $M_1 = 160\ \text{kN·m}$ 和 $M_2 = 175\ \text{kN·m}$。柱两端弯矩已经考虑了由侧移产生的二阶效应。柱的挠曲变形为单曲率。在弯矩作用平面内的计算长度为 $l_c = 4\ \text{m}$，在弯矩作用平面外的计算长度为 $l_0 = 4.5\ \text{m}$。采用的材料等级为 C40 混凝土和 HRB400 的钢筋。(1)试配置截面纵向钢筋；(2)如果在截面的受压区已配置 3 ⌀ 20 的钢筋，要求配置截面受拉侧钢筋。

解：(1)配置截面纵向钢筋。

①查附表 1 和附表 6 得材料主要强度为：钢筋 $f_y = f'_y = 360\ \text{N/mm}^2$，混凝土 $f_c = 19.1\ \text{N/mm}^2$

②计算弯矩设计值 M。

杆端弯矩比 $M_1/M_2 160/175 = 0.914 > 0.9$，所以要考虑杆件自身挠曲变形的影响。

取 $a_s = a'_s = 40\ \text{mm}$，则有 $h_0 = h - a_s = 500 - 40 = 460\ \text{mm}$

$\frac{h}{30} = \frac{500}{30} = 16.7\ \text{mm} < 20\ \text{mm}$，

所以取 $e_a = 20\ \text{mm}$

$$\zeta_c=\frac{0.5f_cA}{N}=\frac{0.5\times19.1\times350\times500}{750\times10^3}=2.23>1$$

取 $\zeta_c=1$，则

$$\eta_{ns}=1+\frac{1}{1300(M_2/N+e_a)/h_0}\left(\frac{l_c}{h}\right)^2\xi_c$$

$$=1+\frac{1}{1300\times(175000000/750000+20)/460}\left(\frac{4000}{500}\right)^2\times1=1.089$$

$$C_m=0.7+0.3\frac{M_1}{M_2}=0.7+0.3\times0.914=0.974$$

所以弯矩设计值为

$$M=C_m\eta_{ns}M_2=0.974\times1.089\times175=185.62\ \text{kN}\cdot\text{m}$$

③判别偏心受压的类型。

$$e_i=e_0+e_a=\frac{M}{N}+e_a=\frac{185.62}{750}\times10^3+20=267.5\ \text{mm}>0.3h_0=0.3\times460=138\ \text{mm}$$

所以应先按大偏心受压构件计算。

④计算 A_s 和 A'_s

为使总用钢量最小，近似地取 $\xi=\xi_b=0.518$，则有

$$\alpha_{sb}=\xi_b(1-0.5\xi_b)=0.518\times(1-0.5\times0.518)=0.384$$

$$e=e_i+\frac{h}{2}-a_s=267.5+500/2-40=477.5\ \text{mm}$$

$$A'_s=\frac{Ne-\alpha_1f_cbh_0^2\alpha_{sb}}{f'_y(h_0-a'_s)}=\frac{750\times10^3\times477.5-19.1\times350\times460^2\times0.384}{360\times(460-40)}<0$$

所以应取 $A'_s=\rho'_{min}bh=0.002\times350\times500=350\ \text{mm}^2$，再按已知 A'_s 的情况重新求 ξ，进而再求出 A_s

$$\alpha_s=\frac{Ne-f'_yA'_s(h_0-a'_s)}{\alpha_1f_cbh_0^2}=\frac{750\times10^3\times477.5-360\times350\times(460-40)}{19.1\times350\times460^2}=0.21576$$

$$\xi=1-\sqrt{1-2\alpha_s}=1-\sqrt{1-2\times0.21576}=0.246<\xi_b$$

将其代入式(5-18)求得

$$A_s=\frac{\alpha_1f_c4_0\xi+f'_yA'_s-N}{f_y}=\frac{19.1\times350\times460\times0.246+360\times350-750000}{360}$$

$$=368\ \text{mm}^2>\rho_{min}bh(\rho_{min}bh=0.002\times350\times500=350\ \text{mm}^2)$$

选配 2 ⌀ 8 的受压钢筋(A'_s=509 mm^2)；选配 3 ⌀ 16 的受拉钢筋(A_s=603 mm^2)，则有

$$0.55\%<\frac{(A_s+A'_s)}{A}=\frac{(603+509)}{350\times500}=0.64\%<5\%$$

满足要求。

垂直于弯矩作用平面的承载力复核如下。

弯矩作用平面外的构件长细比为

$$l_0/b=4500/350=12.857$$

查表 5-1 由线性内插法得

$$\varphi = 0.95 - \left(\frac{0.95 - 0.92}{14 - 12}\right) \times (12.857 - 12) = 0.937$$

所以有

$$\begin{aligned} N_u &= 0.9\varphi[f_c A + f'_y(A_s + A'_s)] \\ &= 0.9 \times 0.937 \times [19.1 \times 350 \times 500 + 360 \times (509 + 603)] = 3156 \times 10^3\ \text{N} \\ &= 3156\ \text{kN} > N(N = 750\ \text{kN}) \end{aligned}$$

所以垂直于弯矩作用平面的承载力满足要求。

(2)已知 $A'_s = 942\ \text{mm}^2$，则有

$$\alpha_s = \frac{Ne - f'_y A'_s (h_0 - a'_s)}{\alpha_1 f_c b h_0^2} = \frac{750 \times 10^3 \times 477.5 - 360 \times 942 \times (460 - 40)}{19.1 \times 350 \times 460^2} = 0.15248$$

$$\xi = 1 - \sqrt{1 - 2\alpha_s} = 1 - \sqrt{1 - 2 \times 0.15248} = 0.1663 < \xi_b$$

$$x = \xi h_0 = 0.1663 \times 460 = 76.5\ \text{mm}^2 < 2a'_s (2a'_s = 80\ \text{mm}^2)$$

应按式(5-20)求 A_s，即

$$e' = e_i - \frac{h}{2} + a'_s = 267.5 - 250 + 40 = 57.5\ \text{mm}$$

$$A_s = \frac{Ne'}{f_y(h_0 - a'_s)} = \frac{750000 \times 57.5}{360 \times (460 - 40)} = 285.2\ \text{mm}^2 < \rho_{\min} bh$$

$$(\rho_{\min} bh = 0.002 \times 350 \times 500 = 350\ \text{mm}^2)$$

应取 $A_s = 350\text{mm}^2$。

选配 2 Φ 16 的受拉钢筋($A_s = 402\text{mm}^2$)，则有

$$0.55\% < \frac{(A_s + A'_s)}{A} = \frac{(402 + 942)}{350 \times 500} = 0.77\% < 5\%$$

满足要求。

垂直于弯矩作用平面的承载力复核：

$$\begin{aligned} N_u &= 0.9\varphi[f_c A + f'_y(A_s + A'_s)] \\ &= 0.9 \times 0.937 \times [19.1 \times 350 \times 500 + 360 \times (402 + 942)] \\ &= 3227 \times 10^3\text{N} = 3227\ \text{kN} > N(N = 750\ \text{kN}) \end{aligned}$$

所以垂直于弯矩作用平面的承载力满足要求。

2)小偏心受压构件

从小偏心受压基本公式可以看出，此时公式中共有四个未知数 A_s、A'_s、ξ 和 σ_s，而由于 σ_s 的大小跟 ξ 有关，如式(5-22)，相当于一个独立方程，加上基本计算公式的两个独立方程，使得独立方程的数量为三个，所以未知数仍然只比独立方程多一个。仍可根据各未知数的实际物理意义，先按照经济的原则确定一个未知量，使得剩下的未知量与方程数相同，即可解方程求出各未知量。其具体步骤如下。

(1)考虑到 A_s 一般达不到屈服，即其强度得不到充分利用，出于经济的考虑，应尽量少配置，只需满足最小配筋率要求即可，即取 $A_s = \rho_{\min} bh$。另外，应防止截面发生“反向破坏”。当 $N > f_c bh$ 时，还应满足式(5-29)的要求，即

$$A_s = \frac{Ne' - f_c bh\left(h'_0 - \frac{h}{2}\right)}{f'_y(h'_0 - a_s)}$$

此时，A_s 取上述两者中的较大值选配钢筋。

(2)将式(5-22)代入式(5-26)即可消去 σ_s，可由基本公式提供的两个独立方程式(5-26)和式(5-27)联立求解两个未知数：A'_s 和 ξ。解该方程较为繁琐，结果如下。

先求出 ξ

$$\xi = A + \sqrt{A^2 + B} \tag{5-31}$$

式中

$$A = \frac{a'_s}{h_0} + \frac{f_y A_s}{(\xi_b - \beta_1)\alpha_1 f_c b h_0}\left(1 - \frac{a'_s}{h_0}\right) \tag{5-32}$$

$$B = \frac{2Ne'}{\alpha_1 f_c b h_0^2} - 2\beta_1 \frac{f_y A_s}{(\xi_b - \beta_1)\alpha_1 f_c b h_0}\left(1 - \frac{a'_s}{h_0}\right) \tag{5-33}$$

将求得的 ξ 代入式(5-22)，即可求出 σ_s。

σ_s 的大小和 ξ 有关，若取 $\sigma_s = -f'_y$ 代入式(5-22)，则可得 $\xi = 2\beta_1 - \xi_b$，这是 A_s 受压时其应力能否达到抗压设计强度的分界点，将其用 ξ_{cy} 表示，则有：当 $\xi < \xi_{cy}$ 时，σ_s 达不到抗压强度设计值；否则，可以达到，应取 $\sigma_s = f'_y$。

根据以上分析，按照求得的 ξ 大小不同，可能出现以下几种情况。

①$\xi \leqslant \xi_b$，不符合小偏心的判别条件，出现这种情况是由截面尺寸过大所致。若不愿改变尺寸，则应按大偏心受压构件重新计算。

②当 $\xi_b < \xi < \xi_{cy}$ 时，表明 σ_s 达不到抗压强度设计值，可直接将其代入式(5-27)求出 A'_s；或先将 ξ 代入式(5-22)求出 σ_s，再将 ξ 和 σ_s 代入式(5-26)求出 A'_s。

③$\frac{h}{h_0} > \xi > \xi_b$ 且 $\xi > \xi_{cy}$，表明 σ_s 达到了抗压强度设计值，则该 ξ 无效，应取 $\sigma_s = -f'_y$，按由式(5-26)变化来的式(5-34)与式(5-27)联立求解，重新求 ξ，并进而求出 A'_s：

$$N \leqslant \alpha_1 f_c b h_0 \xi + f'_y A'_s + f'_y A_s \tag{5-34}$$

④$\xi \geqslant \frac{h}{h_0}$ 且 $\xi < \xi_{cy}$，表明全截面受压，应取 $\xi = \frac{h}{h_0}$，将基本计算公式(5-26)和式(5-27)化为

$$N \leqslant \alpha_1 f_c b h + f'_y A'_s - \sigma_s A_s \tag{5-35}$$

$$Ne \leqslant \alpha_1 f_c b h\left(h_0 - \frac{h}{2}\right) + f'_y A'_s (h_0 - a'_s) \tag{5-36}$$

以 σ_s 和 A'_s 为未知数(A_s 仍按步骤①的方法确定)，用式（5-35）和式（5-36）即可解出。

⑤ $\xi \geqslant \frac{h}{h_0}$ 且 $\xi \geqslant \xi_{cy}$，说明混凝土受压区计算高度超出截面范围，且 A_s 的应力已经达到受压屈服强度，则该 ξ 无效，取 $\sigma_s = -f'_y$ 和 $\xi = \frac{h}{h_0}$ 将式(5-26)化为

$$N \leqslant \alpha_1 f_c b h + f'_y A'_s + f'_y A_s \tag{5-37}$$

以 A_s 和 A'_s 作为未知数，以式(5-37)和式(5-36)作为基本方程，即可求出。

【例 5-5】某钢筋混凝土偏心受压柱，截面尺寸为 $b \times h = 550\ \text{mm} \times 800\ \text{mm}$，取 $a_s = a'_s = 50\ \text{mm}$，截面承受轴向压力设计值 $N = 4000\ \text{kN}$，柱两端承受的弯矩设计值为 $M_1 =$

450 kN·m，M_2=480 kN·m(已考虑侧移效应)。弯矩作用平面内的计算长度 l_c=7.2 m，弯矩作用平面外的计算长度 l_0=7.5 m。采用C35级混凝土和HRB400级钢筋。请为该柱截面配筋。

解：查附表1和附表6得 $f_y=f'_y=360\ \text{N/mm}^2$，$f_c=16.7\ \text{N/mm}^2$

(1)判断是否考虑偏心距增大的影响。

杆端弯矩比 $M_1/M_2=450/480=0.9375>0.9$，所以要考虑杆件挠曲变形对偏心距增大的影响。

(2)计算构件弯矩设计值。

$$h_0 = h - a_s = 800 - 50 = 750\ \text{mm}$$

$$h/30 = 800/30 = 27\ \text{mm} > 20\ \text{mm}$$

所以取 $e_a=27$ mm

$$\xi_c = \frac{0.5f_cA}{N} = \frac{0.5 \times 16.7 \times 550 \times 800}{4000 \times 10^3} = 0.9185$$

$$C_m = 0.7 + 0.3\frac{M_1}{M_2} = 0.7 + 0.3 \times 0.9375 = 0.98125$$

$$\eta_{ns} = 1 + \frac{1}{1300(M_2/N + e_a)/h_0}\left(\frac{l_c}{h}\right)^2\xi_c$$

$$= 1 + \frac{1}{1300 \times \left(\frac{480 \times 10^6}{4000 \times 10^3} + 27\right)/750}\left(\frac{7200}{800}\right)^2 \times 0.9185 = 1.292$$

所以弯矩设计值为

$$M = C_m\eta_{ns}M_2 = 0.98125 \times 1.292 \times 480 = 608.53\ \text{kN}\cdot\text{m}$$

(3)判别偏心受压的类型。

$$e_0 = \frac{M}{N} = \frac{608.53 \times 10^6}{4000 \times 10^3} = 152.13\ \text{mm}$$

$e_i=e_0+e_a=152.13+27=179.13\ \text{mm}<0.3h_0=0.3\times750=225\ \text{mm}$

所以应按小偏心受压构件进行计算。

$$e = e_i + \frac{h}{2} - a_s = 179.13 + \frac{800}{2} - 50 = 529.13\ \text{mm}$$

$$e' = \frac{h}{2} - a'_s - e_i = \frac{800}{2} - 50 - 179.13 = 170.87\ \text{mm}$$

(4)确定 A_s。

$$f_cbh = 16.7 \times 550 \times 800 \times 10^{-3} = 7348\ \text{kN} > N = 4000\ \text{kN}$$

所以不需考虑反向破坏，可按最小配筋率的要求取

$$A_s = \rho_{min}bh = 0.002 \times 550 \times 800 = 880\ \text{mm}^2$$

选取3⌀20钢筋，则 $A_s=942\ \text{mm}^2$

(5)计算 A'_s

由式(5-32)得

$$A = \frac{a'_s}{h_0} + \frac{f_yA_s}{(\xi_b - \beta_1)\alpha_1f_cbh_0}\left(1 - \frac{a'_s}{h_0}\right)$$

$$=\frac{50}{750}+\frac{360\times942}{(0.518-0.8)\times16.7\times550\times750}\times\left(1-\frac{50}{750}\right)$$
$$=0.0667-0.1629=-0.0962$$

$$B=\frac{2Ne'}{\alpha_1 f_c b h_0^2}-2\beta_1\frac{f_y A_s}{(\xi_b-\beta_1)\alpha_1 f_c b h_0}\left(1-\frac{a_s'}{h_0}\right)$$
$$=\frac{2\times4000\times10^3\times170.87}{16.7\times550\times750^2}-2\times0.8\times(-0.1629)=0.5252$$

$$\xi=A+\sqrt{A^2+B}=-0.0962+\sqrt{(-0.0962)^2+0.5252}=0.635$$

将 ξ 代入式(5-22)得

$$\sigma_s=\frac{\xi-\beta_1}{\xi_b-\beta_1}f_y=\frac{0.635-0.8}{0.518-0.8}\times360=210.64\ \text{N/mm}^2$$

说明 A_s 受拉且满足 $-f_y'\leqslant\sigma_s\leqslant f_y$ 的要求。

将 ξ 代入式(5-27)求得

$$A_s'=\frac{Ne-\alpha_1 f_c b h_0^2\xi(1-0.5\xi)}{f_y'(h_0-a_s')}$$
$$=\frac{4000\times10^3\times529.13-16.7\times550\times750^2\times0.635\times(1-0.5\times0.635)}{360\times(750-50)}$$
$$=-486.5\ \text{mm}^2<0$$

按构造要求取 $A_s'=\rho_{\min}'bh=0.002\times550\times800=880\ \text{mm}^2$，选取 3 ⌀ 20 钢筋，则 $A_s'=942\ \text{mm}^2$

(6)直于弯矩作用平面的承载力。

计算长细比 $l_0/b=7500/550=13.6364$，查表 5-1 并线性内插得稳定系数 $\varphi=0.925$。

按轴心受压普通箍筋柱承载力计算公式求得

$$N_u=0.9\varphi[f_cA+f_y'(A_s+A_s')]$$
$$=0.9\times0.925\times[16.7\times550\times800+360\times942\times2]\times10^{-3}$$
$$=6682\ \text{kN}>N=4000\ \text{kN}$$

所以垂直于弯矩作用平面的承载力满足要求。

2. 承载力复核

进行承载力复核时，通常已知截面尺寸 $b\times h$，配筋面积 A_s 和 A_s'，混凝土和钢筋两种材料的强度等级、构件在弯矩作用平面内的计算长度 l_c 和弯矩作用平面外的计算长度 l_0。承载力的复核包括偏心弯矩作用平面内的承载力复核问题和垂直于偏心弯矩作用平面的承载力复核问题，两个方向都必须满足承载力的要求。其中垂直于弯矩作用平面的承载力复核方法前面已有说明，这里只讲述弯矩作用平面内的承载力复核问题，它通常要求通过计算来判断截面是否能够满足承载力的要求。

为了采用合适的公式，首先需要判别大、小偏心。可按界限状态取 $\xi=\xi_b$ 带入基本公式(5-18)和式(5-19)，同时结合式(5-15)，求出界限状态下的偏心距 e_{ib}：

$$e_{ib}=\frac{\alpha_1 f_c b h_0^2\alpha_{sb}+f_y'A_s'(h_0-a_s')}{\alpha_1 f_c b h_0\xi_b+f_y'A_s'-f_yA_s}-\left(\frac{h}{2}-a_s\right)\tag{5-38}$$

式中

$$\alpha_{sb} = \xi_b(1 - 0.5\xi_b) \tag{5-39}$$

根据实际计算出来的构件截面初始偏心距 e_i 和界限偏心距 e_{ib} 相比较，即可判别大、小偏心受压。若 $e_i \geq e_{ib}$，则为大偏心受压；否则为小偏心受压。

确定了偏心类别后，就可以利用相应的基本计算公式(两个独立方程)求解 ξ 和 N_u，[小偏心受压时可以代入式(5-22)来消掉 σ_s]。如果满足 $N \leq N_u$，则说明截面满足弯矩作用平面内的承载力要求，否则不满足。

【例 5-6】某钢筋混凝土偏心受压柱，截面尺寸为 300 mm×400 mm，采用 C30 混凝土和 HRB400 级钢筋，已知配置了 3 Φ 16 的受压钢筋(A'_s=603 mm^2)和 4 Φ 20 的受拉钢筋(A_s=1256 mm^2)。构件承受轴向压力设计值 N=250 kN，构件顶端和底端截面承受的弯矩设计值分别为 M_1=120 kN·m、M_2=130 kN·m。柱端弯矩已在结构分析时考虑侧移二阶效应。柱挠曲变形为单曲率。柱在弯矩作用平面内的计算长度为 l_c=3.5 m，在弯矩作用平面外的计算长度为 l_0=4.4 m。要求复核该柱是否满足承载力要求。

解：查附表 1 得 f_c=14.3 N/mm^2，查附表 6 得：$f_y = f'_y$=360 N/mm^2，取 $a_s = a'_s$=50 mm，则有 $h_0 = h - a_s$=400−50=350 mm

(1)判断构件是否需要考虑挠曲二阶效应。

附加偏心距 $h/30$=400/30=13.3 mm<20 mm，应取 e_a=20 mm。

杆端弯矩比 M_1/M_2=120/130=0.923>0.9，应考虑挠曲二阶效应。

$$C_m = 0.7 + 0.3\frac{M_1}{M_2} = 0.7 + 0.3 \times 0.923 = 0.977$$

$$\xi_c = \frac{0.5 f_c A}{N} = \frac{0.5 \times 14.3 \times 300 \times 400}{250 \times 10^3} = 3.43 > 1$$

取 ζ_c=1，则

$$\eta_{ns} = 1 + \frac{1}{1300(M_2/N + e_a)/h_0}\left(\frac{l_c}{h}\right)^2 \xi_c$$

$$= 1 + \frac{1}{1300 \times (130000000/250000 + 20)/350}\left(\frac{3500}{400}\right)^2 \times 1 = 1.038$$

所以弯矩设计值为

$$M = C_m \eta_{ns} M_2 = 0.977 \times 1.038 \times 130 = 131.84\ \text{kN·m}$$

(2)计算界限偏心距 e_{ib}

$$\alpha_{sb} = \xi_b(1 - 0.5\xi_b) = 0.384$$

$$e_{ib} = \frac{\alpha_1 f_c b h_0^2 \alpha_{sb} + f'_y A'_s (h_0 - a'_s)}{\alpha_1 f_c b h_0 \xi_b + f'_y A'_s - f_y A_s} - \left(\frac{h}{2} - a_s\right)$$

$$= \frac{1 \times 14.3 \times 300 \times 350^2 \times 0.384 + 360 \times 603 \times (350 - 50)}{1 \times 14.3 \times 300 \times 350 \times 0.518 + 360 \times 603 - 360 \times 1256} - \left(\frac{400}{2} - 50\right)$$

$$= 0.342\ \text{mm}$$

(3) 判别偏心受压的类别。

$$e_i = e_0 + e_a = \frac{M}{N} + e_a = \frac{131.84 \times 10^6}{250 \times 10^3} + 20 = 547\ \text{mm} > e_{ib} = 342\ \text{mm}$$

所以是大偏心受压构件。

(4) 验算截面承载力。

$$e = e_i + \frac{h}{2} - a_s = 547 + \frac{400}{2} - 50 = 697 \text{ mm}$$

将现有已知条件代入基本计算公式(5-18)和式(5-19)，化为只有 ξ 和 N_u 两个未知数的两个方程：

$$N_u = 1 \times 14.3 \times 300 \times 350\xi + 360 \times 603 - 360 \times 1256$$

$$N_u \times 697 = 1 \times 14.3 \times 300 \times 350^2 \xi(1 - 0.5\xi) + 360 \times 603(350 - 50)$$

联立求解该二元方程，得

$$\xi = 0.3702 < \xi_b = 0.518$$

$$N_u = 320.83 \text{ kN} \cdot \text{m} > N = 250 \text{ kN} \cdot \text{m}$$

故弯矩作用平面内的受压承载力满足要求。另外还应作垂直于弯矩做用平面的受压承载力复核，此处从略。

5.5 矩形截面对称配筋偏心受压构件正截面承载力计算

所谓对称配筋，是指偏心弯矩的两侧钢筋配置完全对称。与非对称配筋相比，采用对称配筋的偏心受压构件施工方便，且不存在施工者弄错方向的问题，在实际工程中有更为广泛的应用。一般来说，当构件在不同荷载组合下经常承受相反方向弯矩的作用时，其数值相差不大或虽然相差较大，但按对称配筋设计所配纵筋总量与按非对称配筋设计相比较增加不多时，宜采用对称配筋。

按照对称配筋的含义，很容易得到以下关系：$f_y = f'_y$，$A_s = A'_s$，$a_s = a'_s$，从而使得对称配筋偏心受压构件的基本公式及其设计计算与非对称配筋时相比有所不同。

5.5.1 基本公式及适用条件

1. 大偏心受压构件

按照前述对称配筋时应满足的关系式，大偏心受压构件基本公式(5-13)和式(5-14)转化为

$$N \leqslant N_u = \alpha_1 f_c bx \tag{5-40}$$

$$Ne \leqslant N_u e = \alpha_1 f_c bx\left(h_0 - \frac{x}{2}\right) + f'_y A'_s (h_0 - a'_s) \tag{5-41}$$

该公式的适用条件仍与非对称配筋时相同，不再赘述。

2. 小偏心受压构件

同样可以用对称配筋基本关系对小偏心受压构件基本公式(5-24)和式(5-25)进行修

正，转化为

$$N \leqslant N_u = \alpha_1 f_c bx + f_y' A_s' - \sigma_s A_s' \tag{5-42}$$

$$Ne \leqslant N_u e = \alpha_1 f_c bx\left(h_0 - \frac{x}{2}\right) + f_y' A_s'(h_0 - a_s') \tag{5-43}$$

式中，σ_s 仍用式(5-22)计算且应满足式(5-23)的要求。

5.5.2 基本公式的应用

仍然分为截面设计和承载力复核两类计算。

1. 截面设计

1)大、小偏心受压的设计判别

当采用对称配筋时，根据大偏心受压基本公式(5-40)，可以直接求出 x，即

$$x = \frac{N}{\alpha_1 f_c b} \tag{5-44}$$

所以截面设计时，一般先假定是大偏心受压构件，按式(5-44)求出 x，然后再根据 x 的大小来确定偏心的类型，即当 $x \leqslant \xi_b h_0$ 时，为大偏心受压，假定成立，该 x 可用；当 $x > \xi_b h_0$ 时，为小偏心受压，假定不成立，该 x 不可用，必须按小偏心受压的公式重新求 x(或求 ξ)。

但是需要注意的是，按上述方法进行判断时有可能出现矛盾的情况。当轴向压力的偏心距很小甚至接近轴心受压时，应该属于小偏心受压，但如果截面尺寸较大而轴向压力设计值 N 又较小时，按此方法进行判断有可能判为大偏心受压。也就是说会出现 $e_i < 0.3h_0$ 和 $x < \xi_b h_0$ 同时成立这种自相矛盾的情况。出现这种情况其实是因为相对于所受荷载，截面尺寸过大，以至于截面并未达到承载能力极限状态。此时，不论将其视为大偏心受压还是小偏心受压，其配筋均由最小配筋率控制。

2) 大偏心受压构件

当按式(5-44)计算的 x 判断为大偏心受压构件时，可能会出现以下两种情况。

(1) $2a_s' \leqslant x \leqslant \xi_b h_0$，可直接将 x 代入式(5-41)求出所需配筋量：

$$A_s = A_s' = \frac{Ne - \alpha_1 f_c bx\left(h_0 - \frac{x}{2}\right)}{f_y'(h_0 - a_s')} \tag{5-45}$$

(2) $x < 2a_s'$，仍可按偏于安全考虑，由式(5-20)计算所需配筋量：

$$A_s = A_s' = \frac{Ne'}{f_y(h_0 - a_s')} \tag{5-46}$$

3) 小偏心受压构件

如前所述，当按式(5-44)计算的 x 判断为小偏心受压构件时，需要重新计算 x(或 ξ)，进而求出所需配筋量 A_s。此时实际有三个未知数 $A_s(A_s')$、x 和 σ_s，同时有三个方程，即式(5-42)、式(5-43)和式(5-22)，所以有唯一一组解。其步骤如下。

先将式(5-42)和式(5-43)化为用 ξ 表示的形式，得到

$$N \leqslant N_u = \alpha_1 f_c b h_0 \xi + f'_y A'_s - \sigma_s A'_s \tag{5-47}$$

$$Ne \leqslant N_u e = \alpha_1 f_c b h_0^2 \xi(1-0.5\xi) + f'_y A'_s (h_0 - a'_s) \tag{5-48}$$

再将式(5-22)代入式(5-47)，消去 σ_s，然后将该式与式(5-48)联立消去 A'_s，得到一个以 ξ 为唯一未知数的方程如下：

$$Ne \frac{\xi_b - \xi}{\xi_b - \beta_1} = \alpha_1 f_c b h_0^2 \xi(1-0.5\xi) \frac{\xi_b - \xi}{\xi_b - \beta_1} + (N - \alpha_1 f_c b h_0 \xi)(h_0 - a'_s) \tag{5-49}$$

该方程是关于 ξ 的一元三次方程，手算求解比较麻烦。《混凝土结构设计规范》推荐了一种近似的简化计算方法。

将式(5-49)中出现三次方的部分单独提出，用函数 $y=f(\xi)$表示，即

$$y = \xi(1-0.5\xi) \frac{\xi_b - \xi}{\xi_b - \beta_1} \tag{5-50}$$

在钢筋和混凝土两种材料已经选定的情况下，ξ_b 和 β_1 是常数，试验研究表明，构件在小偏心受压的范围($\xi_b \leqslant \xi \leqslant \xi_{cy}$)内，$y$ 与 ξ 的函数关系曲线接近于直线。为简化计算，就将其简化为线性关系，从而把三次方降为一次方。《混凝土结构设计规范》对各种钢筋等级和混凝土强度都统一取为

$$y = 0.43 \frac{\xi_b - \xi}{\xi_b - \beta_1} \tag{5-51}$$

将式(5-51)代入式(5-49)，经整理后得到

$$\xi = \frac{N - \alpha_1 f_c b h_0 \xi_b}{\dfrac{Ne - 0.43\alpha_1 f_c b h_0^2}{(\beta_1 - \xi_b)(h_0 - a'_s)} + \alpha_1 f_c b h_0} + \xi_b \tag{5-52}$$

将求出的 ξ 代入式(5-22)可求出 σ_s，根据 ξ 和 σ_s 的大小，可能出现四种情况。

(1) $-f'_y \leqslant \sigma_s \leqslant f_y$，且 $\xi \leqslant \dfrac{h}{h_0}$，可将 ξ 代入式(5-48)，就可求出配筋量 $A_s(A'_s)$。

(2)$\sigma_s < -f'_y$，且 $\xi \leqslant \dfrac{h}{h_0}$，可取 $\sigma_s = -f'_y$ 并将其代入式(5-47)和式(5-48)，化为

$$N = \sigma_1 f_c b h_0 \xi + 2 f'_y A'_s \tag{5-53}$$

$$Ne = \sigma_1 f_c b h_0^2 \xi(1-0.5\xi) + f'_y A'_s (h_0 - a'_s) \tag{5-54}$$

联立式(5-53)和式(5-54)，即可求出 ξ 和 $A'_s(A_s)$。

(4) $-f'_y \leqslant \sigma_s < 0$ 且 $\xi > \dfrac{h}{h_0}$，可将 $\xi = \dfrac{h}{h_0}$ 代入式(5-47)和式(5-48)，化为

$$N = \alpha_1 f_c b h + f'_y A'_s - \sigma_s A'_s \tag{5-55}$$

$$Ne = \alpha_1 f_c b h (h_0 - 0.5h) + f'_y A'_s (h_0 - a'_s) \tag{5-56}$$

联立式(5-55)和式(5-56)，即可求出 σ_s 和 $A'_s(A_s)$。

(4)：$\sigma_s < -f'_y$，且 $\xi > \dfrac{h}{h_0}$，可取 $\sigma_s = -f'_y$，$\xi = \dfrac{h}{h_0}$，将其代入式(5-47)和式(5-48)，化为

$$N = \alpha_1 f_c b h + 2 f'_y A'_s \tag{5-57}$$

$$Ne = \alpha_1 f_c b h (h_0 - 0.5h) + f'_y A'_s (h_0 - a'_s) \tag{5-58}$$

由(5-57)和式(5-58)可各自解出一个 A'_s，取其中的大者。

需要注意的是，由于截面是对称配筋，对于小偏心受压的情况，不需要考虑“反向破坏”的问题。

另外，不管是以上大、小偏心受压的哪种情况，求出的 $A_s(A'_s)$，都必须满足最小配筋率的要求。

【例 5-6】某钢筋混凝土偏心受压柱承受轴向压力 $N=400$ kN，杆端弯矩设计值为 $M_1=200$ kN·m，$M_2=220$ kN·m，截面尺寸为 $b\times h=300$ mm×400 mm，取 $a_s=a'_s=40$ mm，采用 C35 混凝土和 HRB400 钢筋，两个方向的计算长度 $l_c=l_0=2.4$ m，请按对称配筋的方式给该柱截面配筋。

解：查附表 1 和附表 6 得 $f_y=f'_y=360\ \text{N/mm}^2$，$f_c=16.7\ \text{N/mm}^2$

(1)判断是否考虑偏心距增大的影响。

杆端弯矩比 $M_1/M_2=200/220=0.909>0.9$ 所以要考虑杆件挠曲变形对偏心距增大的影响。

(2)计算构件弯矩设计值。

$$h_0=h-a_s=400-40=360\ \text{mm}$$

$$\zeta_c=\frac{0.5f_cA}{N}=\frac{0.5\times16.7\times300\times400}{400\times10^3}=2.505>1$$

取 $\zeta_c=1$

$$C_m=0.7+0.3\frac{M_1}{M_2}=0.7+0.3\times0.909=0.9727$$

$$\eta_{ns}=1+\frac{1}{1300(M_2/N+e_a)/h_0}\left(\frac{l_c}{h}\right)^2\xi_c$$

$$=1+\frac{1}{1300\times\left(\dfrac{220\times10^6}{400\times10^3}+20\right)/360}\left(\frac{2.4}{0.4}\right)^2\times1=1.017$$

$$C_m\eta_{ns}=0.9727\times1.017=0.989<1$$

应取 $C_m\eta_{ns}=1$

所以弯矩设计值为

$$M=M_2=220\ \text{kN}\cdot\text{m}$$

则有

$$e_i=\frac{M}{N}+e_a=\frac{220\times10^6}{400\times10^3}+20=570\ \text{mm}$$

先假定为大偏心受压，则有

$$x=\frac{N}{\alpha_1f_cb}=\frac{400\times10^3}{16.7\times300}=79.8\ \text{mm}<2a'_s=80\ \text{mm}$$

说明确为大偏心，且 A'_s 不能到达屈服，应先算出

$$e'=e_i-\frac{h}{2}+a'_s=570-200+40=410\ \text{mm}$$

再按照式(5-46)求得

$$A_s=A'_s=\frac{Ne'}{f_y(h_0-a'_s)}=\frac{400\times10^3\times410}{360\times(360-40)}=1424\ \text{mm}^2$$

$$> \rho_{min} bh = 0.002 \times 300 \times 400 = 240\ mm^2$$

所以满足要求，两侧各选取 3 ф 25 的钢筋，有 $A_s = A'_s = 1473\ mm^2$。

2. 截面承载力复核

截面承载力复核的方法跟非对称配筋时相同，在构件截面上的轴向压力设计值 N 和弯矩设计值 M 以及其他条件已知的情况下，无论大偏心受压还是小偏心受压，均可由基本公式直接求解。

5.5.3 矩形截面对称配筋偏心受压构件的计算曲线

试验表明，对于给定截面尺寸、配筋及材料强度的对称配筋偏心受压构件，截面承受的内力值 N 和 M 并不是相互独立的，而是彼此相关。也就是说，构件可以在不同的 N 和 M 的组合下达到其承载能力极限状态。N 和 M 的相关关系可以曲线的形式表示出来，利用这种曲线还可以更为直观和快速地进行截面设计和判别偏心类型。

1. 大偏心受压构件的 N_u-M_u 计算曲线

将式(5-40)化为 $x = \dfrac{N_u}{\alpha_1 f_c b}$，将其代入式(5-41)，得

$$N_u\left(e_i + \frac{h}{2} - a_s\right) = \alpha_1 f_c b \frac{N_u}{\alpha_1 f_c b}\left(h_0 - \frac{N_u}{2\alpha_1 f_c b}\right) + f'_y A'_s (h_0 - a'_s) \tag{5-59}$$

取 $N_u e_i = M_u$，将式(5-59)整理后得

$$M_u = -\frac{N_u^2}{2\alpha_1 f_c b} + \frac{N_u h}{2} + f'_y A'_s (h_0 - a'_s) \tag{5-60}$$

可见 M_u 为 N_u 的二次函数，对于不同的混凝土强度等级和钢筋级别，可以绘制出相应的曲线，如图 5-23 所示的水平虚线以下的 BC 部分。

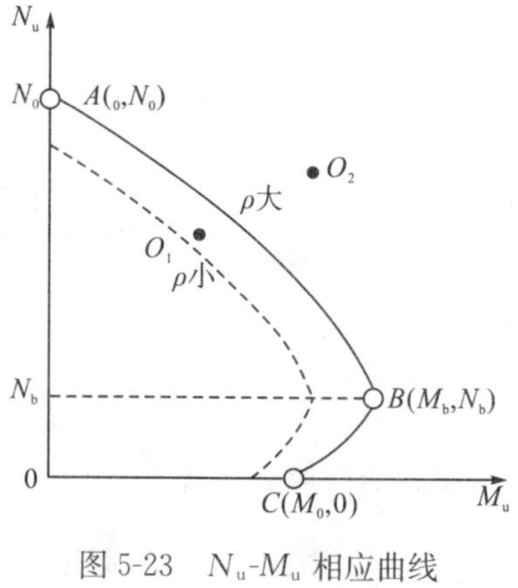

图 5-23 N_u-M_u 相应曲线

2. 小偏心受压构件的 N_u-M_u 计算曲线

用与上述大偏心受压时类似的方法，可以推导出在小偏心受压的情况下，M_u 仍

为 N_u 的二次函数，相应的曲线关系如图 5-23 所示的水平虚线以上的 AB 部分(推导过程从略)。

图 5-23 所示的 N_u-M_u 曲线反映了钢筋混凝土偏心受压构件在不同压力和弯矩的共同作用下正截面压弯承载力的规律，包括以下几点。

(1)该图坐标系(非负方向)范围内的任一点，表示截面承受的一组内力(M，N)；而 N_u-M_u 曲线上的任一点则代表截面处于正截面承载能力极限状态时的一组内力(M_u，N_u)。若一组内力(M，N)代表的点位于 N_u-M_u 曲线的内侧时，说明截面尚未达到正截面承载能力极限状态，是安全的(如图中的 O_1 点)；若点(M，N)位于 N_u-M_u 曲线的外侧时，说明截面受力已经超出承载力，是不安全的(如图中的 O_2 点)。

(2)从图 5-23 看，N_u-M_u 曲线与纵轴交点(A 点)处 N_u 达到最大值 N_o，说明当弯矩为零时截面抗压承载力 N_u 最大；而在横轴上的 C 点横坐标 M_0，是当轴力为零(纯弯)时的截面抗弯承载力。但 M_0 并不是截面抗弯承载力的最大值，其最大值 M_b 近似出现于大、小偏心受压的临界状态下，即界限破坏时，如图中的 B 点。

(3)在截面尺寸和材料强度一定的情况下，配筋率 ρ 越大，N_u-M_u 曲线位置越靠外侧，如图 5-23 中实曲线与虚曲线的对比。

(4)对于对称配筋的偏心受压截面，截面界限破坏时的轴力 N_b 与配筋率无关，而截面界限破坏时的弯矩 M_b 随着配筋率的增加而增大，如图 5-23 中的水平虚线所示。

(5)在小偏心受压的情况下，随着轴向压力的增加，构件正截面受弯承载力随之减小；反之相反；在大偏心受压的情况下，轴向压力的存在反而使构件正截面的受弯承载力提高，且随轴向压力的增大而增大；在截面发生界限破坏时，正截面受弯承载力达到最大值。

(6)对于大偏心受压构件，当截面承受的轴向压力不变时，弯矩越大截面所需配置的纵向钢筋越多；当截面承受的弯矩不变时，轴向压力越小截面所需配置的纵向钢筋越多。

(7)对于小偏心受压构件，当截面承受的轴向压力不变时，弯矩越大截面所需配置的纵向钢筋越多；当截面承受的弯矩不变时，轴向压力越大截面所需配置的纵向钢筋越多。

在截面尺寸和材料强度一定的情况下，可预先取不同的配筋率，在同一坐标系下绘制出一系列 N_u-M_u 曲线，方便设计时直接查用。利用这些系列 N_u-M_u 曲线，可以有效地减少设计工作量，加快设计速度。例如，一个偏心受压柱在不同工况下往往有多组内力(M，N)组合，由于 M 和 N 是相关的，不易确定哪组内力组合为最不利，但如果对每组组合都进行配筋计算，显然是非常麻烦的。而利用系列 N_u-M_u 曲线图，则很容易找到最不利内力组合。方法很简单：将各内力组合对应的点在该图坐标系上标出来，根据它们和各 N_u-M_u 曲线的位置关系，很容易找到最靠近 N_u-M_u 曲线的某一点，即为最不利的内力组合，然后可按与之对应的配筋率(或按线性内插确定)进行截面配筋即可。

5.6 I形截面对称配筋偏心受压构件正截面承载力计算

从充分利用截面的角度看，采用材料更集中于偏心弯矩作用两侧的I形截面，比矩形截面更为合理。采用I形截面可以明显节省混凝土用量，同时可减轻结构自重。如在单层厂房中，当厂房柱截面尺寸较大时，往往设计为I形截面。为了施工的方便，一般I形截面的截面形式和配筋都采用对称的方式。I形截面偏心受压构件的受力性能和正截面破坏形态都和矩形截面相同，因而其计算原理和方法也与矩形截面相同，只是由于其截面形状的变化，推出的计算公式也相应地和矩形截面有所区别。

5.6.1 基本公式及适用条件

1. 大偏心受压

根据受压区高度 x 的大小不同，大偏心受压有以下几种情况。

(1) $x<2a_s'$

此时受压侧钢筋 A_s' 不能到达屈服，可取 $x=2a_s'$，对受压区合力点取矩，按力矩平衡条件推得

$$A_s=A_s'=\frac{N(e_i-0.5h+a_s')}{f_y(h_0-a_s')} \tag{5-61}$$

(2) $2a_s'\leqslant x\leqslant h_f'$

如图 5-24(a)所示，此时中性轴位于受压侧翼缘内，混凝土受压区为矩形，其公式应和矩形截面相同，只是公式中的 b 变为 b_f'，即

$$N\leqslant N_u=\alpha_1 f_c b_f' x \tag{5-62}$$

$$Ne\leqslant N_u e=\alpha_1 f_c b_f' x\left(h_0-\frac{x}{2}\right)+f_y'A_s'(h_0-a_s') \tag{5-63}$$

(3) $h_f'<x\leqslant\xi_b h_0$

如图 5-24(b)所示，此时中性轴进入腹板内，混凝土受压区形状为T形，应按第二类T形截面受弯构件类似的方法将其分解为两部分，按平衡条件推得公式为

$$N\leqslant N_u=\alpha_1 f_c bx+\alpha_1 f_c(b_f'-b)h_f' \tag{5-64}$$

$$Ne\leqslant N_u e=\alpha_1 f_c bx\left(h_0-\frac{x}{2}\right)+\alpha_1 f_c(b_f'-b)h_f'\left(h_0-\frac{h_f'}{2}\right)+f_y'A_s'(h_0-a_s') \tag{5-65}$$

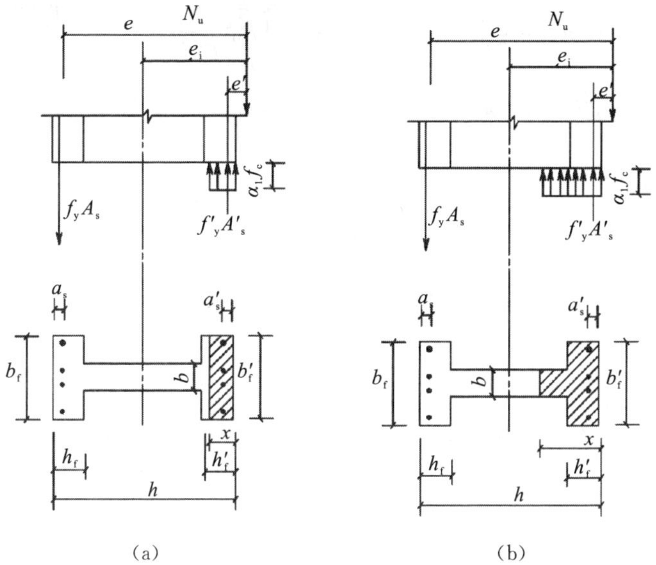

图 5-24　I 形截面大偏心受压构件计算简图

2. 小偏心受压

根据构件截面受压区高度 x 的大小不同，小偏心受压有以下两种情况。

(1) $\xi_b h_0 < x \leqslant h - h_f$

如图 5-25(a)所示，中性轴仍在腹板内，混凝土受压区为 T 形，仍将其分解为两部分，按平衡条件推得公式为

$$N \leqslant N_u = \alpha_1 f_c bx + \alpha_1 f_c (b'_f - b) h'_f + f'_y A'_s - \sigma_s A_s \tag{5-66}$$

$$Ne \leqslant N_u e = \alpha_1 f_c bx\left(h_0 - \frac{x}{2}\right) + \alpha_1 f_c (b'_f - b) h'_f \left(h_0 - \frac{h'_f}{2}\right) + f'_y A'_s (h_0 - a'_s) \tag{5-67}$$

配筋计算时可以将这两个公式联立求解 ξ 和 A'_s，但过程中会出现关于 ξ 的三次方程。同前述矩形截面小偏心受压构件对称配筋时的计算方法相似，即为了避免求解三次方程，可按《混凝土结构设计规范》推荐的近似简化计算方法将关于 ξ 的三次方关系式降为线性(一次方)的关系，得 ξ 的计算式为（推导过程从略）

$$\xi = \frac{N - \alpha_1 f_c (b'_f - b) h'_f - \alpha_1 f_c b h_0 \xi_b}{\dfrac{Ne - \alpha_1 f_c (b'_f - b) h'_f (h_0 - 0.5 h'_f) - 0.43 \alpha_1 f_c b h_0^2}{(\beta_1 - \xi_b)(h_0 - a'_s)} + \alpha_1 f_c b h_0} + \xi_b \tag{5-68}$$

注意该公式只适用于 $\xi_b h_0 < x \leqslant h - h_f$ 的情况，所以如果求出的 $\xi > \dfrac{h - h_f}{h_0}$，则该 ξ 不可用，而应该按照下面的情况重求 ξ。

(2) $h - h_f < x \leqslant h$。

如图 5-25(b)所示，此时中性轴进入离轴向力较远一侧的翼缘内，混凝土受压区形状为 I 形，应将其分解为三个矩形部分，按平衡条件推得公式为

$$N \leqslant N_u = \alpha_1 f_c bx + \alpha_1 f_c (b'_f - b) h'_f + \alpha_1 f_c (b_f - b)(h_f + x - h) + f'_y A'_s - \sigma_s A_s \tag{5-69}$$

$$Ne \leqslant N_u e = \alpha_1 f_c bx\left(h_0 - \frac{x}{2}\right) + \alpha_1 f_c (b_f' - b)h_f'\left(h_0 - \frac{h_f'}{2}\right)$$
$$+ \alpha_1 f_c (b_f - b)(h_f + x - h)\left(h_f - \frac{h_f + x - h}{2} - a_s\right) + f_y' A_s'(h_0 - a_s') \tag{5-70}$$

配筋计算时可以将这两个公式联立求解 ξ 和 A_s'，而不能用式(5-68)计算。

以上各式中出现的 σ_s 仍按式(5-22)计算，且应满足式(5-23)的要求。

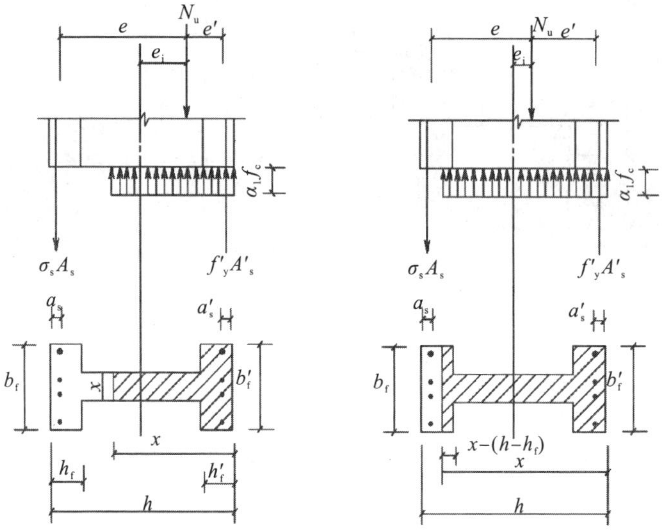

图 5-25 I形截面小偏心受压构件计算简图

5.6.2 基本公式的应用

1. 截面设计

已知条件：轴向压力设计值 N 和弯矩设计值 M；混凝土和钢筋的强度等级；截面尺寸也已先行拟定好。

要求：给截面配筋，求出 $A_s(A_s')$，选择合适的钢筋直径和根数，并布置于截面上。

可按照以下步骤进行计算，大、小偏心受压类别的判断也包含在该计算过程中。

1)大偏心受压构件

(1) 先假定中性轴在受压翼缘内，即 $x \leqslant h_f'$，按该情况下的基本公式(5-62)求得

$$x = \frac{N}{\alpha_1 f_c b_f'} \tag{5-71}$$

若 $2a_s' \leqslant x \leqslant h_f'$，则说明与原假定相符，$x$ 值有效，将其代入式(5-63)即可求出 $A_s'(A_s)$；若 $x \leqslant 2a_s'$，可按照式(5-61)求出 $A_s'(A_s)$；

(2) 若以式(5-71)求出的 $x > h_f'$，与假定不符，则该 x 无效，应重算。假定为大偏心受压且中性轴进入腹板的情况，即 $h_f' < x \leqslant \xi_b h_0$，则可由式(5-64)求得

$$x=\frac{N-\alpha_1 f_c(b_f'-b)h_f'}{\alpha_1 f_c b} \tag{5-72}$$

若该 x 满足 $x<\xi_b h_0$，则与假定相符，该 x 值有效，将其代入式(5-65)即可求出 A_s' (A_s)；

若 $x>\xi_b h_0$，与假定不符，为小偏心受压，则该 x 无效，应按小偏心的情况重算。

2)小偏心受压构件

以小偏心受压构件 ξ 的近似计算式(5-68)可求出 ξ。

若 $\xi_b<\xi\leqslant\frac{h-h_f}{h_0}$，说明属于小偏心受压中 A_s 受拉且其应力未达屈服强度的情况，可将 ξ 带入式(5-67)求出 $A_s'(A_s)$；若 $\xi>\frac{h-h_f}{h_0}$，说明中性轴已经进入远离轴向力一侧的翼缘内，此时应先以式(5-69)和式(5-70)联立求出 ξ，再将其代入式(5-22)求出 σ_s，根据 ξ 和 σ_s 的不同，可能出现四种情况。

(1) $-f_y'\leqslant\sigma_s\leqslant f_y$，且 $\frac{h-h_f}{h_0}<\xi\leqslant\frac{h}{h_0}$，可将 ξ 代入式(5-70)求出 $A_s'(A_s)$。

(2) $\sigma_s<-f_y'$，且 $\frac{h-h_f}{h_0}<\xi\leqslant\frac{h}{h_0}$，说明 A_s 达到受压屈服，应取 $\sigma_s=-f_y'$，则式(5-69)化为

$$N\leqslant N_u=\alpha_1 f_c bh_0\xi+\alpha_1 f_c(b_f'-b)h_f'+\alpha_1 f_c(b_f-b)[\xi h_0-(h-h_f)]+2f_y'A_s' \tag{5-73}$$

可以用该式和式(5-70)联立，重求 ξ 和 A_s'。

(3) $\sigma_s<-f_y'$，且 $\xi>\frac{h}{h_0}$，说明 A_s 达到受压屈服，且全截面受压。应取 $\sigma_s=-f_y'$ 和 $\xi=\frac{h}{h_0}$ 代入式(5-69)和式(5-70)，化为

$$N\leqslant N_u=\alpha_1 f_c bh+\alpha_1 f_c(b_f'-b)h_f'+\alpha_1 f_c(b_f-b)h_f+2f_y'A_s' \tag{5-74}$$

$$\begin{aligned}Ne\leqslant N_u e=&\alpha_1 f_c bh(h_0-0.5h)+\alpha_1 f_c(b_f'-b)h_f'(h_0-0.5h_f')\\&+\alpha_1 f_c(b_f-b)h_f(0.5h_f-a_s)+f_y'A_s'(h_0-a_s')\end{aligned} \tag{5-75}$$

用这两式各自可以求出一个 A_s'，取其大者。

(4) $-f_y'\leqslant\sigma_s<0$ 且 $\xi>\frac{h}{h_0}$，这时 A_s 受压但未达屈服，且全截面混凝土受压。可取 $\xi=\frac{h}{h_0}$ 代入式(5-69)和式(5-70)，化为

$$N\leqslant N_u=\alpha_1 f_c bh+\alpha_1 f_c(b_f'-b)h_f'+\alpha_1 f_c(b_f-b)h_5+f_y'A_s'-\sigma_s A_s' \tag{5-76}$$

$$\begin{aligned}Ne\leqslant N_u e=&\alpha_1 f_c bh(h_0-0.5h)+\alpha_1 f_c(b_f'-b)h_f'(h_0-0.5h_f')\\&+\alpha_1 f_c(b_f-b)h_f(0.5h_f-a_s)+f_y'A_s'(h_0-a_s')\end{aligned} \tag{5-77}$$

以此两式重求 σ_s 和 A_s'，若仍然满足 $-f_y'\leqslant\sigma_s<0$，则所求的 A_s' 有效。

不论大、小偏心受压，完成弯矩作用平面内受压承载力的计算后，都还应验算垂直于弯矩作用平面的受压承载力。

【例 5-8】某钢筋混凝土 I 形截面偏心受压柱，截面尺寸如图。柱承受轴向压力设计值 $N=950$ kN，柱顶和柱底截面承受的弯矩设计值分别为 $M_1=800$ kN·m 和 $M_2=1000$ kN·m，柱

端弯矩在结构分析时已经考虑侧移二阶效应。柱挠曲变形为单曲率。柱弯矩作用平面和垂直于弯矩作用平面的计算长度为 $l_c=l_0=5.5$ m，柱中材料采用 C40 混凝土和 HRB500 级纵向钢筋。请按对称配筋的方式为该柱配筋。

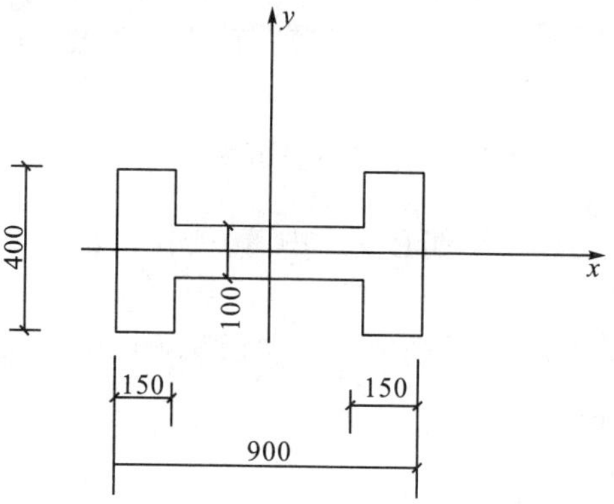

图 5-26　例 5-8 图

解：查附表 1 和附表 6 得材料强度设计值：$f_y=435$ N/mm²，$f'_y=410$ N/mm²，$f_c=19.1$ N/mm²。

(1)二阶效应的考虑。

设 $a_s=a'_s=45$ mm，则有

$$h_0=h-a_s=900-45=855\text{ mm}$$

杆端弯矩比为

$$\frac{M_1}{M_2}=\frac{800}{1000}=0.8<0.9$$

设计轴压比为

$$\frac{N}{f_cA}=\frac{950\times10^3}{19.1\times[100\times900+2\times(400-100)\times150]}=0.276<0.9$$

绕 y 轴的惯性矩为

$$I_y=\frac{1}{12}\times100\times900^3+\left(\frac{1}{12}\times150\times150^3+150\times150\times375^2\right)\times4=1.89\times10^{10}\text{ mm}^4$$

所以对 y 轴的回转半径为

$$i_y=\sqrt{\frac{I_y}{A}}=\sqrt{\frac{1.89\times10^{10}}{100\times900+2\times(400-100)\times150}}=324\text{ mm}$$

$$l_c/i_y=5500/324=16.98<34-12\left(\frac{M_1}{M_2}\right)=34-12\times0.8=24.4$$

按规范规定，同时满足以上三个条件时不用考虑该方向构件自身挠曲产生的附加弯矩影响，即取 $M=M_2=1000$ kN·m

另有

$$\frac{h}{30}=\frac{900}{30}=30\text{ mm}>20\text{ mm}$$

应取 $e_a=30$ mm。

所以有

$$e_i = \frac{M}{N} + e_a = \frac{1000 \times 10^6}{950 \times 10^3} + 30 = 1083 \text{ mm}$$

$$e = e_i + \frac{h}{2} - a_s = 1083 + \frac{900}{2} - 45 = 1488 \text{ mm}$$

(2) 大小偏心受压的判别及配筋。

先假定为大偏心受压、中性轴位于受压翼缘内的情况，可按照式(5-71)求得

$$x = \frac{N}{\alpha_1 f_c b'_f} = \frac{950 \times 10^3}{1 \times 19.1 \times 400} = 124 \text{ mm} < h'_f = 150 \text{ mm}$$

且同时满足 $x < 2a'_s = 2 \times 45 = 90$ mm，说明假定成立，为大偏心受压构件，中性轴位于受压翼缘内，且受压钢筋能达到屈服。将 x 代入式(5-63)得

$$A_s = A'_s = \frac{Ne - \alpha_1 f_c b'_f x(h_0 - x/2)}{f'_y(h_0 - a'_s)}$$

$$= \frac{950 \times 10^3 \times 1488 - 1 \times 19.1 \times 400 \times 124 \times (855 - 124/2)}{410 \times (855 - 45)}$$

$$= 1994 \text{ mm}^2 > \rho_{\min} A (\rho_{\min} A = 0.002 \times 180000 = 360 \text{ mm}^2)$$

选用 2 Φ 25+3 Φ 22，$A_s = A'_s = 982 + 1140 = 2122 \text{ mm}^2$，截面的纵筋总配筋率为

$$\rho = \frac{A_s + A'_s}{A} = \frac{2122 \times 2}{180000} = 2.36\% > 0.5\%$$

满足要求。

(3) 验算垂直于弯矩作用平面的正截面承载力。

$$I_x = \frac{1}{12}(h - 2h_f)b^3 + 2 \times \frac{1}{12} h_f b_f^3$$

$$= \frac{1}{12} \times (900 - 2 \times 150) \times 100^3 + 2 \times \frac{1}{12} \times 150 \times 400^3 = 1.65 \times 10^9 \text{ mm}^4$$

$$i_x = \sqrt{\frac{I_x}{A}} = \sqrt{\frac{1.65 \times 10^9}{180000}} = 95.7 \text{ mm}$$

垂直于弯矩作用平面的长细比 $l_0/i_x = 5500/95.7 = 57.47$，查表 5-1 得 $\varphi = 0.849$。

所以有

$$N_u = 0.9\varphi(f_c A + f'_y A'_s)$$

$$= 0.9 \times 0.849 \times (19.1 \times 180000 + 410 \times 2122 \times 2)$$

$$= 3957 \text{ kN} > N = 950 \text{ kN}$$

满足要求。

2. 承载力复核

对 I 形截面对称配筋的偏心受压构件进行正截面承载力复核时，其方法与对矩形截面对称配筋的偏心受压构件进行正截面承载力复核时相似。通常已知截面所承受的轴向压力设计值 N 和弯矩设计值 M，配筋数量和材料等级也已知，要求通过计算来判断该构件是否满足正截面承载力的要求。此时可以由基本计算公式求解 ξ 和 N_u，并以是否满足 $N \leqslant N_u$ 来判断该构件是否满足正截面承载力的要求。

5.7 偏心受压构件的构造要求

作为对偏心受压构件承载力计算的必要补充，其构造要求也是结构设计的一个重要组成部分。结构计算和构造要求的相互配合，才能保证一个合理的设计。因此，必须了解偏心受压构件的构造要求。

1. 材料的选用

1)混凝土

受压构件应选用较高等级的混凝土，以减小构件截面尺寸。一般柱的混凝土强度等级选用C25、C30、C35、C40，对多层及高层建筑结构的下层柱必要时还可采用更高的等级。桥梁中墩台及基础的桩采用不低于C30的混凝土。

2)钢筋

钢筋与混凝土共同受压时，若钢筋强度过高，其强度得不到充分的发挥，故不宜采用高强度钢筋。纵筋应采用HRB400级、HRB500级、HRBF400级和HRBF500级钢筋；箍筋宜采用HRB400级、HRBF400级、HPB300级、HRB500级、HRBF500级钢筋，也可采用HRB335级、HRBF335级钢筋。另外，不得用冷拉钢筋作为受压钢筋。

2. 截面形式和尺寸

偏心受压构件截面形式以矩形为主，当承受荷载较大时，为了节省混凝土及减轻结构自重，装配式受压构件也可采用I形截面。矩形截面的最小边长不宜小于300 mm，同时截面的长边h与短边b的比值一般选在1.5～3。长细比应控制在$l_0/b\leqslant30$及$l_c/h\leqslant25$。当柱截面的边长在800 mm及以下时，应以50 mm为模数；边长在800 mm以上时，应以100 mm为模数。

I形截面柱的翼缘厚度不宜小于120 mm，腹板厚度不宜小于100 mm。

3. 纵筋的构造要求

1)直径

为了保证受压构件中钢筋骨架的刚度，受压后不易被压屈，同时也为了便于施工，应选用直径较粗的钢筋作为受压纵筋。受压纵筋直径不宜小于12 mm，一般选在12 mm～32 mm间。当偏心弯矩方向的边长$h\geqslant600$ mm时，还应在侧面设置直径为10 mm到16 mm的纵向构造钢筋，并相应地设置复合箍筋或拉筋。

2)间距

当构件为水平浇筑的预制柱时，纵筋的最小间距与梁中纵筋的间距要求相同。当构件为竖向浇筑的混凝土柱时，为了保证混凝土浇筑方便和振捣密实，纵向受力钢筋的净距不应小于50 mm且不宜大于300 mm。

在偏心受压柱中，垂直于弯矩作用平面的侧面上的纵向受力钢筋以及轴心受压柱中各边的纵向受力钢筋，其间距不宜大于 300 mm。

3)配筋率

当纵向钢筋配筋率过小时，起不到防止脆性破坏的缓冲作用；同时为了承受由于偶然附加偏心距、收缩以及温度变化引起的拉应力，《混凝土结构设计规范》规定了偏心受压构件中一侧的最小配筋率和全部纵筋的最小配筋率，见附表 19。

当纵筋数量过多时，要使纵筋与混凝土共同工作，箍筋用量也应相应增加，从而影响构件的经济性；另外截面配筋过多会造成施工困难。因此，对纵筋配筋率的上限也应做出限制。

《混凝土结构设计规范》规定：全部纵向钢筋的配筋率不宜大于 5%。纵筋配筋率以控制在 1%～2%为宜。当纵筋的配筋率超过 3%时，箍筋直径不宜小于 8 mm。

4. 箍筋的构造要求

偏心受压构件的箍筋构造要求基本与轴心受压构件的箍筋构造要求相同，主要规定见 5. 2. 1 节中关于箍筋构造要求的说明。但对偏心受压构件，另有以下要求。

当偏心受压构件的截面高度 $h \geqslant 600$ mm 时，对在柱的侧面上应设置直径不小于 10 mm的纵向构造钢筋，以防止混凝土收缩和温度变化引起的应力造成构件开裂，并相应地设置复合箍筋或拉筋。可参看 5. 2. 1 节中的图 5-7。

像Ⅰ形截面这种带有内折角的截面形式，应按翼缘和腹板的矩形分别设置分离式箍筋，如图 5-26(a)和图 5-26(b)所示，而不能设置如图 5-26(c)所示那样有内折角的箍筋。

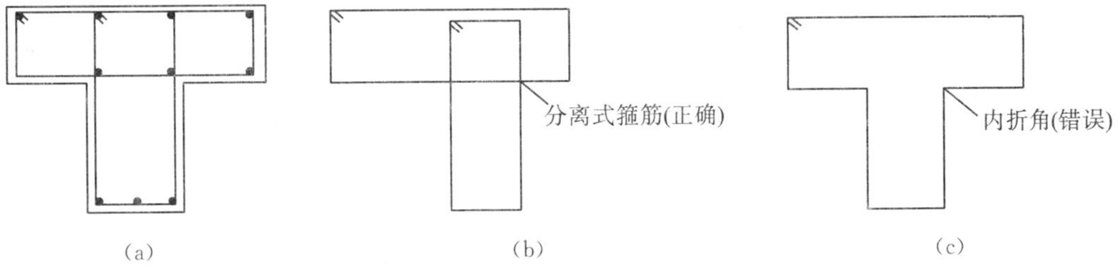

图 5-27　带有内折角截面形式的柱内箍筋设置方式

5.8　本 章 小 结

(1)构件所受轴向压力的合力点是否通过构件正截面形心是区分轴心受压和偏心受压的标准。但工程实际中绝对的轴心受压构件几乎没有，如果偏心距很小，可视为轴心受压构件进行设计。

(2)轴心受压构件中，普通箍筋柱又可以按照长细比分为短柱和长柱。短柱以混凝土的压碎作为构件破坏的标志，其纵筋只要是采用普通热轧钢筋也能充分发挥出强度，属于材料破坏；长柱则需考虑纵向弯曲的影响，其承载力比同等条件下的短柱要低。为了统一公式，引入一个稳定系数 φ 来表达纵向弯曲对柱受压承载力的影响程度，对于短柱，$\varphi=1$，对于长柱，$\varphi<1$，其值随构件长细比的增大而减小。

(3)在螺旋箍筋柱中，螺旋箍筋能约束核心混凝土的侧向变形，使其处于三向受压的应力状态，因而可以提高柱的受压承载力和延性。螺旋箍筋间接参与受力，故称间接钢筋。螺旋箍筋柱能以较小的截面尺寸达到较高的承载力，适用于截面受限的情况；但螺旋箍筋柱构造复杂，施工相对困难，且用钢量大，造价较高，故设计中还是应以普通箍筋柱为首选。

(4)大、小偏心受压的根本区别在于，大偏心受压构件是受拉侧钢筋 A_s 首先受拉屈服，而后受压区边缘混凝土达到极限压应变，受压钢筋 A_s' 也达到屈服；小偏心受压构件是受压区混凝土先被压坏，同时受压钢筋 A_s' 也能达到屈服，而另一侧的钢筋 A_s 可能受拉也可能受压，但不论拉压一般都达不到屈服。发生大偏心受压破坏还是小偏心受压破坏取决于两个因素：相对偏心距大小和配筋数量。若相对偏心距较大且受拉侧钢筋 A_s 数量不太多，发生大偏心受压破坏；若相对偏心距较小，或相对偏心距较大但受拉侧钢筋 A_s 数量过多，发生小偏心受压破坏。

(5)大、小偏心受压的判别标准是：当 $\xi \leqslant \xi_b$ 时，属于大偏心受压破坏；当 $\xi > \xi_b$ 时，属于小偏心受压破坏。在偏心受压构件的非对称配筋设计之前，需要先判别大、小偏心受压，以便选用合适的计算公式，但在钢筋未配出之前不能求出 ξ，因此只能采用由偏心距决定类别的近似判别式：当 $e_i > 0.3h_0$ 时，按大偏心受压设计；当 $e_i \leqslant 0.3h_0$ 时，按小偏心受压设计。

(6)当偏心受压构件产生侧向位移和挠曲变形时，会引起轴向压力对某些横截面的偏心距增大，从而使偏心弯矩增大；这种增加的附加弯矩叫二阶弯矩或二阶效应。当同时符合以下三个条件时可以不用考虑构件自身挠曲产生的二阶弯矩影响：同一主轴方向的杆端弯矩比 M_1/M_2 不大于 0.9；设计轴压比 N/f_cA 不大于 0.9；构件的长细比满足式(5-8)的要求。否则，其中只要有一个条件不满足，就必须考虑二阶效应的影响。若要考虑二阶效应的影响，则控制截面的弯矩应按式(5-9)计算。

(7)大、小偏心受压构件的正截面承载力基本公式建立时所做的基本假定、推导原理和公式形式基本相同，唯一的区别是：在大偏心受压构件中远离偏心侧的钢筋 A_s 确定受拉且最终确定能达到屈服；而在小偏心受压构件中远离偏心侧的钢筋 A_s 可能受压也可能受拉，而且往往达不到屈服，所以其应力 σ_s 不能取为强度设计值，只能近似按式(5-22)计算，且其范围应满足式(5-23)的要求。这使得小偏心受压构件的计算比大偏心受压构件的计算要更复杂。

(8)在偏心受压构件中，对称配筋和非对称配筋各有优缺点，设计时应根据工程的实际情况(如荷载的特点)，综合考虑施工方便和经济的要求后合理地选用。对称配筋的偏心受压构件正截面承载力基本公式其实是在非对称配筋偏心受压构件正截面承载力基本公式的基础上按照对称配筋的特点 $f_y = f_y'$，$A_s = A_s'$ 转化而来的。

(9)矩形截面对称配筋偏心受压构件的 N_u-M_u 计算曲线可以把 N 和 M 以及配筋率 ρ 的相关关系以曲线的形式表示出来，利用这种曲线还可以更为直观地进行截面设计和判别偏心类型，从而可以有效地减少设计工作量，加快设计速度。

(10)采用Ⅰ形截面的偏心受压构件在施工时比矩形截面构件稍为复杂，但可以明显节省混凝土用量，同时可减轻结构自重，提高材料的利用效率。为了施工的方便，一般

I 形截面的截面形式和配筋都采用对称的方式。I 形截面偏心受压构件的受力性能和正截面破坏形态都和矩形截面相同，因而其计算原理和方法也与矩形截面相同，只是由于其截面形状的变化，推出的计算公式也相应地和矩形截面有所区别。随着受压区高度 x 的变化，混凝土受压区呈现出矩形、T 形和 I 形等各种情况，只需将其分解为一些矩形的单元，即可按照平衡条件建立相应的公式。

思　考　题

5.1　轴心受压构件中纵筋的作用有哪些？

5.2　轴心受压普通箍筋短柱和长柱的破坏形态有什么不同？轴心受压长柱的稳定系数 φ 如何确定？

5.3　螺旋箍筋柱应满足的条件有哪些？

5.4　偏心受压构件计算中为什么要引入附加偏心距？

5.5　什么是偏心受压构件的 P-δ 效应？在什么情况下可以不考虑 P-δ 效应？

5.6　分析大、小偏心受压破坏的破坏特征有何区别？它们的分界条件是什么？

5.7　比较大、小偏心受压构件的正截面承载力计算公式的异同。

5.8　在大、小偏心受压构件的截面设计时都各自引入了一个补充方程，分别说明这两个补充方程引入的根据是什么？

5.9　在截面设计时为什么只以偏心距大小来判别大、小偏心？而在对称配筋时又不能单凭它来判别？

5.10　分析比较大、小偏心在对称配筋和非对称配筋时的判别式和计算公式的区别。

5.11　在偏心受压构件的截面非对称配筋时，当 A_s 和 A_s' 均未知时如何进行配筋计算？而当已知 A_s' 时又该如何进行配筋计算？

5.12　什么叫“反向破坏”？哪些情况下容易发生反向破坏？

5.13　在偏心受压构件正截面承载力复核类的计算中，还能以 $e_i \leqslant 0.3h_0$ 或 $e_i > 0.3h_0$ 来判别大、小偏心吗？为什么？

5.14　什么是对称配筋偏心受压构件正截面承载力的 N_u-M_u 计算曲线？该计算曲线对于进行截面设计有什么作用？

习　　题

5.1　某多层现浇框架结构的底层柱，承受轴向力设计值为 $N=2500$ kN，其计算长度为 $l_0=4$ m，采用 C35 混凝土和 HRB400 级钢筋，一类环境。请确定该柱的截面尺寸并配筋。

5.2　某轴心受压柱截面尺寸为 $b\times h=400$ mm×400 mm，承受轴向压力设计值 $N=1600$ kN，柱的计算长度为 $l_0=8$ m，采用 C30 混凝土和 HRB400 级钢筋，求所需纵筋的截面积。

5.3　某圆形截面轴心受压柱，限制其直径不能超过 400 mm，承受轴心压力设计值 $N=3200$ kN，计算长度 $l_0=4.8$ m，采用 C40 混凝土，纵筋采用 HRB400 级的钢筋，箍筋采用 HPB300 级的钢筋。请为该柱配筋。

5.4　某偏心受压构件的轴向力设计值 $N=320$ kN，杆端弯矩设计值 $M_1=80$ kN·m，$M_2=85$ kN·m，截面尺寸 $b\times h=400$ mm×600 mm，取 $a_s=a_s'=45$ mm；材料采用 C40 混凝土和 HRB400 级钢筋；计算长度 $l_c=l_0=3$ m。(1)请为该柱截面配筋；(2)若已在截面的受压区配置了 3 根 20 mm 的纵筋($A_s'=942$ mm^2)，请配置受拉侧钢筋。

5.5　某偏心受压柱承受轴向力设计值 $N=6000$ kN，承受杆端弯矩设计值 $M_2=1750$ kN·m，$M_1=0.9M_2$；截面尺寸 $b\times h=800$ mm×1000 mm，取 $a_s=a_s'=45$ mm；材料采用 C40 混凝土和 HRB400 级钢筋；计算长度 $l_c=l_0=6$ m；请按对称配筋为该柱截面配置钢筋。

5.6　某钢筋混凝土偏心受压柱，截面尺寸为 $b\times h=500$ mm×650 mm，$a_s=a_s'=50$ mm，承受轴向压力设计值 $N=3000$ kN，柱顶端截面承受弯矩设计值 $M_1=380$ kN·m，柱底端截面承受弯矩设计值 $M_2=410$ kN·m。弯矩作用平面内柱上下两端的支撑长度为 4.5 m，弯矩作用平面外柱的计算长度为 $l_0=5.6$ m。材料采用 C40 混凝土和 HRB500 级钢筋，请为该截面配筋。

5.7　某钢筋混凝土偏心受压柱，截面尺寸 $b\times h=300$ mm×450 mm，$a_s=a_s'=40$ mm。承受轴向压力设计值 $N=300$ kN，柱两端承受的弯矩设计值分别为 $M_1=160$ kN·m，$M_2=190$ kN·m。弯矩作用平面内计算长度 $l_c=4.0$ m，弯矩作用平面外柱的计算长度为 $l_0=5.5$ m。采用 C30 混凝土和 HRB400 级钢筋。受压侧配置了 3 Φ 20 钢筋($A_s'=942$ mm^2)，受拉侧配置了 4 Φ 20 钢筋($A_s=1256$ mm^2)。请复核该截面是否安全。

5.8　某 I 形截面钢筋混凝土柱，截面尺寸为 $b=120$ mm，$h=750$ mm，$b_f=b_f'=400$ mm，$h_f=h_f'=120$ mm，取 $a_s=a_s'=50$ mm。承受轴向压力设计值 $N=770$ kN，柱两端承受的弯矩设计值分别为 $M_1=330$ kN·m，$M_2=360$ kN·m，柱的计算长度 $l_c=l_0=8$ m，材料采用 C40 混凝土和 HRB400 级钢筋，请按对称配筋的方式为该截面配筋。

第 6 章　钢筋混凝土受拉构件正截面承载力计算

本章主要讲述钢筋混凝土受拉构件承载力计算问题，主要分为轴心受拉和偏心受拉两方面内容。轴心受拉构件在开裂截面的混凝土退出工作后，拉力将全部由钢筋承担，钢筋达到屈服时，轴心受拉构件就达到极限承载力。偏心受拉构件的破坏特征与偏心距联系紧密，大、小偏心受拉构件的本质界限在于构件截面上是否存在受压区。

6.1　概　　述

若钢筋混凝土结构承受控制作用的轴向拉力，则称之为受拉构件，并且在承载能力极限状态下受拉构件仅涉及强度问题。若轴向拉力作用线与构件正截面形心重合且不受弯矩作用，则称为轴心受拉构件。若轴向拉力作用线与构件正截面形心不重合或承受轴向拉力及弯矩共同作用，则称为偏心受拉构件。

6.2　轴心受拉构件承载力计算

实际上真正的钢筋混凝土轴心受拉构件往往难以实现。究其原因在于钢筋混凝土材料的非匀质性，同时考虑到施工误差，无法做到轴向拉力准确通过构件正截面中心连线。但是当构件上弯矩很小(或偏心距很小)时，为方便计算，可将此类构件简化为轴心受拉构件进行设计。工程中近似按轴心受拉计算的钢筋混凝土构件有承受节点荷载的屋架或托架的受拉弦杆、承受内压力的圆形水池池壁和圆形仓储结构等，如图 6-1 所示。

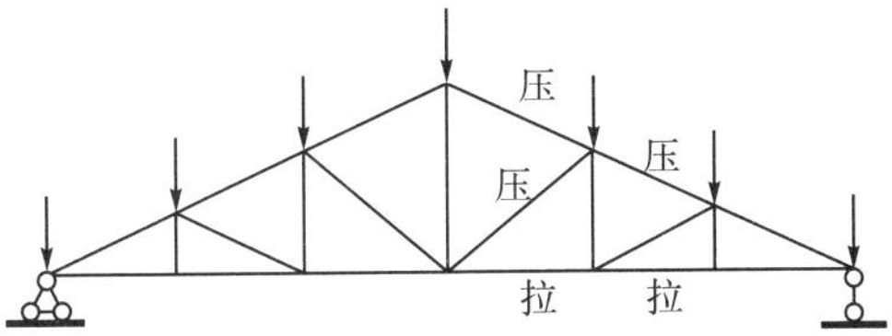

(a)

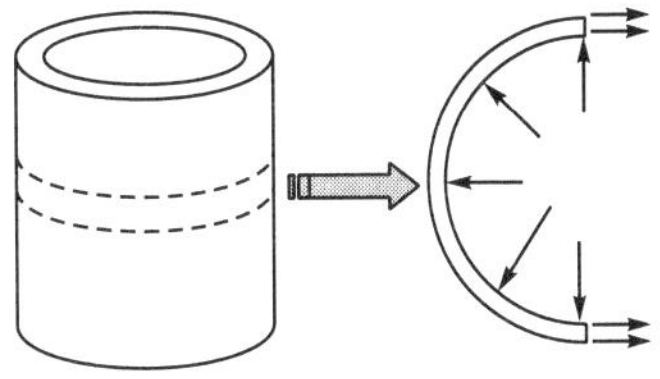
(b)

图 6-1　轴心受拉构件示例

6.2.1 轴心受拉构件受力特点

在钢筋混凝土轴心受拉构件中配有纵向钢筋和箍筋，纵向钢筋的作用是承受拉力，箍筋的作用是固定纵向钢筋，使其在构件制作过程中不发生变形和错位。轴心受拉构件一般采用矩形或其他对称截面形式，纵向钢筋在截面对称布置或沿周边均匀布置，因此在混凝土开裂前，截面中的钢筋和混凝土共同承担拉力。在混凝土开裂后，开裂处的混凝土不再承受拉力，所有拉力均由纵向钢筋来承担，并且破坏时整个截面将全部裂通。通过对钢筋混凝土轴心受拉构件所进行的试验研究，发现轴心受拉构件类似于适筋受弯构件，从开始加载到破坏其受力过程也可分为三个受力阶段，具体见图 6-2。

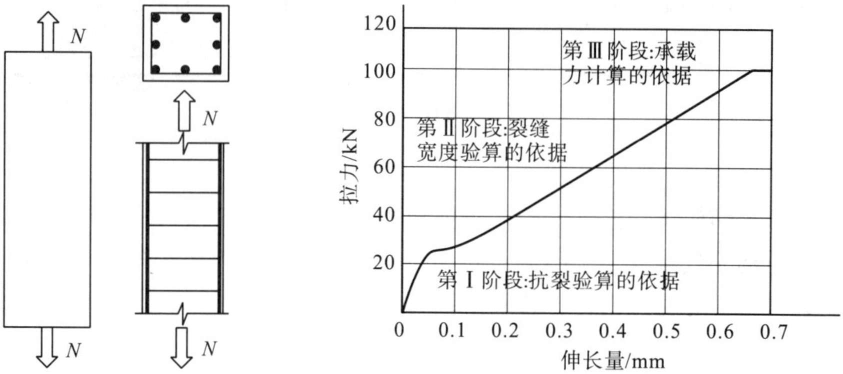

(a) (b)

图 6-2 轴心受拉构件的受力特点

第Ⅰ阶段：从加载到混凝土开裂前。这一阶段混凝土与钢筋共同受力，轴向拉力与变形基本为线性关系。随着荷载的增加，混凝土很快达到极限拉应变并将出现裂缝。对于使用阶段不允许开裂的构件，应当以此受力状态作为抗裂验算的依据。

第Ⅱ阶段：从混凝土开裂到受拉钢筋屈服前。该阶段裂缝已经出现并逐渐发展，混凝土因为开裂而逐渐退出工作，截面所受拉力全部由钢筋承担。对于使用阶段允许出现裂缝的构件，应当以此阶段作为裂缝宽度验算的依据。

第Ⅲ阶段：从受拉钢筋达到屈服再到构件破坏。此时某一裂缝截面处的钢筋应力首先达到受拉屈服强度，随后钢筋拉力值基本不变而构件裂缝开展很大，最终全部钢筋均达到受拉屈服强度，则认为构件达到了破坏状态，相应的极限荷载以 N_u 来表示。此受力状态即作为截面承载力计算的依据。

6.2.2 轴心受拉构件承载力计算公式

轴心受拉构件破坏时，混凝土不承受拉力，全部拉力由钢筋来承受，图 6-3 为轴心受拉计算图形。轴心受拉构件正截面承载力设计表达式为

$$N \leqslant N_u = f_y A_s \tag{6-1}$$

式中，N——轴心拉力设计值；

N_u——轴心受拉承载力设计值；

A_s——受拉钢筋的全部截面面积；

f_y——钢筋抗拉强度设计值，为防止构件在正常使用阶段变形过大及裂缝过宽，其值不应大于 300 N/mm^2。

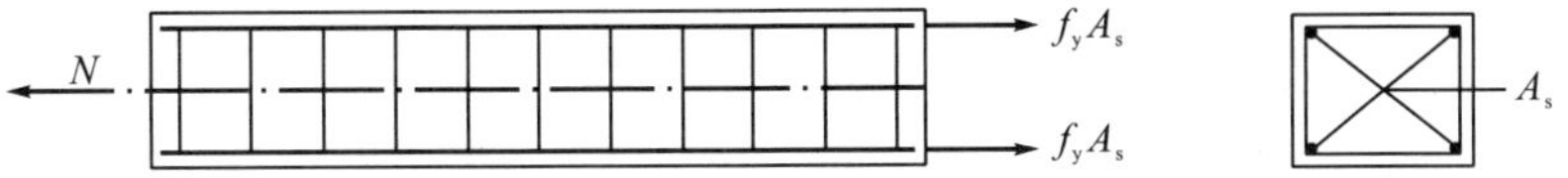

图 6-3　轴心受拉构件承载力计算图形

6.2.3　构造要求

关于纵筋：轴心受拉构件的受力钢筋不得采用绑扎的搭接接头；为避免配筋过少引起的脆性破坏，轴心受拉构件一侧的受拉钢筋的配筋率应当不小于 0.2%和 0.45f_t/f_y中的较大值；受力钢筋沿截面周边均匀对称布置，并应优选直径较小的钢筋。

关于箍筋：箍筋直径不小于 6 mm，间距一般不宜大于 200 mm(屋架腹杆不宜超过 150 mm)。

【例 6-1】某钢筋混凝土屋架下弦杆的拉力设计值 N=500 kN，采用 HRB335 级纵向钢筋，混凝土强度等级为 C30，构件截面尺寸 b 为 250 mm，h 为 200 mm。求纵向钢筋的面积并配筋。

解：对于 HRB335 级钢筋，f_y=300 N/mm^2。对于 C30 混凝土，f_t=1.43 N/mm^2。代入式(6-1)得

$$A_s = N/f_y = 500 \times 10^3/300 = 1667 \text{ mm}^2$$

选用 4 Φ 25 布置于构件截面的四个角点处，实际配筋 A_s=1964 mm^2。

为避免配筋过少引起的脆性破坏，轴心受拉构件一侧受拉钢筋的配筋率还应取 0.2%和 0.45f_t/f_y 中的较大值，且应该按照构件的全截面面积计算。

由于

$$0.45f_t/f_y = 0.45 \times 1.43/300 = 0.214\% > 0.2\%$$

所以构件一侧的受拉钢筋的最小配筋率取 ρ_{min}=0.214%。

实际计算出的构件一侧配筋率为

$$\rho = 0.5 \times 1964/(250 \times 200) = 1.96\% > \rho_{min}$$

截面配筋符合最小配筋率的构造要求。

6.3　矩形截面偏心受拉构件承载力计算

偏心受拉构件是一种介于轴心受拉与受弯构件之间的受力构件，虽然在实际工程中不属于量大面广的构件，但也常会遇到。如承受节间荷载的屋架下弦杆、工业厂房中双

肢柱的受拉肢杆以及联肢剪力墙的某些墙肢等都属于偏心受拉构件。

偏心受拉构件同时承受轴心拉力 N 和弯矩 M，其偏心距 $e_0=M/N$。对于纵向钢筋的布置方式，距离轴向拉力较近的一侧所配置的钢筋称为受拉钢筋，其截面面积用 A_s 表示；距离轴向拉力较远的一侧所配置的钢筋称为受压钢筋，其截面面积用 A_s' 表示。根据偏心拉力 N 的作用位置不同，将偏心受拉构件分为小偏心受拉构件和大偏心受拉构件两种，如图 6-4 所示。设轴向拉力 N 作用位置在截面上的偏心距为 e_0，若轴向拉力 N 作用在 A_s 合力点与 A_s' 合力点之间时，偏心距 $e_0\leqslant h/2-a_s$[图 6-4(a)]，这种情况属于小偏心受拉。在小偏心拉力作用下，构件全截面均受拉，显然 A_s 一侧拉应力较大，A_s' 一侧拉应力较小。随着荷载的增加，截面混凝土将会裂通，两侧钢筋的应力取决于偏心拉力的相对位置和钢筋配置数量。理想的小偏心受拉破坏极限状态是当混凝土退出工作时，两侧的钢筋应力都达到屈服强度，即由钢筋 A_s 和 A_s' 提供的拉力 A_sf_y 和 $A_s'f_y'$ 与轴向拉力 N 进行平衡。

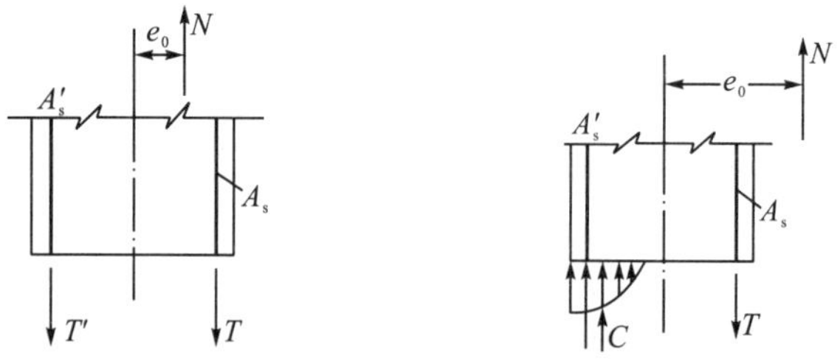

(a)小偏心受拉破坏　　(b)大偏心受拉破坏

图 6-4　偏心受拉构件破坏类型

当轴向拉力 N 作用在 A_s 合力点与 A_s' 合力点之外时，偏心距 $e_0>h/2-a_s$[图 6-4(b)]，这种情况属于大偏心受拉。在大偏心拉力作用下，当拉力较小时截面一侧受拉，另一侧受压。随着偏心拉力的增加，靠近偏心拉力一侧的混凝土首先开裂，裂缝虽然能够开展，但不会贯通全截面，存有一定的混凝土受压区。并且其破坏特点取决于靠近偏心拉力一侧的纵向受拉钢筋 A_s 的数量，并且当 A_s 适量时其首先达到抗拉屈服强度。随着拉力 N 的增大，裂缝进一步向 A_s' 一侧扩展，混凝土受压区范围将变小。最后，当受压区边缘混凝土达到极限压应变且受压区高度 x 不小于 $2a_s'$ 时，纵向受压钢筋可达到抗压屈服强度，构件也进入相应的承载力极限状态。这种构件称为大偏心受拉构件，其破坏形态与受弯构件或大偏心受压构件类似，只是由于轴向拉力的存在，受压区高度比相应的受弯构件要小一些。

可见，大、小偏心受拉构件的本质界限是构件截面上是否存在受压区。由于截面上受压区的存在与否与轴向拉力 N 作用点的位置有直接关系，所以在实际设计中，以轴向拉力 N 的作用点在钢筋 A_s 和 A_s' 之间或之外作为判定大小偏心受拉的界限。即当偏心距 $e_0\leqslant\frac{h}{2}-a_s$ 时，属于小偏心受拉构件，而当偏心距 $e_0>\frac{h}{2}-a_s$ 时，属于大偏心受拉构件。

需要指出的是，偏心受拉构件承载力计算时，不需考虑纵向弯曲的影响，也不需考虑初始偏心距，直接按荷载偏心距 e_0 计算。

6.3.1　小偏心受拉破坏承载力计算

对于小偏心受拉构件，当达到承载能力极限状态时，截面应力计算图形中两侧钢筋 A_s 和 A_s' 应力均达到抗拉强度设计值，并且不需考虑混凝土抗力问题。分别对 A_s 及 A_s' 取矩(图 6-5)，即可得到矩形截面小偏心受拉构件正截面承载力的基本计算公式为

$$Ne \leqslant N_u e = f_y A_s'(h_0' - a_s) \tag{6-2}$$

$$Ne' \leqslant N_u e' = f_y A_s(h_0 - a_s') \tag{6-3}$$

式中，e——纵向拉力 N_u 至钢筋 A_s 合力点之间的距离；

e'——轴向拉力至钢筋 A_s' 合力点之间的距离，且 $e=\frac{h}{2}-a_s-e_0$，$e'=\frac{h}{2}-a_s'+e_0$。

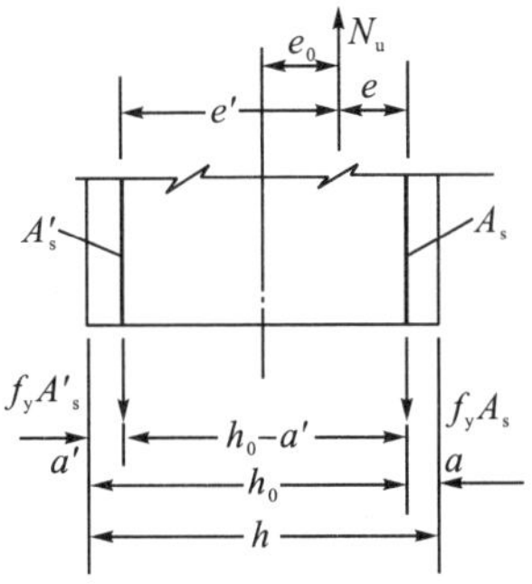

图 6-5　小偏心受拉构件计算简画

6.3.2　大偏心受拉破坏承载力计算

对于大偏心受拉构件，纵向拉力 N_u 作用在 A_s 合力点与 A_s' 合力点之外，截面虽然开裂，但截面还存有混凝土受压区，截面不会裂通。构件破坏时，A_s 与 A_s' 钢筋的应力都达到屈服，受压区混凝土边缘的应变也达到受压极限应变。混凝土压应力分布仍用换算的矩形应力分布图形，其应力值为 $\alpha_1 f_c$，受压区计算高度为 $x=\xi h_0$，截面应力计算图形如图 6-6 所示。根据平衡条件建立平衡方程有

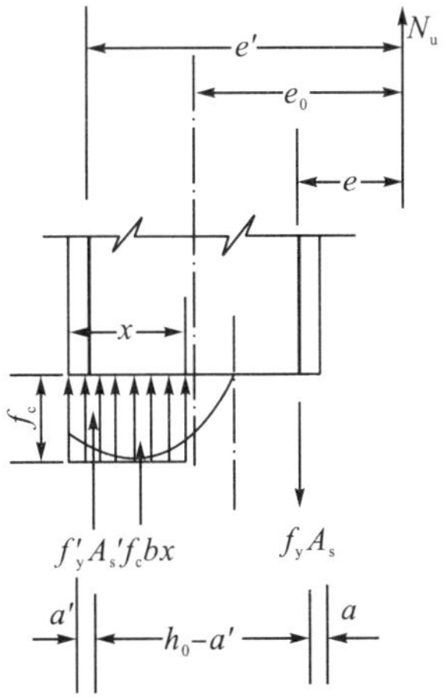

图 6-6　大偏心受拉构件计算简图

$$N \leqslant N_u = f_y A_s - f'_y A'_s - \alpha_1 f_c b h_0 \xi \tag{6-4}$$

$$Ne \leqslant N_u e = \alpha_1 f_c b h_0^2 \alpha_s + f'_y A'_s (h_0 - a'_s) \tag{6-5}$$

式中，

$$\alpha_s = \xi(1 - 0.5\xi)$$

$$e = e_0 - \frac{h}{2} + a_s$$

基本公式的适用条件是 $2a'_s \leqslant x \leqslant \xi_b h_0$，且 A_s 与 A'_s 均应满足最小配筋率的要求。其中 $x \geqslant 2a'_s$ 是为了保证构件在破坏时，受压钢筋应力能达到屈服强度。如果在计算中出现 $x < 2a'_s$ 的情况，则与大偏心受压构件截面设计时相同，近似取 $x = 2a'_s$，并对受压钢筋 A'_s 的合力点取矩，得

$$Ne' \leqslant N_u e' = f_y A_s (h_0 - a'_s) \tag{6-6}$$

式中，$e' = e_0 + \frac{h}{2} - a'_s$，即 e' 为纵向拉力作用点至受压区纵向钢筋 A'_s 合力点的距离。

6.3.3 截面设计

当采用对称配筋方式时，对于大偏心受拉情况，根据式(6-4)，有 $x = \xi h_0 = -N/(\alpha_1 f_c b)$，表明受压钢筋 A'_s 未达到抗压强度，属于 $x < 2a'_s$ 的情况。因此，不论大、小偏心受拉情况，均按照式(6-3)计算，即

$$A'_s = A_s = \frac{Ne'}{f_y (h_0 - a'_s)}$$

当采用非对称配筋方式时，对于小偏心受拉构件，可直接应用式(6-2)和式(6-3)求出两侧的受拉钢筋面积；对于大偏心受拉构件，又分为以下两种情况。

(1)当 A_s 和 A'_s 均未知时，对于非对称配筋偏心受拉构件，在设计时为了使钢筋总用量($A_s + A'_s$)最小，同受弯构件或大偏心受压构件，直接取 $\xi = \xi_b$ 即可。将 ξ_b 代入式(6-5)，得

$$A'_s = \frac{Ne - \alpha_1 f_c \alpha_{sb} b h_0^2}{f'_y (h_0 - a'_s)}$$

式中，$\alpha_{sb} = \xi_b(1 - 0.5\xi_b)$。

将 $\xi = \xi_b$ 及计算出的 A'_s 代入公式(6-4)，得

$$A_s = \frac{\alpha_1 f_c b \xi_b h_0 + f'_y A'_s + N}{f_y}$$

上述计算出的钢筋面积 A_s 和 A'_s 应满足最小配筋率的要求。如果 $A'_s < \rho_{min} bh$，则取 $A'_s = \rho_{min} bh$，并按照下面第二种情况求解 A_s。

(2)已知 A'_s，求 A_s。由公式(6-5)结合已知条件可求出 α_s 来，即

$$\alpha_s = \frac{Ne - f'_y A'_s (h_0 - a'_s)}{\alpha_1 f_c b h_0^2}$$

将 α_s 代入 $\xi = 1 - \sqrt{1 - 2\alpha_s}$，同时验算适用条件，即

$$\xi \leqslant \xi_b \text{ 及 } \xi \geqslant 2a'_s/h_0$$

如果适用条件满足，则可根据公式(6-4)求出 A_s，即

$$A_s = \frac{\alpha_1 f_c b\xi h_0 + f'_y A'_s + N}{f_y}$$

同时，也应当满足 $A_s \geqslant \rho_{min} bh$ 最小配筋率条件。

如果不能满足 $\xi \leqslant \xi_b$，则说明受压钢筋 A'_s 不足，应当在设计中增大其用量，可按照第一种情况(A_s 和 A'_s 均未知)进行求解，或者直接增大构件截面重新进行设计。

此外，如果出现 $\xi < 2a'_s/h_0$，则应该式(6-6)计算 A_s，即

$$A_s = \frac{Ne'}{f_y(h_0 - a'_s)}$$

6.3.4　截面复核

已知截面尺寸 $b \times h$、截面配筋 A_s 和 A'_s、混凝土强度等级、轴向拉力 N 设计值及作用点的位置(或轴向拉力 N 及截面弯矩 M 的设计值)，如果 $e_0 \leqslant \frac{h}{2} - a_s$，按小偏心受拉构件复核是否满足承载力要求，即利用基本公式(6-2)和式(6-3)各解一个 N_u，取较小者作为纵向拉力设计值。

如果 $e_0 > \frac{h}{2} - a_s$，按大偏心受拉构件计算，由基本公式(6-4)和式(6-5)联立求解出 ξ，如果满足 $2a'_s/h_0 \leqslant \xi \leqslant \xi_b$，将 ξ 代入式(6-4)计算出 N_u；如果 $\xi < 2a'_s/h_0$，则应当取 $\xi = 2a'_s/h_0$，并按照式(6-6)通过对受压钢筋 A'_s 的合力点取矩得到 N_u；如果 $\xi > \xi_b$，说明受拉钢筋 A_s 配置过量或受压钢筋数量不足，可近似取 $\xi = \xi_b$，并由式(6-4)和式(6-5)各计算一个 N_u，取较小值作为纵向拉力设计值。

【例 6-2】某偏心受拉力构件，处于二 a 类环境，截面尺寸 $b \times h = 300\ \text{mm} \times 450\ \text{mm}$，承受轴向拉力设计值 $N = 672\ \text{kN}$，弯矩设计值 $M = 65\ \text{kN} \cdot \text{m}$，采用 C30 混凝土和 HRB335 级钢筋。试进行配筋设计。

解：基本参数 C30 混凝土 $f_t = 1.43\ \text{N/mm}^2$，$f_c = 14.3\ \text{N/mm}^2$，HRB335 级钢筋 $f_y = 300\ \text{N/mm}^2$，$\xi_b = 0.550$，为二 a 类环境，构件混凝土保护层最小厚度 $c = 25\ \text{mm}$。取构造箍筋Φ 10，纵向受力钢筋为Φ 20，则 $a_s = a'_s = 25 + 10 + 20/2 = 45\ \text{mm}$。

$$e_0 = \frac{M}{N} = \frac{65 \times 10^6}{672 \times 10^3} = 97\ \text{mm} < \frac{h}{2} - a_s = \frac{450}{2} - 45 = 180\ \text{mm}$$

故为小偏心受拉构件。

$$e = \frac{h}{2} - a_s - e_0 = \frac{450}{2} - 45 - 97 = 83\ \text{mm}$$

$$e' = \frac{h}{2} - a'_s + e_0 = \frac{450}{2} - 45 + 97 = 277\ \text{mm}$$

$$A'_s = \frac{Ne}{f_y(h_0 - a'_s)} = \frac{672 \times 10^3 \times 83}{300 \times (405 - 45)} = 516\ \text{mm}^2$$

$$A_s=\frac{Ne'}{f_y(h_0'-a_s)}=\frac{672\times10^3\times277}{300\times(405-45)}=1724\ \text{mm}^2$$

偏心受拉构件一侧的受拉钢筋最小配筋率为0.2%和$45f_t/f_y$%中的较大值，即

$$0.45\frac{f_t}{f_y}=0.45\times\frac{1.43}{300}=0.0021>0.002$$

则取$\rho'_{\min}=\rho_{\min}=0.0021$

$$A'_{s\min}=A_{s\min}=\rho_{\min}bh=0.0021\times300\times450=284\ \text{mm}^2$$

说明通过计算得到的A'_s和A_s满足最小配筋要求。钢筋A'_s选用2Φ20(A'_s=628 mm^2)，钢筋A_s选用6Φ20(A_s=1884 mm^2)。

【例6-3】某钢筋混凝土偏心受拉构件，$a_s=a'_s=40$ mm，截面尺寸为$b\times h=300$ mm$\times$450 mm。承受轴向拉力设计值N=380kN，弯矩设计值M=200 kN·m，采用C30混凝土和HRB400级钢筋。求钢筋截面面积A'_s和A_s。

解：基本参数C30混凝土f_c=14.3 N/mm^2，f_t=1.43 N/mm^2。HRB400级钢筋$f_y=f'_y$=360 N/mm^2，则

$$e_0=\frac{M}{N}=\frac{200\times10^6}{380\times10^3}=526\ \text{mm}>\frac{h}{2}-a_s=\frac{450}{2}-40=185\ \text{mm}$$

$$e=e_0-\frac{h}{2}+a_s=526-\frac{450}{2}+40=341\ \text{mm}$$

属于大偏心受拉构件。由于A'_s和A_s均未知，以(A'_s+A_s)总量最小为补充条件，可直接令$\xi=\xi_b$，求得

$$\alpha_{sb}=\xi_b(1-0.5\xi_b)=0.518\times(1-0.5\times0.518)=0.384$$

通过对钢筋A_s合力点取矩，建立力矩的平衡方程$\sum M_{A_s}=0$，可以得到

$$A'_s=\frac{Ne-\alpha_1f_c\alpha_{sb}bh_0^2}{f'_y(h_0-a'_s)}=\frac{380\times10^3\times341-1\times14.3\times0.384\times300\times410^2}{360\times(410-40)}$$
$$=-1106\ \text{mm}$$

计算出来的$A'_s<0$，则应当取$A'_s=\rho_{\min}bh$，按照已知A'_s而A_s未知的情况来进行计算。

$$0.45\frac{f_t}{f_y}=0.45\times\frac{1.43}{360}=0.0018<0.002,\text{则取}\ \rho'_{\min}=\rho_{\min}=0.002$$

故有

$$A'_{s\min}=\rho'_{\min}bh=0.002\times300\times450=270\ \text{mm}^2$$

受压钢筋选用2Φ14，实际配置A'_s=308 mm^2。

仍然根据$\sum M_{A_s}=0$，得到

$$\alpha_s=\frac{Ne-f'_yA'_s(h_0-a'_s)}{\alpha_1f_cbh_0^2}=\frac{380\times10^3\times341-360\times308\times(410-40)}{1\times14.3\times300\times410^2}=0.123$$

将α_s代入$\xi=1-\sqrt{1-2\alpha_s}$，得

$$\xi=1-\sqrt{1-2\times0.123}=0.131<\frac{2a'_s}{h_0}=\frac{2\times40}{410}=0.195$$

由此，应当按照式(6-6)计算A_s，即令$x=2a'_s$，并对受压钢筋A'_s的合力点取矩，

通过建立力矩的平衡方程$\sum M_{A_s'}=0$，可以得到

$$A_s=\frac{Ne'}{f_y(h_0-a_s')}=\frac{380\times10^3\times711}{360\times(410-40)}=2028\ \text{mm}^2>A_{\text{smin}}=A'_{\text{smin}}=270\ \text{mm}^2$$

其中，$e'=e_0+\frac{h}{2}-a_s'=526+\frac{450}{2}-40=711$ mm。

受拉钢筋选用 6 ⏀ 22，实际配置 $A_s=2281\ \text{mm}^2$。

6.4　本章小结

(1)钢筋混凝土轴心受拉构件的破坏特征是裂缝贯穿整个截面，混凝土退出工作，裂缝截面的纵向拉力 N 全部由纵筋承担，纵筋达到屈服强度 f_y。

(2)钢筋混凝土偏心受拉构件的受力特性与偏心距 e_0 有关，当偏心拉力 N 作用于 A_s 合力点与 A_s' 合力点之间时，有 $e_0\leqslant h/2-a_s$，为小偏心受拉破坏；当偏心拉力 N 作用于 A_s 合力点与 A_s' 合力点以之时，有 $e_0>h/2-a_s$，为大偏心受拉破坏。

(3)小偏心受拉构件在破坏时，无需考虑混凝土抗力问题，全部拉力由钢筋承担，且 A_s 和 A_s' 屈服，分别对 A_s 和 A_s' 取矩($\sum M_{A_s}=0$ 及$\sum M_{A_s'}=0$)即得基本计算公式，可用于截面配筋与复核计算。

(4)大偏心受拉构件在破坏时，正截面有混凝土受压区存在。在进行截面设计时，若 A_s 和 A_s' 均未知，可取 $\xi=\xi_b$。若已知 A_s' 求 A_s，应先由 α_s 求出 ξ，并保证 $\xi\leqslant\xi_b$。还需检验 A_s' 是否受压屈服($\xi\geqslant2a_s'/h_0$)，如果不屈服，则应通过对 A_s' 取矩($\sum M_{A_s'}=0$) 以求得 A_s 。另外，在进行大偏心受拉构件承载力复核时，首先需要根据基本方程(力和力矩的平衡方程)联立求解出 ξ，方可进行后续的 N_u 计算。

思　考　题

6.1　轴心受拉构件的受拉钢筋用量是按什么条件确定的?

6.2　大、小偏心受拉构件的受力特点和破坏形态有哪些不同? 判别大、小偏心受拉破坏的条件是什么?

6.3　截面尺寸、材料强度均相同的大偏拉构件与受弯构件，如果所承受的弯矩一样，它们的受拉钢筋用量是否一样? 为什么?

6.4　在非对称配筋大偏心受拉构件截面设计或承载力复核中，如果出现 $x<2a_s'$ 或者受压区计算高度变成负值时，应该如何处理? 出现这种现象的原因是什么?

6.5　大偏心受拉构件设计时，若已知 A_s'，并且计算出来的 $\xi>\xi_b$，则表明 A_s' 是不足还是过量呢? 该如何处理?

习　题

6.1　钢筋混凝土拉杆，处于一类环境，截面尺寸 $b\times h=250\text{ mm}\times 250\text{ mm}$，采用 C20 混凝土，其内配置 4 Φ 20(HRB335 级)钢筋，构件上作用轴心拉力设计值 $N=360\text{ kN}$。试校核此拉杆是否安全。

6.2　某钢筋混凝土偏心受拉构件，截面尺寸 $b\times h=250\text{ mm}\times 400\text{ mm}$。构件承受轴向拉力设计值 $N=530\text{ kN}$，弯矩设计值 $M=62\text{ kN}\cdot\text{m}$。采用 C30 混凝土，纵筋为 HRB400 级钢筋，$a_s=a_s'=40\text{ mm}$，试求钢筋截面面积 A_s' 和 A_s。

6.3　某钢筋混凝土偏心受拉构件，处于二 a 类环境，构造箍筋为 B10，截面尺寸 $b\times h=250\text{ mm}\times 400\text{ mm}$，柱承受轴向拉力设计值 $N=26\text{ kN}$，弯矩设计值 $M=45\text{ kN}\cdot\text{m}$，混凝土强度等级为 C30，纵向钢筋采用 HRB335 级钢筋。求钢筋截面面积 A_s' 和 A_s。

6.4　已知钢筋混凝土偏心受拉构件的混凝土材料的强度等级为 C30，纵筋使用 HRB400 级钢筋，截面尺寸 $b\times h=300\text{ mm}\times 400\text{ mm}$，$a_s=a_s'=40\text{ mm}$，$A_s=603\text{ mm}^2$(3 Φ 16)，$A_s'=226\text{ mm}^2$(2 Φ 12)，构件承受轴向拉力设计值 $N=52\text{ kN}$，弯矩设计值 $M=45\text{ kN}\cdot\text{m}$。请验算构件正截面是否满足受拉承载力要求。

第 7 章　钢筋混凝土构件斜截面承载力计算

本章主要描述有腹筋梁和无腹筋梁的斜截面破坏形态，分析影响斜截面抗剪承载力的主要因素，重点讲解斜截面抗剪承载力的计算方法，并列举相关构造措施，以保证斜截面抗弯承载力。

7.1　受弯构件斜截面开裂的受力分析

图 7-1 为受两个集中力对称加载的钢筋混凝土简支梁，忽略自重影响，*CD* 段仅承受弯矩，称为纯弯段；*AC* 和 *DB* 段承受弯矩和剪力的共同作用，称为弯剪段。梁可能在纯弯段发生正截面受弯破坏，亦可能在弯剪段发生斜截面破坏。

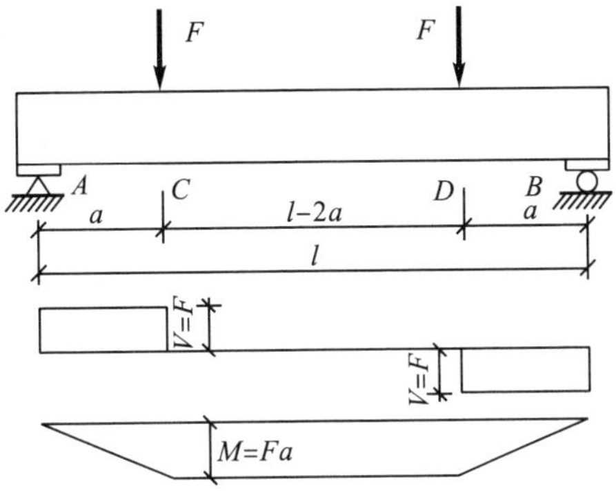

图 7-1　对称加载的钢筋混凝土简支梁

对于钢筋混凝土梁，当荷载不大，梁未出现裂缝时，基本上处于弹性阶段，此时，弯剪区段内各点的主拉应力 σ_{tp}、主压应力 σ_{cp} 及主应力的作用方向与梁纵轴的夹角 α 可按材料力学公式计算。

图 7-2 绘出了梁内主应力的轨迹线，实线为主拉应力 σ_{tp}，虚线为主压应力 σ_{cp}，轨迹线上任一点的切线就是该点的主应力方向。在中和轴、受压区、受拉区分别取微元体 1、2、3，分析它们的应力状态。

微元体 1 位于中和轴处，正应力 σ 为零，剪应力 τ 最大，主拉应力 σ_{tp} 和主压应力 σ_{cp} 与梁轴线成 45°夹角。

微元体 2 在受压区内，由于正应力为压应力，使主拉应力 σ_{tp} 减小，主压应力 σ_{cp} 增大，σ_{tp} 的方向与梁纵轴夹角大于 45°。

微元体 3 在受拉区内，由于正应力为拉应力，使主拉应力 σ_{tp} 增大，主压应力 σ_{cp} 减小，σ_{tp}的方向与梁纵轴的夹角小于 45°。

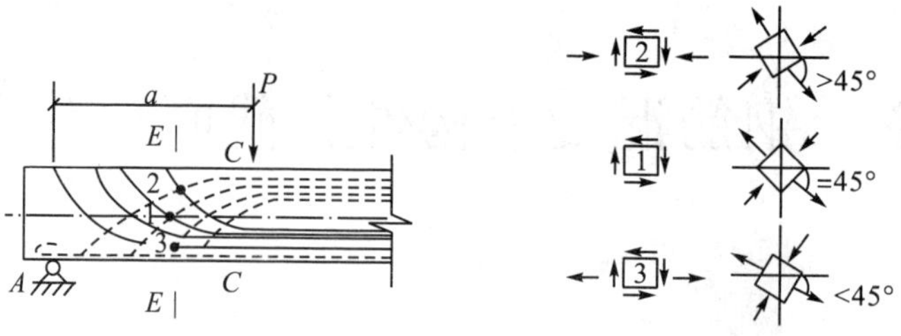

(a)主应力轨迹线 (b)微元体应力

图 7-2 梁内应力状态

由于混凝土的抗拉强度很低，当主拉应力 σ_{tp}超过混凝土的抗拉强度时，弯剪段将出现斜裂缝。通常弯剪段截面下边缘的主拉应力仍为水平方向，因此首先出现垂直裂缝。但随着荷载的增大、裂缝深度的开展，主拉应力方向斜向发展，裂缝也将沿斜向发展。这种经由垂直裂缝斜向发展形成的斜裂缝称为弯剪斜裂缝[图 7-3(a)]。对于腹板较薄而高宽比又较大的梁或集中荷载离支座距离很近时，构件腹板中部的主拉应力较大导致出现了斜裂缝，这种斜裂缝称为腹剪斜裂缝[图 7-3(b)]。

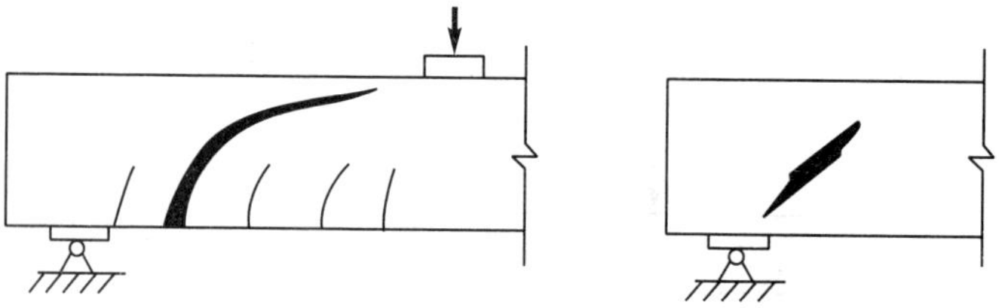

(a)弯剪斜裂缝 (b)腹剪斜裂缝

图 7-3 对称加载的钢筋混凝土简支梁

7.2 无腹筋梁的斜截面受剪承载力

为了防止梁沿斜截面破坏，就需要在梁内设置足够的抗剪钢筋，通常由与梁轴线垂直的箍筋和与主拉应力方向平行的斜筋共同组成。斜筋通常利用正截面承载力多余的纵向钢筋弯起而成，又称弯起钢筋。箍筋与弯起钢筋统称腹筋。受弯构件的钢筋骨架常由纵向钢筋和腹筋以及属于构造要求的架立筋构成，如图 7-4 所示。

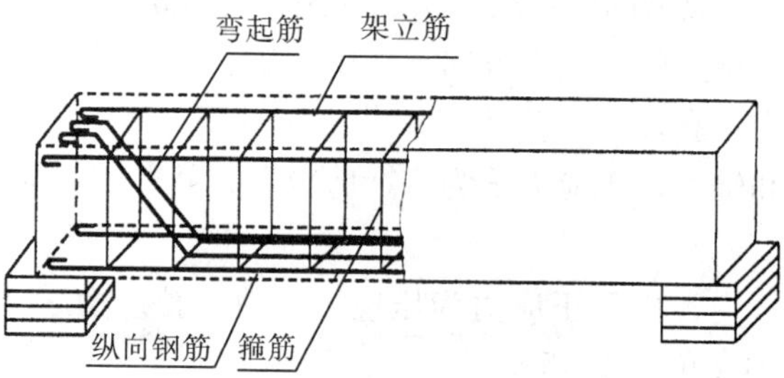

图 7-4 受弯构件的钢筋骨架

无腹筋梁是不配置箍筋与弯起钢筋的梁(实际工程中的梁一般都是要配箍筋的)。无腹筋梁构造简单，影响斜截面破坏的因素较少，方便研究，且可以为有腹筋梁的受力及破坏分析奠定基础。

7.2.1　斜截面受剪分析

如图 7-5(a)所示，承受两个集中荷载作用的无腹筋简支梁，在弯剪区段出现若干条斜裂缝。

随着荷载的增大，支座附近的斜裂缝中有一条发展较快，形成主要斜裂缝(如 AB 斜裂缝)，最终导致构件沿此斜裂缝发生斜截面破坏。现取左支座至 AB 斜裂缝之间的一段梁为隔离体来分析它的应力状态，见图 7-5(b)。

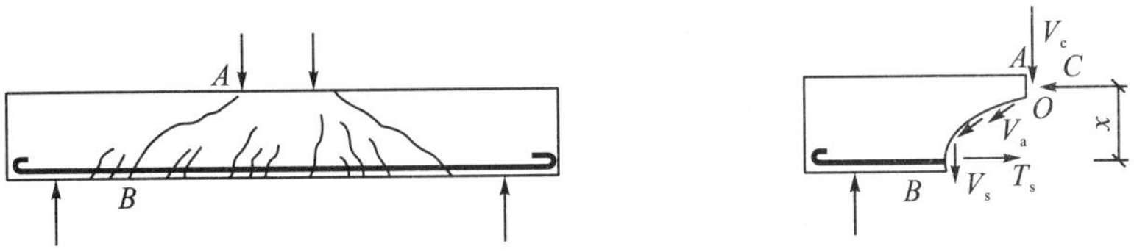

(a)　　(b)

图 7-5　梁的斜裂缝及隔离体受力图

荷载在斜截面 AB 上引起的弯矩为 M_A，剪力为 V_A，而截面抗力有：①纵向钢筋承担的拉力 T_s；②斜裂缝上端混凝土残余面承担的压力 C；③混凝土残余面承担的剪力 V_c；④纵向钢筋承担的剪力 V_s，即纵向钢筋的“销栓作用”；⑤斜裂缝两侧混凝土发生相对错动时产生的骨料咬合力，其竖向分量记为 V_a。

在无腹筋梁中，能起“销栓作用”的只有纵向钢筋下面很薄的混凝土保护层，因此 V_s很小。随着斜裂缝的增大，骨料咬合力也逐渐减弱以至消失。因此斜裂缝出现后，梁的抗剪能力主要由混凝土残余面提供，即 V_c。由力的平衡条件可得

$$V_A = V_c + V_a + V_s \approx V_c \tag{7-1}$$

由力矩平衡条件可得

$$M_A = T_s \times Z + V_s \times c \approx T_s \times z \tag{7-2}$$

式中，z——钢筋拉力 T_s到混凝土压应力合力作用点的力臂；

c——斜裂缝的水平投影长度。

由以上各式分析，斜裂缝发生后构件内的应力状态发生以下变化。

(1)斜裂缝出现前，梁的整个混凝土截面均能抵抗外荷载产生的剪力，但在斜裂缝出现后，只有斜截面上端余留截面能抵抗剪力，因此，开裂后混凝土所承担的剪应力增大了。

(2)斜裂缝出现前，各垂直截面的纵向钢筋的拉力 T_s由各垂直截面的弯矩所决定，因此，T 的变化规律基本上与弯矩图一致。但斜裂缝出现后，截面 B 处的钢筋拉力却要承受截面 A 的弯矩 M_A，而 $M_A > M_B$。因此开裂后纵筋在斜裂缝处的拉力增大了。

(3)由于纵筋拉力增大、应变增大，使斜裂缝更向上开展。进而使受压区混凝土截面更加缩小。因此，受压区混凝土的压应力值也进一步增大。

(4)由于纵筋拉力的突然增大，纵筋与周围混凝土之间的黏结有可能遭到破坏而出现

如图 7-6(a)所示的黏结裂缝。再加上纵筋“销栓力”的作用，可能产生如图 7-6(b)所示的沿纵筋的撕裂裂缝，最后纵筋与混凝土的共同工作主要依靠纵筋在支座处的锚固。

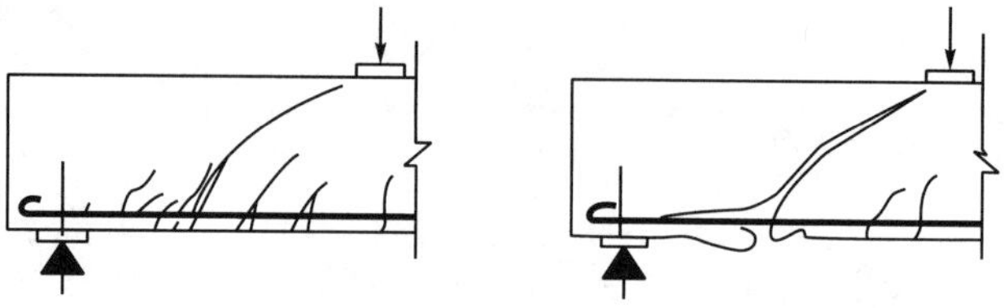

(a)黏结裂缝　　(b)撕裂裂缝

图 7-6　混凝土的裂缝

如果构件能适应上述变化，就能在斜裂缝出现后重新建立平衡，否则会因斜截面承载力不足而产生受剪破坏。

7.2.2　无腹筋梁的受剪破坏形态

无腹筋梁的斜截面受剪破坏主要有斜拉、剪压、斜压三种破坏形态。

1. 斜拉破坏

当梁的某一截面的剪跨比 λ(截面弯矩值与截面剪力值和截面有效高度的乘积之比，即 M/Vh_0)较大(一般 $\lambda>3$)时，常为斜拉破坏。这种破坏的特点是斜裂缝一出现就很快形成一条主要斜裂缝，并迅速向受压边缘发展，直至将整个截面裂通，使构件劈裂为两部分而破坏，如图 7-7(a)所示。从荷载角度来说，破坏荷载比斜裂缝形成时的荷载增加不多。斜拉破坏的原因是混凝土残余面剪应力的增长，使主拉应力超过了混凝土的抗拉强度。

2. 剪压破坏

当剪跨比 λ 适中时(一般 $1<\lambda\leqslant3$)，常为剪压破坏。这种破坏现象是当荷载增加到一定程度时，多条斜裂缝中的一条形成主要斜裂缝，该主要斜裂缝向斜上方伸展，使受压区高度逐渐减小，直到斜裂缝顶端的混凝土在剪应力和压应力共同作用下被压碎而破坏，如图 7-7(b)所示。它的特点是破坏过程比斜拉破坏缓慢些，破坏时的荷载明显高于斜裂缝出现时的荷载。剪压破坏的原因是余留截面上混凝土的主压应力超过了混凝土强度。

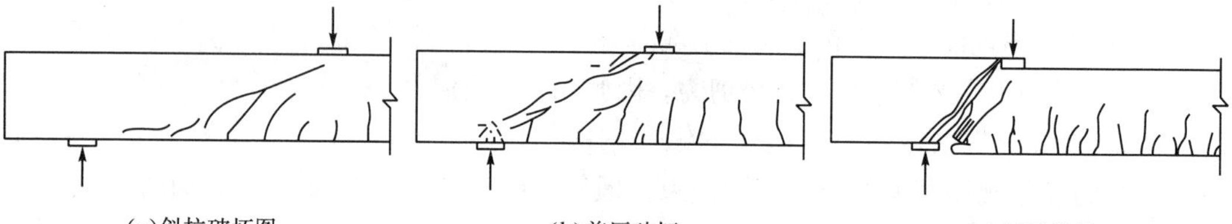

(a)斜拉破坏图　　(b)剪压破坏　　(c)斜压破坏

图 7-7　无腹筋梁的受剪破坏形态

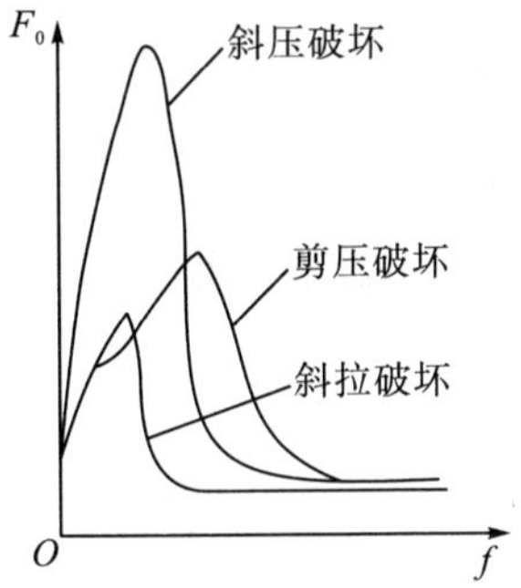

图 7-8　斜截面破坏的挠度曲线

3. 斜压破坏

当剪跨比 λ 较小时(一般 $\lambda \leqslant 1$)，常为斜压破坏。当集中荷载距支座较近时，斜裂缝由支座向集中荷载处发展，支座反力与荷载间的混凝土形成一斜向受压短柱，随着荷载的增加，当主压应力超过了混凝土的抗压强度时，短柱被压碎而破坏，如图 7-7(c)所示。它的特点是斜裂缝细而密，破坏时的荷载也明显高于斜裂缝出现时的荷载。斜压破坏的原因是主压应力超过了斜向受压短柱混凝土的抗压强度。

从斜截面破坏的挠度曲线(图 7-8)发现，各种破坏形态对应的挠度均不大，且破坏后承载力均急剧下降，呈脆性破坏性质，斜拉破坏尤其明显；各种破坏形态对应的斜截面承载力各不相同，斜拉破坏最低，剪压破坏较高，斜压破坏最高。

7.2.3　影响无腹筋梁斜截面受剪承载力的主要因素

构件斜截面受剪承载力的主要影响因素有剪跨比、混凝土强度、纵筋配筋率。

1. 剪跨比 λ

对直接承受集中荷载作用的无腹筋梁，剪跨比 λ 是影响其斜截面受剪承载力的最主要因素。剪跨比 λ 为

$$\lambda = \frac{M}{Vh_0}\text{（又称广义剪跨比）} \tag{7-3}$$

对于图 7-1 所示的梁，两个集中荷载作用截面的剪跨比为

$$\lambda = \frac{M}{Vh_0} = \frac{Fa}{Fh_0} = \frac{a}{h_0}\text{（又称计算剪跨比）} \tag{7-4}$$

式中，a——集中力离支座近边缘的距离，称为剪跨。

对承受均布荷载作用的无腹筋梁，剪跨比 λ 亦是影响其斜截面受剪承载力的最主要因素。相关试验结果表明，随着剪跨比的增大，梁的斜截面受剪承载力明显降低。小剪跨比时，大多发生斜压破坏，斜截面受剪承载力最高；中等剪跨比时，大多发生剪压破坏；大剪跨比时，大多发生斜拉破坏，斜截面受剪承载力最低。当剪跨比 $\lambda>3$ 以后，剪跨比对斜截面受剪承载力无显著的影响。

2. 混凝土强度

混凝土强度直接影响斜截面剪压区抵抗主拉应力和主压应力的能力。试验表明，斜截面受剪承载力随混凝土抗拉强度 f_t的提高而提高，二者基本呈线性关系。

3. 纵筋配筋率 ρ

试验表明，增加纵筋配筋率 ρ 可抑制斜裂缝向受压区的延伸，从而提高斜裂缝间骨料咬合力，并增大了剪压区高度，使混凝土的抗剪能力提高，同时也提高了纵筋的销栓作用。因此，随着 ρ 的增大，梁的斜截面受剪承载力有所提高。

7.2.4 无腹筋梁斜截面受剪承载力的计算

根据大量矩形、T 形和工字形截面的一般受弯构件斜截面受剪承载力的试验数据，承受均布荷载为主的无腹筋一般受弯构件受剪承载力 V_c偏下值的计算公式为

$$V_c = 0.7\beta_\rho f_t b h_0 \tag{7-5}$$

根据试验分析，纵向受拉钢筋的配筋率 ρ 对无腹筋梁受剪承载力 V_c的影响可用系数 $\beta_\rho=(0.7+20\rho)$来表示，但通常在 ρ 大于 1.5%时影响才较为明显。故《结构混凝土设计规范》采用的计算公式中未引入该系数，即

$$V_c = 0.7 f_t b h_0 \tag{7-6}$$

式中，f_t——混凝土轴心抗拉强度设计值；

b——矩形截面的宽度或 T 形、工形截面的腹板宽度；

h_0——截面有效高度。

无腹筋梁虽具有一定的斜截面受剪承载力，但其承载力很低，且斜裂缝发展迅速，裂缝开展很宽，呈现脆性破坏的典型特征。因此，在实际工程中，一般仅用于板类和基础等构件。

7.2.5 板类构件的斜截面受剪承载力的计算

由于板类构件一般不易配置箍筋，所以属于不配箍筋和弯起钢筋的无腹筋受弯构件。此类构件的截面尺寸效应是影响其受剪承载力的重要因素，因此，《混凝土结构设计规范》计算不配箍筋和弯起钢筋的板类受弯构件的斜截面受剪承载力时采用下列公式：

$$V_c = 0.7\beta_h f_t b h_0 \tag{7-7}$$

$$\beta_h = \left(\frac{800}{h_0}\right)^{1/4} \tag{7-8}$$

式中，β_h——截面高度影响系数，当 h_0小于 800 mm 时取 800 mm，大于 2000 mm 时取 2000 mm。

7.3　有腹筋梁的斜截面受剪承载力

7.3.1　腹筋的作用

在有腹筋梁中，配置腹筋是提高梁斜截面受剪承载力的有效措施。梁在斜裂缝发生之前，因混凝土变形协调影响，腹筋的应力很低，对阻止斜裂缝的出现几乎不起作用。但是当斜裂缝出现之后，和斜裂缝相交的腹筋，就能通过以下几部分来充分发挥其抗剪作用(图 7-9)。

(1)与斜裂缝相交的腹筋本身能承担很大一部分剪力。

(2)腹筋能阻止斜裂缝开展过宽，延缓斜裂缝向上伸展，保留了更大的剪压区高度，从而提高了混凝土的斜截面受剪承载力 V_c。

(3)腹筋能有效地减少斜裂缝的开展宽度，提高斜截面上的骨料咬合力 V_a。

(4)箍筋可限制纵向钢筋的竖向位移，有效地阻止混凝土沿纵筋的撕裂，从而提高纵筋的“销栓作用”。

(5)腹筋中的弯起钢筋与斜裂缝基本垂直，传力直接，它一般由纵向钢筋弯起而成，可被充分利用以节省钢材。

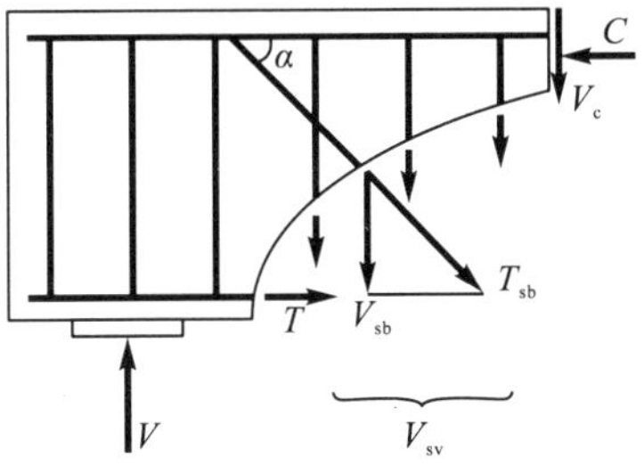

图 7-9　斜裂缝出现后有腹筋梁斜截面抗剪简图

7.3.2　有腹筋梁的斜截面破坏形态

1. 剪切破坏形态

有腹筋梁的斜截面受剪破坏与无腹筋梁相似，也主要为斜拉、剪压和斜压三种破坏形态。

(1)斜拉破坏。当腹筋数量配置很少，且剪跨比 $\lambda>3$ 时，斜裂缝一开裂，腹筋的应力就会很快达到屈服，腹筋不能起到限制斜裂缝开展的作用，从而产生斜拉破坏。

(2)剪压破坏。当腹筋数量配置适当，且剪跨比 $17<\lambda\leqslant3$ 时，在斜裂缝出现后，由于腹筋的存在，限制了斜裂缝的开展，使荷载仍能有较大的增长，直到腹筋屈服不再能

控制斜裂缝开展，而使斜裂缝顶端混凝土余留截面发生剪压破坏。

(3)斜压破坏。当腹筋数量配置很多时，斜裂缝间的混凝土因主压应力过大而发生斜向受压破坏，此时，腹筋应力达不到材料屈服点，腹筋强度得不到充分利用。

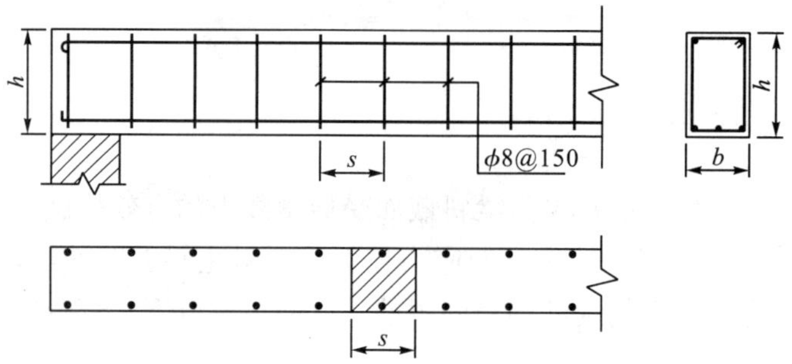

图 7-10 梁纵、横、水平截面钢筋布置图

2. 影响有腹筋梁斜截面受剪承载力的因素

凡影响无腹筋梁斜截面受剪承载力的因素，如剪跨比、混凝土的强度和纵向钢筋用量，同样影响有腹筋梁的斜截面受剪承载力。对于有腹筋梁，还有腹筋用量、预应力作用等重要影响因素。

箍筋用量以配箍率 ρ_{sv} 来表示，它反映了梁沿纵向单位水平截面含有的箍筋截面面积，如图 7-10 所示。

$$\rho_{sv} = \frac{A_{sv}}{bs} \tag{7-9}$$

$$A_{sv} = nA_{sv1} \tag{7-10}$$

式中，A_{sv}——同一截面内的箍筋截面面积；

n——同一截面内箍筋的肢数；

A_{sv1}——单肢箍筋截面面积；

s——沿梁轴线方向箍筋的间距；

b——矩形截面的宽度，T 形或工形截面的腹板宽度。

有腹筋梁在进行斜截面受剪承载力设计时，以剪压破坏特征为基础建立计算公式，用配置一定腹筋(即腹筋的构造要求)的方法来防止斜拉破坏，采用截面限制条件的方法来防止斜压破坏。

7.3.3 有腹筋梁斜截面承载力计算公式

1. 仅配箍筋梁的斜截面受剪承载力 V_{cs} 的计算公式

$$V_{cs} = V_c + V_{sv} = \alpha_{cv} f_t bh_0 + f_{yv} \frac{A_{sv}}{s} h_0 \tag{7-11}$$

式中，V_c——混凝土的受剪承载力；

V_{sv}——箍筋的受剪承载力；

V_{cs}——混凝土和箍筋的受剪承载力；

α_{cv}——斜截面混凝土受剪承载力系数，对于一般受弯构件取 0.7；对于集中荷载作用下(包括作用有多种荷载，其中集中荷载对支座截面或节点边缘所产生的剪力值占总剪力的 75%以上的情况)的独立梁，取为$\frac{1.75}{1+\lambda}$，λ 为计算截面的剪跨比，可取 λ 等于 a/h_0，当 λ 小于 1.5 时，取 1.5，当 λ 大于 3 时，取 3，a 取集中荷载作用点至支座截面或节点边缘的距离。集中荷载作用点至支座之间的箍筋，应均匀配置。

2. 同时配箍筋和弯起钢筋的梁斜截面受剪承载力 V_u 的计算公式

对于配箍筋和弯起钢筋的梁，如图 7-9 所示，与斜裂缝相交的弯起钢筋的抗剪能力为 $T_{sb}\sin\alpha_s$。若在同一弯起平面内弯起钢筋截面面积为 A_{sb}，并考虑到靠近剪压区的弯起钢筋的应力可能达不到抗拉强度设计值，于是

$$V_{sb}=T_{sb}\sin\alpha_s=0.8f_yA_{sb}\sin\alpha_s \tag{7-12}$$

式中，A_{sb}——同一弯起平面内弯起钢筋截面面积；

α_s——斜截面上弯起钢筋与构件纵向轴线的夹角；

0.8——应力不均匀折减系数。

由此得出，矩形、T 形和工形截面的受弯构件，当同时配有箍筋和弯起钢筋时的斜截面受剪承载力计算公式为

$$V_u=V_{cs}+V_{sb}=V_{cs}+0.8f_yA_{sb}\sin\alpha_s \tag{7-13}$$

3. 斜截面受剪承载力设计表达式

在设计中为保证斜截面受剪承载力，应满足下列公式。

(1)仅配箍筋的梁。

$$V\leqslant V_{cs} \tag{7-14}$$

(2)同时配箍筋和弯起钢筋的梁。

$$V\leqslant V_{cs}+V_{sb} \tag{7-15}$$

式中，V——构件斜截面上的最大剪力设计值。

计算截面应按下列规定采用(图 7-11)：①支座边缘截面(图中 1-1)；②受拉区弯起钢筋弯起点处的截面(图中截面 2-2、3-3)；③箍筋直径或间距改变处截面(图中截面 4-4)；④腹板宽度改变处截面。

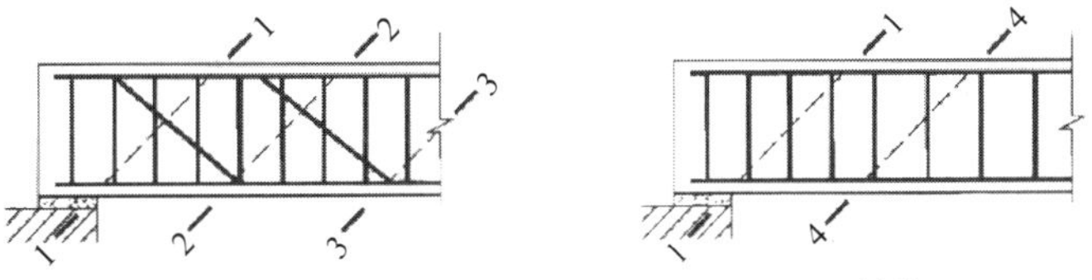

(a)弯起钢筋　　(b)箍筋

图 7-11　受剪计算斜截面

7.3.4 斜截面受剪承载力计算公式的适用条件

1. 防止斜压破坏的条件

增加箍筋或弯起钢筋，能提高构件的抗剪能力。但当构件截面尺寸较小而荷载又过大时，可能在支座上方产生过大的主压应力，使端部发生斜压破坏。这种破坏形态的构件斜截面受剪承载力基本全部取决于混凝土的抗压强度和构件的截面尺寸。为了防止发生斜压破坏，构件截面尺寸和混凝土强度等级应符合下列要求。

(1)当 $h_w/b \leqslant 4$ 时，对于一般梁有，

$$V \leqslant 0.25\beta_c f_c b h_0 \tag{7-16}$$

对于T形或工形截面简支梁，当有实践经验时，有

$$V \leqslant 0.3\beta_c f_c b h_0 \tag{7-17}$$

(2)当 $h_w/b \geqslant 6$(薄腹梁)时，有

$$V \leqslant 0.2\beta_c f_c b h_0 \tag{7-18}$$

(3)当 $4 < h_w/b < 6$ 时，按线性内插法取用，有

$$V \leqslant 0.025(14 - h_w/b)\beta_c f_c b h_0 \tag{7-19}$$

式中，V——构件斜截面上的最大剪力设计值；

β_c——混凝土强度影响系数，当混凝土强度等级不超过C50时，取 $\beta_c=1.0$；当混凝土强度等级为C80时，取 $\beta_c=0.8$；其间按线性内插法取用；

h_w——截面的腹板高度，矩形截面取有效高度 h_0，T形截面取有效高度减去翼缘高度即 $h_0-h'_f$，工形截面取腹板净高 $h-h_f-h'_f$，如图7-12所示。

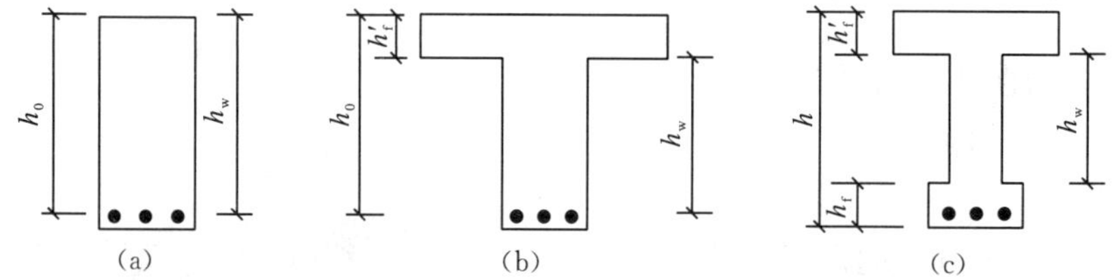

图7-12 截面腹板高度

2. 防止斜拉破坏的条件

如果腹筋布置得过少过稀，即使抗剪计算能满足要求，仍可能出现斜截面受剪承载力不足的情况，因此，腹筋的配置应符合下列要求。

(1)配箍率要求。箍筋配置过少，一旦斜裂缝出现，箍筋的应力会超过屈服点(箍筋抗剪作用不足以替代斜裂缝发生前混凝土原有的作用)，就会发生突然性的脆性破坏。为了防止发生剪跨比较大时的斜拉破坏，当 $V > V_c$ 时，箍筋的配置应满足它的最小配筋率要求，即

$$\rho_{sv} \geqslant \rho_{sv,min} = 0.24\frac{f_t}{f_{yv}} \tag{7-20}$$

式中，$\rho_{sv,min}$——箍筋的最小配筋率。

(2)腹筋间距要求。如果腹筋间距过大，有可能在两根腹筋之间出现不与腹筋相交的斜裂缝(图 7-13)。同时箍筋分布的疏密对斜裂缝开展宽度也有影响。采用较密的箍筋对抑制斜裂缝宽度有利。为此有必要对腹筋的最大间距 s_{max}加以限制。具体要求见 7.4.4 节表 7-2。

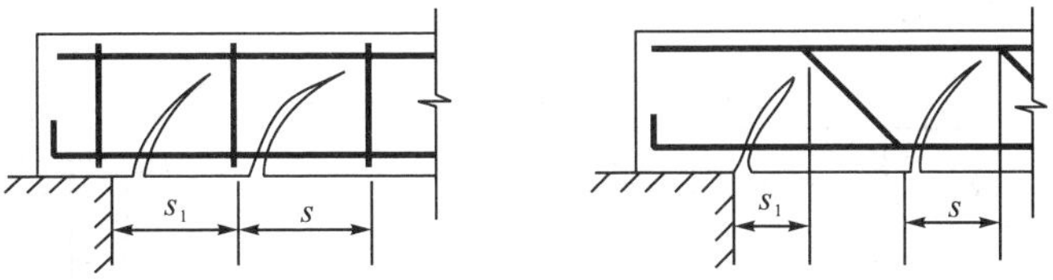

图 7-13　腹筋间距过大时的斜裂缝

7.3.5　斜截面受剪计算步骤

钢筋混凝土梁一般先进行正截面承载力设计，初步确定截面尺寸和纵向钢筋后，再进行斜截面受剪承载力设计计算。

1. 斜截面受剪承载力设计

(1)做梁的剪力图。计算剪力设计值时的计算跨度取构件的净跨度 l_n。

(2)以式(7-16)或式(7-18)验算构件截面尺寸是否满足斜截面受剪承载力的要求。

(3)对于矩形、T 形及工形截面的受弯构件，如果能符合

$$V \leqslant \alpha_{cv} f_t b h_0 \tag{7-21}$$

则不需进行斜截面抗剪配筋计算，但应按构造要求设置腹筋。

(4)如果(3)不满足，说明需要按承载力计算配置腹筋。这时有下列两种腹筋配置方式。

①只配箍筋。当剪力完全由箍筋和混凝土承担时，由式(7-11)可得

$$\frac{A_{sv}}{s} \geqslant \frac{V - \alpha_{cv} f_t b h_0}{f_{yv} h_0} \tag{7-22}$$

②同时配箍筋和弯起钢筋。当需要配置弯起钢筋、箍筋和混凝土共同承担剪力时，先根据正截面承载力计算确定的纵向钢筋的布置情况确定可弯起钢筋数量，按式(7-12)计算出 V_{sb}，再按式(7-15)计算箍筋：

$$\frac{A_{sv}}{s} \geqslant \frac{V - \alpha_{cv} f_t b h_0 - V_{sb}}{f_{yv} h_0} \tag{7-23}$$

计算出 A_{sv}/s 之后，根据 $A_{sv}=nA_{sv1}$可选定箍筋肢数 n，单肢箍筋截面积为 A_{sv1}，然后求出箍筋的间距 s。注意，选用箍筋的直径和间距应满足相关构造要求。

2. 斜截面受剪承载力复核

(1)按式(7-16)～式(7-19)验算构件截面尺寸和混凝土强度等级是否合适。

(2)按式(7-20)复核斜截面受剪承载力是否满足要求。若满足，则检查腹筋是否满足

相关构造要求。

(3)按式(7-14)和式(7-15)复核斜截面受剪承载力是否满足要求，且验证 $\rho_{sv} \geqslant \rho_{svmin}$ 是否满足。

【例 7-1】有一简支梁，如图 7-14 所示。该梁承受的均布荷载设计值为 150 kN/m(含自重)，混凝土强度等级为 C30，箍筋为 HRB335 级钢筋，纵筋为 HRB400 级钢筋，a_s = 35 mm。试对该梁进行腹筋设计。

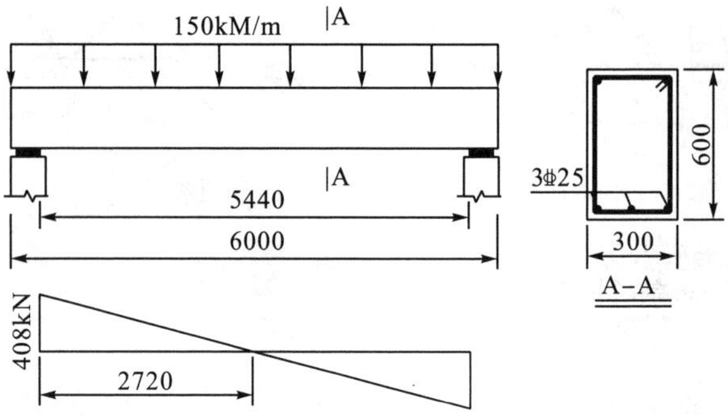

图 7-14　例 7-1 图

解：(1)计算剪力设计值。

支座边缘处截面的最大剪力为

$$V_{max} = \frac{1}{2}ql_n = \frac{1}{2} \times 150 \times 5.44 = 408 \text{ kN}$$

(2)验算截面尺寸。

由于

$$\frac{h_w}{b} = \frac{600 - 35}{300} = 1.88 < 4$$

属普通构件。混凝土为 C30，当混凝土强度等级不超过 C50 时取 β_c=1.0。

$$0.25\beta_c f_c bh_0 = 0.25 \times 1 \times 14.3 \times 300 \times 565 = 605962(\text{N}) = 605.96\text{kN} > V_{max}$$

截面符合要求。

(3)验算是否需要计算配置箍筋。

$$V_c = \alpha_{cv} f_t bh_0 = 0.7 \times 1 \times 1.43 \times 300 \times 365 = 169669(\text{N}) = 169.67\text{kN} < V_{max}$$

需要进行配箍计算。

(4)配箍计算可只配箍筋，也可同时配箍筋与弯起筋。

①只配箍筋时。

$$V_{max} \leqslant V_{cs} = V_c = V_{sv} = \alpha_{cv} f_t bh_0 + f_{yv} \frac{A_{sy}}{s} h_0$$

故

$$\frac{A_{sv}}{s} \geqslant \frac{V_{max} - \alpha_{cv} f_t bh_0}{f_{yv} h_0} = \frac{408000 - 0.7 \times 1.43 \times 300 \times 565}{300 \times 565} = 1.406 \text{ mm}^2/\text{mm}$$

根据规范，对于高度 h 不大于 800 mm 的截面，箍筋最小直径为 6 mm；根据表 7-2，s_{max}=250 mm，故拟选用双肢箍筋Φ 12@150，A_{sv1}=113 mm^2，则

$$\frac{A_{sv}}{s}=\frac{2\times 113}{150}=1.507\ \text{mm}^2/\text{mm}>1.406\ \text{mm}^2/\text{mm}$$

抗剪承载力满足。

配箍率

$$\rho_{sv}=\frac{A_{sv}}{bs}=\frac{2\times 113}{300\times 150}\times 100\%=0.502\%$$

规范要求的最小配箍率为

$$\rho_{sv,min}=0.24\frac{f_t}{f_{yv}}=0.24\times\frac{1.43}{300}\times 100\%=0.14\%>\rho_{sv}$$

所以，配箍率满足要求。

②同时配箍筋与弯起筋时。

纵向钢筋中可以 45°弯起中间 1 根ф 25(A_{sb}=490.8 mm²)，则弯起筋可承担剪力为

$$V_{sb}=0.8f_yA_{sb}\sin\alpha_s=0.8\times 490.8\times 360\times 0.707=99934\ \text{N}$$

需要由混凝土和箍筋承担的剪力为

$$V_{cs,rep}=V_{max}-V_{sb}=408000-99934=308066\ \text{N}$$

若选用双肢箍筋ф 12@200，则混凝土和箍筋可承担的剪力为

$$V_{cs}\alpha_{cv}f_tbh_0+f_{yv}\frac{A_{sy}}{s}h_0=0.7\times 1.43\times 300\times 565+300\times\frac{2\times 113}{200}\times 565$$
$$=361204\ \text{N}>V_{cs,req}$$

所以受剪承载力满足。

【例 7-2】某钢筋混凝土矩形截面简支梁承受荷载设计值如图 7-15 所示，环境类别为一类。梁截面尺寸为 250 mm×500 mm，纵筋采用 HRB400 级钢筋，4 ф 25，混凝土强度等级为 C30，试进行箍筋设计(箍筋采用 HRB335 级钢筋)。

解：(1)计算剪力设计值。

按梁净跨径 l_n 计算支承边缘处截面的最大剪力为

$$V_{max}=\frac{1}{2}ql_n+\frac{1}{2}(P_1+P_2)=148\ \text{kN}$$

计算构件弯矩时按梁的计算跨径 l_0=7.24 m 进行计算，结果如图 7-15 所示。

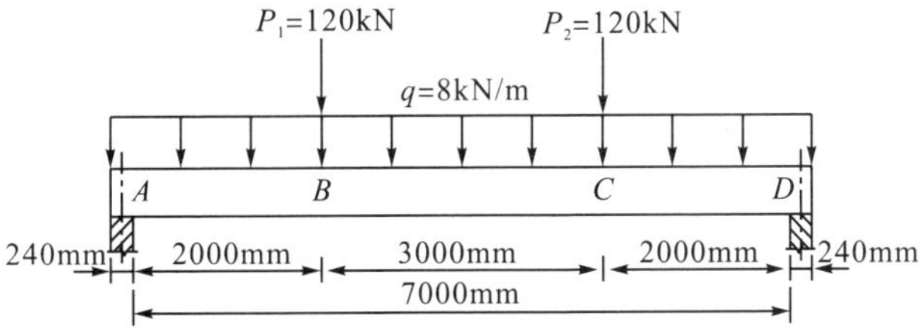

(a)

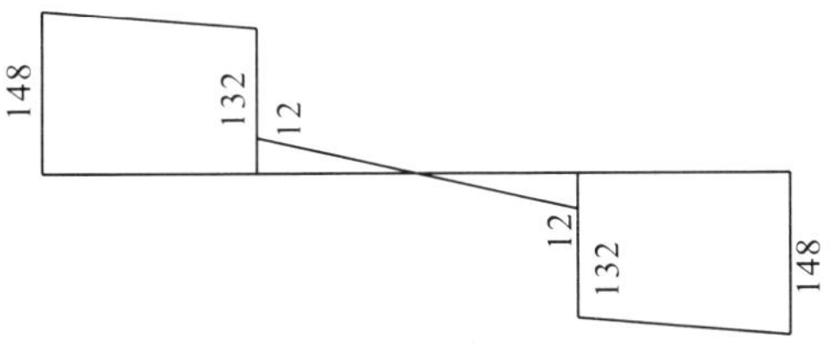

(b)$V_{总}$(单位：kN)

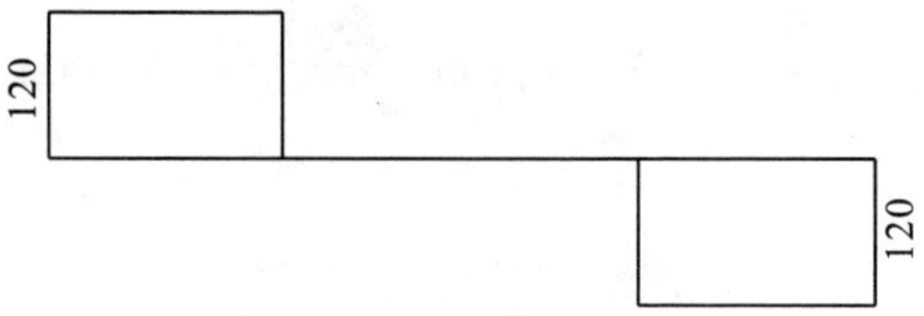

(c)$V_{集中力}$(单位：kN)

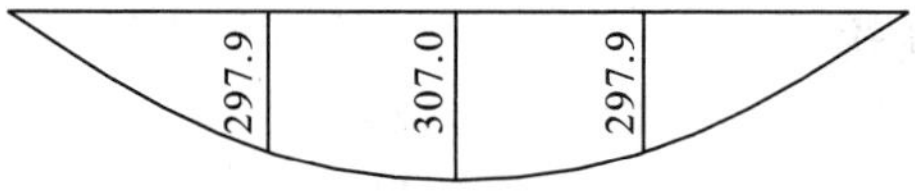

(d)M(单位：kN·m)

图 7-15 例 7-2 图

(2)验算支座处截面 A 的截面尺寸。

环境类别为一类，c=20 mm；根据规范，对于高度 h 不大于 800 mm 的截面，箍筋最小直径为 6 mm，在此暂按 6 mm 计算，则 α_s=20+6+25/2=38.5 mm，取 α_s=40 mm 计算。

由于

$$\frac{h_w}{b}=\frac{500-40}{250}=1.84<4$$

属普通构件，混凝土为 C30，未超过 C50，故 β_c=1.0。

$$0.25\beta_c f_c bh_0=0.25\times 1.0\times 14.3\times 250\times 460=411125\ \text{N}>V_{max}$$

受剪截面符合尺寸限制条件。

(3)验算是否需要计算配置箍筋。

集中荷载对支座截面的剪力占总剪力比为 120/148=81%>75%，应考虑剪跨比对抗剪承载力的影响。计算广义剪跨比时 M 可偏安全地取 AB 段的最大弯矩值。

$$\lambda=\frac{M}{Vh_0}=\frac{297.9}{148\times 0.46}=4.4>3(\text{取}\ \lambda=3)$$

$$\alpha_{cv}=\frac{1.75}{\lambda+1}=\frac{1.75}{3+1}=0.4375$$

$$V_c=\alpha_{cv}f_t bh_0=0.4375\times 1.43\times 250\times 460=71947\text{N}<V_{max}$$

故需要进行配箍计算。

(4)配箍计算。

$$V_{max}\leqslant V_{cs}=V_c+V_{sv}=\alpha_{cv}f_t bh_0+f_{yv}\frac{A_{sy}}{s}h_0$$

故

$$\frac{A_{sy}}{s}\geqslant\frac{V_{max}-\alpha_{cy}f_t bh_0}{f_{yv}h_0}=\frac{148000-0.4375\times 1.43\times 250\times 460}{300\times 460}=0.55\ \text{mm}^2/\text{mm}$$

选用双肢箍筋Φ 6@100，则

$$s=\frac{A_{sv}}{0.55}=\frac{57}{0.55}=103.6\ \text{mm}$$

取 s=100 mm<200 mm，符合表 7-2 中箍筋最大间距构造要求。

箍筋最小配筋率为

$$\rho_{sv,min} = 0.24 \times \frac{1.43}{300} \times 100\% = 0.144\%$$

实际配箍率为

$$\rho_{sv} = \frac{A_{sv}}{bs} = \frac{57}{250 \times 100} \times 100\% = 0.228\% > \rho_{sv,min}$$

所以配箍率满足要求。

考虑到跨中 BC 段和 CD 段剪力值较小，也无集中力的影响，其受剪性能相对较好。同时为便于施工，通常 BC 段和 CD 段的箍筋布置与 AB 段相同。

7.4　受弯构件的斜截面受弯承载力

斜截面承载力包括斜截面受剪承载力和斜截面受弯承载力。斜截面受弯承载力是指斜截面上的纵向受拉钢筋、弯起钢筋、箍筋等在斜截面破坏时，它们各自所提供的拉力对剪压区合力点 O 的内力矩之和(图 7-16)应大于斜截面剪压区末端所受的弯矩。

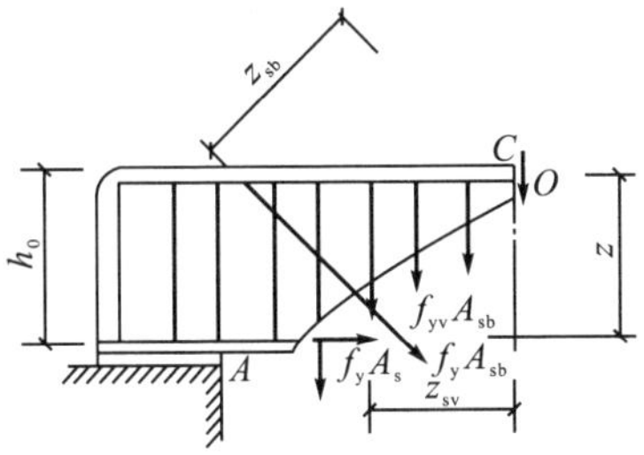

图 7-16　受弯构件斜截面受弯承载力计算

斜截面受弯承载力应满足

$$M \leqslant f_yA_sz + \sum f_yA_{sb}z_{sb} + \sum f_{yv}A_{sv}z_{sv} \tag{7-24}$$

式中，M——沿斜截面作用的弯矩设计值；

A_s——纵向受拉钢筋的截面面积；

A_{sb}——同一弯起平面内弯起钢筋的截面面积；

A_{sv}——同一截面上箍筋的截面面积；

z——纵向受拉钢筋的合力点至斜截面受压区合力点的距离；

z_{sb}——同一弯起平面内弯起钢筋的合力点至斜截面受压区合力点的距离；

z_{sv}——同一截面上箍筋的合力点至斜截面受压区合力点的距离。

实际上，钢筋混凝土受弯构件在剪力和弯矩的共同作用下产生的斜裂缝会导致与其相交的纵向钢筋拉力增加，从而导致破坏。但通过梁内纵向钢筋的弯起、截断、锚固和调整箍筋间距等构造措施可以避免这种破坏的发生。

7.4.1 纵向钢筋的弯起

构件的抵抗弯矩图，也称材料图，是指按实际纵向受力钢筋布置情况画出的各截面抵抗弯矩，即受弯承载力 M_u沿构件轴线的分布图，如图 7-17 所示。材料图对比构件弯矩图可直观反映材料在各截面的利用程度，受弯构件斜截面抗弯承载力就是依据材料图确定纵向钢筋的弯起数量、弯起位置和截断位置这种方式来满足的。

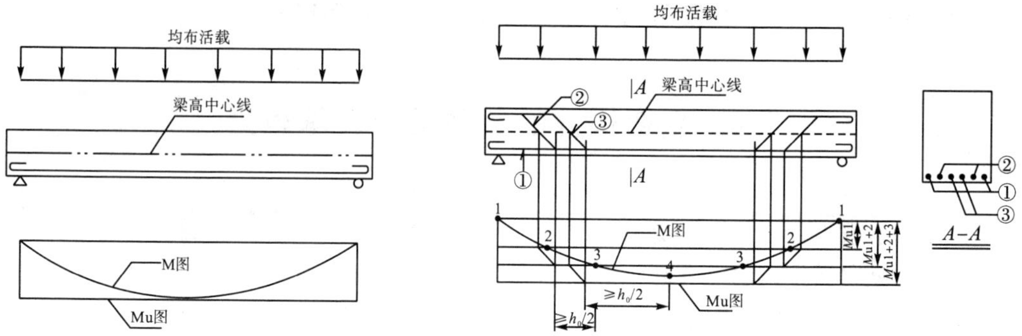

(a)底部的纵向钢筋未弯起　　(b)底部的纵向钢筋弯起

图 7-17　简支梁的材料抵抗弯矩图

如果按照最大弯矩算出的纵向钢筋在全梁段内贯通布置(图 7-17(a))，则正、斜截面抗弯承载力都能满足。但设计中为充分利用钢筋，常把一部分纵向钢筋在抗弯不需要的截面处弯起或截断(图 7-17(b))，弯起钢筋用于承担剪力和负弯矩。

如图 7-17 所示，根据弯矩图和材料图，跨中 4 点处 1、2、3 号钢筋的强度被充分利用；3 点处 1、2 号钢筋的强度被充分利用，3 号钢筋不再需要。因此，把 4 点称为 3 号钢筋的“充分利用点”，3 点称为 3 号钢筋的“不需要点”或“理论截断点”。其余钢筋以此类推。但钢筋并不是在“不需要点”截断或弯起的，因为这些点仅是正截面抗弯承载力要求确定的。

弯起钢筋弯起后，其抗弯承载力并不立即消失，而是逐渐减少，直到弯起钢筋穿过梁轴线后才认为其抗弯作用消失，因此，弯起钢筋与梁轴线的交点应位于“不需要点”以外。

如图 7-18 所示，梁内布置有纵向钢筋 A_{s1}和弯起钢筋 A_{s2}，O 点为剪压区合力点，暂不考虑箍筋的作用，则正截面抗弯承载力为

$$M_u + (A_{s1} + A_{s2}) f_y z \tag{7-25}$$

斜截面的抗弯承载力为

$$M'_u = A_{s1} f_y z_1 + A_{s2} f_y z_2 \tag{7-26}$$

为保证斜截面的抗弯承载力，$M'_u \geqslant M_u$，则 $z_2 \geqslant z_1$。根据几何关系可得

$$s\sin\alpha + z_1\cos\alpha \geqslant z_1 \tag{7-27}$$

$$s \geqslant \frac{z_1(1-\cos\alpha)}{\sin\alpha} \tag{7-28}$$

弯起角度 α 按规范宜取 45 度或 60 度，近似取 $z_1=0.9h_0$，则 $s\geqslant(0.37\sim0.52)\ h_0$，《混凝土结构设计规范》规定：弯起点与按计算充分利用该钢筋的截面之间的距离不应小于 $h_0/2$。

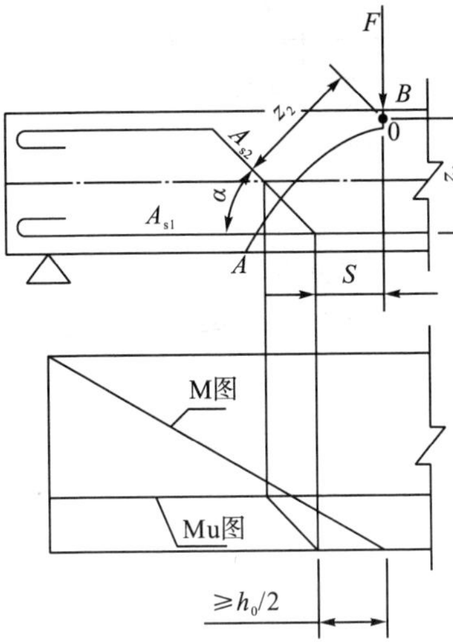

图 7-18　斜截面抗弯承载力计算简图

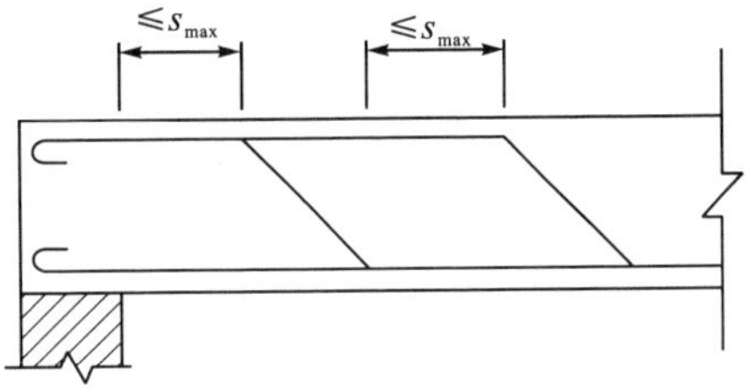

图 7-19　弯起筋的布置间距

另外，当按计算需要设置弯起钢筋时，从支座边缘到第一排弯筋的终点，以及从前一排弯起筋的始弯点至后一排弯起筋的终弯点的距离均不应大于“$V>0.7f_tbh_0$”时的箍筋最大间距(表 7-2)，如图 7-19 所示。

弯起钢筋按下列方式进行设置。

(1)首先保证斜截面的抗弯承载力要求，即弯起点与按计算充分利用该钢筋的截面之间的距离不应小于 $h_0/2$。

(2)其次考虑满足斜截面的抗剪要求，根据计算和构造要求确定。

(3)当抗弯与抗剪有冲突时，可另设置鸭筋来抗剪。

7.4.2　纵向钢筋的截断

任何一根纵向受力钢筋在结构中要发挥其承载力作用，应从其“强度充分利用点”外伸一定的长度，依靠这段长度 l_{d1} 与混凝土的黏结锚固作用维持钢筋有足够的抗力。同时，当一根钢筋由于弯矩图变化，将不考虑其抗力而切断时，也需从按正截面承载力计算“不需要点”外伸一定长度 l_{d2}，作为受力钢筋应有的构造措施。结构设计中，从以上两个条件中确定的较长外伸长度作为纵向受力钢筋的实际延伸长度 l_d，并作为真正的切断点。

1. 支座负弯矩钢筋的截断

负弯矩纵向钢筋不宜在受拉区截断，如果必须截断，其延伸长度 l_d 可按表 7-1 中 l_{d1} 和 l_{d2} 中取大值。其中 l_{d1} 是从“充分利用点”延伸出的长度，l_{d2} 是从“不需要点”延伸出的长度。

表 7-1 负弯矩钢筋延伸长度 l_d (单位：mm)

截面条件	充分利用点伸出长度 l_{d1}	不需要点伸出长度 l_{d1}
$V \leqslant 0.7 f_t b h_0$	$1.2 l_a$	$20d$
$V > 0.7 f_t b h_0$	$1.2 l_a + h_0$	$20d$ 且 h_0
$V > 0.7 f_t b h_0$ 且断点仍在负弯矩受拉区内	$1.2 l_a + 1.7 h_0$	$20d$ 且 $1.3 h_0$

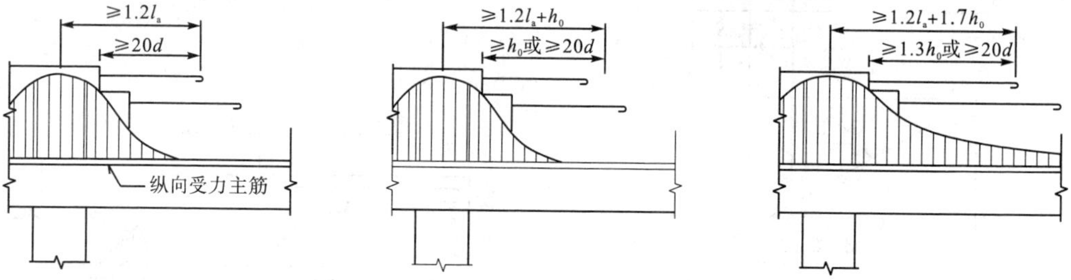

(a)$V \leqslant 0.7 f_t b h_0$ 时 (b)$V > 0.7 f_t b h_0$ 时 (c)$V > 0.7 f_t b h_0$ 且断点仍在负弯矩受拉区内时

图 7-20 纵筋截断

2. 悬臂梁的负弯矩钢筋

悬臂梁是全部承受负弯矩的构件，其根部弯矩最大，向悬臂端迅速减弱。因此，理论上抵抗负弯矩的钢筋可根据弯矩图的变化而逐渐减少。但由于悬臂梁中存在着比一般梁更为严重的斜弯作用和黏结退化而引起的应力延伸，所以在梁中截断钢筋会引起斜弯失效。根据试验研究结果和工程经验，《混凝土结构设计规范》对悬臂梁中负弯矩钢筋的配置做了以下规定。

(1)对于较短的悬臂梁，将全部上部钢筋(负弯矩钢筋)伸至悬臂端，并向下弯折锚固，锚固段的竖向投影长度不小于 $12d$。

(2)对于较长的悬臂梁，应有不少于两根上部钢筋(负弯矩钢筋)伸至悬臂端，并按上述规定向下弯折锚固；其余钢筋不应在梁的上部截断，可分批向下弯折，锚固在梁的受压区。弯折位置根据弯矩图确定。

7.4.3 钢筋的锚固

1. 纵向钢筋的锚固

支座附近剪力较大，出现斜裂缝后，由于纵向钢筋在斜裂缝处应力会增大，若其伸入支座的锚固长度不够，将使纵筋滑移，甚至被从混凝土中拔出发生锚固破坏。因此《混凝土结构设计规范》规定伸入支座范围内的纵向钢筋在数量和锚固长度方面应该满足以下要求。

(1)梁宽不小于 100 mm 时，纵筋伸入支座的根数不少于 2 根，梁宽小于 100 mm 时可为 1 根。

(2)简支梁下部纵筋伸入支座的锚固长度 l_{as} 应满足：当 $V \leqslant 0.7f_tbh_0$ 时，不小于 $5d$；当 $V > 0.7f_tbh_0$ 时，对带肋钢筋不小于 $12d$，对光圆钢筋不小于 $15d$，d 为钢筋的最大直径。

(3)如果纵向受力钢筋伸入梁支座范围内的锚固长度不符合上述要求，可采取弯钩或机械锚固等有效锚固措施。如图 7-21(a)所示。

(4)当梁端按简支计算但实际受到部分约束时，应在支座区上部设置纵向构造钢筋。其截面面积不应小于梁跨中下部纵向受力钢筋计算所需截面面积的 1/4，且不应少于 2 根。该纵向构造钢筋自支座边缘向跨内伸出的长度不应小于 $l_0/5$，l_0 为梁的计算跨度。

(5)在连续梁、框架梁的中支座或节点处，纵筋伸入支座的长度应满足下列要求。

①上部纵向钢筋应贯穿支座或节点；下部纵向钢筋宜贯穿支座或节点。

②当必须锚固时，应符合如下要求：a. 当计算不利用其强度时，对光面钢筋取 $l_{as} \geqslant 15d$，对带肋钢筋取 $l_{as} \geqslant 12d$，d 为钢筋的最大直径，并一般均伸至支座中心线；b. 当计算中充分利用钢筋的抗拉强度时，其伸入支座的锚固长度不应小于钢筋受拉时的锚固长度 l_a；c. 当计算中充分利用钢筋的抗压强度时，其伸入支座的锚固长度不应小于 $0.7l_a$；d. 当因构造原因锚固长度达不到时，宜采用钢筋端部加锚头的机械锚固措施，也可采用 90°弯折锚固方式，如图 7-2(c)；e. 钢筋可在节点或支座外弯矩较小处设置搭接接头，搭拉长度的起始点至节点或支座边缘的距离不应小于 $1.5h_0$，如图 7-21(b)。

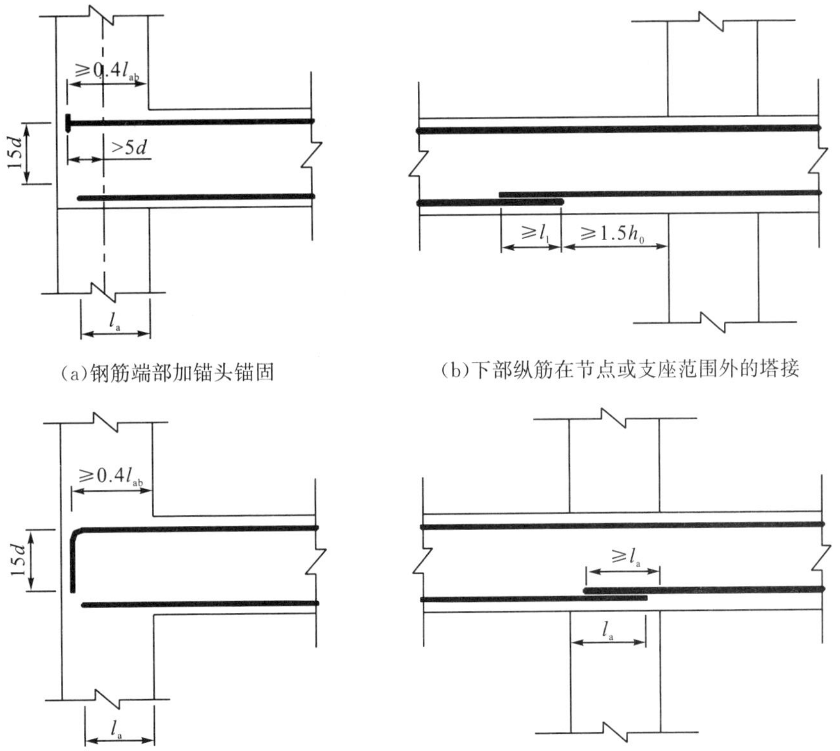

(a)钢筋端部加锚头锚固　(b)下部纵筋在节点或支座范围外的塔接

(c)钢筋末端 90 度锚固弯折描固　(d)下部纵筋在节点中直线锚固

图 7-21　纵向钢筋的锚固

2. 弯起钢筋的锚固

弯起钢筋的弯起角度一般宜取 45°，当梁截面高度大于 700 mm 时宜采用 60°。

弯起钢筋在弯终点外应留有平行于梁轴线方向的锚固长度，且在受拉区不应小于 $20d$，在受压区不应小于 $10d$，d 为弯起钢筋的直径，光面弯起钢筋末端应设弯钩。

为提高斜截面抗剪承载力可采用“鸭筋”，但不得采用“浮筋”，如图 7-22 所示，否则一旦弯起钢筋滑动将使斜裂缝开展过大。

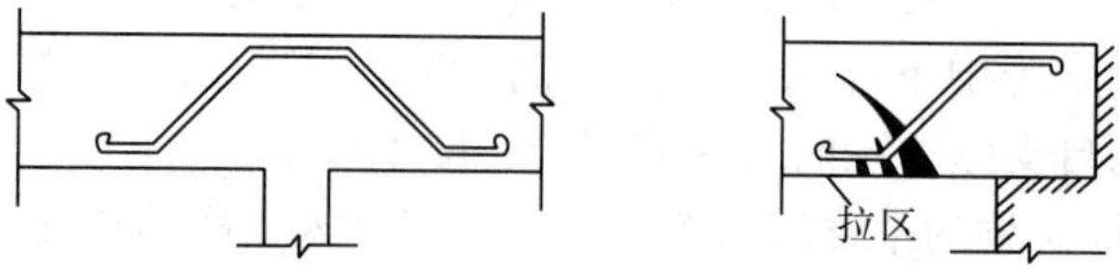

(a)鸭筋 (b)浮筋

图 7-22 鸭筋和浮筋

7.4.4 箍筋的构造要求

箍筋布置在纵筋外侧，方向与纵筋垂直并将纵筋紧紧箍住。除承担剪力和扭矩，箍筋的作用还有：防止受压纵筋压屈、固定纵向受力钢筋形成钢筋骨架以便于浇灌混凝土、联系受拉及受压钢筋共同工作。

1. 箍筋形式和肢数

箍筋的形式有封闭式和开口式两种，如图 7-23 所示。当梁中配有按计算需要的纵向受压钢筋时，箍筋应做成封闭式，箍筋端部弯钩通常用 135°，弯钩端部水平直段长度不应小于 $5d$(d 为箍筋直径)和 50 mm。

箍筋的肢数分单肢、双肢、复合箍(多肢箍)等如图 7-24 所示。箍筋一般采用双肢箍，当梁宽 $b<400$ mm 且一层内的纵向受压钢筋多于 3 根时，或当梁宽 $b<400$ mm 但一层内的纵向受压钢筋多于 4 根时，应设置复合箍筋；梁截面高度减小时，也可采用单肢箍。

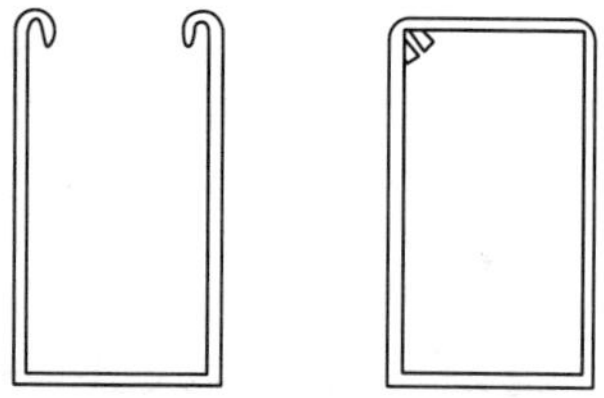

(a)开口式 (b)封闭式

图 7-23 箍筋的形式

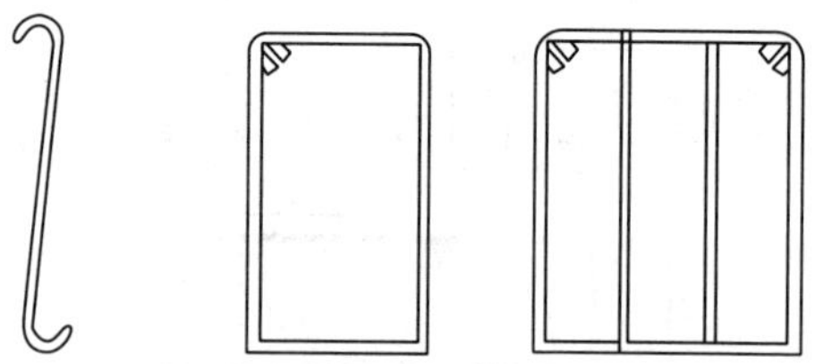

(a)单肢箍 (b)双肢箍 (c)四肢箍

图 7-24 箍筋的肢数

2. 箍筋的直径和间距

箍筋的直径应由计算确定，同时，为使箍筋与纵筋联系形成的钢筋骨架有一定的刚性，箍筋直径不能太小。《混凝土结构设计规范》规定：对于截面高度 $h\leqslant 800$ mm 的梁，其箍筋直径不宜小于 6 mm；对于截面高度 $h>800$ mm 的梁，其箍筋直径不宜小于 8 mm。当梁中配有计算需要的纵向受压钢筋时，箍筋直径尚不应小于纵向受压钢筋最大直径的 0.25 倍。

箍筋的间距一般应由计算确定，同时，为控制使用荷载下的斜裂缝宽度，防止斜裂缝出现在两道箍筋之间而不与任何箍筋相交，梁中箍筋间距应符合下列规定。

(1)梁中箍筋的最大间距宜符合表 7-2 的规定。

(2)当梁中配有按计算需要的纵向受压钢筋时，箍筋的间距不应大于 15d(d 为纵向受压钢筋的最小直径)，同时不应大于 400 mm；当一层内的纵向受压钢筋多于 5 根且直径大于 18 mm 时，箍筋间距不应大于 10d。

表 7-2　梁中箍筋的最大间距和最小直径　(单位：mm)

梁高 h	最大间距		最大直径
	$V>0.7f_tbh_0$	$V\leqslant0.7f_tbh_0$	
$150<h\leqslant300$	150	200	6
$300<h\leqslant500$	200	300	6
$500<h\leqslant800$	250	350	6
$h>800$	300	400	8

对按计算不需要配箍筋的梁按下列要求布置箍筋。

(1)当截面高度 $h>300$ mm 时，应沿梁全长设置箍筋。

(2)当截面高度 $h=150\sim300$ mm 时，可仅在构件端部各四分之一跨度范围内设置箍筋；但当在构件中部二分之一跨度范围内有集中荷载作用时，则应沿梁全长设置箍筋。

(3)当截面高度 $h<150$ mm 时，可不设箍筋。

另外，支承在砌体结构上的钢筋混凝土独立梁，在纵向受力钢筋的锚固长度范围内应配置不少于 2 个箍筋，其直径不宜小于 $d/4$，d 为纵向受力钢筋的最大直径；间距不宜大于 10d，当采取机械锚固措施时箍筋间距不宜大于 5d，d 为纵向受力钢筋的最小直径。

7.5　偏心受力构件的斜截面受剪承载力

对于偏心受力构件，在截面受到弯矩和轴力共同作用的同时，还受到较大的剪力作用。因此，对偏心受力构件，除进行正截面承载力计算外，还要验算其斜截面的受剪承载力。由于轴力的存在，对斜截面的受剪承载力会产生一定的影响。如在偏心受力构件中，轴向压应力能使构件的受剪承载力得到提高，轴力向拉力却降低了构件的受剪承载力。

7.5.1　偏心受压构件斜截面受剪承载力计算

1. 轴向压力对受剪承载力的影响

试验研究表明，偏心受压构件的受剪承载力随轴压力 N/f_cbh 的增大而增大，当 N/f_cbh 为 0.4～0.5 时，受剪承载力达到最大值；若轴压比值更大，则受剪承载力会随着轴压比值的增大而降低，如图 7-25 所示。当轴压比更大时，则发生小偏心受压破坏，不会出现剪切破坏。对于不同剪跨比的构件，轴向压力对受剪承载力的影响规律基本相同。

轴向压力对构件受剪承载力起有利作用，是因为轴向压力能阻滞斜裂缝的出现和开展，增加混凝土的剪压区高度，从而提高了构件的受剪承载力。但轴向压力对受剪承载力的有利作用是有限的，故应对轴向压力的受剪承载力提高范围予以限制。在轴压比的限值内，斜截面沿构件纵轴方向投影长度与相同条件的梁基本相同，故轴向压力对箍筋所承担的剪力没有明显影响。

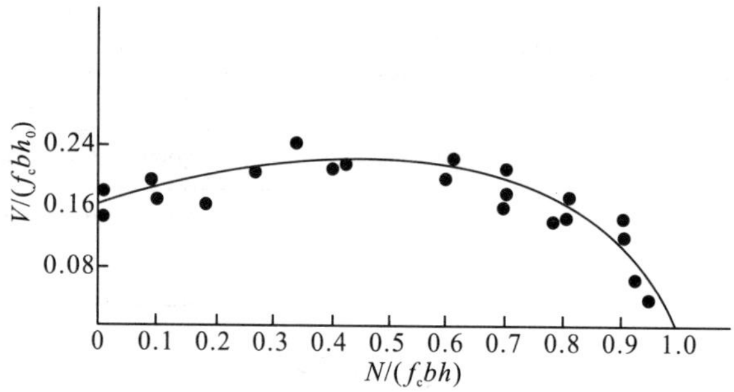

图 7-25 轴向压力对受剪承载力的影响

2. 矩形、T 形和 I 形截面偏心受压构件的斜截面受剪承载力

根据试验研究，这类构件的斜截面受剪承载力计算公式为

$$V \leqslant V_u = \frac{1.75}{\lambda + 1} f_t bh_0 + f_{yv} \frac{A_{sv}}{s} h_0 + 0.07N \tag{7-29}$$

式中，λ——偏心受压构件计算截面的剪跨比，取为 $M/(Vh_0)$；

N——与剪力设计值 V 相应的轴向压力设计值，当 $N>0.3f_c A$ 时，取 $N=0.3f_c A$，A 为构件截面面积。

构件计算截面的剪跨比应按下列规定取用。

(1)对于各类结构的框架柱，宜取 $\lambda=M/(Vh_0)$；对于框架结构中的框架柱，当其反弯点在层高范围内时，可取 $\lambda=H_n/(2h_0)$，当 $\lambda<1$ 时，取 $\lambda=1$；当 $\lambda>3$ 时，取 $\lambda=3$。M 为计算截面上与剪力设计值 V 相应的弯矩设计值，H_n 为柱净高。

(2)对于其他偏心受压构件，当承受均布荷载时，取 $\lambda=1.5$；当承受集中荷载(包括作用有多种荷载，其中集中荷载对支座截面或节点边缘所产生的剪力值占总剪力值的 75%以上的情况)时，取 $\lambda=a/h_0$，当 $\lambda<1.5$ 时，取 $\lambda=1.5$；当 $\lambda>3$ 时，取 $\lambda=3$，a 为集中荷载作用点至支座或节点边缘的距离。

当符合下列条件时

$$V \leqslant V_u = \frac{1.75}{\lambda + 1} f_t bh_0 + 0.07N \tag{7-30}$$

可不进行斜截面受剪承载力计算，仅需按受压构件的构造要求配置箍筋。

为防止出现斜压破坏，矩形、T 形和 I 形截面偏心受压构件的受剪截面仍需满足式(7-16)～式 7-19)的要求。

7.5.2　偏心受拉构件斜截面受剪承载力计算

1. 偏心受拉构件的斜截面受剪承载力

轴向拉力对斜截面受剪承载力的影响刚好与轴向压力相反。试验表明，当轴向拉力先作用于构件上时，构件产生横贯全截面的法向裂缝。再施加横向荷载后，则在弯矩作用下，受压区的法向裂缝将闭合而受拉区的将开展得更大，并在弯剪段出现斜裂缝。由于轴向拉力的作用，斜裂缝的宽度和倾角比受弯构件要大些，混凝土剪压区高度明显比受弯构件小，有时甚至无剪压区。因此轴向拉力使构件的抗剪承载力明显降低，降低的幅度随轴向拉力的增大而增加，但对箍筋的抗剪性能没有明显影响。

《混凝土结构设计规范》规定，矩形、T形和I形截面的钢筋混凝土偏心受拉构件斜截面受剪承载力计算公式为

$$V \leqslant V_u = \frac{1.75}{\lambda+1} f_t b h_0 + f_{yv} \frac{A_{sv}}{s} h_0 - 0.2N \tag{7-31}$$

式中，λ——偏心受拉构件计算截面的剪跨比，与偏心受压构件确定方法相同；

N——与剪力设计值V相应的轴向拉力设计值。

当N较大时，即

$$\frac{1.75}{\lambda+1} f_t b h_0 - 0.2N \leqslant 0$$

构件的受剪承载力完全由箍筋提供，即

$$V_u = f_{yv} \frac{A_{sv}}{s} h_0 \tag{7-32}$$

且根据规范规定，$f_{yv}\frac{A_{sv}}{s}h_0$不得小于$0.36 f_t b h_0$，即偏心受拉构件的箍筋最小配筋率为

$$\rho_{sv} = \frac{A_{sv}}{bs} \geqslant \rho_{sv,min} = 0.36 \frac{f_t}{f_{yv}} \tag{7-33}$$

同样，为防止出现斜压破坏，偏心受拉构件的受剪截面仍需满足式(7-16)～式7-18)的要求。

2. 圆形截面受弯构件和偏心受力构件的斜截面受剪承载力

根据国内外圆形截面构件的试验资料，并借鉴国外规范的相关规定，《混凝土结构设计规范》提出了采用等效矩形截面来计算圆形截面的受剪承载力。等效矩形截面的宽度和高度根据面积和惯性矩分别相等的原则确定。即直接采用配置箍筋的矩形截面受弯构件和偏心受力构件的受剪承载力公式(包括截面尺寸限制条件等)进行计算，公式中的截面宽度可用$1.76r$代替，截面有效高度h_0可用$1.6r$代替，r为圆形截面的半径。

7.5.3 矩形框架柱双向受剪承载力计算

对在两个主轴方向同时承受剪力 V_x、V_y 的矩形截面柱，试验结果表明，其受剪承载力低于单向受剪承载力 V_{ux}、V_{uy}，相关曲线见图 7-26，曲线大致符合式(7-34)的规律：

$$\left(\frac{V_x}{V_{ux}}\right)^2+\left(\frac{V_y}{V_{uy}}\right)^2=1 \tag{7-34}$$

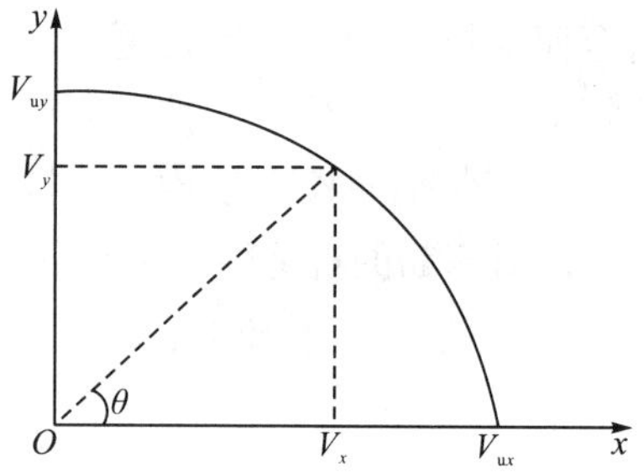

图 7-26 双向受剪承载力的试验曲线

如图 7-26，$V_y/V_x=\tan\theta$，则双向受剪构件的斜截面承载力计算公式为

$$V_x\leqslant\frac{V_{ux}}{\sqrt{1+\left(\frac{V_{ux}\tan\theta}{V_{uy}}\right)^2}} \tag{7-35}$$

$$V_y\leqslant\frac{V_{uy}}{\sqrt{1+\left(\frac{V_{uy}}{V_{ux}\tan\theta}\right)^2}} \tag{7-36}$$

在 x、y 轴方向的斜截面单向受剪承载力 V_{ux}、V_{uy} 应按下列公式计算：

$$V_{ux}=\frac{1.75}{\lambda_x+1}f_tbh_0+f_{yv}\frac{A_{svx}}{s}h_0+0.07N \tag{7-37}$$

$$V_{uy}=\frac{1.75}{\lambda_y+1}f_tbh_0+f_{yv}\frac{A_{svy}}{s}h_0+0.07N \tag{7-38}$$

式中，λ_x、λ_y——框架柱在 x 轴方向、y 轴方向的计算剪跨比，与单向受剪构件的确定方法相同；

A_{svx}、A_{svy}——配置在同一截面内平行于 x 轴、y 轴的箍筋各肢截面积的总和；

N——与斜向剪力设计值 V 相应的轴向压力设计值，当 $N>0.3f_cA$ 时，取 $N=0.3f_cA$，A 为构件截面面积；

θ——斜向剪力设计值 V 的方向与 x 轴的夹角，$\theta=\arctan(V_y/V_x)$。

在进行箍筋设计时，可近似取 $V_{ux}/V_{uy}=1$。

矩形截面双向受剪的钢筋混凝土框架柱的截面尺寸须满足的限制条件为

$$V_x\leqslant0.25\beta_cf_cbh_0\cos\theta \tag{7-39}$$

$$V_y\leqslant0.25\beta_cf_chb_0\sin\theta \tag{7-40}$$

式中，V_x——x 轴方向的剪力设计值，对应的截面有效高度为 h_0，截面宽度为 b；

V_y——y 轴方向的剪力设计值，对应的截面有效高度为 b_0，截面宽度为 h。

当符合下列条件时，可不进行斜截面受剪承载力计算，仅按构造要求配置箍筋。

$$V_x \leqslant \left(\frac{1.75}{\lambda_x+1}f_t bh_0+0.07N\right)\cos\theta \tag{7-41}$$

$$V_y \leqslant \left(\frac{1.75}{\lambda_y+1}f_t hb_0+0.07N\right)\sin\theta \tag{7-42}$$

7.5.4 剪力墙的斜截面受剪承载力计算

剪力墙截面上通常作用有弯矩、轴力和剪力。轴力对斜截面受剪承载力的影响与前述偏心受力构件相同。

为了防止斜压破坏，剪力墙的受剪截面应符合下列条件：

$$V \leqslant 0.25\beta_c f_c bh_0 \tag{7-43}$$

钢筋混凝土剪力墙在偏心受压时的斜截面受剪承载力计算公式为

$$V \leqslant V_u=\frac{1}{\lambda-0.5}\left(0.5f_t bh_0+0.13N\frac{A_w}{A}\right)+f_{yv}\frac{A_{sh}}{s_y}h_0 \tag{7-44}$$

式中，N——与剪力设计值 V 相应的轴向压力设计值，当 $N>0.2f_cbh$ 时，取 $N=0.2f_cbh$；

A——剪力墙的截面面积，包括翼缘的有效面积；

A_w——T 形、I 形截面剪力墙腹板的截面面积，对矩形截面，取 $A_w=A$；

A_{sh}——配置在同一水平截面内的水平分布钢筋的全部截面面积；

s_v——水平分布钢筋的竖向间距；

λ——计算截面的剪跨比，$\lambda=M/(Vh_0)$；当 $\lambda<1.5$ 时，取 $\lambda=1.5$；当 $\lambda>2.2$ 时，取 $\lambda=2.2$；此处 M 为与剪力设计值 V 相应的弯矩设计值；当计算截面与墙底之间的距离小于 $h_0/2$ 时，λ 应按距墙底 $h_0/2$ 处的弯矩值与剪力值计算。

当剪力设计值小于式（7-44）右边第一项时，表明混凝土的抗剪承载力已足以承担剪力设计值，故水平分布的钢筋可按构造要求配置即可。

钢筋混凝土剪力墙在偏心受拉时的斜截面受剪承载力计算公式为

$$V \leqslant V_u=\frac{1}{\lambda-0.5}\left(0.5f_t bh_0-0.13N\frac{A_w}{A}\right)+f_{yv}\frac{A_{sh}}{s_v}h_0 \tag{7-45}$$

式中，N——与剪力设计值 V 相应的轴向拉力设计值；

λ——计算截面的剪跨比，取值规定同于偏心受压的剪力墙。

当式（7-45）右边括号内计算值小于零，则表明轴向拉力 N 过大，此时可仅考虑水平分布钢筋的抗剪作用，即取 $V_u=f_{yv}\frac{A_{sh}}{s_v}h_0$。

钢筋混凝土剪力墙水平分布钢筋的直径不应小于 8 mm，间距不应大于 300 mm。

7.6 本章小结

(1)从受弯构件弯剪区的应力分析可见，导致斜裂缝的主要原因是主拉应力超过混凝土的抗拉强度，斜裂缝的开展方向大致沿着主压应力迹线。

(2)从无腹筋梁到有腹筋梁，斜截面剪切破坏的主要形态都有斜压破坏、斜拉破坏和剪压破坏三种。当弯剪区剪力较大、弯矩较小时，主压应力起主导作用，易发生斜压破坏，这种破坏的特点是混凝土被斜向压坏，箍筋应力未达到屈服点(未充分发挥作用)，它可以通过限制截面尺寸防止；当弯剪区弯矩较大、剪力较小时，主拉应力起主导作用，易发生斜拉破坏，此时梁被斜向拉裂成两部分，破坏过程快且无征兆，要避免这类破坏，应配置一定数量的箍筋并保证箍筋的合理间距；剪压破坏时箍筋应力首先达到屈服点，然后剪压区混凝土被压坏，此时钢筋和混凝土的强度均充分发挥，故斜截面受剪承载力计算公式是以剪压破坏特征来建立的。

(3)由于混凝土受弯构件受剪破坏的影响因素众多，破坏形态复杂，对混凝土构件受剪机理的认识尚不很充分，至今未能像正截面承载力计算一样建立一套较为完整的理论体系。斜截面抗剪承载力计算的基本公式(7-10)是通过对试验资料的分析得出的经验公式，这样的公式计算简便，能满足工程计算的精度要求，只是理论性不足，还需深入研究与改进。

(4)受弯构件斜截面承载力有两类：受剪承载力和受弯承载力。受剪承载力应通过计算配置箍筋(或同时配置弯起钢筋)来解决；受弯承载力主要是纵向受力钢筋的弯起和截断位置及相应的锚固问题，一般通过相应的构造措施来保证，不做计算。

(5)钢筋混凝土柱、剪力墙等偏心受力构件的斜截面承载力计算与受弯构件的主要区别在于轴心力的影响。在一定范围内，轴向压力可提高受剪承载力，轴向拉力则降低构件抗剪承载力。

思考题

7.1 无腹筋梁会产生哪几种形态的斜裂缝？斜裂缝出现后，梁中应力状态有哪些变化？

7.2 有腹筋梁斜截面破坏形态有哪几种？各在什么情况下产生？

7.3 影响梁斜截面受剪承载力的主要因素有哪些？

7.4 斜截面抗剪设计时按哪种破坏形态计算，对其他破坏形态如何考虑？

7.5 腹筋在哪些方面改善了无腹筋梁的抗剪性能？

7.6 箍筋有哪些作用，其主要构造要求有哪些？

7.7 为什么会发生斜截面受弯破坏？如何保证斜截面抗弯承载力？

7.8 偏心受力构件的轴力对构件受剪承载力有何影响？原因是什么？

习　题

7.1　已知某承受均布荷载的矩形截面梁截面尺寸 $b\times h=250\ mm\times 500\ mm$，取 $a_s=40\ mm$，采用 C25 混凝土，箍筋采用 HPB300 级钢筋。已知剪力设计值 $V=200\ kN$，求采用 ϕ10 双肢箍的箍筋间距 s。

7.2　某矩形截面简支梁，安全等级为一级，处于一类环境，承受均布荷载设计值 $q=60\ kN/m$(包括自重)。梁净跨度 $l_n=6.5\ m$，计算跨度 $l_0=6.74\ m$，截面尺寸 $b\times h=250\ mm\times 500\ mm$。混凝土为 C25 级，纵向钢筋采用 HRB335 级钢筋，箍筋采用 HPB300 级钢筋。纵向钢筋为 6 Φ 22，按两排布置。分别按下列两种情况计算腹筋：(1)只配箍筋；(2)同时配箍筋和弯起钢筋(2 根纵筋弯起)。

7.3　钢筋混凝土简支梁如图 7-27 所示，截面尺寸 $b\times h=250\ mm\times 500\ mm$，混凝土强度等级为 C25，纵筋为 HRB400 级钢筋，箍筋为 HPB300 级钢筋，环境类别为一类，如果忽略自重且忽略架立钢筋的作用，仅考虑跨中承受集中荷载 P，试计算梁能承受的最大荷载设计值 P。

7.4　已知某钢筋混凝土矩形截面简支梁，安全等级为一级，处于一类环境，承受均布荷载设计值 $g+q$。梁净跨度 $l_n=6.5\ m$，计算跨度 $l_0=6.74\ m$，截面尺寸 $b\times h=250\ mm\times 550\ mm$。采用 C30 混凝土，纵向钢筋采用 HRB335 级钢筋，箍筋采用 HPB300 级钢筋。纵向受力钢筋为 4 Φ 25，箍筋采用 ϕ10@200 双肢箍，试从斜截面抗剪方面计算梁能承受的荷载设计值 $g+q$。

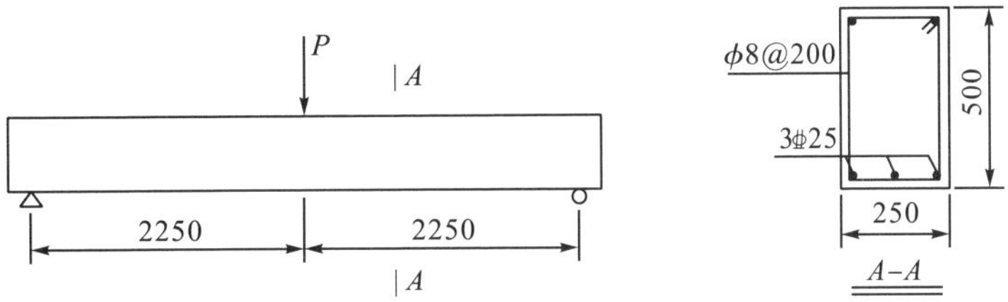

图 7-27　(题 7.3 图单位：mm)

7.5　矩形截面简支梁，安全等级为二级，处于一类环境，承受均布荷载设计值(包括自重)和集中荷载设计值如图 7-28 所示，截面尺寸 $b\times h=250\ mm\times 600\ mm$，纵筋按两排布置。混凝土为 C25 级，箍筋采用 HPB300 级钢筋。试确定箍筋数量。

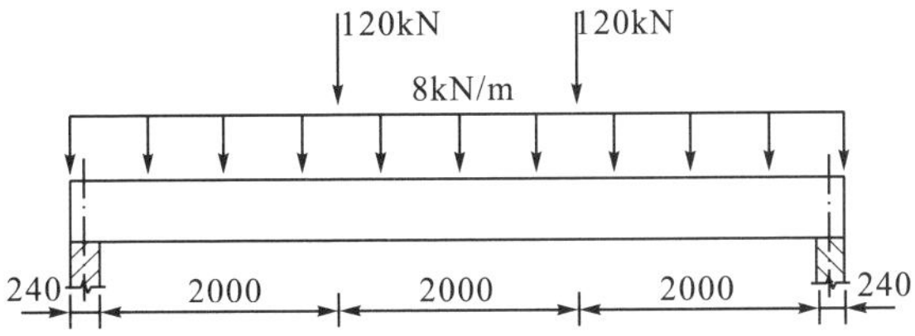

图 7-28　(题 7.5 图，长度单位：mm)

7.6　图 7-29 为钢筋混凝土伸臂梁，计算跨度 $l_1=7000$ mm，$l_2=1800$ mm，支座宽度均为 370 mm，承受均布恒荷载设计值 $g_1=g_2=32$ kN/m，均布活荷载设计值 $q_1=48$ kN/m，$q_2=118$ kN/m；采用 C25 混凝土，纵向受力钢筋为 HRB335 级，箍筋为 HPB300 级，试对该梁进行配筋并绘制配筋详图。

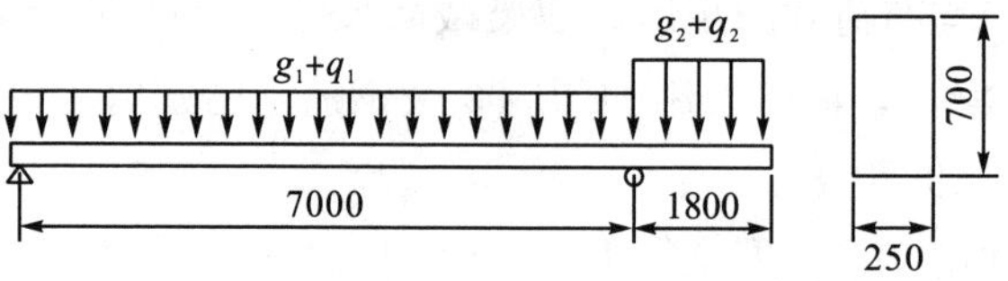

图 7-29 （题 7.6 图，单位：mm）

第 8 章　钢筋混凝土受扭构件承载力计算

本章主要讲述钢筋混凝土受扭构件承载力设计方法。在对受扭构件(素混凝土或配置抗扭纵筋与箍筋)试验研究的基础上，分析了不同截面类型的纯扭构件的承载力计算方法。随后引入复合受扭构件承载力计算问题，重点介绍了矩形截面剪扭构件的抗剪承载力公式和抗扭承载力公式。对于拉(压)扭构件与弯剪扭构件承载力计算也有讨论。此外，还介绍了受扭构件的一般构造要求。

8.1　概　　述

扭转是结构构件受力的基本形式之一。受到扭矩作用的构件很多，但是处于纯扭作用的很少，构件往往在复合受扭作用下，其应力状态是三维的，受力性能更加复杂。例如，混凝土结构中的雨棚梁、曲梁、厂房中受吊车横向刹车力作用的吊车梁、城市曲线立交桥等，都处于弯矩、剪力和扭矩或者压力(拉力)、弯矩、剪力和扭矩共同作用下的复合受力状态。

在过去的结构设计中，相对于弯矩和剪力，扭矩被视为次要作用效应，常被忽略或采用保守的计算和构造措施来处理。随着材料科学的发展以及设计计算理论的完善，工程界已经考虑到扭矩作用效应对于结构构件安全性及使用功能要求的影响问题。现行混凝土结构设计规范(GB 50010—2010)又进一步对原 2002 版规范进行完善和补充，新增加在轴向拉力作用下构件受扭承载力的计算。

钢筋混凝土构件受扭根据其形成原因，可以分为平衡扭转和协调扭转两大类。若构件中的扭矩由荷载直接引起，其值可由平衡条件直接求出，此类扭转称为平衡扭转。如图 8-1(a)所示的雨棚梁，在雨棚板重力荷载作用下，雨篷梁中产生扭矩。由于雨棚梁、板是静定结构，不会由于塑性变形而引起构件内力重分布，在受扭过程中，雨棚梁承受扭矩的数值不发生变化。图 8-1(b)为工业厂房的吊车梁，由于吊车横向水平制动力和轮压的偏心作用所产生的扭转也属于平衡扭转。

若扭转由变形引起，并由变形连续条件所决定，扭矩值需要结合变形协调条件才能求得，这类扭转称为协调扭转或附加扭转。如图 8-1(c)所示的现浇框架梁结构中的边梁(也是主梁)，当次梁在荷载作用下受弯变形时，边梁对次梁梁端的转动产生约束作用。根据变形协调条件，可确定次梁梁端由于边梁的弹性约束作用而引起的负弯矩，该负弯矩即为边梁所承受的扭转作用。由于超静定结构中内力的分配与构件刚度有关，若边梁的抗扭刚度较大，其所承担的扭矩也相对较大。

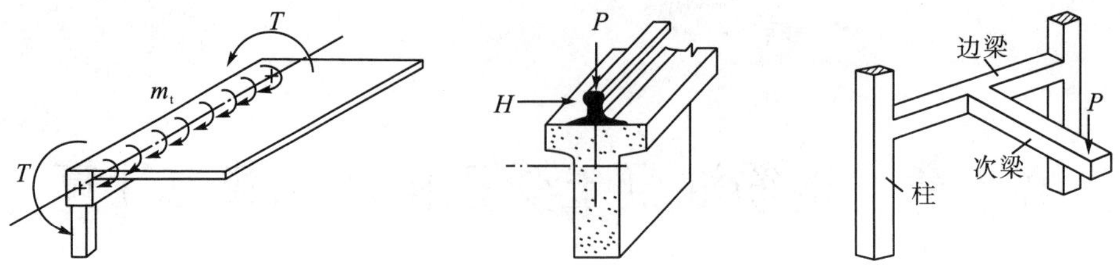

(a)雨棚梁　　(b)吊车梁　　(c)现浇框架梁

图 8-1　钢筋混凝土构件的平衡扭转与协调扭转

实际工程中往往伴有弯、剪、压(拉)等一种或多种效应的复合作用，但纯扭是研究复合受扭构件受力性能的基础，只有对纯扭构件的受力性能有深刻的理解，才能对复合受扭构件的破坏机理进行深入分析。因此在下面的叙述中首先说明纯扭构件的受力特性及设计计算方法，然后再阐述复合受扭构件的受力性能及承载力计算。

8.2　纯扭构件的受力性能及计算方法

8.2.1　素混凝土纯扭构件的受力性能

图 8-2(a)为一段矩形截面构件，由材料力学可知，矩形截面匀质弹性材料在纯扭矩 T 作用下，截面发生翘曲，不再保持平面。若为自由扭转，图 8-2(a)所示的横截面上将仅产生剪应力 τ 而无正应力。截面剪应力的大小不是线性分布，而是在形心和四角处剪应力为零，截面边缘处剪应力值较大，并且最大剪应力发生在长边的中点。从截面长边的微元体可以看出，与微元体上纯剪状态对应的主拉应力 σ_{tp} 和主压应力 σ_{cp} 是分别沿 45 度和 135 度纵轴方向作用的，并且就其数值来说 $\sigma_{tp}=\sigma_{cp}=\tau_{max}$。

对于素混凝土纯扭构件，当主拉应力达到了混凝土的抗拉强度时，构件将首先在一个长边侧面的中点附近被拉裂，该斜裂缝沿着与构件轴线约成 45 度的方向迅速延伸，到达该侧面长边的上、下边缘 a、b 两点后，在顶面和底面大致沿 45 度方向继续延伸到 c、d 两点，构成三面开裂、一面受压的受力状态。最后，cd 连线受压面上的混凝土被压碎，构件断裂破坏。破坏面为一个空间扭曲面，见图 8-2(b)。这种破坏现象称为扭曲截面破坏，构件破坏具有突然性，属脆性破坏。

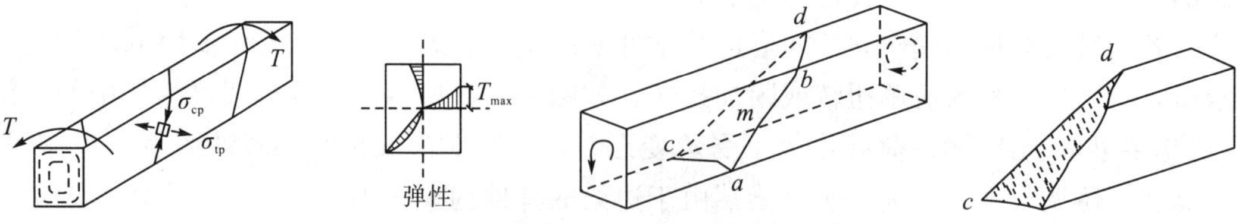

(a)构件受力图　　(b)截面破坏面

图 8-2　素混凝土矩形截面纯扭构件的空间扭曲破坏

8.2.2　钢筋混凝土纯扭构件的受力性能

由于素混凝土构件的受扭承载力很低，且表现出明显的脆性破坏特点，通常在构件内配置一定数量的抗扭纵筋以改善其受力性能，最有效的布筋方式是沿垂直于斜裂缝方向配置螺旋形箍筋，这样一旦混凝土开裂，主拉应力将直接由与裂缝相交的钢筋承受。但这种配筋方式施工复杂，尤其是当受有反向扭矩时可能完全失去作用。因此，工程上常采用横向箍筋和尽可能沿构件周边均匀对称布置的纵筋组成的空间骨架来共同承担扭矩，如图 8-3(a)所示。试验表明，配有适量纵筋和箍筋的矩形截面构件在扭矩作用下，在最初阶段的受力性能与素混凝土构件几乎没有什么差别，但由于整个截面参与抗扭，抗扭刚度相对较大。裂缝出现前，钢筋应力很小，抗裂扭矩 T_{cr}与同截面的素混凝土构件极限扭矩 T_u几乎相等，配置的钢筋对抗裂扭矩 T_{cr}的贡献很少。裂缝出现后，由于钢筋的存在，这时构件并不立即破坏，而是随着外扭矩的增加，构件表面逐渐形成大体连续、近于 45°方向呈螺旋式向前发展的斜裂缝，而且裂缝之间的距离从总体来看是比较均匀的，如图 8-3(b)所示。此时，原由混凝土承担的主拉力大部分由与斜裂缝相交的箍筋和抗扭纵筋承担，构件的抗扭刚度将出现显著变化，此时的钢筋混凝土构件可看做如图 8-3(c)所示的空间桁架模型，其中纵筋相当于受拉弦杆，箍筋相当于受拉竖向腹杆，而裂缝之间的接近构件表面的一定厚度的混凝土则形成承担斜向压力的斜压腹杆。

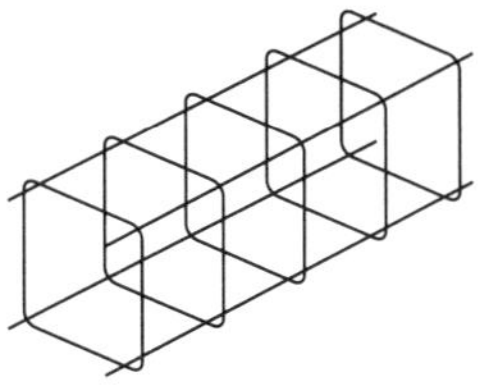

(a)钢筋空间骨架

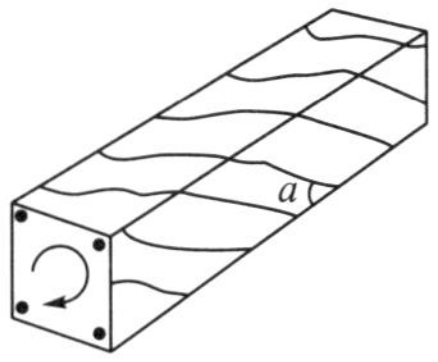

(b)受扭斜裂缝分布形态

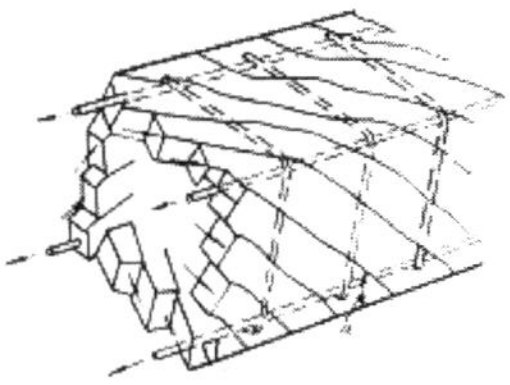

(c)空间桁架模型

图 8-3 矩形截面钢筋混凝土纯扭构件适筋构件

试验还表明，配筋率越高的构件，开裂后抗扭刚度的降低幅度越小；而配筋率越低的构件，抗扭刚度的降低幅度也就越大。图 8-4 为不同配筋率的钢筋混凝土构件扭矩 T-扭转角 θ 关系曲线，从图中可以看出，裂缝出现前，截面扭转角很小，T 与 θ 为直线，其斜率接近于弹性抗扭刚度。裂缝出现后，由于钢筋应变突然增大，T-θ 曲线出现水平段。随后，扭转角随着扭矩增加近似地呈线性增大，但直线的斜率比开裂前要小很多，说明构件的扭转刚度已大为降低，且配筋率越小，降低得就越多。另外，当配筋率低于某个限度时，所配钢筋基本不起作用，其抗扭承载力与素混凝土构件相差无几。

根据试验结果，受扭构件的破坏可分为四类。

(1)适筋破坏。当构件中的箍筋和纵筋配置适当时，构件上先后出现多条呈 45°走向的螺旋裂缝，随着与其中一条裂缝相交的箍筋和纵筋达到屈服，该条裂缝不断加宽，形成三面开裂、一边受压的空间破坏面，最后受压边混凝土被压碎，构件破坏。整个破坏过程有一定的延性和较明显的预兆，工程设计中应尽可能设计成具有这种破坏特征的构件。

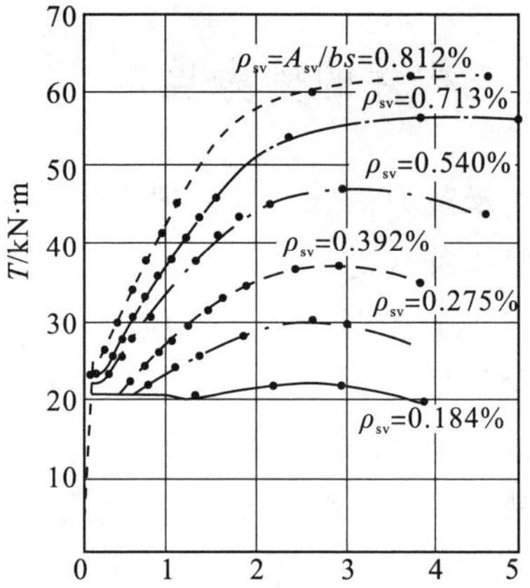

(2)少筋破坏。当构件中的箍筋和纵筋或者其中之一用量过少时，配筋构件的抗扭承载力与素混凝土构件抗扭承载力几乎相等，裂缝一旦出现，钢筋很快屈服，配筋对破坏扭矩影响不大。这种破坏具有脆性，没有任何预兆，在工程设计中应予以避免。应当使受扭构件中的抗扭箍筋和抗扭纵筋的用量不低于规范规定的最小配筋率。

(3)部分超筋破坏。当箍筋和纵筋的配置数量一种过多而另一种基本适当时，则构件破坏前数量基本适当的那部分钢筋受拉屈服，而另一部分钢筋直到受压边混凝土压碎仍未能达到屈服强度。由于构件破坏时有部分钢筋达到屈服，破坏仍有一定塑性特征，因此在设计中允许采用，但不够经济。

(4)完全超筋破坏。当构件中的箍筋和纵筋都配置过多时，在扭矩作用下破坏前的混凝土螺旋形裂缝多而密，在钢筋都未达到屈服前，构件中混凝土被压碎而导致突然破坏。这类构件破坏具有明显的脆性，在工程设计中可通过保证适当的构件截面大小来予以避免。

总之，为保证构件受扭时具有一定的塑性，在设计时应使构件处于适筋和部分超筋范围内，而不应使其发生少筋或完全超筋破坏。

8.2.3 截面受扭塑性抵抗矩

对于塑性材料来讲，截面上某一点的应力达到强度极限时，构件并不立即破坏，只意味着局部材料发生屈服，构件开始进入塑性状态，构件仍能承担荷载，直到截面上的应力全部达到材料的屈服强度后，构件才达到其极限受扭承载力，此时截面上的剪应力分布如图 8-5(a)所示，截面的长、短边分别为 h 和 b，且假定各点剪应力均达到最大值 τ_{max}。

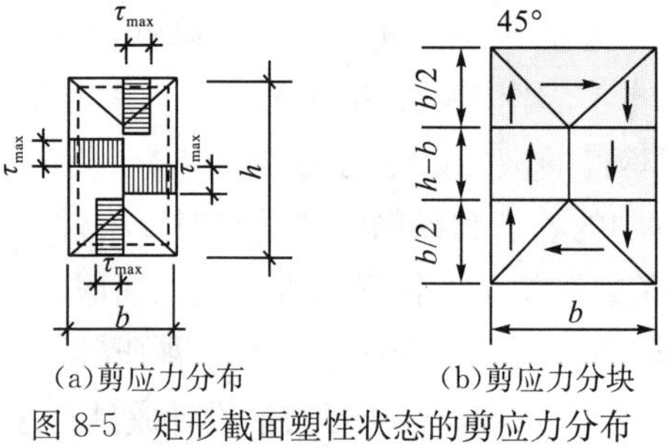

(a)剪应力分布　　(b)剪应力分块

图 8-5　矩形截面塑性状态的剪应力分布

为便于计算，可将截面上的剪应力分布划分为图 8-5(b)所示的若干小分块，并对分块截面的扭转中心取矩，可得截面的极限扭矩 T_p 为

$$T_p = W_t\tau_{max} = \frac{1}{6}b^2(3h-b)\tau_{max}(\text{矩形截面}) \tag{8-1}$$

式中，W_t——受扭构件的受扭塑性抵抗矩，对于图 8-5(b)，有

$$W_t = 2\frac{b}{2}(h-b)\frac{b}{4}+4\frac{1}{2}\left(\frac{b}{2}\right)^2\frac{2}{3}\frac{b}{2}+2\frac{1}{2}b\frac{b}{2}\left[\frac{2}{3}\frac{b}{2}+\frac{1}{2}(h-b)\right]=\frac{b^2}{6}(3h-b) \tag{8-2}$$

以上公式即为根据塑性理论给出的理想塑性材料矩形纯扭构件极限扭矩的解析求解。

有了矩形截面受扭塑性抵抗矩 $W_t=\frac{1}{6}b^2(3h-b)$后，对于 T 形与 I 字形截面则可取各个矩形分块的受扭塑性抵抗矩之和作为整个截面的受扭塑性抵抗矩。截面分块原则是先按截面总高度确定腹板截面，然后再划分受压翼缘和受拉翼缘，如图 8-6 所示。

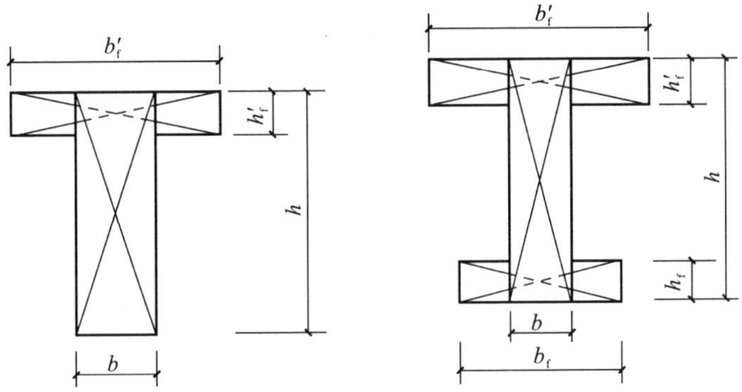

图 8-6　T 形、I 字形截面分成矩形截面示意图

T 形与 I 字形截面受扭塑性抵抗矩计算公式为

$$W_t = W_{tw} + W'_{tf} + W_{tf} \tag{8-3}$$

式中，W_{tw}、W'_{tf}、W_{tf}——腹板、受压翼缘和受拉翼缘部分的矩形截面受扭塑性抵抗矩，按下列公式计算：

$$W_{tw} = \frac{b^2}{6}(3h-b) \tag{8-4a}$$

$$W'_{tf} = \frac{h'^2_f}{2}(b'_f-b) \tag{8-4b}$$

$$W_{tf} = \frac{h^2_f}{2}(b_f-b) \tag{8-4c}$$

式中，b'_f 和 b_f——截面受压区、受拉区的翼缘宽度；

h'_f 和 h_f——截面受压区、受拉区的翼缘高度；

b、h——腹板宽度和全截面高度。

应当指出，式(8-4b)和式(8-4c)是将受压翼缘和受拉翼缘分别视为受扭整体截面而按照式(8-2)确定的。例如，对于图 8-6 所示的受压翼缘，可得

$$W'_{tf} = \frac{h'^2_f}{6}(3b'_f-h'_f)-\frac{h'^2_f}{6}(3b-h'_f)=\frac{h'2_f}{2}(b'_f-b)$$

即为式(8-4b)。同理可得式(8-4c)。

此外，当翼缘宽度较大时，计算受扭塑性抵抗矩时取用的翼缘宽度尚应符合 $b_f' \leqslant b+6h_f'$ 及 $b_f \leqslant b+6h_f$ 的规定。

对于如图 8-7 所示的箱形截面纯扭构件，在扭矩作用下，截面上的剪应力流方向一致，截面受扭塑性抵抗矩很大，应按整体截面计算。箱形截面的受扭塑性抵抗矩 W_t 等于截面尺寸为 $b_h \times h_h$ 的矩形截面的 W_t 减去孔洞矩形部分的 W_t，即

$$W_t = \frac{b_h^2}{6}(3h_h - b_h) - \frac{(b_h - 2t_w)^2}{6}[3h_w - (b_h - 2t_w)] \tag{8-5}$$

式(8-5)中各符号意义见图 8-7。

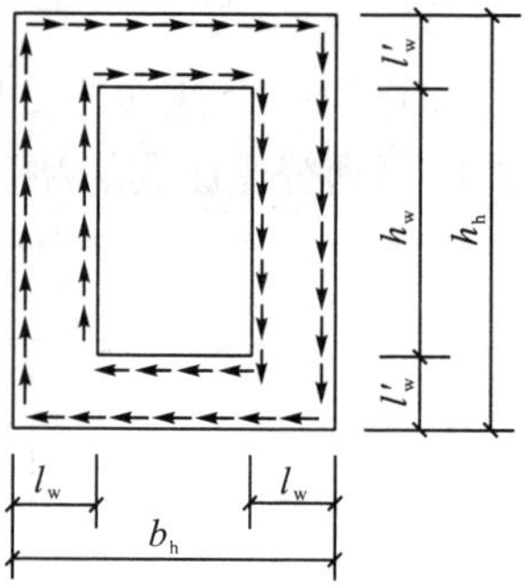

图 8-7 箱形截面分成矩形截面示意图

另外，由于混凝土既不是理想弹性材料，又不是理想塑性材料，而是介于二者之间的弹塑性材料。这表明纯混凝土构件的实际抗扭承载力介于弹性分析和理想塑性分析结果之间，即当矩形截面长边中点处的主拉应力达到了混凝土的抗拉强度后，截面并不立即开裂，其余部位的剪应力确实还会略有增长，从而使构件抗扭承载力有所增大。但这种塑性性质不会发挥的像理想塑性分析方法中所假定的那样充分，特别是对较高强度等级的混凝土更是如此。

8.2.4 纯扭构件的受扭承载力

构件在扭矩作用下处于三维应力状态，且平截面假定不再适用，准确的理论计算难度较大，因此多采用基于试验结果的经验公式，或者根据简化力学模型推导得到近似计算式。对于混凝土的抗扭作用，可使用 $f_t W_t$ 作为基本变量；而对于箍筋与纵筋抗扭作用，则可根据变角空间桁架模型(Variable Angle Space Truss Model)及试验数据的分析予以分析。变角空间桁架模型是 Lampert 和 Thürlimann 于 1968 年提出来的，并且是对 1929 年 Rausch 的 45°古典空间桁架模型的改进和发展。我国《混凝土结构设计规范》就是采用以变角空间桁架模型为基础的钢筋混凝土抗扭承载力的计算方法。

包括矩形、T 形/工字形以及箱形截面在内的各类受扭构件截面关键尺寸参数见图 8-8。

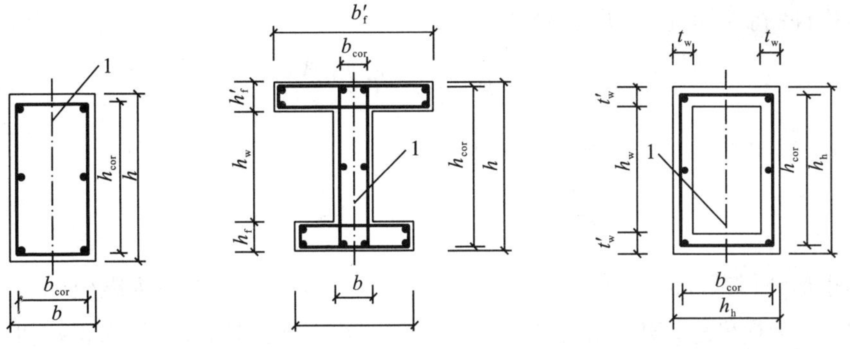

(a)矩形截面　　(b)T 形、I 字形截面　　(c)箱形截面($t_w \leqslant t'_u$)

图 8-8　受扭构件截面

矩形截面构件(图 8-8(a))的受扭承载力受到抗扭钢筋的数量与强度的影响，还与截面受扭塑性抵抗矩及混凝土的强度有关。当抗扭钢筋配置适当时，穿过裂缝的纵筋和箍筋在破坏时都可以达到屈服强度。对于截面形式简单的矩形截面纯扭构件，其受扭承载力 T_u 可认为是由混凝土承担的扭矩 T_c 和箍筋与纵筋承担的扭矩 T_s 两部分组成。即

$$T_u = T_c + T_s \tag{8-6}$$

其中混凝土的受扭作用为

$$T_c = \alpha_1 f_t W_t \tag{8-7}$$

而箍筋与纵筋的受扭作用可借助变角空间桁架模型计算公式，表示为

$$T_s = \alpha_2 \sqrt{\zeta} \frac{f_{yv} A_{st1}}{s} A_{cor} \tag{8-8}$$

式中，ζ——受扭纵向钢筋与箍筋的配筋强度比，即

$$\zeta = \frac{f_y A_{stl} / u_{cor}}{f_{yv} A_{st1} / s} = \frac{f_y A_{stl} s}{f_{yv} A_{st1} u_{cor}} \tag{8-9}$$

其中，A_{stl}——对称布置在截面中的全部抗扭纵筋截面面积。由于非对称配置的抗扭纵筋在受力中不能充分发挥作用，因此在计算中只取对称布置的纵向钢筋截面面积；

A_{st1}——沿截面周边配置的抗扭箍筋的单肢截面面积；

f_y——抗扭纵筋的抗拉设计强度；

f_{yv}——抗扭箍筋的抗拉设计强度；

s——抗扭箍筋间距；

u_{cor}——截面核心部分的周长，$u_{cor} = 2(b_{cor} + h_{cor})$，所谓截面核心是指受扭构件箍筋的内表面所包围区域，b_{cor} 与 h_{cor} 分别为截面核心的短边和长边尺寸；

A_{cor}——截面核心部分的面积，$A_{cor} = b_{cor} h_{cor}$。

从 ζ 的定义中可以看出，ζ 为沿截面核心周长单位长度内的抗扭纵筋强度与沿构件长度方向单位长度内的单侧抗扭箍筋强度的比值。试验表明，当 $0.5 \leqslant \zeta \leqslant 2.0$ 时，纵筋与箍筋的应力基本上都能达到屈服强度。为了稳妥起见，《混凝土结构设计规范》规定 ζ 的取值范围为 $0.6 \leqslant \zeta \leqslant 1.7$，并且当 $\zeta > 1.7$ 时取 1.7。试验结果还表明，当 ζ 接近 1.2 时，抗扭纵筋与抗扭箍筋达到屈服的最佳值，因此在设计中取 $\zeta = 1.2$ 左右较为合理。

纯扭构件的受扭承载力 T_u 最终为

$$T_u = \alpha_1 f_t W_t + \alpha_2 \sqrt{\zeta} \frac{f_{yv} A_{st1}}{s} A_{cor} \tag{8-10}$$

若将式（8-10）两边同除以 $f_t W_t$，得

$$\frac{T_u}{f_t W_t} = \alpha_1 + \alpha_2 \sqrt{\zeta} \frac{f_{yv} A_{st1}}{f_t W_t s} A_{cor} \tag{8-11}$$

根据矩形纯扭试件的实测抗扭承载力结果，分别以 $T_u/(f_t W_t)$ 为纵坐标，$\sqrt{\zeta} f_{yv} A_{st1} A_{cor}/(f_t W_t s)$ 为横坐标，建立无量纲坐标系(图 8-9)，并由回归分析可求得抗扭承载力的双直线表达式，即 AB 和 BC 两段直线。考虑到设计应用上的方便，《混凝土结构设计规范》采用一根略为偏低的斜线表达式，即 $A'C'$ 这段直线。

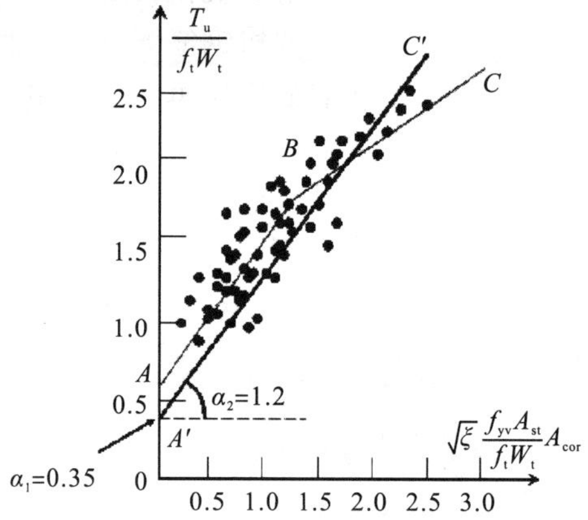

图 8-9 纯扭构件抗扭承载力试验数据图

与斜线 $A'C'$ 相应的表达式 α_1 系数取 0.35，α_2 系数取 1.2，则矩形截面钢筋混凝土纯扭构件的受扭承载力设计表达式为

$$T \leqslant T_u = 0.35 f_t W_t + 1.2\sqrt{\zeta} \frac{f_{yv} A_{st1}}{s} A_{cor} \tag{8-12}$$

式中，T——扭矩设计值。

经过对高强混凝土纯扭构件的试验验证，该公式仍然适用，且偏于安全。因此，对于普通和高强混凝土受扭构件，均可按式(8-12)计算矩形截面构件受扭承载力。

不仅是矩形截面，钢筋混凝土受扭构件还会出现带翼缘的截面，如 T 形、工字形截面(图 8-8(b))。试验研究表明，对于 T 形和工字形截面的纯扭构件，第一条斜裂缝首先出现在腹板侧面中部，其破坏形态和规律与矩形截面纯扭构件相似。对于腹板宽度大于翼缘高度的 T 形截面纯扭构件，若将其翼缘部分去掉，则可见腹板侧面裂缝与其顶面裂缝基本相连，形成了断断续续、互相贯通的螺旋形裂缝。这表明腹板斜裂缝受翼缘的影响不大，可将腹板和翼缘分别进行受扭计算。可将整个截面划分为几个矩形截面，然后将总扭矩按照各单块矩形的截面受扭塑性抵抗矩的比例分配给各矩形块。腹板矩形、受压翼缘矩形和受拉翼缘矩形所承担的扭矩值分别为

$$\begin{cases} T_w = \dfrac{W_{tw}}{W_t}T \\ T'_f = \dfrac{W'_{tf}}{W_t}T \\ T_f = \dfrac{W_{tf}}{W_t}T \end{cases} \tag{8-13}$$

式中，T——构件截面所承受的扭矩设计值；

T_w——腹板所承受的扭矩设计值；

T'_f，T_f——分别为受压翼缘和受拉翼缘所承受的扭矩设计值。

求得各分块矩形所承担的扭矩后，即可按公式(8-12)进行各矩形截面的受扭承载力计算，确定各自所需的抗扭钢筋和抗扭箍筋面积，最后再统一配筋。值得指出的是，从理论上讲，T 形、工字形截面整体抗扭承载力大于上述分块计算后再相加得出的承载力，试验结果也证实了这一点，因此采用分块计算的办法是偏于安全的。

对于箱形截面纯扭构件的承载力计算问题，试验表明，具有一定壁厚的箱形截面[图 8-8(c)]，其受扭承载力与实心截面 $b_h \times h_h$ 是基本相同的，当壁厚较薄时，其受扭承载力则小于实心截面的受扭承载力。因此，箱形截面受扭承载力公式是在矩形截面受扭承载力公式(8-12)的基础上，仅对混凝土抗扭项考虑了与截面相对壁厚有关的折减系数，钢筋项受扭承载力取与实心矩形截面相同，具体表达式为

$$T \leqslant T_u = 0.35\alpha_h f_t W_t + 1.2\sqrt{\zeta}\,\frac{f_{yv}A_{st1}}{s}A_{cor} \tag{8-14}$$

式中，α_h——箱形截面壁厚影响系数，$\alpha_h = 2.5t_w/b_h$，当 α_h 大于 1.0 时，取 1.0。即意味着 $t_w \geqslant 0.4b_h$时，应按照 $b_h \times h_h$ 的实心矩形截面计算；

W_t——箱形截面受扭塑性抵抗矩，按式(8-5)计算；

ζ——受扭纵筋与箍筋的配筋强度之比，按式(8-9)计算，仍应符合 $0.6 \leqslant \zeta \leqslant 1.7$ 的要求，且当 $\zeta > 1.7$ 时，取 1.7。

8.3　复合受扭构件承载力计算

在实际工程中，单纯的受扭构件是很少的，大多数情况是承受弯矩、剪力和扭矩同时作用(如梁)，或者是弯矩、剪力、轴力和扭矩同时作用(如柱和墙)，使构件处于弯矩、剪力、扭矩和轴力共同作用的复合受力状态。以弯剪扭构件为例，试验结果表明，构件的受扭承载力与其受弯和受剪承载力是相互影响的，即构件的受扭承载力随同弯矩、剪力的大小而发生变化。同样，构件的受弯和受剪承载力也随同扭矩大小而发生变化。类似地，对于弯剪压(拉)扭构件，构件各承载力之间也存在上述规律。因此，工程上把构件抵抗某种内力的能力受其他同时作用的内力影响的这种性质称为构件各种承载力之间的相关性。

由于构件受剪、扭、弯、压(拉)作用，各承载力之间的相互影响极为复杂，所以要

完全考虑它们之间的相关性，并用统一的相关方程来计算将非常困难。因此，我国《混凝土结构设计规范》对复合受扭构件的承载力计算采用了部分相关、部分叠加的办法，即对混凝土抗力部分考虑相关性，而对钢筋的抗力部分直接采用叠加的计算方法。

8.3.1 剪扭构件承载力计算

对于矩形截面剪扭构件，剪力和扭矩都主要在横截面上产生剪应力，但分布规律不同。但剪力和扭矩共同作用时，截面应力的组合使其剪应力分布更加复杂，但无论如何，剪力和扭矩的共同作用总是使一个侧面及其附近的剪应力和主拉应力增大，极限扭矩 T_u 和极限剪力 V_u 均降低。当所施加的扭矩和剪力作用大小之比即扭剪比 T/V 大于 0.6 时，扭矩占优，构件多带有受扭破坏的性质；当扭剪比 T/V 小于 0.3 时，剪力占优，构件多带有受剪破坏的性质；当扭剪比 T/V 介于 0.3～0.6 时，构件的裂缝发展和破坏形态处于上述二者之间，一般在剪应力叠加面首先出现斜裂缝，沿斜向延伸至顶面和底面以及另一个侧面下部。破坏时极限斜扭面的受压区在构件端面的投影形状为一个三角形。

矩形截面无腹筋剪扭构件的试验研究表明，剪扭承载力的相关关系符合四分之一圆的规律。对于有腹筋剪扭构件，假设混凝土部分对剪扭承载力的贡献与无腹筋剪扭构件一样，也可认为符合四分之一圆的规律。图 8-10 给出了剪扭承载力相关关系，其中无量纲坐标系的纵坐标为 V_c/V_{c0}，横坐标为 T_c/T_{c0}，其表达式为

$$\left(\frac{V_c}{V_{c0}}\right)^2+\left(\frac{T_c}{T_{c0}}\right)^2=1 \tag{8-15}$$

式中，V_c、T_c——剪扭共同作用下混凝土的受剪及受扭承载力；

V_{c0}——纯剪构件混凝土的受剪承载力，即 $V_{c0}=0.7f_tbh_0$；

T_{c0}——纯扭构件混凝土的受扭承载力，即 $T_{c0}=0.35f_tW_t$。

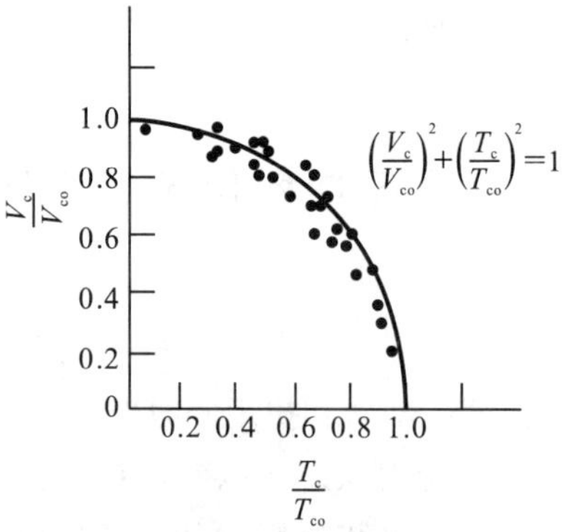

图 8-10 混凝土剪扭载力相关规律

在设计时，剪力和扭矩共同作用下的剪扭承载力相关关系倘若按圆周曲线计算将比较麻烦，为了简化，《混凝土结构设计规范》在以有腹筋构件剪扭承载力为四分之一圆相关曲线作为校正线的基础上，并使用三段直线组成的折线，如图 8-11 中 AB、BC、CD 近似代替圆弧曲线。

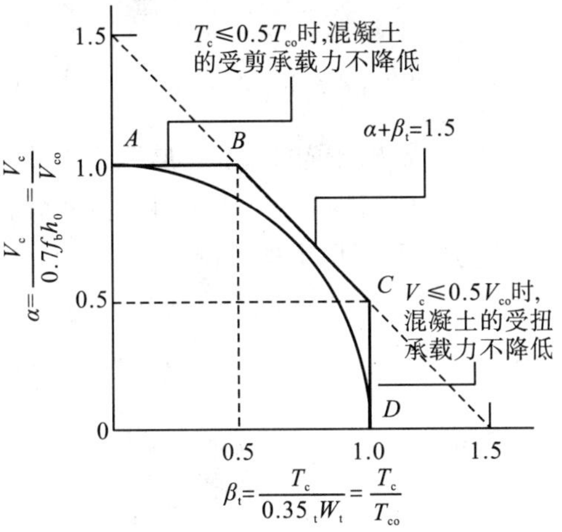

图 8-11

对于水平直线 AB 段，$T_c/T_{co} \leqslant 0.5$，扭矩的影响较小，混凝土的受剪承载力不予降低；对于水平直线 CD 段，$V_c/V_{c0} \leqslant 0.5$，剪力的影响较小，混凝土的受扭承载力不予降低；对于斜直线 BC 段，考虑构件中剪力和扭矩的相互影响，混凝土的受剪及受扭承载力均予以降低。令 $\alpha = V_c/V_{c0}$，称为混凝土受剪承载力降低系数，同时令 $\beta_t = T_c/T_{c0}$，称为混凝土受扭承载力降低系数，则有

$$\alpha + \beta_t = 1.5 \tag{8-16}$$

根据 α 及 β_t 的定义，可推导出二者的比例关系为

$$\frac{\alpha}{\beta_t} = \frac{V_c/V_{c0}}{T_c/T_{c0}} = \frac{V_c}{T_c}\frac{0.35f_tW_t}{0.7f_tbh_0} = 0.5\frac{V_c}{T_c}\frac{W_t}{bh_0} \approx 0.5\frac{V}{T}\frac{W_t}{bh_0} \tag{8-17}$$

在式(8-17)中，做出了结构抗力比值 $\frac{V_c}{T_c}$ 与外荷载作用效应比值 $\frac{V}{T}$ 近似相同的假定。将方程式(8-16)及式(8-17)进行联立求解，可得

$$\beta_t = \frac{1.5}{1 + 0.5\frac{V}{T}\frac{W_t}{bh_0}} \tag{8-18}$$

从图 8-11 可以看出，对于斜线段 BC，β_t 应当满足 $0.5 \leqslant \beta_t \leqslant 1.0$。当 $\beta_t > 1.0$ 时，应取 $\beta_t = 1.0$；而当 $\beta_t < 0.5$ 时，应取 $\beta_t = 0.5$。

《混凝土结构设计规范》指出，当矩形截面剪扭构件需要考虑剪力和扭矩的相互影响时，应当对构件的受剪承载力公式和抗受扭承载力公式分别按照下述规定予以修正。

1)对于一般剪扭构件

(1)受剪承载力。

$$V \leqslant V_u = 0.7(1.5 - \beta_t)f_tbh_0 + f_{yv}\frac{A_{sv}}{s}h_0 \tag{8-19}$$

式中，A_{sv}——受剪计算中配置在同一截面内箍筋各肢的全部截面面积，$A_{sv} = nA_{sv1}$，n 为箍筋肢数，A_{sv1} 为单肢箍筋截面面积。

(2)受扭承载力。

$$T \leqslant T_{u} = 0.35\beta_{t} f_{t} W_{t} + 1.2\sqrt{\zeta} f_{yv} \frac{A_{st1}}{s} A_{cor} \tag{8-20}$$

式中，A_{st1}——受扭计算中沿截面周边配置的箍筋单肢截面面积。

2)对于集中荷载作用下的独立剪扭构件(包括作用有多种荷载，其中的集中荷载对支座截面所产生的剪力值占总剪力值75%以上的情况)

(1)受剪承载力。

$$V \leqslant V_{u} = \frac{1.75}{\lambda + 1}(1.5 - \beta_{t}) f_{t} b h_{0} + f_{yv} \frac{A_{sv}}{s} h_{0} \tag{8-21}$$

且混凝土受扭承载力降低系数 β_t 应改为

$$\beta_{t} = \frac{1.5}{1 + 0.2(\lambda + 1)\dfrac{V}{T}\dfrac{W_{t}}{bh_{0}}} \tag{8-22}$$

式中，λ——计算截面的剪跨比，可取 $\lambda = a/h_0$，当 $\lambda < 1.5$ 时，取 1.5；当 λ 大于 3 时，取 3；a 取集中荷载作用点至支座截面或节点边缘的距离。

实际上，若在式(8-17)中，取 $V_{c0} = \frac{1.75}{(\lambda+1)} f_t b h_0$，即可推导出式(8-22)中的 $0.2(\lambda+1)$。

(2)受扭承载力。

受扭承载力计算公式同一般剪扭构件，即仍按照公式(8-20)计算，但式中的 β_t 应按照公式(8-22)进行计算。

除了矩形截面剪扭构件，对于T形和I形截面剪扭构件的受剪、受扭承载力计算方法与前述矩形截面剪扭构件计算方法类似。不过，应当注意对截面分块规则的运用以及相应的受扭塑性抵抗矩计算，分别计算腹板和翼缘承担的扭矩 T_w、T'_f 和 T_f。并且假设剪力全部由腹板承担，而扭矩由腹板、上下翼缘共同承担。因此，对腹板按矩形截面剪扭构件进行计算，剪力采用总剪力设计值，扭矩为腹板所承担的部分扭矩；而受压翼缘及受拉翼缘按纯扭构件进行计算。最后将所计算的钢筋叠加即为整个截面所需钢筋。

对于箱形截面的剪扭构件，其受力性能与矩形截面相似，但其受扭承载力应考虑箱形截面壁厚的影响(引入箱形截面壁厚影响系数 α_h)，而其受剪承载力计算公式与矩形截面的相同，详见有关规范规定。

8.3.2　压(拉)扭构件承载力计算

压扭构件的试验研究表明，构件破坏时，轴向压力对箍筋的应变影响不明显，而对纵筋应变的影响非常显著，明显减少了纵筋拉应变。由于轴向压力能使混凝土较好地参加工作，抑制了斜裂缝的展开，同时又能改善混凝土的咬合作用和纵向钢筋的销栓作用，所以提高了构件的受扭承载力。规范考虑了这一有利因素，对于轴向压力和扭矩共同作用下的矩形截面钢筋混凝土构件，轴向压力对受扭承载力的提高值偏安全地取为 $0.07NW_t/A$，即

$$T \leqslant \left(0.35 f_{t} + 0.07\frac{N}{A}\right) W_{t} + 1.2\sqrt{\xi} f_{yv} \frac{A_{st1} A_{cor}}{s} \tag{8-23}$$

式中，N——与扭矩设计值 T 相应的轴向压力设计值，当 $N>0.3f_cA$ 时，取 $0.3f_cA$。

但是，根据试验结果，当轴向压力大于 $0.65f_cA$ 时，构件受扭承载力将会逐步降低。因此，规范对轴向压力的上限值做了稳妥的规定，即取轴向压力 N 的上限值为 $0.3f_cA$。

与压扭构件相反，拉扭构件中轴向拉力的存在增大了纵筋的拉应变，加速了斜裂缝的展开，降低了混凝土的骨料咬合作用，从而减小了构件的受扭承载力。因此，在轴向拉力和扭矩共同作用下的矩形截面钢筋混凝土构件，其受扭承载力按计算公式为

$$T \leqslant \left(0.35f_t - 0.2\frac{N}{A}\right)W_t + 1.2\sqrt{\xi}f_{yv}\frac{A_{st1}A_{cor}}{s} \tag{8-24}$$

式中，N——与扭矩设计值 T 相应的轴向拉力设计值，当 $N>1.75f_tA$ 时，取 $1.75f_tA$。

8.3.3　弯扭构件承载力计算

实际工程中弯扭构件的破坏模式可分为三类：扭型破坏、弯型破坏、弯扭型破坏。考虑到构件在弯矩和扭矩共同作用下的受力状态比较复杂，为了简化计算，在试验研究的基础上，《混凝土结构设计规范》采用叠加法进行弯扭构件的承载力计算。首先利用纯扭承载力公式计算出实际需要的抗扭纵筋和箍筋，并根据受扭的要求进行合理的配置。然后再利用受弯承载力公式计算出实际需要的抗弯纵筋，并根据受弯的要求进行合理的钢筋配置。最后通过叠加同一位置处抗弯和抗扭纵筋来确定最终的直径大小和钢筋根数。

8.3.4　弯剪扭构件承载力的计算

弯剪扭构件的破坏形式也分为三类：弯型破坏、剪扭型破坏、扭型破坏。另外，当剪力很大而扭矩较小时，还会发生剪型破坏，与剪压破坏形态很相似。因此在实际工程中，弯、剪、扭复合受力构件的承载力计算更为复杂。因此，《混凝土结构设计规范》以剪扭和弯扭构件的承载力计算方法为基础来建立弯剪扭承载力的计算。纵向钢筋截面面积分别按照受弯和受扭作用计算再叠加；箍筋截面面积分别按照受剪和受扭作用计算后再叠加。

受弯构件的纵筋用量可按纯弯公式进行计算。由于受剪和受扭承载力计算公式中都考虑了混凝土的作用，因此在剪、扭承载力计算公式中，应当考虑扭矩对混凝土受剪承载力和剪力对混凝土受扭承载力的相互影响。

矩形截面弯剪扭构件的承载力主要计算步骤如下。

(1)按受弯构件计算在弯矩作用下所需的受弯纵向钢筋截面面积 A_s 及 A_s'。

(2)参考式(8-19)一般剪扭构件或式(8-21)独立剪扭构件的计算公式，按受剪承载力要求计算所需的受剪箍筋 nA_{sv1}/s。

(3)参考式(8-20)计算一般剪扭构件与独立剪扭构件的抗扭承载力(注意 β_t 取值的不同)，按受扭承载力要求计算所需的受扭箍筋 A_{st1}/s。

(4)参考式(8-9)按抗扭纵筋与受扭箍筋的配筋强度比关系 ξ 表达式，确定抗扭纵筋 A_{stl}；

(5)按照叠加原理，计算抗弯、剪、扭所需的总纵向钢筋和箍筋。

需要指出的是，将抗剪计算所需的箍筋用量中的单肢箍筋用量 A_{sv1}/s 与抗扭所需的单肢箍筋用量 A_{st1}/s 相加，得到每侧所需箍筋总量为 $A_{sv}/s=A_{sv1}/s+A_{st1}/s$。因为抗剪所需受剪箍筋 A_{sv} 是指同一截面内箍筋各肢的全部截面面积，而抗扭所需的受扭箍筋 A_{st1} 则是沿截面周边配置的箍筋单肢截面面积，叠加时抗剪外侧单肢箍筋 A_{sv1} 与抗扭截面周边单肢箍筋 A_{st1} 相加；当采用复合箍筋时，位于截面内部的箍筋则只能抗剪而不能抗扭。

受弯纵筋 A_s 及 A_s' 是配置在截面受拉区底边和截面受压区顶边的，而受扭纵筋 A_{st1} 则沿截面周边对称均匀布置。截面顶、底层钢筋应当进行面积叠加后，按照钢筋公称直径与公称截面面积的对应关系统一进行配筋。

8.4　受扭承载力公式限制条件与构造配筋

8.4.1　截面限制条件

如果构件截面尺寸过小，混凝土材料强度等级过低，受扭构件破坏时首先会出现混凝土被压碎而造成完全超筋破坏，因此必须限制构件截面条件。因此规范在试验的基础上，规定弯、剪、扭作用下的构件截面应当符合下列条件。

当 $\frac{h_w}{b}\left(\text{或}\frac{h_w}{t_w}\right)\leqslant 4$ 时，

$$\frac{V}{bh_0}+\frac{T}{0.8W_t}\leqslant 0.25\beta_c f_c \tag{8-25}$$

当 $\frac{h_w}{b}\left(\text{或}\frac{h_w}{t_w}\right)=6$ 时，

$$\frac{V}{bh_0}+\frac{T}{0.8W_t}\leqslant 0.2\beta_c f_c \tag{8-26}$$

式中，V——构件的剪力设计值；

T——构件的扭矩设计值；

W_t——截面受扭塑性抵抗矩；

f_c——混凝土轴心抗压强度设计值；

b——T 形或者Ⅰ形截面的腹板宽度、矩形截面的宽度，对于箱形截面取侧壁总厚度 $2t_w$；

t_w——箱形截面壁厚，且 $t_w\geqslant 4_h/7$，b_h 表示箱形截面的宽度；

h_w——截面的腹板高度，矩形截面时，取有效高度；T 形截面时，取有效高度减翼缘高度；Ⅰ形和箱形截面时，取腹板的净高；

β_c——混凝土强度影响系数，当强度等级不超过 C50 时，取 $\beta_c=1.0$，当强度等级为 C80 时，取 $\beta_c=0.8$，其间情况采用线性内插法进行取值。

另外，当 $4<\frac{h_w}{b}\left(或\frac{h_w}{t_w}\right)<6$ 时，采用线性内插法确定。

当 $V=0$ 时，式(8-25)和式(8-26)即为纯扭构件的截面尺寸限制条件；当 $T=0$ 时，则为纯剪构件的截面尺寸限制条件。计算时如果不满足上述条件，一般应加大构件截面尺寸，也可提高混凝土强度等级。

8.4.2　构造配筋条件

当构件承受的剪力及扭矩还未达到结构混凝土即将开裂的界限状态时，扭矩可完全由混凝土承担。但为防止受扭构件开裂后产生突然的脆性破坏，规范规定当截面中的剪力和扭矩满足式(8-27)时，可不进行截面受剪扭承载力计算，仅需按最小配筋率和构造要求配置箍筋和纵筋，但是在配置受弯所需要的纵筋时，需要根据计算配置。

$$\frac{V}{bh_0}+\frac{T}{W_t}\leqslant 0.7f_t+0.07\frac{N}{bh_0} \tag{8-27}$$

式中，N——与剪力设计值 V、扭矩设计值 T 相对应的轴向压力设计值，当 $N>0.3f_cA$ 时，取 $0.3f_cA$，A 为构件的截面面积。

8.4.3　最小配筋率

钢筋混凝土受扭构件的极限承载力与相对应的素混凝土构件的极限承载力相等时，所对应的配筋率一般包括两个方面：箍筋最小配筋率和纵筋最小配筋率。在实际工程中，构件受纯扭的情况很少，大多数情况下构件受到的是弯剪扭共同作用。规范要求弯剪扭构件中，受剪及受扭箍筋的配筋率应该满足

$$\rho_{sv}=\frac{A_{sv}}{bs}\geqslant\rho_{sv,\min}=0.28\frac{f_t}{f_{yv}} \tag{8-28}$$

梁内受扭纵筋的最小配筋率应该满足

$$\rho_{tl}=\frac{A_{stl}}{bh}\geqslant\rho_{tl,\min}=\frac{A_{stl,\min}}{bh}=0.6\sqrt{\frac{T}{Vb}}\frac{f_t}{f_y} \tag{8-29}$$

对于箱形截面构件，式(8-28)及式(8-29)中的 b 应以 b_h 代替。另外，对于式(8-29)，当 $T/(Vb)>2.0$ 时，取 2.0。

在弯剪扭构件中，配置在截面弯曲受拉边的纵向受力钢筋，其截面面积不应小于按受弯构件受拉钢筋最小配筋率计算的钢筋截面面积与按受扭纵向钢筋最小配筋率计算并分配到弯曲受拉边的受扭纵向钢筋截面面积之和。

8.4.4　判别配筋计算是否可忽略剪力 V 或者扭矩 T

当 $V\leqslant 0.35f_tbh_0$ 或 $V\leqslant 0.875f_tbh_0/(\lambda+1)$ 时，为简化计算，可不进行受剪承载力计算；当 $T\leqslant 0.175f_tW_t$ 或 $T\leqslant 0.175\alpha_hf_tW_t$ 时，为简化计算，可不进行受扭承载力计算。

8.4.5 钢筋的构造要求

在配置箍筋时，需将其做成封闭式，且应该沿构件截面周边进行布置，受扭箍筋间距与梁中受剪箍筋要求相同。当采用复合箍筋时，位于构件截面内部的箍筋不应计入受扭所需的箍筋面积。应将受扭所需要的钢筋末端做成135度弯钩，且弯钩端头的平直段长度不应小于10d(d为箍筋直径)。

在配置纵筋时，除在构件截面的四个角必须设置受扭纵筋，其余纵向受扭纵筋沿截面均匀对称布置。纵向受扭纵筋间距不应大于200 mm和构件截面的短边长度。当支座边作用有较大的扭矩时，应将受拉钢筋锚固在支座内。在进行结构设计时，纵筋的最小配筋率应取受弯及受扭纵筋最小配筋率的叠加值。

【例8-1】已知一均布荷载作用下钢筋混凝土矩形截面弯、剪、扭构件，环境类别为一类，a_s取35 mm，截面尺寸b×h=200 mm×400 mm。所承受的弯矩设计值M=100 kN·m，剪力设计值V=52 kN，扭矩设计值T=4 kN·m。纵筋级别为HRB335，混凝土强度等级为C20，验算截面尺寸是否满足要求。

解：根据题意可知$f_c=9.5\ \text{N/mm}^2$，$h_0=h-a_s=400-35=365$ mm

由于$\dfrac{h_w}{b}=\dfrac{h_0}{b}=365/200=1.83\leqslant 4$，所以采用公式$\dfrac{V}{bh_0}+\dfrac{T}{0.8W_t}\leqslant 0.25\beta_c f_c$进行验算。

$$W_t=\frac{b^2}{6}(3h-b)=\frac{200^2}{6}\times(3\times400-200)=6.67\times10^6\ \text{mm}^3$$

$$\frac{V}{bh_0}+\frac{T}{0.8W_t}=\frac{52000}{200\times365}+\frac{4}{0.8\times6.67}=1.46\ \text{N/mm}^2$$

$$0.25\beta_c f_c=0.25\times1.0\times9.5=2.375\ \text{N/mm}^2\geqslant1.46\ \text{N/mm}^2$$

所以构件截面的尺寸满足要求。

【例8-2】某矩形截面纯扭梁构件，承受扭矩设计值为T=18 kN·m，截面尺寸$b\times h$=250 mm×500 mm，C25混凝土，箍筋为HRB335级钢筋，纵筋为HRB400级钢筋。环境类别为一类，试计算截面的配筋数量。

解：根据题意可知$f_c=11.9\ \text{N/mm}^2$，$f_t=1.27\ \text{N/mm}^2$，$4_y=360\ \text{N/mm}^2$，$f_{yv}=300\ \text{N/mm}^2$，混凝土保护层$c$为25 mm，箍筋直径选用10 mm，则$b_{cor}=250-30\times2=190$ mm，$h_{cor}=500-30\times2=440$ mm。本题属矩形截面纯扭构件的计算，先验算截面尺寸，再验算是否需要按计算配置受扭筋；若不需按计算配置抗扭钢筋，则按构造要求配筋。当需要按计算配置抗扭钢筋时，可先假定ζ值，然后按矩形截面钢筋混凝土纯扭构件的受扭承载力计算公式即可求得。

(1)验算截面尺寸是否满足要求。

$$W_t=\frac{b^2}{6}(3h-b)=\frac{250^2}{6}\times(3\times500-250)=13.021\times10^6\ \text{mm}^3$$

$$\frac{T}{0.8W_t}=\frac{18\times10^6}{0.8\times13.021\times10^6}=1.728\leqslant0.25\beta_c f_c=0.25\times1.0\times11.9=2.975$$

故截面尺寸满足要求。

(2)验算是否按计算配置抗扭钢筋。

$$0.7f_tW_t = 0.7 \times 1.27 \times 13.021 \times 10^6 = 11.58\ \text{kN}\cdot\text{m} < T = 18\ \text{kN}\cdot\text{m}$$

故需按计算配置受扭钢筋。

(3)抗扭箍筋的计算。

①假定 $\zeta=1.1$。

②由 $T\leqslant 0.35f_tW_t+1.2\sqrt{\zeta}A_{cor}\dfrac{A_{st1}f_{yv}}{s}$，可得

$$\frac{A_{st1}}{s} = \frac{T-0.35f_tW_t}{1.2\sqrt{\zeta}f_{yv}A} = \frac{18\times 10^6 - 0.35\times 1.27\times 13.021\times 10^6}{1.2\sqrt{1.1}\times 300\times 190\times 440} = 0.387$$

③受扭箍筋直径及间距的确定。

选用Φ 8 箍筋($A_{sv1}=50.3\ \text{mm}^2$)，双肢箍，$n=2$，因此受扭箍筋间距为

$$s = \frac{A_{st1}}{0.387} = \frac{50.3}{0.387} = 130\ \text{mm}$$

取 $s=120\ \text{mm}<s_{max}=200\ \text{mm}$(满足构造要求)

即所配箍筋为Φ 8@120。

④验算抗扭箍的配筋率。

$$\rho_{sv} = \frac{A_{sv}}{bs} = \frac{2A_{st1}}{bs} = \frac{2\times 50.3}{250\times 120} = 0.34\% \geqslant \rho_{sv,min}$$

$$= 0.28\times\frac{f_t}{f_{yv}} = 0.28\times\frac{1.27}{300} = 0.12\%$$

故满足弯剪扭构件中箍筋的最小配筋率要求。

(4)抗扭纵筋的计算。

①按 $\zeta=\dfrac{f_yA_{stl}s}{f_{yv}A_{st1}u_{cor}}$，可得

$$A_{stl} = \frac{\zeta f_{yv}u_{cor}}{f_y}\frac{A_{st1}}{s} = \frac{1.1\times 300\times 2\times(190+440)}{360}\frac{50.3}{120} = 484\ \text{mm}^2$$

②验算抗扭纵筋配筋率。

$$\rho_{tl} = \frac{A_{stl}}{bh} = \frac{484}{250\times 500} = 0.387\% \geqslant \rho_{tl,min} = 0.6\sqrt{\frac{T}{Vb}}\frac{f_t}{f_y} = 0.6\sqrt{2.0}\times\frac{1.27}{360} = 0.30\%$$

(其中在计算 $\rho_{tl,min}$时，当 $T/(Vb)>2.0$ 时，取 $T/(Vb)=2.0$，因此纯扭构件该处直接取 2.0)

故满足弯剪扭构件中抗扭纵筋的最小配筋率要求。

③配筋。选用 6 Φ 12($A_s=678\ \text{mm}^2$)。

【例 8-3】钢筋混凝土矩形截面梁，截面尺寸 $b\times h=250\ \text{mm}\times 500\ \text{mm}$。承受设计弯矩值为 $M=100\ \text{kN}\cdot\text{m}$，由均布荷载产生的剪力设计值 $V=100\ \text{kN}$，所受扭短设计值 $T=15\ \text{kN}\cdot\text{m}$。混凝土强度等级为 C25，箍筋为 HPB300 级钢筋，纵筋采用 HRB4OO 级钢筋，试对该梁进行截面设计。

解：(1)材料强度设计值。

C25 混凝土 $f_c=11.9\ \text{N/mm}^2$，$f_t=1.27\ \text{N/mm}^2$。HPB300 级箍筋 $f_{yv}=270\ \text{N/mm}^2$。

HRB400 级纵筋 $f_y=360\ N/mm^2$。

(2)验算截面限制条件。

设为一排钢筋，取 $a_s=40$ mm，则 $h_0=500-40=460$ mm。

$$W_t=\frac{b^2}{6}(3h-b)=\frac{250^2}{6}\times(3\times500-250)=1.3\times10^7\ mm^3$$

$$A_{cor}=b_{cor}h_{cor}=440\times190=83600\ mm^2$$

$$u_{cor}=2(b_{cor}+h_{cor})=2\times(440+190)=1260\ mm$$

又因

$$\frac{h_w}{b}=\frac{500}{250}=2<4$$

则

$$\frac{V}{bh_0}+\frac{T}{0.8W_t}=\frac{100\times10^3}{250\times460}+\frac{15\times10^6}{0.8\times1.3\times10^7}=0.87+1.44$$

$$=2.31\ N/mm^2<0.25\beta_c f_c=0.25\times1.0\times9.6=2.4\ N/mm^2$$

所以，截面尺寸满足要求。

(3)验算是否可以忽略剪力 V 或扭矩 T 对承载力的影响。

$$V=100kN>0.35f_tbh_0=0.35\times1.27\times250\times460=51.12\ kN$$

$$T=15kN\cdot m>0.175f_tW_t=0.175\times1.27\times1.3\times10^7=2.89\ kN\cdot m$$

因此，剪力和扭矩对构件承载力的影响均要考虑，构件应按弯、剪、扭共同作用计算。

(4)验算是否可按构造配置剪扭箍筋。

由构造配筋要求，因为

$$0.7f_t=0.7\times1.27=0.89\ N/mm^2<\frac{V}{bh_0}+\frac{T}{W_t}$$

$$=\frac{100\times10^3}{250\times460}+\frac{15\times10^6}{1.3\times10^7}=2.02\ N/mm^2$$

所以应按计算配置抗剪及抗扭钢筋。

(5)按受弯构件正截面承载力计算抗弯纵筋(单筋截面)。

由

$$\sum M=0,M=\alpha_1f_cbx\left(h_0-\frac{x}{2}\right)=\alpha_1f_cbh_0^2\alpha_s$$

$$\sum X=0,f_yA_s=\alpha_1f_cbx=\alpha_1f_cb\xi h_0$$

求解得

$$\alpha_s=M/(\alpha_1f_cbh_0^2)=100\times10^6/(1.0\times11.9\times250\times460^2)=0.159$$

$\xi=1-\sqrt{1-2\alpha_s}=0.174<\xi_b=0.518$(满足适筋梁要求)

$$A_s=\frac{\alpha_1f_cb\xi h_0}{f_y}=\frac{11.9\times250\times0.174\times460}{360}=661\ mm^2$$

而 $A_{s,min}=\rho_{min}bh=0.002\times250\times500=250\ mm^2$ 因此，$A_s>A_{s,min}$，满足要求。

(6)计算受扭箍筋和受扭纵筋。

剪扭构件混凝土受扭承载力降低系数为

$$\beta_t = \frac{1.5}{1+0.5\dfrac{VW_t}{Tbh_0}} = \frac{1.5}{1+0.5\times\dfrac{100\times10^3\times1.3\times10^7}{15\times10^6\times250\times460}} = 1.089 > 1.0$$

按《规范》规定，取 $\beta_t=1.0$，并且设配筋强度比 $\zeta=1.2$。

①计算受扭箍筋。

由　$T\leqslant 0.35\beta_t f_t W_t + 1.2\sqrt{\zeta} f_{yv}\dfrac{A_{st1}A_{cor}}{s}$

可得

$$\frac{A_{st1}}{s} = \frac{T-0.35\beta_t f_t W_t}{1.2\sqrt{\zeta} f_{yv} A_{cor}}$$

$$= \frac{15\times10^6 - 0.35\times1.0\times1.27\times1.3\times10^7}{1.2\times\sqrt{1.2}\times270\times83600} = 0.311\ \text{mm}^2/\text{mm}$$

又根据受扭纵筋与箍筋的配筋强度比 ζ 的定义，有

$$\zeta = \frac{f_y A_{stl} s}{f_{yv} A_{st1} u_{cor}}$$

②计算受扭纵筋。

$$A_{stl} = \zeta u_{cor}\frac{A_{stl}}{s}\frac{f_5}{f_y} = 1.2\times1260\times0.311\times\frac{270}{360} = 353\ \text{mm}^2$$

受扭纵筋最小配筋率为

$$\rho_{tl,\min} = 0.6\sqrt{\frac{T}{Vb}}\frac{f_t}{f_y} = 0.6\times\sqrt{\frac{15\times10^6}{100\times10^3\times250}}\times\frac{1.27}{360} = 0.0016$$

$$\rho_{tl} = \frac{A_{stl}}{bh} = \frac{353}{250\times500} = 0.0028 > \rho_{tl,\min} = 0.0016$$

按计算配置受扭纵筋。根据构造要求，梁中部应设置受扭纵筋，故受扭纵筋按上、中、下部位分摊 $\dfrac{1}{3}A_{stl}=\dfrac{353}{3}=118\ \text{mm}^2$。

最终上、中部纵筋面积选用 2 ф 12($A_s=226\ \text{mm}^2$)，而下部纵筋面积为抗弯纵筋面积与抗扭纵筋面积之和，即 661+118=779 mm²，选用 4 ф 16($A_s=804\ \text{mm}^2$)。

(7)计算受剪箍筋。

计算单侧受剪箍筋用量(采用双肢箍 $n=2$)：

$$V\leqslant 0.7(1.5-\beta_t)f_t bh_0 + f_{yv}\frac{A_{sv}}{s}h_0$$

$$\frac{A_{sv}}{s} = \frac{2A_{sv1}}{s} = \frac{V-0.7(1.5-\beta_t)f_t bh_0}{f_{yv}h_0}$$

$$= \frac{100\times10^3 - 0.7(1.5-1)\times1.27\times250\times460}{270\times460} = 0.394\ \text{mm}^2/\text{mm}$$

(8)配置箍筋。

计算单肢箍筋总量：

$$\frac{A_{stl}}{s} + \frac{A_{sv1}}{s} = 0.311 + \frac{0.394}{2} = 0.5081$$

选用箍筋直径ф 8，$A_{sv1}=50.3\ \text{mm}^2$，则

$$s=\frac{50.3}{0.508}=99\ \text{mm}$$

取箍筋间距 $s=95$ mm，满足箍筋最大间距要求。相应的配箍率为

$$\rho_{sv}=\frac{A_{sv}}{bs}=\frac{2\times 50.3}{250\times 95}=4.24\times 10^{-3}>0.28f_t/f_{yv}=0.28\times 1.27/270=1.32\times 10^{-3}$$

满足要求。

最终的截面配筋见图 8-12。

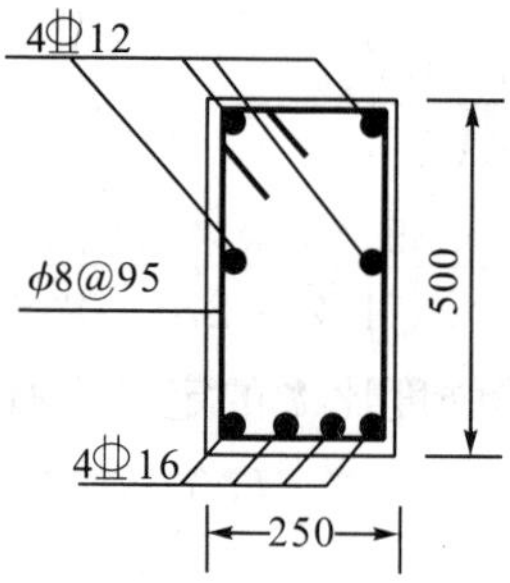

图 8-12 截面配筋图

8.5 本章小结

(1)根据所配箍筋和纵筋数量的多少，钢筋混凝土纯扭构件的破坏形态分为少筋破坏、适筋破坏、部分超筋破坏和完全超筋破坏。其中，少筋破坏和完全超筋破坏均为明显的脆性破坏，在设计中应坚决避免。

(2)钢筋混凝土纯扭构件的承载力由混凝土与钢筋抗力组成。混凝土的抗扭作用与 f_tW_t 有关，而钢筋的抗扭作用是按变角空间桁架模型推得的。为使受扭纵筋与箍筋相匹配，有效发挥抗扭作用，应使二者的强度比 ζ 介于 0.6～1.7，工程设计中可取为 1.2。

(3)纯扭构件在工程结构中较少，多数情况是结构受到弯矩、剪力、扭矩、压(拉)等复合作用。在剪、扭组合作用下，混凝土的承载力基本符合 1/4 圆弧变化规律。为简化考虑混凝土的剪扭相关问题，在受扭承载力计算式中对混凝土承载力项乘以混凝土受扭承载力降低系数 β_t，在受剪承载力计算式中乘以混凝土受剪承载力降低系数 $\alpha=1.5-\beta_t$，这两个系数均是以三折线代替 1/4 圆弧得到。

(4)轴向压力在一定范围内可以推迟混凝土的开裂，能够提高构件的受扭和受剪承载力。相反，轴向拉力降低了构件的受扭和受剪承载力。

(5)复合受力构件的承载力计算是一个非常复杂的问题，至今未得到完善解决。《混凝土结构设计规范》根据剪扭和弯扭构件的试验研究结果，规定了部分相关、部分叠加的计算原则，即对混凝土的抗力考虑剪扭相关性，对抗弯、抗扭、抗压(拉)纵筋及抗剪、抗扭箍筋采用分别计算后叠加的方法。

(6)受扭构件还必须满足截面限制条件和最小配筋率条件，以防止完全超筋和少筋破坏。此外，受扭构件还必须满足有关构造要求。

思　考　题

8.1　钢筋混凝土矩形截面纯扭构件有哪几种破坏形态？各种破坏形态的特征是什么？

8.2　配筋强度比对构件的配筋和破坏形式有什么影响？

8.3　简述钢筋混凝土弯剪扭构件设计时箍筋和纵筋是怎样分别确定的？

8.4　剪扭共同作用时，剪扭承载力之间的相关性是什么？弯扭共同作用时，弯扭承载力之间具有怎样的相关性？

8.5　在弯剪扭构件的承载力计算中，为什么需要规定截面尺寸限制条件？

8.6　受扭构件的配筋有哪些基本构造要求？

习　　题

8.1　已知某矩形截面钢筋混凝土纯扭构件，截面尺寸为 $b\times h=300$ mm×500 mm，配有 4 根Φ 14 的 HRB335 级纵向钢筋。箍筋选用 HPB300 级双肢 A12@125。混凝土为 C30。试求该截面所能承受扭矩设计值。

8.2　已知某矩形截面框架梁承受剪扭联合作用，截面尺寸为 $b\times h=250$ mm×400 mm，支座处扭矩设计值 $T=5$ kN・m，剪力由均布荷载与集中荷载共同作用产生，支座处总剪力设计值 $V=130$kN(其中集中荷载在支座截面产生的剪力为 100kN，计算剪跨比 $\lambda=a/h_0$ 为 6.67)。混凝土采用 C25，纵筋采用 HRB400 级，箍筋采用 HRB335 级，环境类别为一类，试设计支座截面配筋。

8.3　T 形截面弯剪扭构件，截面尺寸参数为：$b'_f=500$ mm，$h'_f=100$ mm，$b=300$ mm，$h=600$ mm。梁所承受的弯矩设计值为 $M=293$ kN・m，剪力设计值为 $V=210$kN，扭矩设计值为 $T=20$ kN・m。混凝土强度等级为 C30，纵筋采用 HRB400 级，箍筋采用 HPB300 级，a_s 取 40 mm，试求该构件所需受弯、受剪及受扭钢筋。

8.4　矩形截面弯剪扭构件，截面尺寸为 $b\times h=250$ mm×450 mm，承受设计扭矩 $T=10$ kN・m，设计弯矩 $M=115$ kN・m，设计剪力 $V=85$ kN，采用 C20 混凝土，纵筋为 HRB335 级，箍筋为 HPB300 级，试计算构件配筋。

第 9 章　正常使用极限状态验算及耐久性设计

本章主要讲述正常使用极限状态的验算和耐久性。主要内容包括正常使用极限状态验算与耐久性设计的目的、基本要求与方法。正常使用极限状态验算有两个主要内容：受弯构件的变形验算和构件的裂缝验算；耐久性设计主要包括混凝土耐久性的概念、环境分类、主要耐久性措施及基本规定等。

9.1　概　　述

结构构件应根据承载能力极限状态及正常使用极限状态分别进行计算和验算。通常，对各类混凝土构件均要求进行承载力计算；对某些构件，还应根据其使用条件，通过验算，使变形和裂缝宽度不超过规定限值，同时还应满足保证正常使用及耐久性的其他要求与规定限值，如混凝土保护层的最小厚度等。

与不满足承载能力极限状态相比，结构构件不满足正常使用极限状态对生命财产的危害性要小，正常使用极限状态的目标可靠指标 β 可以小些。《混凝土结构设计规范》规定：结构构件承载力计算应采用荷载设计值；对于正常使用极限状态，结构构件应分别按荷载的标准组合、准永久组合进行验算或按照标准组合并考虑长期作用影响进行验算。并应保证变形、裂缝、应力等计算值不超过相应的规定限值。由于混凝土构件的变形及裂缝宽度都随时间增大，所以，验算变形及裂缝宽度时，应按荷载的标准组合并考虑荷载长期效应的影响。按正常使用极限状态验算结构构件的变形及裂缝宽度时，其荷载效应值大致相当于破坏时荷载效应值的 50％～70％。

混凝土结构的耐久性是指混凝土结构在设计确定的环境作用和维修、使用条件下，结构构件在规定的期限内保持其适用性和安全性的能力。混凝土受到有害物质的侵蚀(如混凝土碳化等)、本身有害成分的物理化学作用(如混凝土中的碱骨料反应、反复冻融循环等)等因素的影响，导致混凝土产生劣化，宏观上会出现开裂、剥落、膨胀、松软及强度下降等现象，从而随着时间的推移影响结构的安全性和适用性。

本章主要介绍钢筋混凝土结构的正常使用极限状态验算和耐久性设计相关的内容。

9.2　裂缝成因及裂缝控制

在钢筋混凝土结构领域，一个相当普遍的质量问题就是结构的裂缝问题，且有日趋增多的趋势。由于结构在外荷载作用下的破坏和倒塌是从裂缝扩展开始的，所以人们对裂缝隙往往产生一种建筑破坏的恐惧感。裂缝问题已严重影响到人们的正常生活与生产，并困扰着大批工程技术人员和管理人员，是一个迫切需要解决的技术难题。

混凝土是粗骨料、细骨料、水泥石、水和气体组成的非均质结构，在成型后随温度、湿度等环境条件的影响会形成肉眼不可见的微小裂缝。由于混凝土的组成材料和微观构造不同，以及受环境影响的不同，混凝土产生裂缝的原因很复杂。

经大量调研得出，近年来大量裂缝的出现，并非与荷载作用有直接关系，通过大量的调查与实测研究证明这种裂缝由变形作用引起，包括温度变形(水泥的水化热、气温变化、环境生产热)、收缩变形(塑性收缩、干燥收缩、碳化收缩)及地基不均匀沉降(膨胀)变形。由于这些变形受到约束引起的应力超过混凝土的抗拉强度导致裂缝，统称“变形作用引起的裂缝”。

钢筋混凝土结构的裂缝是不可避免的，但其有害程度是可以控制的，有害与无害的界限由结构使用功能决定，裂缝控制的主要方法是通过设计、施工、材料等方面综合技术措施将裂缝控制在无害范围内。

9.2.1　裂缝的成因

混凝土产生裂缝的原因十分复杂，归纳起来有外力荷载引起的裂缝和非荷载因素引起的裂缝两大类，现分述如下。

1. 外力荷载引起的裂缝

钢筋混凝土结构在使用荷载作用下，截面上的混凝土拉应变一般都大于混凝土极限拉应变，因而构件在使用时总是带裂缝工作。作用于截面上的弯矩、剪力、轴向拉力以及扭矩等内力都可能引起钢筋混凝土构件开裂，但不同性质的内力所引起的裂缝的形态不同。

裂缝一般与主拉应力方向大致垂直，且最先在内力最大处产生。如果内力相同，则裂缝首先在混凝土抗拉能力最薄弱处产生。

外力荷载引起的裂缝主要有正截面裂缝和斜裂缝。由弯矩、轴心拉力、偏心拉(压)力等引起的裂缝，称为正截面裂缝或垂直裂缝；由剪力或扭矩引起的与构件轴线斜交的裂缝称为斜裂缝。

由荷载引起的裂缝主要通过合理的配筋，如选用与混凝土黏结较好的带肋钢筋、控制使用期钢筋应力不过高、钢筋的直径不过粗、钢筋的间距不过大等措施，来控制正常使用条件下的裂缝不致过宽。

2. 非荷载因素引起的裂缝

钢筋混凝土结构构件除了由外力荷载引起的裂缝外，很多非荷载因素，如温度变化、混凝土收缩、基础不均匀沉降、塑性坍落、冰冻、钢筋锈蚀以及碱骨料化学反应等都有可能引起裂缝。

1)温度变化引起的裂缝

结构构件会随着温度的变化而产生变形，即热胀冷缩。当冷缩变形受到约束时，就会产生温度应力(拉应力)，当温度应力大于混凝土抗拉强度就会产生裂缝。减小温度应力的实用方法是尽可能地撤去约束，允许其自由变形。在建筑物中设置伸缩缝就是这种方法的典型例子。

大体积混凝土开裂的主要原因之一是温度应力。混凝土在浇筑凝结硬化过程中会产生大量的水化热，导致混凝土温度上升。如果热量不能很快散失，混凝土块体内外温差过大，就会产生温度应力，使结构内部受压外部受拉，如图 9-1 所示。混凝土在硬化初期抗拉强度很低，如果内外温度差较大，就容易出现裂缝。防止这类裂缝的措施是：采用低热水泥和在块体内部埋置块石以减少水化热，掺用优质掺合料以降水泥用量，预冷骨料及拌和用水以降低混凝土入仓温度，预埋冷却水管通水冷却，合理分层分块浇筑混凝土，加强隔热保温养护等。构件在使用过程中若内外温差大，也可能引起构件开裂。例如，钢筋混凝土倒虹吸管，内表面水温很低，外表面经太阳曝晒温度会相对较高，管壁的内表面就可能产生裂缝。为防止此类裂缝的发生或减小裂缝宽度，应采用隔热或保温措施尽量减少构件内的温度梯度，如在裸露的压力管道上铺设填土或塑料隔热层。在配筋时也应考虑温度应力的影响。

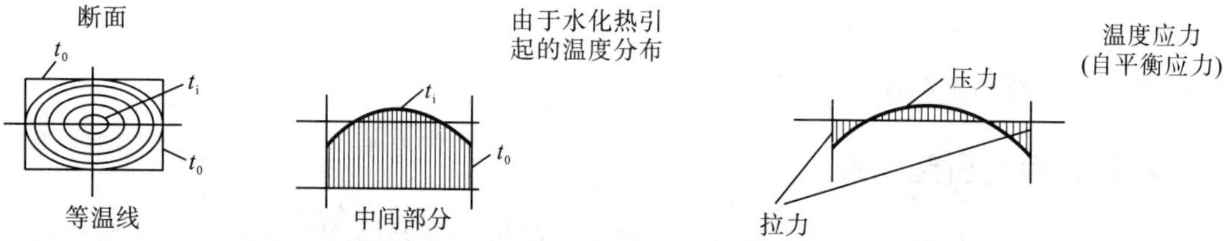

图 9-1 分化热引起的温度分布及温度应力

2)混凝土收缩引起的裂缝

混凝土在结硬时由于体积缩小产生收缩变形。如果构件能自由伸缩，则混凝土的收缩只是引起构件的缩短而不会导致收缩裂缝。但实际上结构构件都不同程度地受到边界约束作用，例如，板受到四边梁的约束，梁受到支座的约束。对于这些受到约束而不能由伸缩的构件，混凝土的收缩也就可能导致裂缝的产生。

在配筋率很高的构件中，即使边界没有约束，混凝土的收缩也会受到钢筋的制约而产生拉应力，也有可能引起构件产生局部裂缝。此外，新老混凝土的界面上很容易产生收缩裂缝。

混凝土的收缩变形随着时间而增长，初期收缩变形发展较快，两周可完成全部收缩量的 25%，一个月约可完成 50%，三个月后增长缓慢，一般两年后趋于稳定。

防止和减少收缩裂缝的措施是：合理地设置伸缩缝，改善水泥性能，降低水灰比，水泥用量不宜过多，配筋率不宜过高，在梁的支座下设置四氟乙烯垫层以减小摩擦约束，合理设置构造钢筋使收缩裂缝分布均匀，尤其要注意加强混凝土的潮湿养护。

3)基础不均匀沉降引起的裂缝

基础不均匀沉降会使超静定结构受迫变形而引起裂缝。防止的措施是：根据地基条件及上部结构形式采用合理的构造措施及设置沉降缝等。

4)混凝土塑性坍落引起的裂缝

混凝土塑性坍落发生在混凝土浇筑后的头几小时内，这时混凝土还处于塑性状态，如果混凝土出现泌水现象，在重力作用下混合料中的固体颗粒有向下沉移而水向上浮动的倾向。当这种移动受到顶层钢筋骨架或者模板约束时，在表层就容易形成沿钢筋长度方向的顺筋裂缝，如图 9-2 所示。防止这类裂缝的措施是：仔细选择集料的级配，做好混凝土的配合比设计，特别是要控制水灰比，采用适量的减水剂施工时混凝土既不能漏振也不能过振。一旦发生这类裂缝，可在混凝土终凝以前重新抹面压光，使裂缝闭合。

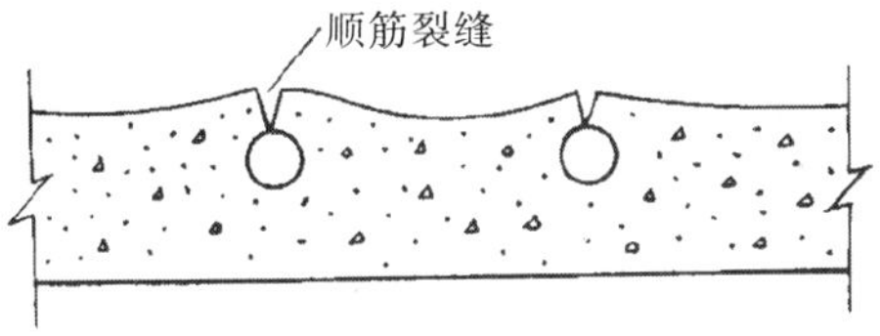

图 9-2　顺筋裂缝图

5)冰冻引起的裂缝

水在结冰过程中体积要增加。因此，通水孔道中结冰就可能产生纵向裂缝。在建筑物基础梁下，充填一定厚度的松散材料(炉渣)可防止土体冰胀，从而避免作用力直接作用在基础梁上而引起基础梁开裂或者破坏。

6)钢筋锈蚀引起的裂缝

钢筋的生锈过程是电化学反应过程，其生成物铁锈的体积大于原钢筋的体积。这种效应可在钢筋周围的混凝土中产生胀拉应力，如果混凝土保护层比较薄，不足以抵抗这种拉应力时就会沿着钢筋形成一条顺筋裂缝。顺筋裂缝的发生又进一步促进钢筋锈蚀程度的增加，形成恶性循环，最后导致混凝土保护层剥落，甚至钢筋锈断，如图 9-3 所示。这种顺筋裂缝对结构的耐久性影响极大。防止的措施是：提高混凝土的密实度和抗渗性，适当地加大混凝土保护层厚度。

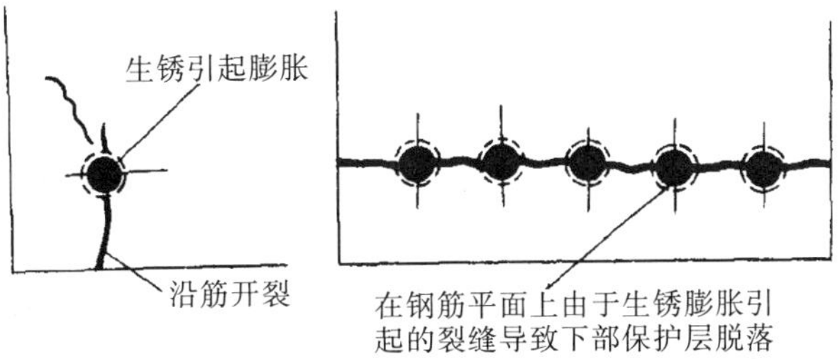

图 9-3　钢筋锈蚀的影响

7)碱骨料化学反应引起的裂缝

碱骨料反应是指混凝土孔隙中水泥的碱性溶液与活性骨料。化学反应生成碱硅酸凝胶，碱硅胶遇水后可产生膨胀，使混凝土胀裂。开始时在混凝土表面形成不规则的鸡爪形细小裂缝，然后由表向里发展，裂缝中充满白色沉淀。

碱骨料化学反应对结构构件的耐久性影响很大。为了控制碱骨料的化学反应，应选择低含碱量的水泥，混凝土结构的水下部分不宜(或不应)采用活性骨料，提高混凝土的密实度和采用较低的水灰比。

9.2.2 裂缝控制目的及要求

钢筋混凝土结构的裂缝是不可避免的，但其有害程度是可以控制的，有害与无害的界限由结构使用功能决定。确定最大裂缝宽度限值，主要考虑两个方面的原因：一是外观要求；二是耐久性要求，并以后者为主。

从外观要求考虑，裂缝过宽将给人以不安全感，同时也影响对结构质量的评价。满足外观要求的裂缝宽度限值，与人们的心理反应、裂缝开展长度、裂缝所处位置，乃至光线条件等因素有关，难以取得完全统一的意见。目前有些研究者提出可取 0.25～0.3 mm。

根据国内外的调查及试验结果，耐久性所要求的裂缝宽度限值，应着重考虑环境条件及结构构件的工作条件。处于室内正常环境，即无水源或很少水源的环境下，裂缝宽度限值可放宽些。不过，这时还应按构件的工作条件加以区分。例如，屋架、托梁等主要屋面承重结构构件，以及重级工作制吊车架等构件，均应从严控制裂缝宽度。

直接受雨淋的构件、无围护结构的房屋中经常受雨淋的构件、经常受蒸汽或凝结水作用的室内构件(如浴室等)，以及与土直接接触的构件，都具备钢筋锈蚀的必要和充分条件，因而都应严格限制裂缝宽度。

《混凝土结构设计规范》对混凝土构件规定的最大裂缝宽度限值见附表 17，这是对在有荷载作用下产生的横向裂缝宽度而言的，要求通过验算予以保证。

9.2.3 裂缝控制等级

钢筋混凝土结构构件的裂缝控制等级主要根据其耐久性要求确定。与结构的功能要求、环境条件对钢筋的腐蚀影响、钢筋种类对腐蚀的敏感性和荷载作用时间等因素有关。控制等级是对裂缝控制的严格程度而言的，设计者可根据具体情况选用不同的等级。我国《混凝土结构设计规范》(GB 50051—2010)对混凝土根据正截面的受力裂缝控制等级分为三级，等级分级要求应符合下列规定。

一级——严格要求不出现裂缝的构件，在荷载效应的标准组合下，构件受拉边缘混凝土不应产生拉应力。

二级——一般要求不出现裂缝的构件，在荷载效应的标准组合下，构件受拉边缘混凝土拉应力不应大于混凝土轴心抗拉强度标准值。

三级——允许出现裂缝的构件，对于钢筋混凝土构件，按荷载准永久组合并考虑长期作用影响计算时，对预应力混凝土构件的最大裂缝宽度按荷载效应的标准组合并考虑长期作用影响计算时，裂缝的最大宽度 $\omega_{\max}$ 不应超过规定的最大裂缝宽度限值 ω_{lim}，即

$$\omega_{\max} \leqslant \omega_{\mathrm{lim}}$$

对于二 a 类环境的预应力混凝土构件，尚应按荷载准永久组合计算，且构件受拉边缘混凝土的拉应力不用大于混凝土的抗拉强度标准值。

上述一、二级裂缝控制属于构件的抗裂能力控制，将在预应力混凝土构件章节中讨论，对于钢筋混凝土构件，本章主要介绍使用阶段带裂缝工作的构件裂缝宽度计算方法。

9.3　裂缝宽度验算

9.3.1　裂缝宽度的计算方法

1. 裂缝出现前后的应力状态

在裂缝未出现前，受拉区钢筋与混凝土共同受力，沿构件长度方向，各截面的受拉钢筋应力及受拉区混凝土拉应力大体上保持均等(图 9-4)。

由于混凝土的不均匀性，各截面混凝土的实际抗拉强度是有差异的，随着荷载的增加，在某一最薄弱的截面上将出现第一条裂缝(图 9-5 中的截面 a)。有时也可能在几个截面上同时出现一批裂缝。在裂缝截面上混凝土不再承受拉力而转由钢筋来承担，钢筋应力将突然增大，应变也突增。加上原来受拉伸长的混凝土应力释放后又瞬间产生回缩，所以裂缝一出现就会有一定的宽度。

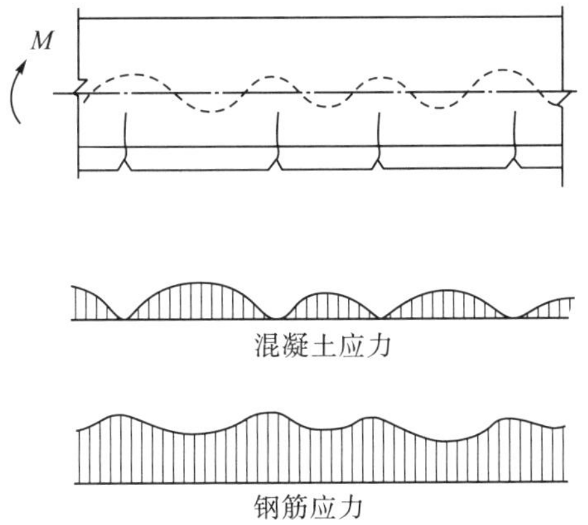

图 9-4　第一、二条裂缝间的混凝土及钢筋应力

由于混凝土向裂缝两侧回缩受到钢筋的黏结约束，混凝土将随着远离裂缝截面而重新建立起拉应力。当荷载再有增加时，在离裂缝截面某一长度处混凝土拉应力增大到混凝土实际抗拉强度，其附近某一薄弱截面又将出现第二条裂缝(图 9-5 中的截面 b)。如果

两条裂缝的间距小于最小间距 l_{min} 的 2 倍，则由于黏结应力传递长度不够，混凝土拉应力不可能达到混凝土的抗拉强度，将不会出现新的裂缝。因此裂缝的平均间距 l_{cr} 最终将稳定在 l_{min}～$2l_{min}$。

在裂缝陆续出现后，沿构件长度方向，钢筋与混凝土的应力是随着裂缝的位置而变化的(图 9-5)。同时，中和轴也随着裂缝的位置呈波浪形起伏。试验表明，对正常配筋率或配筋率较高的梁来说，大概在荷载超过开裂荷载的 50%以上时，裂缝间距已基本趋于稳定。也就是说，此后再增加荷载，构件也不产生新的裂缝，而只是使原来的裂缝继续扩展与延伸，荷载越大，裂缝越宽。随着荷载的逐步增加，裂缝间的混凝土逐渐脱离受拉工作，钢筋应力逐渐趋于均匀。

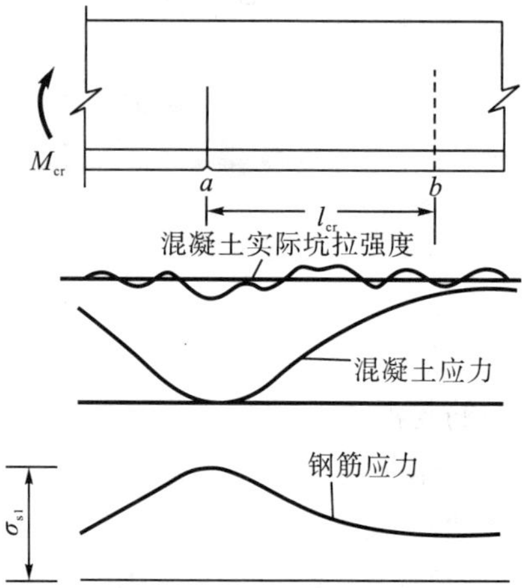

图 9-5 中和轴、混凝土及钢筋应力随着裂缝位置变化情况

2. 平均裂缝间距

对裂缝间距和裂缝宽度而言，钢筋的作用仅仅影响它周围的有限区域，裂缝出现后只是钢筋周围有限范围内的混凝土受到钢筋的约束，而距离钢筋较远的混凝土受钢筋的约束影响就小得多。因此，取如图 9-6 所示 平均裂缝间距 l_{cr} 的钢筋及其有效约束范围内的受拉混凝土为脱离体。脱离体两端的拉力之差将由钢筋与混凝土之间的黏结力来平衡，即

$$f_t A_{te} - 0 = \tau_m u l_{cr}$$

所以有

$$l_{cr} = \frac{f_t A_{te}}{\tau_m u} \tag{9-1}$$

式中，τ_m——l_{cr} 范围内纵向受拉钢筋与混凝土的平均黏结应力；

u——纵向受拉钢筋截面总周长，$u = n\pi d$，n 和 d 分别为钢筋的根数和直径。

A_{te}——有效受拉混凝土截面面积。

令 $\rho_{te} = A_s / A_{te}$，代入式(9-1)得

$$l_{cr} = \frac{f_t d}{4\tau_m \rho_{te}} \tag{9-2}$$

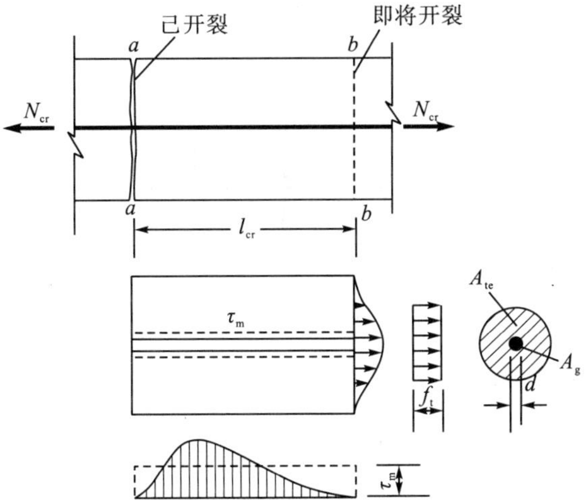

图 9-6　混凝土脱离体应力图形

由于钢筋和混凝土的黏结力随着混凝土抗拉强度的增大而增大，可近似地取 f_t/τ_m 为常数。同时，根据试验资料分析，构件侧表面钢筋重心水平位置处的裂缝间距与混凝土保护层厚度 c 呈线性增大关系，并考虑纵向受拉钢筋表面形状的影响及不同直径钢筋的黏结性能等效换算，式(9-2)可改写并具体表达为

$$l_{cr}=\alpha\left(1.9c+0.08\frac{d_{eq}}{\rho_{te}}\right)\tag{9-3}$$

$$d_{eq}=\frac{\sum n_i d_i^2}{\sum n_i \upsilon_i d_i}\tag{9-4}$$

式中，α——系数，对于轴心受拉构件，取 $\alpha=1.1$；对于偏心轴心受拉构件，取 $\alpha=1.05$；对于其他受力构件，取 $\alpha=1.0$；

c——最外层纵向受力钢筋外边缘至受拉区底边的距离，mm，当 $c<20$ mm 时，取 $c=20$ mm；当 $c>65$ mm 时，取 $c=65$ mm；

ρ_{te}——按有效受拉混凝土截面面积计算的纵向受拉钢筋配筋率，$\rho_{te}=A_s/A_{te}$。当 $\rho_{te}<0.01$ 时，取 $\rho_{te}=0.01$；

A_{te}——有效受拉混凝土截面面积，可按下列规定取用：对轴心受拉构件，取构件截面面积；对受弯、偏心受压和偏心受拉构件，取腹板截面面积的一半与受拉翼缘截面面积之和(图 9-7)，即 $A_{te}=0.5bh+(b_f-b)h_f$，此处 b_f、h_f 为受拉翼缘的宽度、高度；

A_s——纵向受拉钢筋截面面积；

d_{eq}——纵向受拉钢筋的等效直径，mm；

d_i——第 i 种纵向受拉钢筋的直径，mm；

n_i——第 i 种纵向受拉钢筋的根数；

υ_i——第 i 种纵向受拉钢筋的相对黏结特性系数，对带肋钢筋，取 1.0；对光面钢筋，取 0.7。

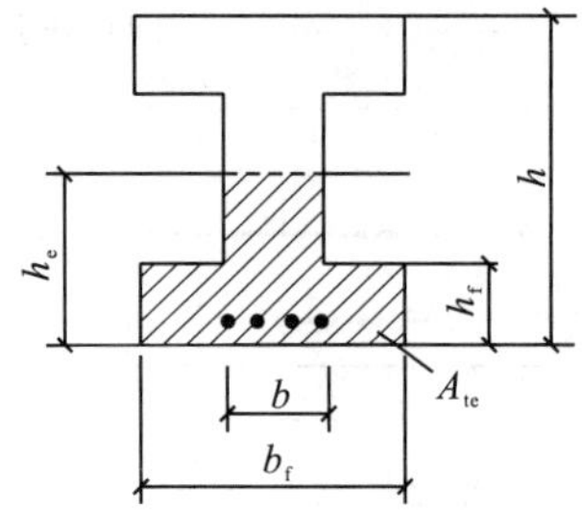

图 9-7 有效受拉混凝土截面面积

3. 平均裂缝宽度

平均裂缝宽度等于平均裂缝间距内钢筋和混凝土的平均受拉伸长之差(图 9-8)，即

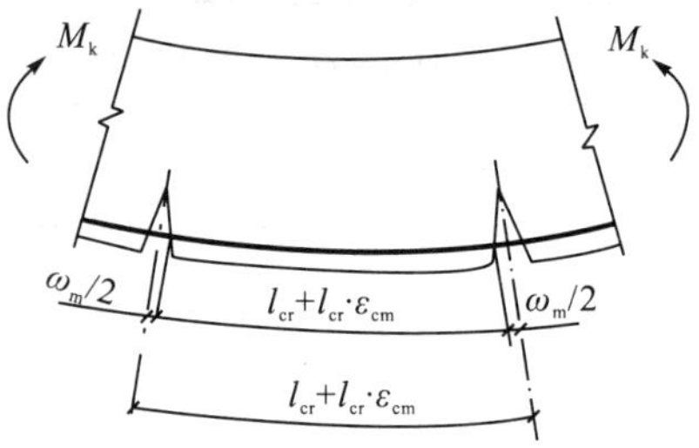

图 9-8 平均裂缝宽度计算图

$$w_m = \varepsilon_{sm} l_{cr} - \varepsilon_{cm} l_{cr} = \left(1 - \frac{\varepsilon_{cm}}{\varepsilon_{sm}}\right)\varepsilon_{sm} l_{cr} \tag{9-5}$$

式中，ε_{sm}、ε_{cm}——裂缝间钢筋及混凝土的平均拉应变。

由于混凝土的拉伸变形很小，可以取式(9-5)中等号右边括号项为定值 $\alpha_c = 1 - \varepsilon_{cm}/\varepsilon_{sm} = 0.85$，并引入裂缝间钢筋应变不均匀系数 $\psi = \varepsilon_{sm}/\varepsilon_s$，则式(9-5)可改写为

$$w_m = \alpha_c \psi \frac{\sigma_{sk}}{E_s} l_{cr} \tag{9-6}$$

式中，σ_{sk}——按荷载标准组合计算的构件纵向受拉钢筋应力。

裂缝间钢筋应变不均匀系数 $\psi = \varepsilon_{sm}/\varepsilon_s$，反映了裂缝间受拉混凝土参与受拉工作的程度。裂缝间钢筋的平均拉应变 ε_{sm} 肯定小于裂缝截面处的钢筋应变 ε_s。显然，ψ 值不会大于 1。ψ 值越小，表示混凝土承受拉力的程度越大；ψ 值越大，表示混凝土承受拉力的程度越小，各截面中钢筋的应力、应变也比较均匀；当 ψ 值等于 1 时，表示混凝土完全脱离受拉工作，钢筋应力趋于均匀。

随着外力的增加，裂缝间钢筋的应力逐渐加大，钢筋与混凝土之间的黏结逐步被破坏，混凝土逐渐退出工作，因此 ψ 值必然随钢筋应力 σ_{sk} 的增大而增大。同时，ψ的大小与按有效受拉混凝土截面面积计算的纵向受拉钢筋配筋率 ρ_{te} 有关，当 ρ_{te} 较小时，说明钢筋周围的混凝土参加受拉的有效相对面积大些，它所承担的总拉力也相对大些，对纵向受拉钢筋应变的影响程度也相应大些，因而 ψ 小些。此外，ψ 还与钢筋与混凝土之间的粘结性能、荷载作用的时间和性质等有关。准确地计算 ψ 值是相当复杂的，其半理论半经验公式为

$$\psi = 1.1 - \frac{0.65 f_{tk}}{\rho_{te}\sigma_{sk}} \tag{9-7}$$

在计算中，当 $\psi<0.2$ 时，取 $\psi=0.2$；当 $\psi>1.0$ 时，取 $\psi=1.0$。对于直接承受重复荷载的构件，取 $\psi=1.0$。

4. 最大裂缝宽度

由于混凝土质量的不均质性，裂缝宽度有很大的离散性，裂缝宽度验算应该采用最大裂缝宽度。短期荷载作用下的最大裂缝宽度可以采用平均裂缝宽度 w_m 乘以扩大系数 α_s 得到。根据可靠概率为 95% 的要求，该系数可由实测裂缝宽度分布直方图(图 9-9)的统计分析求得：对于轴心受拉和偏心受拉构件，$\alpha_s=1.90$；对于受弯和偏心受压构件，$\alpha_s=1.66$。

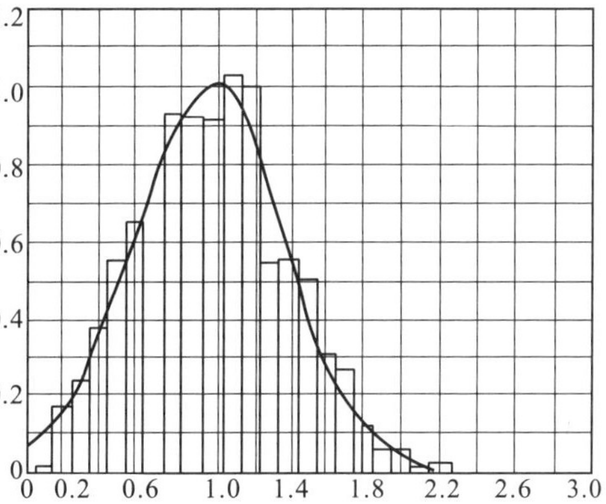

图 9-9　实测裂缝宽度分布直方图

同时，在荷载长期作用下，由于钢筋与混凝土的黏结滑移徐变、拉应力松弛和受拉混凝土的收缩影响，裂缝间混凝土不断退出工作，钢筋平均应变增大，裂缝宽度随时间推移逐渐增大。此外，荷载的变动、环境温度的变化，都会使钢筋与混凝土之间的黏结受到削弱，也将导致裂缝宽度的不断增大。因此，短期荷载最大裂缝宽度还需乘以荷载长期效应的裂缝扩大系数 α_l。《混凝土结构设计规范》考虑荷载短期效应与长期效应的组合作用，对各种受力构件，均取 $\alpha_l=1.50$。

因此，考虑荷载长期影响在内的最大裂缝宽度公式为

$$w_{max} = \alpha_s \alpha_l \alpha_c \psi \frac{\sigma_{sk}}{E_s} l_{cr} \tag{9-8}$$

在上述理论分析和试验研究基础上，对于矩形、T 形、倒 T 形及工字形截面的钢筋混凝土受拉、受弯和偏心受压构件，按荷载效应的标准组合并考虑长期作用影响的最大裂缝宽度 w_{max} 按下列公式计算：

$$w_{max} = \alpha_{cr}\psi \frac{\sigma_{sk}}{E_s}\left(1.9c + 0.08\frac{d_{eq}}{\rho_{te}}\right) \tag{9-9}$$

式中，α_{cr}——构件受力特征系数，为前述各系数 α、α_c、α_s、α_l 的乘积。对于轴心受拉构件，取 2.7；对于偏心受拉构件，取 2.4；对于受弯构件和偏心受压构件，取 2.1；

根据试验，偏心受压构件 $e_0/h_0 \leqslant 0.55$ 时，正常使用阶段裂缝宽度较小，均能满足要求，故可不进行验算。对于直接承受重复荷载作用的吊车梁，卸载后裂缝可部分闭合，同时由于吊车满载的概率很小，吊车最大荷载作用时间很短暂，可将计算所得的最大裂缝宽度乘以系数 0.85。

如果 w_{max} 超过允许值，则应采取相应措施，如适当减小钢筋直径，使钢筋在混凝土中均匀分布；采用与混凝土黏结较好的变形钢筋；适当增加配筋量(不够经济合理)，以降低使用阶段的钢筋应力。这些方法都能一定程度减小正常使用条件下的裂缝宽度。但对限制裂缝宽度而言，最根本的方法是采用预应力混凝土结构。

9.3.2 裂缝截面钢筋应力

按荷载标准组合计算的纵向受拉钢筋应力 σ_{sk} 可由下列公式计算。

1. 轴心受拉构件

对于轴心受拉构件，裂缝截面的全部拉力均由钢筋承担，故钢筋应力为

$$\sigma_{sk} = \frac{N_k}{A_s} \tag{9-10}$$

式中，N_k——按荷载标准组合计算的轴向拉力值。

2. 矩形截面偏心受拉构件

对于小偏心受拉构件，直接对拉应力较小一侧的钢筋重心取力矩平衡(图 9-10(a))；对于大偏心受拉构件，近似取受压区混凝土压应力合力与受压钢筋合力作用点重合并对受压钢筋重心取力矩平衡[图 9-10(b)，取内力臂 $\eta h_0 = h_0 - a'_s$]；得

$$\sigma_{sk} = \frac{N_k e'}{A_s(h_0 - a'_s)} \tag{9-11}$$

$$e' = e_0 + h/2 + a'$$

式中，N_k——按荷载标准组合计算的轴向拉力值；

e'——轴向拉力作用点至纵向受压钢筋(对于小偏心受拉构件，为拉应力较小一侧的钢筋)合力点的距离。

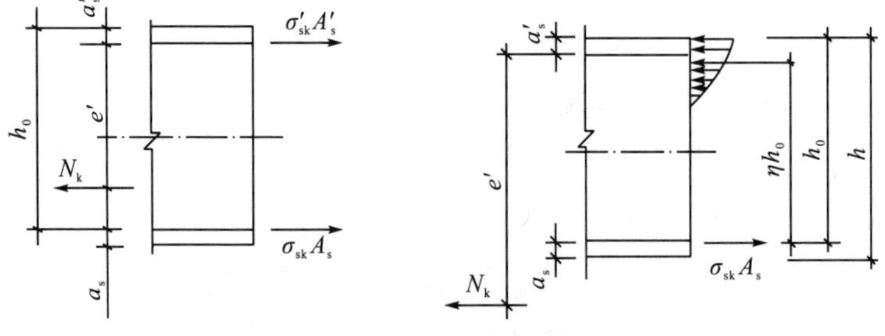

(a)小偏心受拉　　(b)大偏心受拉

图 9-10 偏心受拉构件截面应力图形

3. 受弯构件

对于受弯构件，在正常使用荷载作用下，可假定对裂缝截面的受压区混凝土处于弹性阶段，应力图形为三角形分布，受拉区混凝土的作用忽略不计，按截面应变符合平截面假定求得应力图形的内力臂 z，一般可近似地取 $z=0.87h_0$，如图 9-11 所示。故

$$\sigma_{sk}=\frac{M_k}{0.87h_0A_s} \tag{9-12}$$

式中，M_k——按荷载标准组合计算的弯矩值。

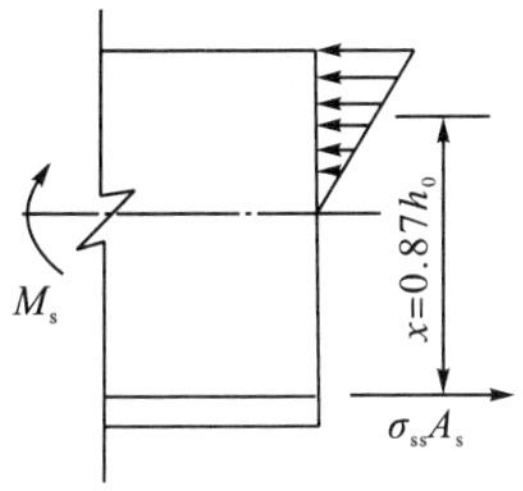

图 9-11 受弯构件截面应力图形

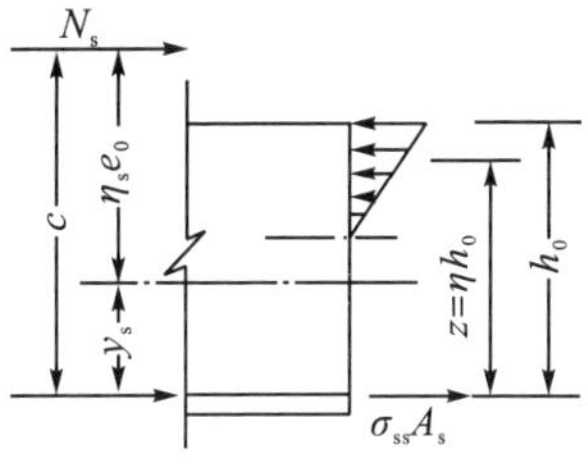

图 9-12 大偏心受压构件截面应力图形

4. 大偏心受压构件

在正常使用荷载作用下，可假定大偏心受压构件的应力图形同受弯构件，按照受压区三角形应力分布假定和平截面假定求得内力臂。但因需求解三次方程，不便于设计，如图 9-12 所示。为此，《混凝土结构设计规范》给出了考虑截面形状的内力臂近似计算公式，即

$$z=\left[0.87-0.12(1-\gamma_f')\left(\frac{h_0}{e}\right)\right]h_0 \tag{9-13}$$

$$e=\eta_s e_0+y_s \tag{9-14}$$

$$\eta_s=1+\frac{1}{4000\frac{e_0}{h_0}}\left(\frac{l_0}{h}\right)^2 \tag{9-15}$$

$$\gamma_f'=\frac{(b_f'-b)h_f'}{bh_0} \tag{9-16}$$

由图 9-12 的力矩平衡条件可得

$$\sigma_{sk}=\frac{N_k}{A_s}\left(\frac{e}{z}-1\right) \tag{9-17}$$

式中，N_k——按荷载标准组合计算的轴向压力值；

e——轴向压力作用点至纵向受拉钢筋合力点的距离；

z——纵向受拉钢筋合力点至受压区合力点的距离；

η_s——使用阶段的偏心距增大系数。当 $l_0/h\leqslant 14$ 时，可取 $\eta_s=1.0$；

y_s——截面重心至纵向受拉钢筋合力点的距离；

γ_f'——受压翼缘面积与腹板有效面积的比值，当 $h_f'>0.2h_0$时，取 $h_f'=0.2h_0$。

【例 9-1】某屋架下弦杆按轴心受拉构件设计，截面尺寸为 200 mm×200 mm，混凝土强度等级为 C30，钢筋为 HRB400 级，4 ⌀ 18，环境类别为一类。荷载效应标准组合的

轴向拉力 $N_k=160\text{kN}$。试对其进行裂缝宽度验算。

解：查附表 1 得 C30 混凝土 $f_{tk}=2.01\ \text{N/mm}^2$；HRB400 级钢筋 $E_s=2.0\times10^5\ \text{N/mm}^2$；$A_s=1017\ \text{mm}^2$一类环境 $c=20$ mm，$w_{lim}=0.2$ mm。

$$\rho_{te}=\frac{A_s}{A_{te}}=\frac{1017}{200\times200}=0.0254$$

$$d_{eq}=18\ \text{mm}$$

$$\sigma_{sk}=\frac{N_k}{A_s}=\frac{160000}{1017}=157.33\ \text{N/mm}^2$$

$$\psi=1.1-0.65\times\frac{f_{tk}}{\rho_{te}\sigma_{sk}}=1.1-0.65\frac{2.01}{0.0254\times157.33}=0.773$$

轴心受拉构件 $\alpha_{cr}=2.7$，则

$$w_{max}=\alpha_{cr}\psi\frac{\sigma_{sk}}{E_s}\left(1.9c+0.08\frac{d_{eq}}{\rho_{te}}\right)=2.7\times0.773\times\frac{157.33}{2.0\times10^5}\times\left(1.9\times20+0.08\frac{18}{0.254}\right)$$

$$=0.072\ \text{mm}<w_{lim}=0.2\ \text{mm}$$

因此满足裂缝宽度控制要求。

【例 9-2】一矩形截面梁，处于二 a 类环境，$b\times h=250\times600$ mm，采用 C50 混凝土，配置 HRB335 级纵向受拉钢筋 4 Φ 335($A_s=1521\ \text{mm}^2$)。按荷载标准组合计算的弯矩 $M_k=130\ \text{kN}\cdot\text{m}$。试验算其裂缝宽度是否满足控制要求。

解：查附表 1 得 C50 混凝土 $f_{tk}=2.65\ \text{N/mm}^2$；HRB335 级钢筋 $E_s=2.0\times10^5\ \text{N/mm}^2$；二 a 类环境 $c=20$ mm，$w_{lim}=0.2$ mm。

$$d_{eq}=22\ \text{mm},a_s=c+d/2=35+22/2=46\ \text{mm},$$

$$h_0=h-a_s=600-46=554\ \text{mm}$$

$$\rho_{te}=\frac{A_s}{A_{te}}=\frac{A_s}{0.5bh}=\frac{1521}{0.5\times250\times600}=0.0203>0.01$$

$$\sigma_{sk}=\frac{M_k}{0.87h_0A_s}=\frac{130\times10^6}{0.87\times554\times1521}=177.3\ \text{N/mm}^2$$

$$\psi=1.1-0.65\frac{f_{tk}}{\rho_{te}\sigma_{sk}}=1.1-0.65\times\frac{2.65}{0.0203\times177.3}=0.621>0.2\text{ 且 }\psi<1.0$$

轴心受拉构件 $\alpha_{cr}=2.1$，则

$$w_{max}=\alpha_{cr}\psi\frac{\sigma_{sk}}{E_s}\left(1.9c+0.08\frac{d_{eq}}{\rho_{te}}\right)=2.1\times0.621\times\frac{177.3}{2.0\times10^5}\times\left(1.9\times20+0.08\times\frac{22}{0.0203}\right)$$

$$=0.155\ \text{mm}<w_{lim}=0.20\ \text{mm}$$

因此满足裂缝宽度控制要求。

9.4　受弯构件的挠度计算

为保证结构的正常使用，对需要控制变形的构件应进行变形验算。对于受弯构件，其在荷载效应标准组合下的最大挠度计算值不应超过规范规定的挠度限值。

9.4.1　变形控制的目的和要求

在一般建筑中，对混凝土构件的变形有一定的要求，主要是出于以下四方面的考虑。

(1)保证建筑的使用功能要求。结构构件产生过大的变形将损害甚至丧失其使用功能。例如，放置精密仪器设备的楼盖梁、板的挠度过大，将使仪器设备难以保持水平；吊车梁的挠度过大会妨碍吊车的正常运行等。

(2)防止对结构构件产生不良影响。主要是指防止结构性能与设计中的假定不符。例如，梁端的旋转将使支撑面积减小，支撑反力偏心距增大，当梁支撑在砖墙(或柱)上时，可能使墙体沿梁顶、底出现内外水平缝，严重时将产生局部承压或墙体失稳破坏等。

(3)防止对非结构构件产生不良影响。这包括防止结构构件变形过大会使门窗等活动部件不能正常开关；防止非结构构件如隔墙及天花板的开裂、压碎或其他形式的破坏等。

(4)保证人们的感觉在可接受程度之内。例如，防止厚度较小板站上人后产生过大的颤动或明显下垂引起的不安全感；防止可变荷载(活荷载、风荷载等)引起的振动及噪声对人的不良感觉等。

随着高强度混凝土和钢筋的采用，构件截面尺寸相应减小，变形问题更为突出。

《混凝土结构设计规范》在考虑上述因素的基础上，根据工程经验，仅对受弯构件规定了允许挠度值。

9.4.2　截面抗弯刚度的主要特点

构件的最大挠度可以根据其刚度，用结构力学的方法计算。对于匀质弹性材料梁，其跨中挠度公式为

$$f = C\frac{Ml^2}{EI} = C\frac{Ml^2}{B} \tag{9-17}$$

式中，C——与荷载形式、支撑条件有关的系数，例如，承受均布荷载的简支梁，$C=5/48$；

l——梁的计算跨度；

B——梁的截面抗弯刚度，其物理意义就是欲使截面产生单位转交所需施加的弯矩，他体现了截面弯曲变形的能力；

对于材料力学中研究的梁，梁的截面抗弯刚度 $B=EI$ 是一个常数。因此，弯矩与挠度之间是始终不变的正比例关系，如图 9-13 中虚线 OA 所示。

对于混凝土受弯构件，上述关于匀质弹性材料梁的力学概念仍然适用，但不同之处在于钢筋混凝土是不匀质的非弹性材料，因而混凝土受弯构件的截面抗弯刚度不为常数而是变化的，其主要特点如下。

(1)随荷载的增加而减小。适筋梁从加载开始到破坏的 M-f 曲线如图 9-13 所示。在裂缝出现前，M-f 曲线与直线 OA 几乎重合，因而截面抗弯刚度可视为常数。当接近裂缝出现时，即进入第Ⅰ阶段末时，M-f 曲线已偏离直线，逐渐弯曲，说明截面抗弯刚度有所降低。出现裂缝后，即进入第Ⅱ阶段后，M-f 曲线发生转折，f 增加较快，截面抗

弯刚度明显降低. 钢筋屈服后进入第Ⅲ阶段，此时 M 增加很小，f 激增，截面抗弯刚度明显降低。

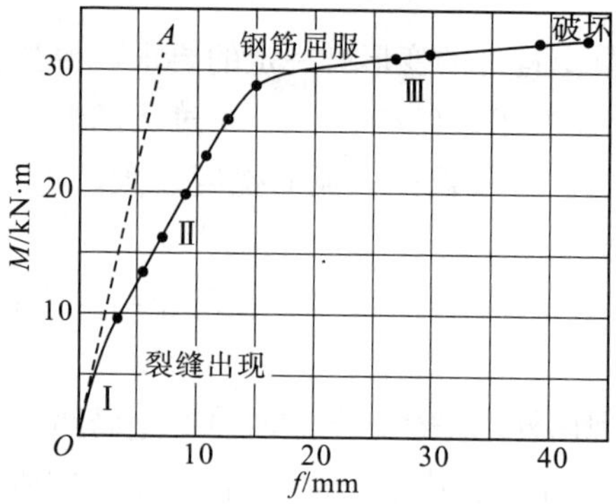

图 9-13 受弯构件挠度与弯矩的关系

按正常使用极限状态验算变形时，所采用的截面抗弯刚度，通常在 M-f 曲线第Ⅱ阶段，弯矩为(0.5～0.7)M_u的区段内。在该区段内的截面抗弯刚度仍然随弯矩的增大而变小。

(2)随配筋率 ρ 的降低而减小。试验表明，截面尺寸和材料都相同的适筋梁，配筋率大，其 M-f 曲线陡、变形小，相应的截面抗弯刚度大，反之，配筋率小，M-f 曲线平缓、变形大，截面抗弯刚度就小。

(3)沿构件跨度，截面抗弯刚度是变化的。如图 9-14 所示，即使在纯弯区段，各个截面承受的弯矩相同，但曲率即截面抗弯刚度不相同，裂缝截面处的小些，裂缝截面间的大些。所以，验算其变形时采用的截面抗弯刚度是指纯弯区段内平均的截面抗弯刚度。

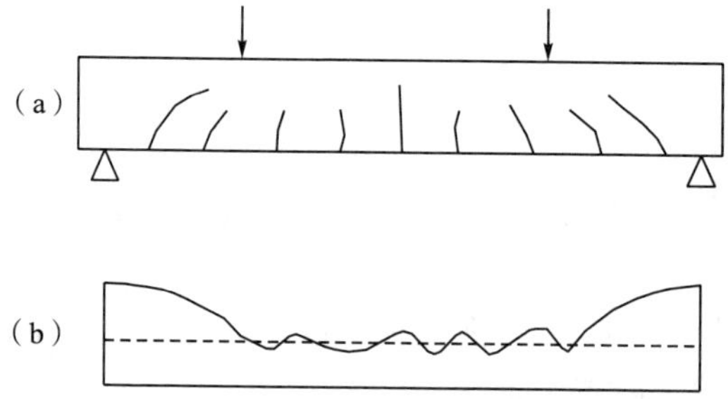

图 9-14 抗弯刚度沿构件跨度的变化

(4)随加载时间的增长而减小。试验表明，对一个构件保持不变的荷载值，则随时间的增长，截面抗弯刚度将会减小，但对一般尺寸的构件，3 年以后可趋于稳定。在变形验算中，除了要考虑荷载的短期效应组合，还应考虑荷载的长期效应组合的影响，对前者采用短期刚度 B_s，对后者则采用长期刚度及 B。

综上所述，在混凝土受弯构件的变形验算中所用到的截面抗弯刚度，是指构件上一段长度范围内的平均截面抗弯刚度(以下简称刚度)；考虑到荷载作用时间的影响，有短期刚度 B_s和长期刚度 B 的区别，且二者都随弯矩的增大而减小，随配筋率的降低而减小。

9.4.3 短期刚度计算公式的建立

对于要求不出现裂缝的构件，可将混凝土开裂前的 $M-\phi$ 曲线(图 9-15)视为直线，其斜率就是截面的抗弯刚度，即

$$B_s = 0.85E_cI_0 \tag{9-18}$$

式中，I_0—换算截面惯性矩。

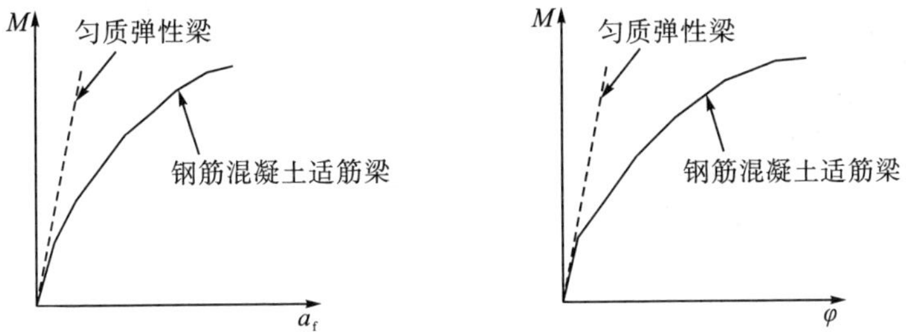

(a)M-a_f关系曲线　　(b)M-ϕ 关系曲线

图 9-15　M-a_f与 M-ϕ 关系曲线

对于允许出现裂缝的构件，研究其带裂缝工作阶段的刚度，取构件的纯弯段进行分析，如图 9-16 所示。裂缝出现后，受压混凝土和受拉钢筋的应变沿构件长度方向的分布是不均匀的；中和轴沿构件长度方向的分布呈波浪状，曲率分布也是不均匀的；裂缝截面曲率最大；裂缝中间截面曲率最小。为简化计算，截面上的应变、中和轴位置、曲率均采用平均值。根据平均应变的平截面假定，由图 9-16 的几何关系可得平均曲率为

$$\phi = \frac{1}{r} = \frac{\varepsilon_{sm} + \varepsilon_{cm}}{h_0} \tag{9-19}$$

式中，r——与平均中和轴相应的平均曲率半径；

ε_{sm}——裂缝截面之间钢筋的平均拉应变；

ε_{cm}——裂缝截面之间受压区边缘混凝土的平均压应变；

h_0——截面的有效高度。

由式(9-19)及曲率、弯矩和刚度间的关系 $\phi = M/B_s$可得

$$B_s = \frac{M_k h_0}{\varepsilon_{sm} + \varepsilon_{cm}} \tag{9-20}$$

由式(9-5)可知，ε_{sm}可按下式计算

$$\varepsilon_{sm} = \psi\varepsilon_s = \psi\frac{M_k}{\eta h_0 A_s E_s} \tag{9-21}$$

对如图 9-17 所示的工字形截面，其受压区面积为

$$A_c = (b'_f - b)h'_f + bx = (\gamma'_f + \xi)bh_0 \tag{9-22}$$

由于受压区混凝土的应力图形为曲线分布，在计算受压边缘混凝土应力 σ_c时，应引入应力图形丰满系数 ω，于是受压混凝土压应力合力可表示为

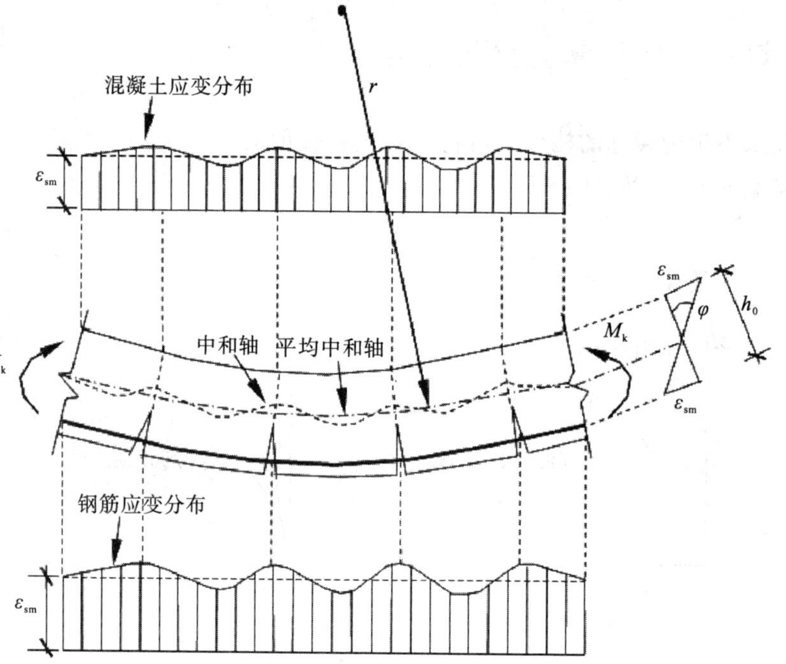

图 9-16 梁纯弯段内混凝土和钢筋应变

$$C = \omega\sigma_c(\gamma_f' + \xi)bh_0 \tag{9-23}$$

由对受拉钢筋应力合力作用点取矩的平衡条件可得

$$\sigma_c = \frac{M_k}{\omega(\gamma_f' + \xi)bh_0\eta h_0} \tag{9-24}$$

考虑混凝土的弹塑性变形性能，取变形模量为 $\nu_c E_c$（ν_c为混凝土弹性特征系数），同时引入受压区混凝土应变不均匀系数 ψ_c，则

$$\varepsilon_{cm} = \psi_c\varepsilon_c = \psi_c\frac{M_k}{\omega(\gamma_f' + \xi)bh_0\eta h_0\nu_c E_c} \tag{9-25}$$

令

$$\zeta = \frac{\omega(\gamma_f' + \xi)\eta\nu_c}{\psi_c} \tag{9-26}$$

则ε_{cm}为

$$\varepsilon_{cm} = \psi_c\varepsilon_c = \frac{M_k}{\zeta bh_0^2 E_c} \tag{9-27}$$

式中，ζ——受压区边缘混凝土平均应变的综合系数，它综合反映受压区混凝土塑性、应力图形完整性、内力臂系数及裂缝间混凝土应变不均匀性等因素的影响。从材料力学观点，ζ 也可称为截面的弹塑性抵抗矩系数。

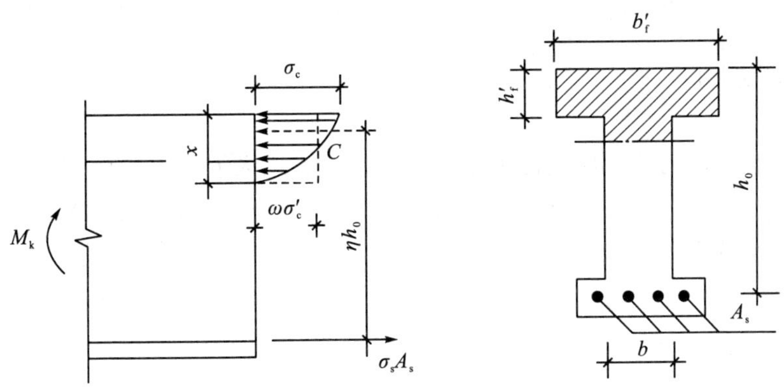

图 9-17　工字形截面应力分布图

将式(9-21)和式(9-27)代入式(9-20)，并取 $\alpha_E = E_s/E_c$，$\rho = A_s/bh_0$，$\eta = 0.87$ 得

$$B_s = \frac{E_s A_s h_0^2}{1.15\psi + \frac{\alpha_E \rho}{\zeta}} \tag{9-28}$$

试验表明，受压区边缘混凝土平均应变的综合系数 ζ 随荷载增大而减小，在裂缝出现后降低很快，而后逐渐缓慢，在使用荷载范围内则基本稳定。因此，对 ζ 的取值可不考虑荷载的影响。通过试验结果统计分析可得(图 9-18)

$$\frac{\alpha_E \rho}{\zeta} = 0.2 + \frac{6\alpha_E \rho}{1 + 3.5\gamma_f'} \tag{9-29}$$

将式(9-29)代入式(9-28)，可得钢筋混凝土受弯构件短期刚度 B_s 的计算公式为

$$B_s = \frac{E_s A_s h_0^2}{1.15\psi + 0.2 + \frac{6\alpha_E \rho}{1 + 3.5\gamma_f'}} \tag{9-30}$$

式中，ψ 按式(9-7)计算；γ_f' 按式(9-16)计算。

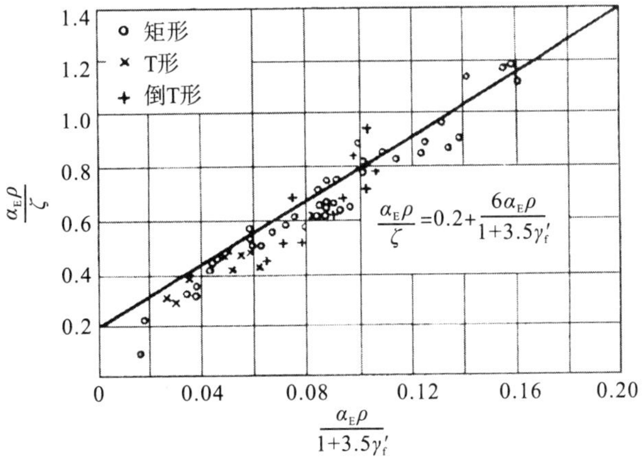

图 9-18　ζ 的取值统计分析

9.4.4 长期刚度

钢筋混凝土受弯构件在荷载持续作用下，由于受压区混凝土的徐变、受拉混凝土的应力松弛以及受拉钢筋和混凝土之间的滑移徐变，挠度将随时间而不断缓慢增长，也就是构件的抗弯刚度将随时间而不断缓慢降低，这一过程往往持续数年之久。

荷载长期作用下的挠度增大系数用 θ 表示，根据试验结果，θ 可按式（9-31）计算：

$$\theta = 2.0 - 0.4\frac{\rho'}{\rho} \tag{9-31}$$

式中，ρ、ρ'——纵向受拉和受压钢筋的配筋率。当 $\rho'/\rho>1$ 时，取 $\rho'/\rho=1$。对于翼缘在受拉区的 T 形截面 θ 值应比式(9-31)的计算值增大 20%。

为分析方便，将 M_k分成 M_q和 M_k-M_q两部分。在 M_q和 M_k-M_q先后作用于构件时的弯矩-曲率关系可用图 9-19 表示。图中，M_k按荷载标准组合算得，M_q按荷载准永久组合算得。

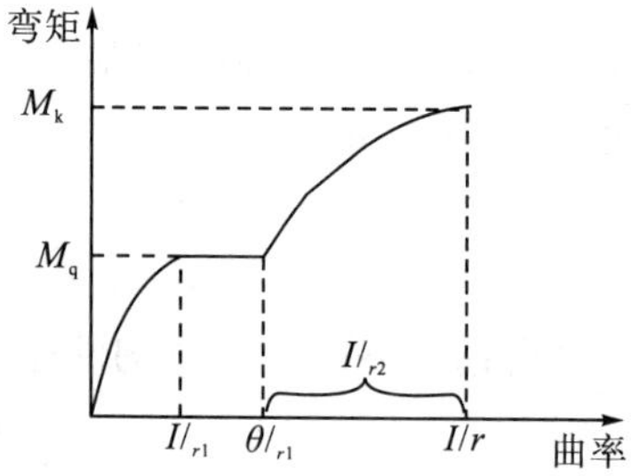

图 9-19 弯矩-曲率关系

由图 9-19 及弯矩、曲率和刚度关系可得

$$\frac{1}{r_1} = \frac{M_q}{B_s}\ \frac{1}{r_2} = \frac{M_k - M_q}{B_s}\ \frac{1}{r} = \frac{M_k}{B} \tag{9-32}$$

则

$$\frac{1}{r} = \frac{\theta}{r_1} + \frac{1}{r_2} = \frac{\theta M_q}{B_s} + \frac{M_k - M_q}{B_s} = \frac{M_q(\theta - 1) + M_k}{B_s}$$

从而

$$B = \frac{M_k}{M_q(\theta - 1) + M_k}B_s \tag{9-33}$$

从式(9-30)和式(9-33)的刚度计算公式分析可知，提高截面刚度最有效的措施是增加截面高度；增加受拉或受压翼缘可使刚度有所增加；当设计上构件截面尺寸不能加大时，可考虑增加纵向受拉钢筋截面面积或提高混凝土强度等级来提高截面刚度，但其作用不明显；对某些构件还可以充分利用纵向受压钢筋对长期刚度的有利影响，在构件受压区配置一定数量的受压钢筋来提高截面刚度。

9.4.5 受弯构件的变形验算

钢筋混凝土受弯构件在荷载作用下，在各截面的弯矩是不相等的，靠近支座附近截面，由于弯矩很小将不出现裂缝，其刚度比跨中截面大很多。例如，一根承受两个对称集中荷载的筒支梁(图 9-20(a))，该梁各截面刚度 B 的分布图形如图 9-20(b)所示，按最大弯矩截面计算的刚度为最小刚度 B_{min}，即跨中纯弯区段的平均值。为了简化计算，在同一符号弯矩范围内，按最小刚度，即取弯矩最大截面处的刚度，作为各截面的刚度(图 9-20(b)中虚线)，使变刚度梁作为等刚度梁来计算。这就是挠度计算中的“最小刚度原则”。《混凝土结构设计规范》规定：在等截面构件中，可假定各同号弯矩区段内的刚度相等，并取用该区段内最大弯矩处的刚度。当计算跨度内的支座截面刚度不大于跨中截面刚度的两倍或不小于路中截面刚度的 1/2 时，该跨也可按等刚度构件进行计算，其构件刚度可取跨中最大弯矩截面的刚度。

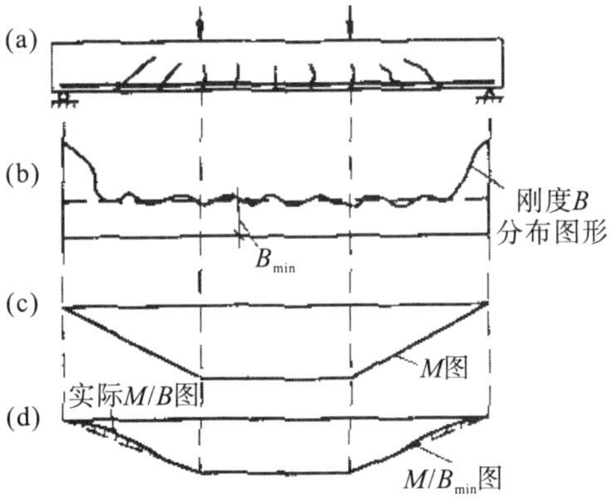

图 9-20　最小刚度原则的原理

【例 9-3】钢筋混凝土矩形截面梁，$b\times h=200\ \text{mm}\times 400\ \text{mm}$，计算跨度 $l_0=5.4$ m，采用 C20 混凝土，配有 3 Φ 18 的 HRB335 级纵向受力钢筋，环境类别为一级。承受均布永久荷载标准值为 $g_k=5.0$ kN/m，均布活荷载标准值 $q_k=10$ kN/m，活荷载准永久系数 $\psi_q=0.5$。如果该构件的挠度限值为 $l_0/250$，试验算该梁的跨中最大变形是否满足要求。

解：(1)求弯矩标准值。

标准组合下的弯矩值

$$M_k=\frac{1}{8}(g_k+q_k)l_0^2=\frac{1}{8}(5+10)\times 5.2^2=54.68\ \text{kN}\cdot\text{m}$$

准永久组合下的弯矩值为

$$M_q=\frac{1}{8}(g_k+q_k\Psi_k)l_0^2=\frac{1}{8}(5+10\times 0.5)\times 5.4^2=36.45\ \text{kN}\cdot\text{m}$$

(2)有关参数计算。

对于 C20 混凝土：$E_c=2.55\times 10^4\ \text{N/mm}^2$；$E_s=2.0\times 10^5\ \text{N/mm}^2$；$f_{tk}=1.54\ \text{N/mm}^2$；$A_s=763\ \text{mm}^2$；$h_0=400-27-8=365$ mm。

$$\alpha_E \rho = \frac{E_s}{E_c}\frac{A_s}{bh_0} = \frac{2.0\times 10^5}{2.55\times 10^4}\times\frac{763}{200\times 365} = 7.85\times 0.0105 = 0.08232$$

$$\rho_{te} = \frac{A_s}{A_{te}} = \frac{763}{0.5\times 200\times 400} = 0.0191 < 0.010$$

$$\sigma_{sk} = \frac{M_k}{\eta h_0 A_s} = \frac{54.68\times 10^6}{0.87\times 365\times 763} = 225.68\ \text{N/mm}^2$$

$$\psi = 1.1 - 0.65\frac{f_{tk}}{\rho_{te}\sigma_{sk}} = 1.1 - 0.65\times\frac{1.78}{0.0191\times 225.68} = 0.868 > 0.2 \text{ 且 } \psi < 1.0$$

(3)计算短期刚度 B_s

$$B_s = \frac{E_s A_s h_0^2}{1.15\psi + 0.2 + 6\alpha_E\rho} = \frac{200\times 10^3\times 763\times 365^2}{1.15\times 0.868 + 0.2 + 6\times 0.08232} = 1.20\times 10^{13}\text{N}\cdot\text{mm}$$

(4)计算长期刚度 B。

$$B = \frac{M_k}{M_q(\theta-1)+M_k} = \frac{54.68}{54.68+36.45}\times 1.20\times 10^{13} = 7.2\times 10^{12}\text{N}\cdot\text{mm}^2$$

(5)挠度计算

$$f = \frac{5}{48}\frac{M_k}{B}l_0^2 = \frac{5}{48}\times\frac{54.68\times 10^6\times 5.4\times 10^6}{7.2\times 10^{12}} = 23.07 > \frac{1}{250}l_0 = 21.6\ \text{mm}$$

显然该梁跨中挠度不满足要求。

【例 9-4】例 9-3 中矩形梁，采用 C25 混凝土，其他条件不变，试验算该梁的跨中最大变形是否满足要求。

解：由例 9-3 可得 $M_k=54.68$ kN · m，$M_q=36.45$ kN · m，$\rho_{te}=0.0191$，$\sigma_{sk}=225.68$ N/mm^2，$\rho=0.0105$

查附表 1 和附表 2 得 C25 混凝土 $f_{tk}=1.78$ N/mm^2，$E_c=2.80\times 10^5$ N/mm^2，则

$$\psi=1.1-0.65\frac{f_{tk}}{\rho_{te}\sigma_{sk}}=1.1-0.65\times\frac{1.78}{0.0191\times 225.68}=0.832>0.2 \text{ 且 } \psi<1.0$$

$$\alpha_E=\frac{E_s}{E_c}=\frac{2.0\times 10^5}{2.80\times 10^4}=7.14$$

短期刚度 B_s 为

$$B_s = \frac{E_s A_s h_0^2}{1.15\psi+0.2+6\alpha_E\rho} = \frac{2.0\times 10^5\times 763\times 365^2}{1.15\times 0.832+0.2+6\times 7.14\times 0.0105} = 1.26\times 10^{13}\ \text{N}\cdot\text{mm}^2$$

长期刚度 B 为

$$B = \frac{M_k}{M_k+(\theta-1)M_q}B_s = \frac{54.68}{54.68+(2.0-1)\times 36.45}\times 1.26\times 10^{13} = 7.56\times 10^{12}\ \text{N}\cdot\text{mm}^2$$

挠度计算和变形验算：

$$f_{max} = \frac{5}{48}\cdot\frac{M_k l_0^2}{B} = \frac{5}{48}\times\frac{54.68\times 10^6\times 5.4^2\times 10^6}{7.56\times 10^{12}}$$

$$= 21.97\ \text{mm} > \frac{l_0}{250} = 21.6\ \text{mm}$$

该梁跨中挠度不满足要求。

如果混凝土选用C30，可以计算出相应的变形为21 mm，基本满足要求。由此可见，提高混凝土的强度对减小挠度不很明显，换句话说，对构件刚度的提高不很明显。

【例 9-5】例 9-3 中矩形梁，截面高度变为 450 mm，其他条件不变，试验算该梁的跨中最大变形是否满足要求。

解：由例 9－3 可得 $M_k=54.68\ \text{kN}\cdot\text{m}$，$M_q=36.45\ \text{kN}\cdot\text{m}$，$\rho_{te}=0.0191$，$\sigma_{sk}=225.68\ \text{N/mm}^2$，$\rho=0.0105$

$E_c=2.55\times10^5\ \text{N/mm}^2$，$\alpha_E=7.84$

$$\rho_{te}=\frac{A_s}{0.5bh}=\frac{763}{0.5\times200\times450}=0.0170>0.010$$

$$\rho=\frac{A_s}{bh_0}=\frac{763}{200\times415}=0.0092$$

$$\sigma_{sk}=\frac{M_k}{0.87h_0A_s}=\frac{54.68\times10^6}{0.87\times415\times763}=198.49\ \text{N/mm}^2$$

则

$$\psi=1.1-0.65\frac{f_{tk}}{\rho_{te}\sigma_{sk}}=1.1-0.65\times\frac{1.54}{0.0170\times198.49}=0.803>0.2\text{ 且 }\psi<1.0$$

计算短期刚度 B_s

$$B_s=\frac{E_sA_sh_0^2}{1.15\psi+0.2+6\alpha_E\rho}=\frac{2.0\times10^5\times763\times415^2}{1.15\times0.803+0.2+6\times7.84\times0.0092}$$
$$=1.69\times10^{13}\ \text{N}\cdot\text{mm}^2$$

计算长期刚度 B 为

$$B=\frac{M_k}{M_k+(\theta-1)M_q}B_s=\frac{54.68}{54.68+(2.0-1)\times36.45}\times1.69\times10^{13}$$
$$=1.01\times10^{12}\ \text{N}\cdot\text{mm}^2$$

挠度计算和变形验算：

$$f_{max}=\frac{5}{48}\frac{M_kl_0^2}{B}=\frac{5}{48}\times\frac{54.68\times10^6\times5.4^2\times10^6}{1.01\times10^{13}}$$
$$=16.44\ \text{mm}<\frac{l_0}{250}=21.6\ \text{mm}$$

该梁跨中挠度满足要求。

9.5　混凝土结构的耐久性设计

9.5.1　混凝土结构耐久性的概念

混凝土结构的耐久性是指结构在指定的工作环境中，正常使用和维护条件下，随时间变化而仍能满足预定功能要求的能力。所谓正常维护，是指结构在使用过程中仅需一般维护(包括构件表面涂刷等)而不进行花费过高的大修；指定的工作环境是指建筑物所在地区的自然环境及工业生产形成的环境。

耐久性作为混凝土结构可靠性的三大功能指标(安全性、适用性和耐久性)之一，越来越受到工程设计的重视，结构的耐久性设计也成为结构设计的重要内容之一。目前大多数国家和地区的混凝土结构设计规范中已列入耐久性设计的有关规定和要求，如美国和欧洲等国家的混凝土设计规范将耐久性设计单独列为一章，我国水工、港工、交通、建筑等行业的混凝土设计规范也将耐久性要求列为基本规定中的重要内容。

导致水工混凝土结构耐久性失效的原因主要有：①混凝土的低强度风化；②碱骨料反应；③渗漏溶蚀；④冻融破坏；⑤水质侵蚀；⑥冲刷磨损和空蚀；⑦混凝土的碳化与筋锈蚀；⑧由荷载、温度、收缩等原因产生的裂缝以及止水失效等引起渗漏病害的加剧等。因而，除了根据结构所处的环境条件控制结构的裂缝宽度，还需通过混凝土保护层最小厚度、混凝土最低抗渗等级、混凝土最低抗冻等级、混凝土最低强度等级、最小水泥用量、最大水灰比、最大碱含量以及结构形式和专门的防护措施等具体规定来保证混凝土结构的耐久性。

9.5.2 混凝土结构的耐久性要求

结构的耐久性与结构所处的环境类别、结构使用条件、结构形式和细部构造、结构表面保护措施以及施工质量等均有关系。耐久性设计的基本原则是根据结构或构件所处的环境及腐蚀程度，选择相应的技术措施和构造要求，保证结构或构件达到预期的使用寿命。

1. 混凝土结构所处的环境类别

《混凝土结构设计规范》首先具体划分了建筑物所处的环境类别，要求处于不同环境类别的结构满足不同的耐久性控制要求。规范根据室内室外、水下地下、淡水海水等同将环境条件划分为五个环境类别，具体见本教材附表 1。

混凝土结构设计时，在一般情况下是根据结构所处的环境类别提出相应的耐久性要求，也可根据结构表层保护措施(涂层或专设面层等)的实际情况及预期的施工质量控制水平，将环境类别适当提高或降低。

临时性建筑物及大体积结构的内部混凝土可不提出耐久性要求。

2. 保证耐久性的技术措施及构造要求

1)混凝土原材料的选择和施工质量控制

为保证结构具有良好耐久性，首先应正确选用混凝土原材料。例如，环境水对混凝土有硫酸盐侵蚀性时，应优先选用抗硫酸盐水泥；有抗冻要求时，应优先选用大坝水泥及硅酸盐水泥并掺用引气剂；位于水位变化区的混凝土宜避免采用火山灰质硅酸盐水泥等。对于骨料应控制杂质的含量。对水工混凝土而言，特别应避免含有活性氧化硅以致会引起碱骨料反应的骨料。

影响耐久性的一个重要因素是混凝土本身的质量，因此混凝土的配合比设计、拌和、运输、浇筑、振捣和养护等均应严格遵照施工规范的规定，尽量提高混凝土的密实性和抗渗性，从根本上提高混凝土的耐久性。

2)混凝土耐久性的基本要求

碳化与钢筋生锈是影响钢筋混凝土结构耐久性的主要因素。混凝土中的水泥在水化过程中生成氢氧化钙，使得混凝土的孔隙水呈碱性，一般 pH 可达到 13 左右，在如此高 pH 情况下，钢筋表面就生成一层极薄的氧化膜，称为钝化膜，它能起到保护钢筋、防止锈蚀的作用。但大气中的二氧化碳或其他酸性气体，通过混凝土中的毛细孔隙，渗入混凝土内，在有水分存在的条件下，与混凝土中的碱性物质发生中性化的反应，就会使混凝土的碱度(即 pH)降低，这一过程称为混凝土的碳化。

当碳化深度超过混凝土保护层厚度而达到钢筋表层时，钢筋表面的钝化膜就遭到破坏，同时存在氧气和水分的条件下，钢筋发生电化学反应，钢筋就开始生锈。

钢筋的锈蚀会引起锈胀，导致混凝土沿钢筋出现顺筋裂缝，严重时会发展到混凝土保护层剥落。最终使结构承载力降低，严重影响结构的耐久性。

同时碳化还会引起混凝土收缩，使混凝土表面产生微细裂缝，使混凝土表层强度降低。

在混凝土浇筑过程中会有气体侵入而形成气泡和孔穴。在水泥水化期间，水泥浆体中随多余的水分蒸发会形成毛细孔和水隙，同时由于水泥浆体和骨料的线膨胀系数及弹模的不同，其界面会产生许多微裂缝。混凝土强度等级越高、水泥用量越多，微裂缝越不容易出现，混凝土密实性越好。同时，混凝土强度等级越高，抗风化能力越强；水泥用量越多，混凝土碱性就越高，抗碳化能力就越强。

水灰比越大，水分蒸发形成的毛细孔和水隙就越多，混凝土密实性越差，混凝土内部越容易受外界环境的影响。试验证明，当水灰比小于 0.3 时，钢筋就不会锈蚀。国外海工混凝土建筑的水灰比一般控制在 0.45 以下。

氯离子含量是海洋环境或使用除冰盐环境钢筋锈蚀的主要因素，氯离子含量越高，混凝土越容易碳化，钢筋越易锈蚀。

碱骨料反应生成的碱活性物质在吸水后体积膨胀，会引起混凝土胀裂、强度降低，甚至导致结构破坏。

因此，对混凝土最低强度等级、最小水泥用量、最大水灰比、最大氯离子含量最大碱含量等应给予规定。规范规定如下。

(1)对于设计使用年限为 50 年的混凝土结构，钢筋混凝土的最大水胶比、最低强度等级、最大氯离子含量、最大碱含量等宜符合表 9-1 的耐久性基本要求。素混凝土结构的耐久性基本要求可按表 9-1 适当降放松。

9-1　结构混凝土材料的耐久性基本要求

环境等级	最大水胶比	最低强度等级	最大氧离子含量/%	最大碱含量/(kg/m^2)
一	0.60	C20	0.30	不限制
二 a	0.55	C25	0.20	3.0
二 b	0.50(0.55)	C30(C25)	0.15	
三 a	0.45(0.50)	C35(C30)	0.15	
三 b	0.40	C40	0.10	

(2)设计使用年限为100年的混凝土结构，混凝土耐久性基本要求除了满足表9-1的规定，尚应满足：①钢筋混凝土强度的最低等级为C30；预应力混凝土的最低等级为C40；②混凝土中的氯离子含量不应大于0.06%；③宜使用非碱活性骨料，当使用碱活性骨料时，混凝土中的最大碱含量为3.0 kg/m^3；④混凝土保护层厚度符合混凝土相关规定，当采取有效的表面防护措施时，保护层厚度可适当减小。

3. 钢筋的混凝土保护层厚度

对钢筋混凝土结构来说，耐久性主要决定于钢筋是否锈蚀。而钢筋锈蚀的条件首先决定于混凝土碳化达到钢筋表面的时间 t，t 大约正比于混凝土保护层厚度 c 的平方。所以，混凝土保护层的厚度 c 及密实性是决定结构耐久性的关键。混凝土保护层不仅要有一定的厚度，更重要的是必须浇筑振捣密实。

按环境类别的不同，纵向受力钢筋的混凝土保护层厚度(从钢筋外边缘算起)不应小于其规范规定最小限值，同时也不应小于钢筋直径及粗骨料最大粒径的1.25倍。

板、墙、壳中分布钢筋的混凝土保护层厚度不应小于最小限值减10 mm，且不应小于10 mm；梁、柱中箍筋和构造钢筋的保护层厚度不应小于15 mm；钢筋端头保护层厚度不应小于15 mm。

对于使用年限为100年的混凝土结构，混凝土保护层厚度应适当增加，并切实保证混凝土保护层的密实性。

4. 混凝土的抗渗等级

混凝土越密实，水灰比越小，其抗渗性能越好。混凝土的抗渗性能用抗渗等级表示，水工混凝土抗渗等级分为：w2、w4、w6、w8、w10、w12六级，一般按28d龄期的标准试件测定，也可根据建筑物开始承受水压力的时间，利用60d或90d龄期的试件测定抗渗等级。掺用加气剂、减水剂可显著提高混凝土的抗渗性能。

5. 混凝土的抗冻等级

混凝土处于冻融交替环境中时，渗入混凝土内部空隙中的水分在低温下结冰后体积膨胀，使混凝土产生胀裂，经多次冻融循环后将导致混凝土疏松剥落，引起混凝土结构的破坏。调查结果表明，在严寒或寒冷地区，水工混凝土的冻融破坏有时极为严重，特别是在长期潮湿的建筑物阴面或水位变化部位。例如，我国东北地区的丰满水电站，由于在1943～1947年浇筑混凝土时，质量不好并对抗冻性能注意不够，十几年后，混凝土就发生了大面积的冻融破坏，剥蚀深度一般在200～300 mm，最严重处达到了600～1000 mm。此外，实践还表明，即使在气候温和的地区，如抗冻性不足，混凝土也会发生冻融破坏以致剥蚀露筋。

混凝土的抗冻性用抗冻等级来表示，可按28d龄期的试件用快冻试验方法测定，分为F400、F300、F250、F200、F150、F100、F50七级。经论证，也可用60d或90d龄期的试件测定。

对于有抗冻要求的结构，根据气候分区、冻融循环次数、表面局部小气候条件、水分饱和程度、结构构件重要性和检修条件等选定抗冻等级。在不利因素较多时，可选用高一级的抗冻等级。

抗冻混凝土必须掺加引气剂。其水泥、掺合料、外加剂的品种和数量，水灰比，配合比及含气量等指标应通过试验确定或按照《水工建筑物抗冰冻设计规范》选用。海洋环境中的混凝土即使没有抗冻要求也宜适当掺加引气剂。

6. 混凝土的抗化学侵蚀要求

侵蚀性介质的渗入，造成混凝土中的一些成分被溶解、流失，引起混凝土发生孔隙和裂缝，甚至松散破碎；有些侵蚀性介质与混凝土中的一些成分反应后的生成物体积膨胀，引起混凝土结构胀裂破坏。常见的一些主要侵蚀性介质和引起腐蚀的原因有硫酸盐腐蚀、酸腐蚀、海水腐蚀、盐酸类结晶型腐蚀等。海水除了对混凝土造成腐蚀，还会造成钢筋锈蚀或加快钢筋的锈蚀速度。

对处于化学侵蚀性环境中的混凝土，应采用抗侵蚀性水泥，掺用优质活性掺合料，必要时可同时采用特殊的表面涂层等防护措施。

对于可能遭受高浓度除冰盐和氯盐严重侵蚀的配筋混凝土表面和部位，宜浸涂或覆盖防腐材料，在混凝土中加入阻锈剂，受力钢筋宜采用环氧树脂涂层带肋钢筋，对预应力筋、锚具及连接器应采取专门的防护措施，对于重要的结构还可考虑采用阴极保护措施。

7. 结构形式与配筋

当技术条件不能保证结构所有构(部)件均能达到与结构设计使用年限相同的耐久性时，在设计中应规定这些构(部)件在设计使用年限内需要进行大修或更换的次数。凡列为需要大修或更换的构件，在设计时应考虑其能具有修补或更换的施工操作条件。不具备单独修补或更换条件的结构构件，其设计使用年限应与结构的整体设计使用年限相同。

结构形式应有利于排除积水，避免水气凝聚和有害物质积聚于区间。当环境类型为三、四、五类时，结构的外形应力求规整，应尽量避免采用薄壁、薄腹及多棱角的结构形式。这些形式暴露面大，比平整表面更易使混凝土碳化从而导致钢筋更易锈蚀。

一般情况下尽可能采用细直径、密间距的配筋方式，以使横向的受力裂缝能分散和变细。但在某些结构部位，如闸门门槽，构造钢筋及预埋件特别多，若又加上过密的配筋，反而会造成混凝土浇筑不易密实的缺陷，不密实的混凝土保护层将严重降低结构的耐久性。因此，配筋方式应全面考虑而不片面强调细而密的方式。

当构件处于严重锈蚀环境时，普通受力钢筋直径不宜小于 16 mm。处于三、四、五类环境类别中的预应力混凝土构件，宜采用密封和防腐性能良好的孔道管，不宜采用抽孔法形成的孔道。如果不采用密封护套或孔道管，则不应采用细钢丝作预应力筋。

处于严重锈蚀环境的构件，暴露在混凝土外的吊环、紧固件、连接件等铁件应与混凝土中的钢筋隔离。预应力锚具与孔道管或护套之间需有防腐连接套管。预应力的锚头应采用无收缩高性能细石混凝土或水泥基聚合物混凝土封端。

对遭受高速水流空蚀的部位，应采用合理的结构形式、改善通气条件、提高混凝土密实度、严格控制结构表面的平整度或设置专门可靠防护面层等措施。在有泥沙磨蚀的部位，应采用质地坚硬的骨料、降低水灰比、提高混凝土强度等级、改进施工方法，必要时还应采用耐磨护面材料或纤维混凝土。

同时，结构构件在正常使用阶段的受力裂缝也应控制在允许的范围内，特别是对于配置高强钢丝的预应力混凝土构件则必须严格抗裂。因为，高强钢丝如稍有锈蚀就易引发应力腐蚀而脆断。

9.5.3 混凝土结构耐久性设计的基本要求与设计内容

1. 基本要求

《混凝土结构设计规范》规定，混凝土结构应采取下列技术构造措施，以保证耐久性要求。

(1)预应力筋可根据工程的具体情况采取表面防护、管道灌浆、加大混凝土保护层厚度等措施。

(2)预应力筋外露锚固端应采取封锚和混凝土表面处理等有效措施。

(3)必要时，可采用可更换的预应力体系。

(4)有抗渗要求的混凝土结构，混凝土的抗渗等级应符合有关标准的要求。

(5)严寒及寒冷地区的潮湿环境中，结构混凝土应满足抗冻要求，混凝土抗冻等级应符合有关标准的要求。

(6)有氯盐腐蚀的混凝土结构，其受力钢筋可采用环氧树脂涂层钢筋、镀锌预应力筋或采取阴极保护处理等防锈措施。

(7)处于二、三、四类环境中的悬臂板，其上表面宜增设防护层。

(8)结构表面的预埋件、吊钩、连接件等金属部件应与混凝土中的钢筋隔离，并采取可靠的防锈措施。

混凝土结构在设计使用年限内尚应遵守下列规定。

(1)结构应按设计规定的环境条件正常使用。

(2)结构应进行必要的维护，并根据使用条件定期检测。

(3)设计中可更换的混凝土构件应按规定定期更换；构件表面的防护层应按规定定期维护。

2. 设计内容

混凝土结构耐久性设计的内容主要包含以下几个。

(1)耐久混凝土结构的选用。提出混凝土原材料、混凝土配比的主要参数及引气等要求，根据需要提出混凝土的氯离子扩散系数、抗冻耐久性指数或抗冻等级等具体指标，在设计施工图和相应说明中，必须标明水胶比等与耐久混凝土相关的重要参数和要求。

(2)与结构耐久性有关的构造措施与裂缝控制措施。

(3)为结构使用过程中的检测、维修或部件更换，设置必要的通道和空间。

(4)与结构耐久性有关的施工质量要求，特别是混凝土的养护方法以及保护层厚度的质量控制与质量保证措施；在设计施工图上应标明钢筋的混凝土保护层厚度的施工允差及混凝土施工养护要求。

(5)结构使用阶段的定期维修与检测要求。

(6)当环境作用非常严重或极端严重时，应考虑是否需要采取防腐蚀附加措施，还可以考虑在混凝土浇筑成型中采用特殊的织物衬里透水模板以有效提高表层混凝土的密实性。采用防腐附加措施，尤其是防腐新材料和新工艺的使用，需通过专门的论证。

(7)对于可能遭受氯盐引起钢筋锈蚀的重要混凝土工程，宜根据具体环境条件和适当的材料劣化模型，进行结构使用年限的验算。

根据《混凝土结构设计规范》规定，耐久性设计的设计文件应列出以下内容。

(1)确定结构的环境类别及作用等级(简称环境等级)。

(2)提出材料的耐久性质量要求。

(3)确定构件中钢筋的混凝土保护层厚度。

(4)在不利的环境条件下应采取的防护措施。

(5)满足耐久性要求相应的施工措施。

(6)提出结构使用阶段的维护与检测要求。

9.6　本章小结

(1)混凝土结构中的裂缝有多种类型，依据其产生的原因归纳起来可以分为两大类：有外力荷载引起的裂缝和非荷载因素引起的裂缝。混凝土结构的裂缝是不可避免的，但其危害程度是可以控制的，有害与否是根据使用功能来界定的，其主要考虑两个方面的原因：一是外观要求；二是耐久性要求，并以后者为主。

(2)裂缝和变形验算的目的是保证构件超越正常使用极限状态的概率足够小，以满足适用性和耐久性的要求。与承载力极限状态的要求相比，这一验算的重要性位居第二。故可按荷载短期效应组合计算的内力进行验算，但要考虑荷载长期效应组合的影响。

(3)钢筋混凝土结构构件除了荷载裂缝，还存在不少变形裂缝，如温度收缩裂缝、碳化锈蚀膨胀裂缝等，对此应引起重视。应从结构构造(如设置伸缩缝、足够的混凝土保护层厚度)和施工质量(如保证混凝土的密实性和良好的养护)等方面采取措施，避免出现各种有害的非荷载裂缝。

(4)由于混凝土的非均质性及其抗拉强度的离散性，荷载裂缝的出现和开展均带有随机性，裂缝的间距和宽度则具有不均匀性。但在裂缝出现的过程中存在裂缝基本稳定的阶段，随着荷载的增加，裂缝不会无限加密，因而有平均裂缝间距、宽度以及最大裂缝宽度，在裂缝宽度计算中引入荷载短期效应裂缝扩大系数。

(5)构件截面抗弯刚度不仅随弯矩增大而减小，同时也随荷载持续作用而减小。前者是混凝土裂缝的出现和开展以及存在塑性变形的结果；后者则是受压区混凝土收缩、徐变以及受拉区混凝土的松弛和钢筋与混凝土之间黏结滑移徐变使钢筋应变增加的缘故。

因此，在裂缝宽度计算中引入荷载长期效应裂缝扩大系数；在挠度计算中引入短期刚度和长期刚度的概念。

(6)系数 ψ 是在裂缝宽度和挠度计算中描述裂缝之间钢筋应变(应力)分布不均匀性的参数，其物理意义是反映裂缝之间的混凝土协助钢筋抗拉工作的程度。当截面尺寸、配筋及材料级别一定时，它主要与内力大小有关，其值在 0.4～1.0 变化。它越小(钢筋应变越不均匀)，裂缝之间的混凝土协助钢筋抗拉的作用越大；反之则越小。

(7)提高构件截面刚度的有效措施是增加截面高度；减小裂缝宽度的有效措施是增加用钢量和采用直径较细的钢筋。因此，在设计中常用控制跨高比来满足变形要求；用控制钢筋的应力和直径来满足裂缝宽度的要求。

(8)对于钢筋和混凝土均采用较高强度等级且负荷较大的大跨度简支和悬臂构件，往往需要按计算控制构件的挠度。此时，可根据最小刚度原则(即假定同号弯矩区段各截面抗弯刚度均近似等于该段内弯矩最大处的截面抗弯刚度)按结构力学的公式进行计算。

(9)混凝土结构的耐久性是指结构在指定的工作环境中，正常使用和维护条件下，随时间变化而仍能满足预定功能要求的能力。由于混凝土结构耐久性设计涉及面广、影响因素多，有别于结构承载力设计，难以达到进行定量设计的程度。我国规范采取了宏观控制的方法，以概念设计为主，根据环境类别和设计使用年限对混凝土结构提出相应的限值和要求，以保证其耐久性。

思 考 题

9.1 裂缝宽度的定义，为何与保护层厚度有关？

9.2 为什么说裂缝条数不会无限增加，最终将趋于稳定？

9.3 正常使用极限状态验算时荷载组合和材料强度如何选择？

9.4 裂缝宽度与哪些因素有关？如果不满足裂缝宽度限值，应如何处理？

9.5 钢筋混凝土构件挠度计算与材料力学中挠度计算有何不同？何谓“最小刚度原则”，挠度计算时为何要引入这一原则？

9.6 受弯构件短期刚度 B_s 与哪些因素有关？如果不满足构件变形限值，应如何处理？

9.7 确定构件裂缝宽度限值和变形限值时分别考虑哪些因素？

9.8 什么是结构的耐久性要求？怎样进行混凝土结构耐久性概念设计？

9.9 影响混凝土结构耐久性的主要因素有哪些？我国《混凝土结构设计规范》是如何保证结构耐久性要求的？

9.10 什么是混凝土的碳化？混凝土的碳化对钢筋混凝土结构的耐久性有何影响？

习　题

9.1　承受均布荷载的矩形简支梁，计算跨度 $l_0=6.0\ \text{m}$，活荷载标准值 $q_k=12\ \text{kN/m}$，其准永久系数 $\psi_q=0.5$；截面尺寸为 $b\times h=200\ \text{mm}\times400\ \text{mm}$，混凝土等级为 C25，钢筋为 HRB335 级，4 Φ 16，环境类别为一类。试验算梁的跨中最大挠度是否符合挠度限值 $l_0/200$。

9.2　某屋架下弦杆按轴心受拉构件设计，截面尺寸为 200 mm×200 mm，混凝土强度等级为 C30，钢筋为 HRB400 级，4 Φ 18，环境类别为一类。荷载效应标准组合的轴向拉力 $N_k=160\ \text{kN}$。试对其进行裂缝宽度验算。已知 $w_{\lim}=0.2\ \text{mm}$。

9.3　简支矩形截面普通钢筋混凝土梁，截面尺寸 $b\times h=200\ \text{mm}\times500\ \text{mm}$，混凝土强度等级为 C30，钢筋为 HRB335 级，4 Φ 16，按荷载效应标准组合计算的跨中弯矩 $M_k=95\ \text{kN}\cdot\text{m}$；环境类别为一类。试对其进行裂缝宽度验算，如果不满足应采取什么措施。

第 10 章　预应力混凝土构件设计

普通钢筋混凝土构件抗裂性能差，使用荷载作用下受拉区混凝土易开裂，使构件刚度降低、变形增大。预应力混凝土因在构件承受外荷载之前，预先施加压应力，有效地改善了结构的抗裂性能，适用于有防水、抗渗要求的特殊环境以及大跨度、重荷载的结构。荷载作用下，其受力及破坏与前述钢筋混凝土构件基本类似，为保证构件安全性，需进行承载能力及正常使用极限状态验算。

本章介绍预应力混凝土结构的基本原理、预应力施加方法、材料选择、预应力损失计算及其构造要求；重点阐述预应力混凝土轴心受拉构件及受弯构件的设计计算，需满足正常使用极限状态和承载能力极限状态要求。

10.1　预应力混凝土的原理

10.1.1　预应力混凝土的基本原理

预应力混凝土最早是在 1928 年由著名的法国工程师弗来西奈(Freyssinet)研究成功的。经过数十年的研究开发与推广应用，取得了很大进展，世界各国都在大力发展预应力混凝土，预应力混凝土结构作为一种先进的结构形式，其应用范围和数量是衡量一个国家建筑技术水平的重要指标之一。

钢筋混凝土(reinforced concrete，RC)构件虽然已广泛应用于各种工程结构，但它仍存在一些缺点。如混凝土的极限抗拉应变很小，一般只有$(0.1\sim0.15)\times10^{-3}$，因此当钢筋中的应力为 20～30 MPa [相应的应变为$(0.1\sim0.15)\times10^{-3}$] 时，混凝土就已开裂。根据规范规定，一般混凝土的裂缝宽度不得大于裂缝控制等级。环境类别为一类，$W_{min}=0.3$；为二、三类 $W_{min}=0.2$ mm，与此相应的钢筋拉应力为 100～250MPa(光面钢筋)或 150～300MPa(螺纹钢筋)。这就是说，在钢筋混凝土结构中，钢筋的应力最高也不过 300MPa，无法再提高，使用更高强度的钢筋是无法发挥作用的，相应地也无法使用高强度混凝土。

由于裂缝的产生，构件的刚度降低。若要满足裂缝控制的要求，则需加大构件的截面尺寸或增加钢筋用量，这将导致结构自重或用钢量过大，很难用于大跨度结构。

避免混凝土开裂或减少裂缝开展宽度、降低构件变形的一个重要途径就是采用预应力混凝土。预应力混凝土(prestressed concrete，PC)构件就是对混凝土在承受使用荷载之前预先施加一定的压应力(即储备一定的压应力)，使其能够部分或全部抵消由荷载产生的拉应力，从而避免混凝土开裂或减小其裂缝开展宽度。这实际上就是利用混凝土较高的抗压能力来弥补其抗拉能力的不足。

现以图 10-1 所示的简支梁为例，来说明预应力混凝土结构的基本原理。

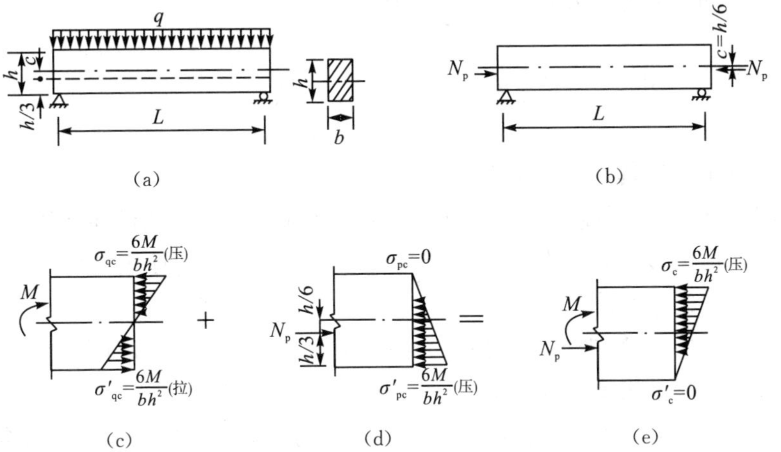

图 10-1　预应力混凝土构件基本原理

设该梁跨度为 L，截面尺寸为 $b\times h$，承受满布均布荷载 q(含自重)。此时梁跨中弯矩为 $M=qL^2/8$，相应的截面上下缘的应力[图 10-1(c)]为(以受压为正)

$$\sigma_{qc}=\frac{6M}{bh^2}(压),\sigma'_{qc}=-\frac{6M}{bh^2}(拉)$$

假若预先在中性轴以下距离为 $e=h/6$ 处设一高强钢丝束，并在两端张拉该钢丝束，然后将其锚固在梁端。设此时钢丝束中的拉力为 N_p，则混凝土在钢丝束位置处受到一同样大小的压力 N_p[图 10-1(b)]。若令 $N_p=3M/h$，则在 N_p作用下，梁截面上、下缘产生的应力[图 10-1(d)]为

$$\sigma_{pc}=0,\sigma'_{pc}=\frac{6M}{bh^2}(压)$$

梁在荷载 q 和预加力 N_p共同作用下，跨中截面上、下缘的应力[图 10-1(e)]为

$$\sigma_c=\sigma_{qc}+\sigma_{pc}=\frac{6M}{bh^2}(压),\sigma'_c=\sigma'_{qc}+\sigma'_{pc}=0$$

显然，预加应力将荷载在截面下缘处产生的拉应力全部抵消。

上述可以说明预应力混凝土构件的基本原理，并可初步得出如下几点结论。

(1)由于预加应力的作用，可使构件截面在荷载作用下不出现拉应力，因而可避免混凝土出现裂缝，混凝土梁可全截面参加工作，提高了构件的刚度。

(2)预应力钢筋和混凝土都处于高应力状态下，因此预应力混凝土结构必须采用高强度材料。也正由于这种高应力状态，所以对于预应力混凝土构件，除了要像钢筋混凝土构件那样计算承载力和变形，还要计算使用阶段的应力。

(3)预应力的效果不仅与预加力的大小有关，还与预应力所施加的位置(即偏心距的大小)有关。对于受弯构件的最大弯矩截面，要得到同样大小的预应力效果，应尽量加大

偏心距，以减小预加力，从而减少预应力钢筋用量。但在弯矩较小的截面，应减小预应力或预应力偏心距，以免因预加力产生过大的反弯矩而使梁上缘出现拉应力。

(4)钢筋混凝土中的钢筋是在受荷载后混凝土开裂的情况下代替混凝土承受拉力的，是一种“被动”的受力方式。而预应力混凝土中的预应力钢筋是预先给混凝土施加压应力，是一种“主动”的受力方式。

10.1.2 预应力混凝土结构的主要优缺点

预应力混凝土结构具有下列主要优点。

(1)提高了构件的抗裂度和刚度。对构件施加预应力后，使构件在使用荷载作用下可不出现裂缝，或可使裂缝大大推迟出现，有效地改善了构件的使用性能，提高了构件的刚度，增加了结构的耐久性。

(2)可以节省材料，减少自重。预应力混凝土采用高强材料，因而可减小构件截面尺寸，节省钢材与混凝土用量，降低结构物的自重。这对自重比例很大的大跨径桥梁来说，有着显著的优越性。大跨度和重荷载结构采用预应力混凝土结构一般是经济合理的。

(3)可以减小混凝土梁的竖向剪力和主拉应力。预应力混凝土梁的曲线钢筋(束)，可使梁中支座附近的竖向剪力减小；又由于混凝土截面上预应力的存在，使荷载作用下的主拉应力也相应减小。这有利于减小梁的腹板厚度，使预应力混凝土梁的自重可以进一步减小。

(4)结构质量安全可靠。施加预应力时，钢筋(束)与混凝土都同时经受了一次强度检验。

(5)预应力可作为结构构件连接的手段，促进了大跨度结构新体系与施工方法的发展。

(6)预应力还可以提高结构的耐疲劳性能。因为具有强大预应力的钢筋，在使用阶段由加荷或卸荷所引起的应力变化幅度相对较小，所以引起疲劳破坏的可能性也小。这对承受动荷载的桥梁结构来说是很有利的。

预应力混凝土结构也存在着一些缺点。

(1)工艺较复杂，对施工质量要求甚高，因而需要配备一支技术较熟练的专业队伍。

(2)需要有一定的专门设备，如张拉机具、灌浆设备等。先张法需要有张拉台座；后张法还要耗用数量较多、质量可靠的锚具等。

(3)预应力反拱度不易控制。它随混凝土徐变的增加而加大，造成桥面不平顺。

(4)预应力混凝土结构的开工费用较大，对于跨径小、构件数量少的工程，成本较高。

但是，以上缺点是可以设法克服的。例，如应用于跨径较大的结构，或跨径虽不大，但构件数量很多时，采用预应力混凝土结构就比较经济了。总之，只要从实际出发，因地制宜地进行合理设计和妥善安排，预应力混凝土结构就能充分发挥其优越性。所以它在近数十年来得到了迅猛的发展，尤其对桥梁新体系的发展起了重要的推动作用。这是一种极有发展前途的工程结构。

10.1.3　预应力度

预应力混凝土一般是采用张拉高强钢筋并锚固在混凝土构件上来实现预加应力的。由图 10-1 可见，改变预加力 N_p 和偏心距 e 的大小，就可以改变预应力 σ'_{pc}(以受压为正)的大小。如果预加应力 $\sigma'_{pc}=0$ 就表示完全没有预压应力，显然这就是钢筋混凝土构件。如果预压应力 σ'_{pc}大于或等于荷载产生的拉应力 σ'_{qc}(受拉为负)的绝对值，即 $\sigma'_{pc}/|\sigma'_{qc}|\geqslant 1$，则预加应力能够全部抵消荷载拉应力，构件在使用阶段就不会出现拉应力，当然也就不会由于受拉而开裂，这种构件称为全预应力混凝土构件。如果预加应力大于 0 但小于荷载产生的拉应力绝对值，即 $0<\sigma'_{pc}/|\sigma'_{qc}|<1$，则预加应力不能全部抵消荷载产生的拉应力，即在使用阶段，构件内仍会出现拉应力或者开裂，这种构件称为部分预应力混凝土构件。也就是说，采用不同程度的预加应力，可以得到从钢筋混凝土构件、部分预应力混凝土构件到全预应力混凝土构件这样一个连续系列中的任何一个状态。

为了方便，可用一个指标来表述构件不同的预压应力程度，这个指标称为预应力度 λ_p。

$$\lambda_p=\frac{\sigma'_{pc}}{|\sigma'_{qc}|}=\frac{\sigma'_{pc}W_0}{|\sigma'_{qc}W_0|}=\frac{M_0}{M} \tag{10-1}$$

式中，W_0——截面受拉区边缘的抗弯截面模量；

M_0——能够引起大小为 σ'_{pc}的应力的弯矩，也称为消压弯矩(因为如果截面的外荷载产生的弯矩等于 M_0，则它在构件受拉区所引起的拉应力绝对值刚好等于预压应力 σ'_{pc}，二者叠加后，受拉区应力为 0，即所谓消压了)。

M——使用荷载(外荷载)引起的弯矩。

显然，$\lambda_p=0$，为普通钢筋混凝土构件；$0<\lambda_p<1$，为部分预应力混凝土构件；$\lambda_p\geqslant 1$，为全预应力混凝土构件。

由此可见，从受力角度来说，钢筋混凝土构件、部分预应力混凝土构件和全预应力混凝土构件只是预应力度不同而已，并无本质的差别。因此可以将其看做同一种体系的不同状态。

10.1.4　预应力混凝土构件的一般原理

在学习这部分内容时，应抓住其最基本的力学特征。

1)弹性体概念——用于应力计算

对于预应力混凝土构件，由于钢筋和混凝土均处于高应力状态下，所以除了像钢筋混凝土构件那样要验算极限承载力，还要验算使用阶段的应力，这是与钢筋混凝土构件计算的不同之处。

由于有预应力的存在，预应力混凝土构件在荷载作用下不出现拉应力，也就不出现裂缝，全截面参加工作，所以可将预应力混凝土构件看做理想的弹性体，从而能够将材料力学公式直接用来计算其应力，并可采用叠加原理。

对于图 10-1(a)所示的预应力混凝土简支梁，取混凝土为分离体(即去掉预应力钢筋，代之以偏心压力 N_p，对混凝土而言，以压为正，偏心距为 e 且向下为正)，则混凝土构件受到两个力系的作用，一个是外荷载 q，另一个是预加力 N_p[图 10-1(b)]。根据叠加原理，混凝土面上的应力等于 q 和 N_p 分别作用时所引起的应力叠加[图 10-1(c)]。

设 M 为外荷载 q 单独作用时产生的弯矩，I 为截面对 x 轴的惯性矩，$W=I/y$ 为抗弯截面模量，则根据材料力学，由 M 引起的混凝土截面上与中性轴距离为 y 处(假定轴向上为正)的正应力为 σ_{qc} 为

$$\sigma_{qc}=\frac{My}{I}=\frac{M}{W} \tag{10-2}$$

而由偏心预加力 N_p 单独作用时引起的混凝土截面上的正应力由两部分组成：一部分是轴向力 N_p 引起的均匀压应力 N_p/A(A 为梁横截面面积)；另一部分是由于 N_p 偏心作用而产生弯矩 $M_p=-N_pe$，从而引起应力 $M_py/I=(N_pe)y/I$。于是偏心预加力 N_p 引起的应力为

$$\sigma_{pc}=\frac{N_p}{A}-\frac{(N_pe)y}{I}=\frac{N_p}{A}-\frac{N_pe}{W} \tag{10-3}$$

式(10-2)和式(10-3)叠加就得到混凝土截面的总应力，即

$$\sigma_c=\sigma_{qc}+\sigma_{pc}=\frac{My}{I}+\frac{N_p}{A}-\frac{N_pey}{I}=\frac{M}{W}+\frac{N_p}{A}-\frac{N_pe}{W} \tag{10-4}$$

可见，以上所用到的仅仅是材料力学的应力计算方法而已，并无任何复杂的力学概念。

2)内力偶臂的概念——用于应力和承载力计算

公式(10-4)是以混凝土为分离体并采用叠加原理导出的。如图 10-2 所示，如果用一横剖面将梁分为两段，取其中一段(如左段)的混凝土连同预应力钢筋一起作为分离体，则此时剖面(横截面)上预应力钢筋内的拉力 N_p(钢筋以受拉为正)暴露出来，根据水平方向的平衡条件，混凝土上将存在一个压力 N_c，$N_c=N_p$。

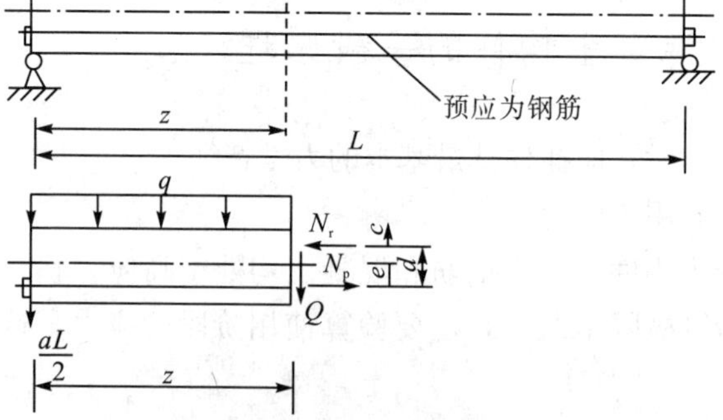

图 10-2　内力偶臂

对 N_p作用点取力矩平衡条件，得

$$\frac{qL}{2}z-\frac{qz^2}{2}=N_cd=M \tag{10-5}$$

式中，M——外荷载引起的截面 z 处的弯矩；

d——N_p和 N_c之间的力偶臂，称为内力偶臂。

由此，混凝土合应力的偏心距 $c=d-e$，因而有

$$\sigma_c=\frac{N_c}{A}+\frac{(N_cc)y}{I} \tag{10-6}$$

如果构件处于破坏阶段，也就是承载能力极限状态，则混凝土截面上的预压应力已完全被抵消，并且截面开裂，此时，混凝土达到其极限压应力 f_c，预应力钢筋的拉应力也达到其屈服点 f_{pd}。由此可见，预应力混凝土构件与钢筋混凝土构件的破坏状态并无本质的差别，因此承载力计算也没有什么大的差别。

通过上面的分析可以看出，预应力混凝土构件并不涉及复杂的力学概念，完全是最基本的材料力学知识和钢筋混凝土构件知识的综合应用。理解了这些基本原理以后，再学习后面的设计计算就不难了。在后面的设计计算中，计算公式要比上面的烦琐一些，这主要基于以下原因。

(1)由于存在预应力损失，所以要正确计算各种预应力损失。所谓预应力损失现象，是指某些原因使得预应力钢筋中的应力比其张拉时的应力减少了一定的数值。

(2)由于预应力钢筋可能为曲线布置，所以偏心距 e 沿构件是变化的，而为常量。

(3)由于有些预应力损失与时间有关，所以不同阶段的应力计算有所不同。

(4)由于考虑普通钢筋作用，所以计算公式中要分别计入普通钢筋和预应力钢筋的效应。

尽管如此，设计计算所用到的基本原理仍然没有超出本节内容的范围，只不过稍烦琐一些而已。

10.2　预应力的施加方法

预应力的施加方法，按混凝土浇筑成型和预应力钢筋张拉的先后顺序，可分为先张法和后张法两大类。

10.2.1　先张法

先张法即先张拉预应力钢筋，后浇筑混凝土的方法。其施工的主要工序(图 10-3)如下。

(1)在台座上按设计规定的拉力张拉钢筋，并用锚具临时固定于台座上[图 10-3(a)和图 10-3(b)]。

(2)支模、绑扎非预应力钢筋、浇筑混凝土构件[图 10-3(c)]。

(3)待构件混凝土达到一定的强度后(一般不低于混凝土设计强度等级的 75%，以保证预应力钢筋与混凝土之间具有足够的黏结力)，切断或放松钢筋，预应力钢筋的弹性回

缩受到混凝土阻止而使混凝土受到挤压，产生预压应力[图 10-3(d)]。

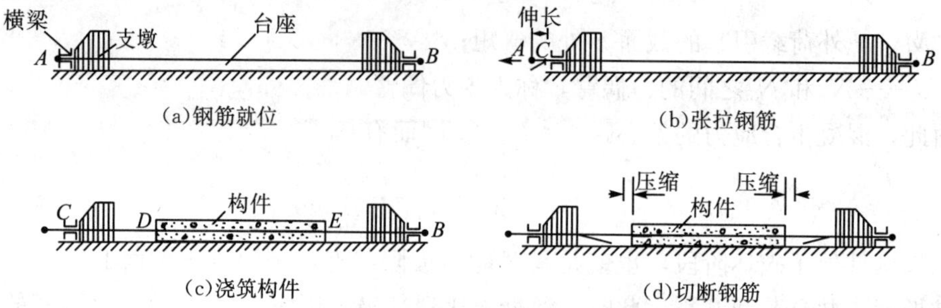

图 10-3 先张法构件施工工序

先张法是将张拉后的预应力钢筋直接浇筑在混凝土内，依靠预应力钢筋与周围混凝土之间的黏结力来传递预应力。先张法需要有用来张拉和临时固定钢筋的台座，因此初期投资费用较大。但先张法施工工序简单，钢筋靠黏结力自锚，在构件上不需设永久性锚具，临时固定的锚具都可以重复使用。因此在大批量生产时先张法构件比较经济，质量易保证。为了便于吊装运输，先张法一般宜于生产中小型构件。

10.2.2 后张法

后张法是先浇筑混凝土构件，当构件混凝土达到一定的强度后，在构件上张拉预应力钢筋的方法。按照预应力钢筋的形式及其与混凝土的关系，具体分为有黏结和无黏结两类。

后张有黏结结构，其施工的主要工序(图 10-4)如下。

(1)浇筑混凝土构件，并在预应力钢筋位置处预留孔道[图 10-4(a)]。

(2)待混凝土达到一定强度(不低于混凝土设计强度等级的 75%)后，将预应力钢筋穿过孔道，以构件本身作为支座张拉预应力钢筋[图 10-4(b)]，此时，构件混凝土将同时受到压缩。

(3)当预应力钢筋张拉至要求的控制应力时，在张拉端用锚具将其锚固，使构件的混凝土受到预压应力[图 10-4(c)]。

(4)在预留孔道中压入水泥浆，以使预应力钢筋与混凝土黏结在一起。

后张无黏结结构，预应力钢筋沿全长与混凝土接触表面之间不存在黏结作用，可产生相对滑移，一般做法是预应力钢筋外涂防腐油脂并设外包层。现使用较多的是钢铰线外涂油脂并外包 PE 塑料管的无黏结预应力钢筋，将无黏结预应力钢筋按配置的位置固定在钢筋骨架上浇筑混凝土，待混凝土达到规定强度后即可张拉。

后张无黏结预应力混凝土与后张有粘结预应力混凝土相比，有以下特点。

(1)无黏结预应力混凝土不需要留孔、穿筋和灌浆，简化施工工艺，又可在工厂制作，减少现场施工工序。

(2)如果忽略摩擦的影响，无黏结预应力混凝土中预应力钢筋的应力沿全长是相等的，在单一截面上与混凝土不存在应变协调关系，当截面混凝土开裂时对混凝土没有约束作用，裂缝疏而宽，挠度较大，需设置一定数量的非预应力钢筋以改善构件的受力性能。

(3)无黏结预应力混凝土的预应力钢筋完全依靠端头锚具来传递预压力，所以对锚具的质量及防腐蚀要求较高。

后张法不需要台座，构件可以在工厂预制，也可以在现场施工，应用比较灵活，但是对构件施加预应力需要逐个进行，操作比较麻烦。而且每个构件均需要永久性锚具，用钢量大，因此成本比较高。后张法适用于运输不方便的大型预应力混凝土构件。本章所述计算方法仅限于后张有黏结预应力混凝土。

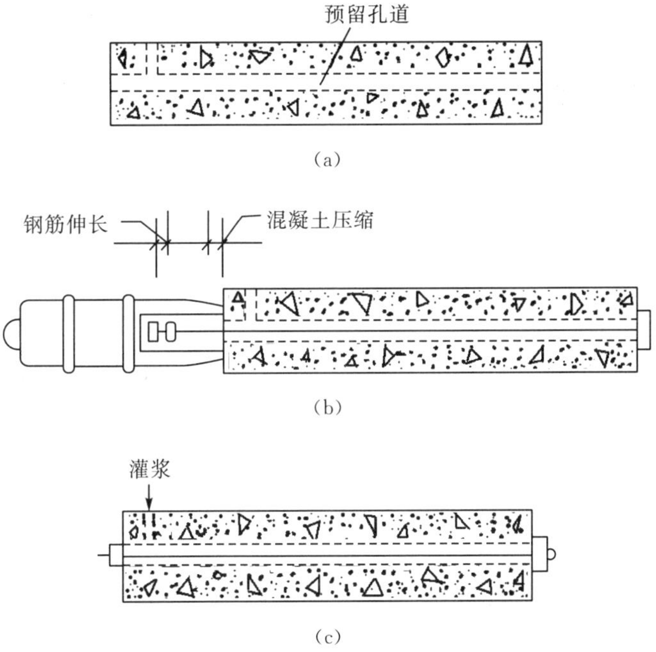

图 10-4　后张法构件施工工序

10.3　预应力锚具与孔道成型材料

10.3.1　锚具

锚具是锚固钢筋时所用的工具，是保证预应力混凝土结构安全可靠的关键部位之一。通常把在构件制作完毕后，能够取下重复使用的称为夹具；锚固在构件端部，与构件联成一体共同受力，不能取下重复使用的称为锚具。

锚具的制作和选用应满足下列要求。

(1)锚具零部件选用的钢材性能要满足规定指标，加工精度高，受力安全可靠，预应力损失小。

(2)构造简单，加工方便，节约钢材，成本低。

(3)施工简便，使用安全。

(4)锚具性能满足结构要求的静载和动载锚固性能。

锚具的种类很多，常用的锚具有以下几种。

1)支承式锚具

(1)螺丝端杆锚具。如图 10-5 所示，主要用于预应力钢筋张拉端。预应力钢筋与螺丝端杆直接对焊连接或通过套筒连接，螺丝端杆另一端与张拉千斤顶相连。张拉终止时，通过螺帽和垫板将预应力钢筋锚固在构件上。

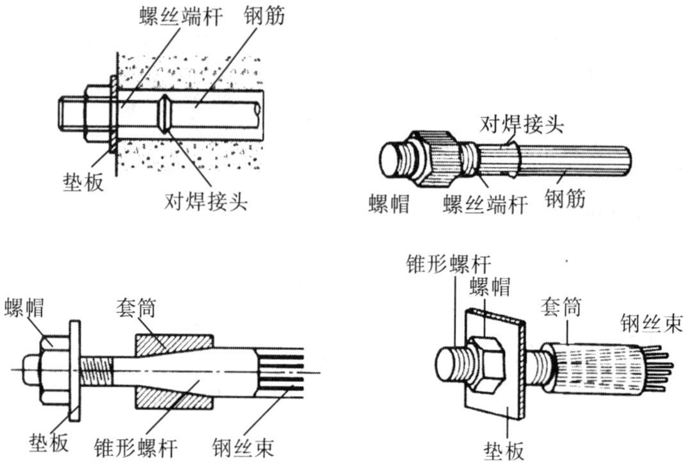

图 10-5 螺丝端杆锚具

这种锚具的优点是比较简单、滑移小和便于再次张拉；缺点是对预应力钢筋长度的精度要求高，不能太长或太短，否则螺纹长度不够用。需要特别注意焊接接头的质量，以防止发生脆断。

(2)镦头锚具。如图 10-6 所示，这种锚具用于锚固钢筋束。张拉端采用锚杯，固定端采用锚板。先将钢丝端头镦粗成球形，穿入锚杯孔内，边张拉边拧紧锚杯的螺帽。每个锚具可同时锚固几根到一百多根 5～7 mm 的高强钢丝，也可用于单根粗钢筋。这种锚具的锚固性能可靠，锚固力大，张拉操作方便，但要求钢筋(丝)的长度有较高的精确度，否则会造成钢筋(丝)受力不均。

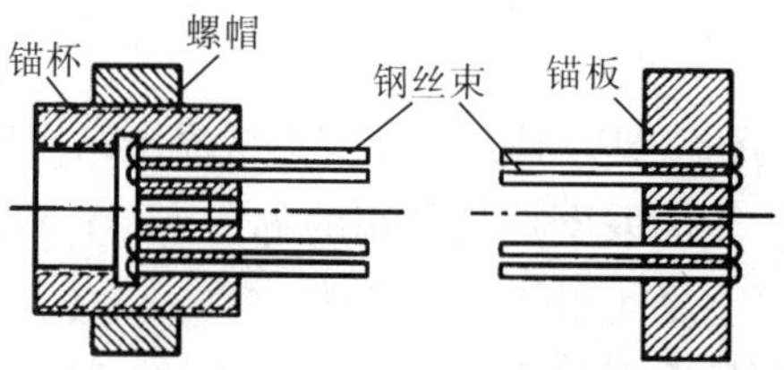

(a)张拉端镦头锚 (b)固定端镦锚

图 10-6 镦头锚具

2)锥形锚具

如图 10-7 所示，这种锚具是用于锚固多根直径为 5 mm、7 mm、8 mm、12 mm 的平行钢丝束，或者锚固多根直径为 12.7 mm、15.2 mm 的平行钢铰线束。锚具由锚环和锚塞两部分组成，锚环在构件混凝土浇灌前埋置在构件端部，锚塞中间有小孔做锚固后灌浆用。由双作用千斤顶张拉钢丝后又将锚塞顶压入锚圈内，利用钢丝在锚塞与锚圈之间的摩擦力锚固钢丝。

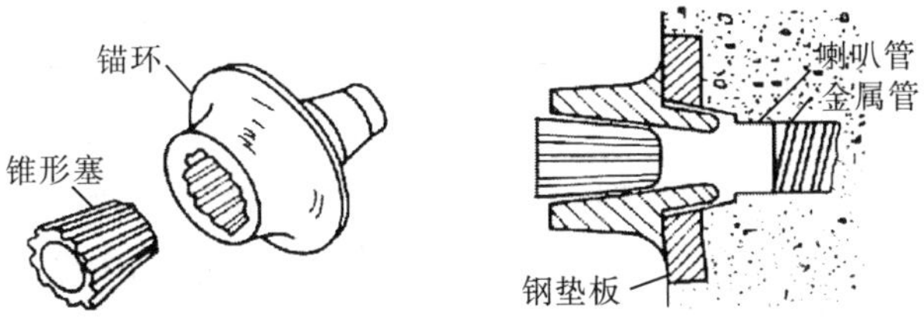

图 10-7　锥形锚具

3)夹片式锚具

如图 10-8 所示，每套锚具由一个锚环和若干个夹片组成，钢绞线在每个孔道内通过有牙齿的钢夹片夹住。夹片锚具有各种不同的形式，但都是用来锚固钢绞线的。由于近几十年来在大跨度预应力混凝土结构中大都采用钢绞线，因此夹片锚具的使用随之增多。可以根据需要，每套锚具锚固数根直径为 15.2 mm 或 12.7 mm 的钢绞线。国内常见的热处理钢筋夹片式锚具有 JM-12 和 JM-15 等，预应力钢绞线夹片式锚具有 JM、XM、QM、YM 及 OVM 系列锚具。

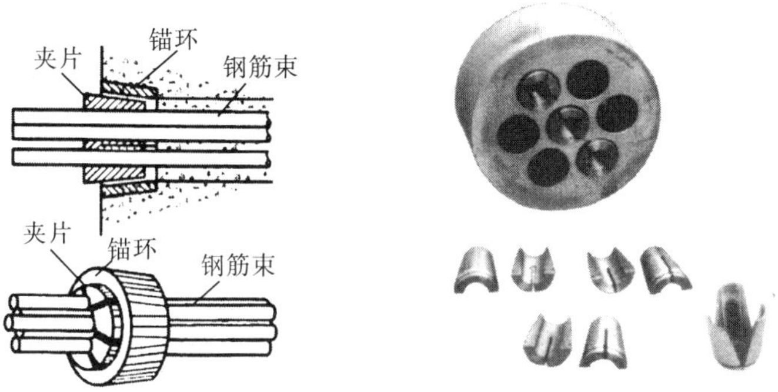

图 10-8　夹片式锚具

4)固定端锚具

(1)H 型锚具。如图 10-9 所示，利用钢绞线梨形(通过压花设备成型)自锚头与混凝土的黏结进行锚固。适用于 55 根以下钢绞线束的锚固。

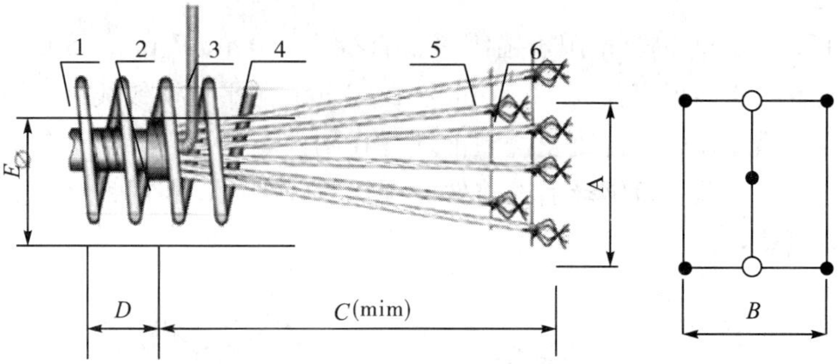

图 10-9 梨形自锚头

(2)P 型锚具。如图 10-10 所示，由挤压筒和锚板组成，利用挤压筒对钢绞线的挤压握裹力进行锚固。适用于锚固 19 根以下的钢绞线束。

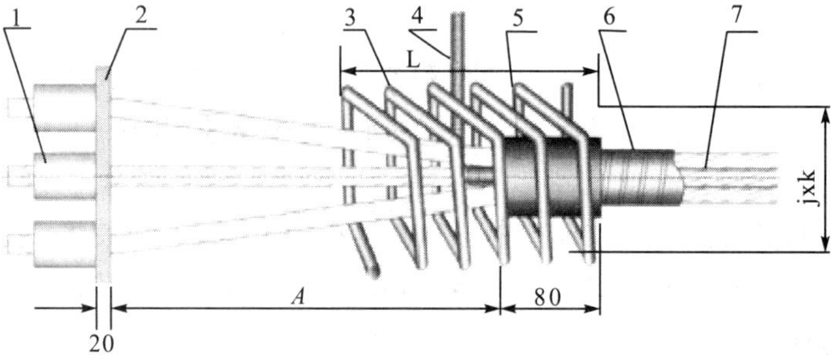

图 10-10 P 型自锚头

10.3.2 孔道成型与灌浆材料

后张有黏结预应力钢筋的孔道成型方法分为抽拔性和预埋型两类。

抽拔型是在浇筑混凝土前预埋钢管或充水(充压)的橡胶管，在浇筑混凝土后并达到一定强度时拔抽出预埋管，便形成了预留在混凝土中的孔道。适用于直线形孔道。

预埋型是在浇筑混凝土前预埋金属波纹管(或塑料波纹管)，在浇筑混凝土后不再拔出而永久留在混凝土中，便形成了预留孔道。适用于各种线形孔道。

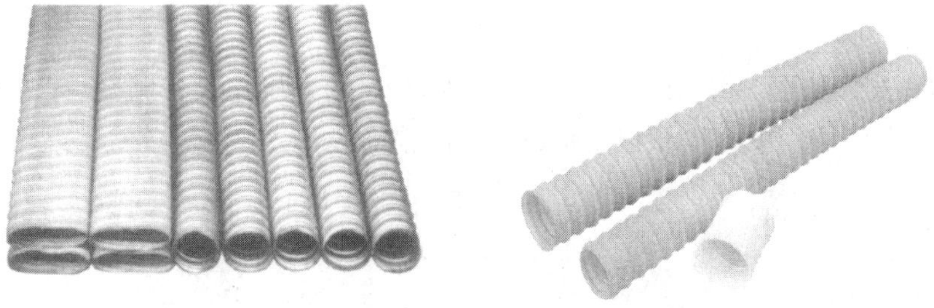

(a)金属波纹管 (b)SBG 塑料波纹管及连接套管

图 10-11 孔道成型材料

预留孔道的灌浆材料应具有流动性、密实性和微膨胀性，一般采用 32.5 或 32.5 以上标号的普通硅酸盐水泥，水灰比为 0.4～0.45，宜掺入 0.01％水泥用量的铝粉做膨胀剂。当预留孔道的直径大于 150 mm 时，可在水泥浆中掺入不超过水泥用量 30％的细砂或研磨很细的石灰石。

10.4　预应力钢筋的张拉控制应力及预应力损失

10.4.1　预应力钢筋的张拉控制应力 σ_{con}

张拉控制应力是指预应力钢筋张拉时需要达到的最大应力值，即用张拉设备所控制施加的张拉力除以预应力钢筋截面面积所得到的应力，用 σ_{con} 表示。

张拉控制应力的取值对预应力混凝土构件的受力性能影响很大。张拉控制应力越高，混凝土所受到的预压应力越大，构件的抗裂性能越好，还可以节约预应力钢筋，所以张拉控制应力不能过低。但张拉控制应力过高会造成构件在施工阶段的预拉区拉应力过大，甚至开裂；过大的预压应力还会使构件开裂荷载值与极限荷截值很接近，使构件破坏前无明显预兆，构件的延性较差；此外，为了减小预应力损失，往往进行超张拉，过高的张拉应力可能使个别预应力钢筋超过它的实际屈服强度，使钢筋产生塑性变形，对于高强度硬钢，甚至可能发生脆断。

张拉控制应力值大小主要与张拉方法及钢筋种类有关。先张法的张拉控制应力值高于后张法。后张法在张拉预应力钢筋时，混凝土即产生弹性压缩，所以张拉控制应力为混凝土压缩后的预应力钢筋应力值；而先张法构件，混凝土是在预应力钢筋放张后才产生弹性压缩，故需考虑混凝土弹性压缩引起的预应力值的降低。消除应力钢丝和钢绞线这类钢材材质稳定，对后张法张拉时的高应力，在预应力钢筋锚固后降低很快，不会发生拉断，故其张拉控制应力值较高些。

根据设计和施工经验，并参考国内外的相关规范，《混凝土结构设计规范》规定，预应力钢筋的张拉控制应力 σ_{con} 应符合表 10-1 的规定。

表 10-1　张拉控制应力限值

钢筋种类	张拉控制应力
消除应力钢丝、钢绞线	$\leqslant 0.75f_{ptk}$
中强度预应力钢丝	$\leqslant 0.70f_{ptk}$
预应力螺纹钢筋	$\leqslant 0.85f_{pyk}$

注：f_{ptk} 为预应力筋极限强度标准值；f_{pyk} 为预应力螺纹钢筋屈服强度标准值

消除应力钢丝、钢绞线、中强度预应力钢丝的张拉控制应力值不应小于 $0.4f_{ptk}$；预应力螺纹钢筋的张拉应力控制值不宜小于 $0.5f_{pyk}$。

当符合下列情况之一时，上述张拉控制应力中的张拉控制应力限值可提高 $0.05f_{ptk}$

或 0.05 f_{pyk}。

(1)要求提高构件在施工阶段的抗裂性能而在使用阶段受压区内设置的预应力钢筋。

(2)要求部分抵消由于应力松弛、摩擦、钢筋分批张拉以及预应力钢筋与张拉台座之间的温差等因素产生的预应力损失。

施加预应力时，所需的混凝土立方体抗压强度应经计算确定，但不宜低于设计的混凝土强度等级值的 75%。

10.4.2 预应力损失

在预应力混凝土构件施工及使用过程中，预应力钢筋的张拉应力值由于张拉工艺和材料特性等原因逐渐降低。这种现象称为预应力损失。预应力损失会降低预应力的效果，因此，尽可能减小预应力损失并对其进行正确的估算，对预应力混凝土结构的设计是非常重要的。

引起预应力损失的因素很多，而且许多因素之间相互影响，所以要精确计算预应力损失非常困难。对预应力损失的计算，我国规范采用将各种因素产生的预应力损失值分别计算然后叠加的方法。下面对这些预应力损失分项进行讨论。

1. 张拉端锚具变形和预应力筋内缩引起的预应力损失 σ_{l1}

预应力钢筋张拉完毕后，用锚具锚固在台座或构件上。由于锚具压缩变形、垫板与构件之间的缝隙被挤紧以及钢筋和楔块在锚具内的滑移等因素的影响，预应力钢筋产生预应力损失，以符号 σ_{l1} 表示。计算这项损失时，只需考虑张拉端，不需考虑锚固端，因为锚固端的锚具变形在张拉过程中已经完成。

1)直线形预应力钢筋

直线形预应力钢筋 σ_{l1} 可按下式(10-7)计算：

$$\sigma_{l1} = \frac{a}{l}E_s \tag{10-7}$$

式中，a——张拉端锚具变形和钢筋内缩值，mm，按表 10-2 取用；

l——张拉端至锚固端之间的距离，mm；

E_s——预应力钢筋弹性模量，N/mm^2。

表 10-2 锚具变形和钢筋内缩值 *a* （单位：mm）

锚具类别		a
支撑式锚具(钢丝束镦头锚具等)	螺帽缝隙	1
	每块后加垫板的缝隙	1
夹片式锚具	有顶压时	5
	无顶压时	6~8

注：表中的锚具变形和预应力筋内缩值也可根据实测数据确定

其他类型的锚具变形和预应力筋内缩值应根据实测数据确定。

对于块体拼成的结构，其预应损失尚应计及块体间填缝的预压变形。当采用混凝土或砂浆为填缝材料时，每条填缝的预压变形值可取 1 mm。

2)后张法曲线预应力钢筋

对于后张法曲线预应力钢筋，当锚具变形和钢筋内缩引起钢筋回缩时，钢筋与孔道之间产生反向摩擦力，阻止钢筋的回缩(图 10-12)。因此，锚固损失在张拉端最大，沿预应力钢筋向内逐渐减小，直至消失。

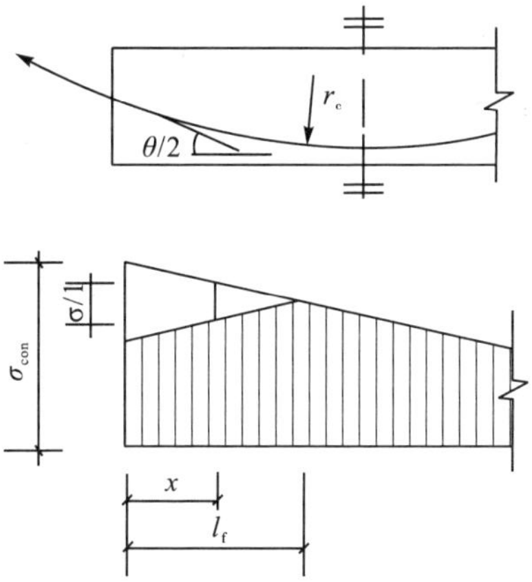

图 10-12　圆弧形曲线预应力钢筋的预应力损失 σ_{l1}

对于圆心角 $\theta \leqslant 30$ 度的圆弧形(抛物线形)曲线预应力钢筋的锚固损失，可按式(10-8)计算：

$$\sigma_{l1} = 2\sigma_{con} l_f \left(\frac{\mu}{r_c} + \kappa\right)\left(1 - \frac{x}{l_f}\right) \tag{10-8}$$

反向摩擦影响长度 l_f(mm)可按式(10-9)计算：

$$l_f = \sqrt{\frac{\alpha E_s}{1000\sigma_{con}(\mu/r_c + \kappa)}} \tag{10-9}$$

式中，r_c——圆弧形曲线预应力钢筋的曲率半径，m；

μ——预应力钢筋与孔道壁之间的摩擦系数，按表 10-3 取用；

κ——考虑孔道每米长度局部偏差的摩擦系数，按表 10-3 取用；

x——张拉端至计算截面的距离，m；

a——张拉端锚具变形和钢筋内缩值 mm，按表 10-2 取用。

表 10-3　摩擦系数

孔道成型方式	κ	μ	
		钢绞线、钢丝束	预应力螺纹钢筋
预埋金属波纹管	0.0015	0.25	0.50
预埋塑料波纹管	0.0015	0.15	—
预埋钢管	0.0010	0.30	—
抽芯成型	0.0014	0.55	0.60
无粘结预应力筋	0.0040	0.09	—

注：摩擦系数也可根据实测数据确定。

减小 σ_{l1} 的措施：①选择锚具变形和钢筋内缩值 a 较小的锚具；②尽量减少垫板的数量；③对先张法，可增加台座的长度 l。

2. 预应力钢筋与孔道壁之间的摩擦引起的预应力损失 σ_{l2}

采用后张法张拉预应力钢筋时，钢筋与孔道壁之间产生摩擦力，使预应力钢筋的应力从张拉端向里逐渐降低(图 10-13)。预应力钢筋与孔道壁间摩擦力产生的原因为：①直线预留孔道由施工原因发生凹凸和轴线的偏差，使钢筋与孔道壁产生法向压力而引起摩擦力；②曲线预应力钢筋与孔道壁之间的法向压力引起的摩擦力。

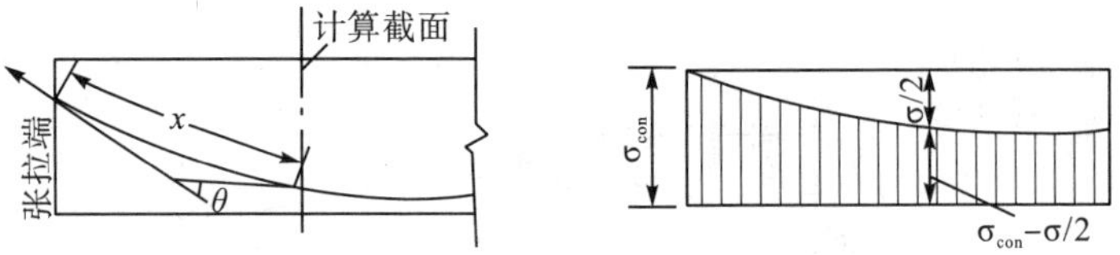

图 10-13 预应力摩擦损失 σ_{l2} 计算简图

预应力钢筋与孔道壁之间的摩擦引起的预应力损失 σ_{l2}，按下列公式计算：

$$\sigma_{l2}=\sigma_{\mathrm{con}}\left(1-\frac{1}{\mathrm{e}^{\kappa x+\mu\theta}}\right) \tag{10-10}$$

当 $(\kappa x+\mu\theta)\leqslant 0.3$ 时，σ_{l2} 可按下面近似公式计算：

$$\sigma_{l2}=(\kappa x+\mu\theta)\sigma_{\mathrm{con}} \tag{10-11}$$

式中，x——张拉端至计算截面的孔道长度，m，可近似取该段孔道在纵轴上的投影长度；

θ——张拉端至计算截面曲线孔道部分切线的夹角 rad；

κ——考虑孔道每米长度局部偏差的摩擦系数，按表 10-3 采用；

μ——预应力钢筋与孔道壁之间的摩擦系数，按表 10-3 采用。

在公式(10-10)中，对按抛物线、圆弧曲线变化的空间曲线及可分段后叠加的广义空间曲线，夹角之和 θ 可按下列近似公式计算。

抛物线、圆弧曲线：

$$\theta=\sqrt{\alpha_{\mathrm{v}}^{2}+\alpha_{\mathrm{h}}^{2}} \tag{10-12}$$

广义空间曲线：

$$\theta=\sum\sqrt{\Delta\alpha_{\mathrm{v}}^{2}+\Delta\alpha_{\mathrm{h}}^{2}} \tag{10-13}$$

式中，α_{v}、α_{h}——按抛物线、圆弧曲线变化的空间曲线预应力筋在竖直向、水平向投影所形成抛物线、圆弧曲线的弯转角；

$\Delta\alpha_{\mathrm{v}}$、$\Delta\alpha_{\mathrm{h}}$——广义空间曲线预应力在竖直向、水平向投影所形成分段曲线的弯转角增量。

减小 σ_{l2} 的措施如下：

(1)采用两端张拉。由图 10-14(a)和图 10-14(b)可见，采用两端张拉时孔道长度可取构件长度的 1/2 计算，其摩擦损失也减小一半。

(2)采用超张拉。其张拉方法为：$1.1\sigma_{\mathrm{con}}\xrightarrow{\text{持荷 2 min}}0.85\sigma_{\mathrm{con}}\xrightarrow{\text{持荷 2 min}}\sigma_{\mathrm{con}}$。当张拉至 $1.1\sigma_{\mathrm{con}}$ 时，预应力钢筋中的应力分布曲线为 EHD(图 10-14(c))；当卸荷至 $0.85\sigma_{\mathrm{con}}$ 时，

由于孔道与钢筋之间的反向摩擦，预应力钢筋中的应力沿 FGHD 分布；再次张拉至 σ_{con} 时，预应力钢筋中应力沿 CGHD 分布。

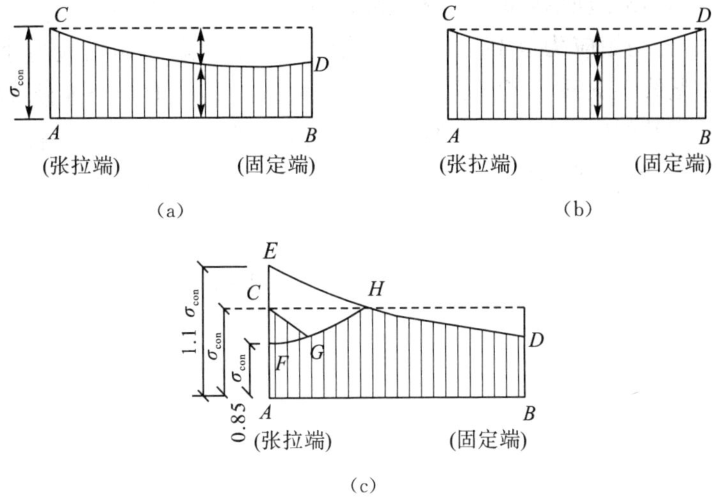

图 10-14　一端张拉、两端张拉及超张拉时预应力钢筋的应力分布

3. 混凝土加热养护时，预应力筋与承受拉力的设备之间温差引起的预应力损失 σ_{l3}

为了缩短生产周期，先张法构件在浇筑混凝土后采用蒸气养护。在养护的升温阶段钢筋受热伸长，台座长度不变，故钢筋应力值降低，而此时混凝土尚未硬化。降温时，混凝土已经硬化并与钢筋产生了黏结，能够一起回缩，由于这两种材料的线膨胀系数相近，原来建立的应力关系不再发生变化。

预应力钢筋与台座之间的温差为 Δt，钢筋的线膨胀系数 $\alpha=0.00001/℃$，则预应力钢筋与台座之间的温差引起的预应力损失为

$$\sigma_{l3}=\varepsilon_s E_s=\frac{\Delta l}{l}E_s=\frac{\alpha l\Delta t}{l}E_s=\alpha E_s\Delta t=0.00001\times 2.0\times 10^5\times\Delta t=2\Delta t(\mathrm{N/mm^2}) \tag{10-14}$$

为了减小温差引起的预应力损失 σ_{l3}，可采取以下措施。

(1)采用二次升温养护方法。先在常温或略高于常温下养护，待混凝土达到一定强度后，再逐渐升温至养护温度，这时因为混凝土已硬化与钢筋黏结成整体，能够一起伸缩而不会引起应力变化。

(2)采用整体式钢模板。预应力钢筋锚固在钢模上，因钢模与构件一起加热养护，不会引起此项预应力损失。

4. 预应力筋的应力松弛引起的预应力损失 σ_{l4}

在高拉应力作用下，随时间的增长，钢筋中将产生塑性变形，在钢筋长度保持不变的情况下，钢筋的拉应力会随时间的增长而逐渐降低，这种现象称为钢筋的应力松弛。钢筋的应力松弛与下列因素有关。

(1)时间。受力开始阶段松弛发展较快，1 h 和 24 h 松弛损失分别达总松弛损失的50%和80%左右，以后发展缓慢。

(2)钢筋品种。热处理钢筋的应力松弛值比钢丝、钢绞线小。

(3)初始应力。初始应力越高，应力松弛越大。当钢筋的初始应力小于$0.7f_{\text{ptk}}$时，松弛与初始应力呈线性关系；当钢筋的初始应力大于$0.7f_{\text{ptk}}$时，松弛显著增大。

由于预应力钢筋的应力松弛引起的应力损失按下列公式计算。

(1)消除应力钢丝、钢绞线。

①普通松弛。

$$\sigma_{l4}=0.4\left(\frac{\sigma_{\text{con}}}{f_{\text{ptk}}}-0.5\right)\sigma_{\text{con}} \tag{10-15}$$

②低松弛。

当$\sigma_{\text{con}}\leqslant 0.7f_{\text{ptk}}$时

$$\sigma_{l4}=0.125\left(\frac{\sigma_{\text{con}}}{f_{\text{ptk}}}-0.5\right)\sigma_{\text{con}} \tag{10-16}$$

当$0.7f_{\text{ptk}}<\sigma_{\text{con}}\leqslant 0.8f_{\text{ptk}}$时

$$\sigma_{l4}=0.2\left(\frac{\sigma_{\text{con}}}{f_{\text{ptk}}}-0.575\right)\sigma_{\text{con}} \tag{10-17}$$

(2)中强度预应力钢丝。

$$\sigma_{l4}=0.08\sigma_{\text{con}} \tag{10-18}$$

(3)预应力螺纹钢筋。

$$\sigma_{l4}=0.03\sigma_{\text{con}} \tag{10-19}$$

当$\sigma_{\text{con}}/f_{\text{ptk}}\leqslant 0.5$时，预应力钢筋应力松弛损失值可取为零。

为减小预应力钢筋应力松弛损失可采用超张拉，先将预应力钢筋张拉至$1.05\sigma_{\text{con}}$，持荷2 min，再卸荷至张拉控制应力σ_{con}。因为在高应力状态下，短时间所产生的应力松弛值即可达到在低应力状态下较长时间才能完成的松弛值。所以，经超张拉后部分松弛已经完成，锚固后的松弛值即可减小。

5. 混凝土收缩和徐变引起的预应力损失σ_{l5}

混凝土在硬化时发生体积收缩，在压应力作用下，混凝土还会产生徐变。混凝土收缩和徐变都使构件长度缩短，预应力钢筋也随之回缩，造成预应力损失。混凝土收缩和徐变虽是两种性质不同的现象，但它们的影响是相似的，为了简化计算，将此两项预应力损失一起考虑。

混凝土收缩、徐变引起受拉区和受压区预应力钢筋的预应力损失σ_{l5}、σ'_{l5}可按下列公式计算。

(1)一般情况。

①先张法构件。

$$\sigma_{l5}=\frac{60+340\dfrac{\sigma_{\text{pc}}}{f'_{\text{cu}}}}{1+15\rho} \tag{10-20}$$

$$\sigma'_{l5}=\frac{60+340\dfrac{\sigma'_{pc}}{f'_{cu}}}{1+15\rho'} \tag{10-21}$$

②后张法构件。

$$\sigma_{l5}=\frac{55+300\dfrac{\sigma_{pc}}{f'_{cu}}}{1+15\rho} \tag{10-22}$$

$$\sigma'_{l5}=\frac{55+300\dfrac{\sigma'_{pc}}{f'_{cu}}}{1+15\rho'} \tag{10-23}$$

式中，σ_{pc}、σ'_{pc}——在受拉区、受压区预应力钢筋合力点处的混凝土法向压应力。

f'_{cu}——施加预应力时的混凝土立方体抗压强度；

ρ、ρ'——受拉区、受压区预应力钢筋和非预应力钢筋的配筋率按下面公式计算。

对于先张法构件，

$$\rho=\frac{A_p+A_s}{A_0},\rho'=\frac{A'_p+A'_s}{A_n}$$

对于后张法构件

$$\rho=\frac{A_p+A_s}{A_n},\rho'=\frac{A'_p+A'_s}{A_n}$$

其中，A_0——混凝土换算截面面积；

A_n——混凝土净截面面积。

对于对称配置预应力钢筋和非预应力钢筋的构件，配筋率 ρ、ρ'应按钢筋总截面面积的一半计算。

此时，预应力损失值仅考虑混凝土预压前(第一批)的损失，其普通钢筋中的应力 σ_{l5}、σ'_{l5}值应取为零。σ_{pc}、σ'_{pc}值不得大于 $0.5f'_{cu}$；当 σ'_{pc}为拉应力时，则式(10-21)和式(10-23)中的 σ'_{pc}应取为零。计算混凝土法向应力 σ_{pc}、σ'_{pc}时，可根据构件的制作情况考虑自重的影响。

由式(10-20)～(10-23)可见，后张法中构件的 σ_{l5}与 σ'_{l5}比先张法构件的小，这是因为后张法构件在施加预应力时，混凝土的收缩已完成了一部分。另外，公式中给出的是线性徐变下的预应力损失，因此要求 $\sigma_{pc}(\sigma'_{pc})<0.5f'_{cu}$。否则，将发生非线性徐变，由此所引起的预应力损失将显著增大。

当结构处于年平均相对湿度低于 40%的环境下，σ_{l5}及 σ'_{l5}值应增加 30%。当采用泵送混凝土时，宜根据实际情况考虑混凝土收缩、徐变引起应力损失值的增大。

(2)对于重要的结构构件，当需要考虑与时间相关的混凝土收缩、徐变损失值时，应按《混凝土结构设计规范》附录 K 进行计算。

混凝土收缩和徐变引起的预应力损失 σ_{l5}在预应力总损失中占的比重较大，约为 40%～50%，在设计中应注意采取措施减少混凝土的收缩和徐变。可采取的措施有：①采用高标号水泥，以减少水泥用量；②采用高效减水剂，以减小水灰比；③采用级配好的骨料，加强振捣，提高混凝土的密实性；④加强养护，以减小混凝土的收缩。

6. 用螺旋式预应力钢筋作配筋的环形构件，当直径 d 不大于 3 m 时，由于混凝土的局部挤压引起的预应力损失 σ_{l6}

采用螺旋式预应力钢筋做配筋的后张法环形构件，由于预应力钢筋对混凝土的挤压，构件的直径减小(图 10-15)，从而引起预应力损失 σ_{l6}。

σ_{l6}的大小与构件的直径成反比，直径越小，损失越大。《混凝土结构设计规范》规定如下。

当构件直径 $d \leqslant 3$ m 时

$$\sigma_{l6} = 30 \text{ N/mm}^2 \tag{10-24}$$

$d > 3$ m 时

$$\sigma_{l6} = 0 \tag{10-25}$$

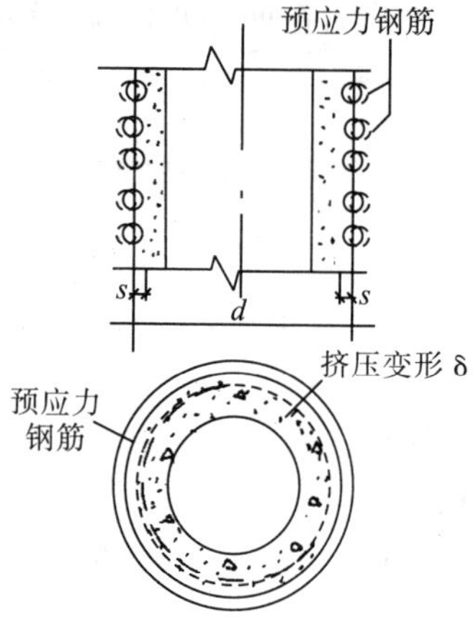

图 10-15 螺旋式预应力钢筋对环形构件的局部挤压变形

除了上述六种损失，后张法构件采用分批张拉预应力钢筋时，应考虑后批张拉钢筋所产生的混凝土弹性压缩(或伸长)对先批张拉钢筋的影响，将先批张拉钢筋的张拉控制应力值 σ_{con}增加(或减小)$\alpha_E \cdot \sigma_{pci}$($\alpha_E = E_s/E_c$钢筋与混凝土弹性模量之比)。此处，$\sigma_{pci}$为后批张拉钢筋在先批张拉钢筋重心处产生的混凝土法向应力。

10.4.3 预应力损失值的组合

1. 预应力损失值的组合

上述预应力损失有的只发生在先张法中，有的则发生于后张法中，有的在先张法和后张法中均有，而且是分批出现的。为了便于分析和计算，设计时可将预应力损失分为两批：①混凝土预压完成前出现的损失，称为第一批损失 $\sigma_{l\mathrm{I}}$；②混凝土预压完成后出现的损失，称为第二批损失 $\sigma_{l\mathrm{II}}$。先、后张法预应力构件在各阶段的预应力损失组合见表 10-4，其中先张法构件由于钢筋应力松弛引起的损失值 σ_{l4}在第一批和第二批损失中所占的比例，如果需区分，可根据实际情况定。

表 10-4　各阶段的预应力损失组合

预应力的损失组合	先张法构件	后张法构件
混凝土预压前(第一批)的损失	$\sigma_{l1}+\sigma_{l2}+\sigma_{l3}+\sigma_{l4}$	$\sigma_{l1}+\sigma_{l2}$
混凝土预压后(第二批)的损失	σ_{l5}	$\sigma_{l4}+\sigma_{l5}+\sigma_{l6}$

2. 预应力总损失的下限值

考虑到预应力损失的计算值与实际值可能存在一定差异，为确保预应力构件的抗裂性，《混凝土结构设计规范》规定，当计算求得的预应力总损失 $\sigma_l=\sigma_{l\mathrm{I}}+\sigma_{l\mathrm{II}}$小于下列数值时，应按下列数据取用：先张法构件 100 N/mm^{2}后张法构件 80 N/mm^2

10.5　预应力混凝土轴心受拉构件的设计

对于预应力混凝土轴心受拉构件的设计计算，主要包括有荷载作用下的正截面承载力计算、使用阶段的裂缝控制验算和施工阶段的局部承压验算等内容，其中使用阶段的裂缝控制验算包括抗裂验算和裂缝宽度验算。

10.5.1　预应力张拉施工阶段应力分析

预应力混凝土轴心受拉构件在施工阶段的应力状况，包括若干个具有代表性的受力过程，它们与施加预应力是采用先张法还是采用后张法有着密切的关系。

1. 先张法

先张法预应力混凝土轴心受拉构件施工阶段的主要工序有张拉预应力钢筋、预应力钢筋锚固后浇筑和养护混凝土、放松预应力钢筋等。

(1)张拉预应力钢筋阶段。在固定的台座上穿好预应力钢筋，其截面面积为 A_p，用张拉设备张拉预应力钢筋直至达到张拉控制应力 σ_{con}，预应力钢筋所受到的总拉力 $N_p=\sigma_{con}A_p$，此时该拉力由台座承担。

(2)预应力钢筋锚固、混凝土浇筑完毕并进行养护阶段。由于锚具变形和预应力钢筋内缩、预应力钢筋的部分松弛和混凝土养护时引起的温差等，预应力钢筋产生了第一批预应力损失 $\sigma_{l\mathrm{I}}$，此时预应力钢筋的有效拉应力为($\sigma_{con}-\sigma_{l\mathrm{I}}$)，预应力钢筋的合力为

$$N_{p\mathrm{I}}=(\sigma_{con}-\sigma_{l\mathrm{I}})A_p \tag{10-26}$$

该拉力同样由台座承担，而混凝土和非预应力钢筋 A_s的应力均为零，如图(10-16(a))所示。

(3)放松预应力钢筋后，预应力钢筋发生弹性回缩而缩短，由于预应力钢筋与混凝土之间存在黏结力，所以预应力钢筋的回缩量与混凝土受预压的弹性压缩量相等，由变形协调条件可得，混凝土受到的预压应力为 $\sigma_{pc\mathrm{I}}$，非预应力钢筋受到的预压应力为 $\alpha_{E_s}\sigma_{pc\mathrm{I}}$。

预应力钢筋的应力减少了 $\alpha_{E_p}\sigma_{pcI}$。因此，放张后预应力钢筋的有效拉应力[图 10-16(b)] σ_{peI} 为

$$\sigma_{peI}=\sigma_{con}-\sigma_{lI}-\alpha_{E_p}\sigma_{pcI} \tag{10-27}$$

此时，预应力构件处于自平衡状态，由内力平衡条件可知，预应力钢筋所受的拉力等于混凝土和非预应力钢筋所受的压力。即

$$\sigma_{peI}A_p=\sigma_{pcI}A_c+\alpha_{E_s}\sigma_{pcI}A_s \tag{10-28}$$

将式(10-27)代入并整理得

$$\sigma_{pcI}=\frac{(\sigma_{con}-\sigma_{lI})A_p}{(A_c+\alpha_{E_s}A_s+\alpha_{E_p}A_p)}=\frac{N_{PI}}{A_0} \tag{10-29}$$

式中，$N_{pI}=(\sigma_{con}-\sigma_{lI})A_p$，即为预应力钢筋在完成第一批损失后的合力；

A_0——换算截面面积，为混凝土截面面积与非预应力钢筋和预应力钢筋换算成混凝土的截面面积之和，$A_0=A_c+\alpha_{E_s}A_s+\alpha_{E_p}A_p$；

α_{E_s}、α_{E_p}——非预应力钢筋、预应力钢筋的弹性模量与混凝土弹性模量的比值。

$$\sigma_{pe}=\sigma_{con}-\sigma_{lI}$$

$$\sigma_{peI}=(\sigma_{con}-\sigma_{lI})-\alpha_{E_p}\sigma_{pcI}$$

$$\sigma_{peII}=(\sigma_{con}-\sigma_{l})-\alpha_{E_p}\sigma_{pcII}$$

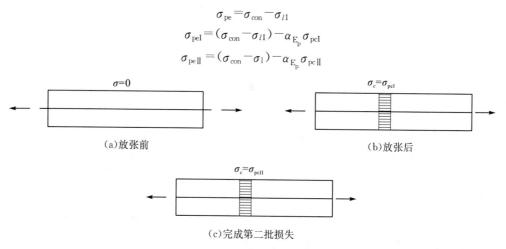

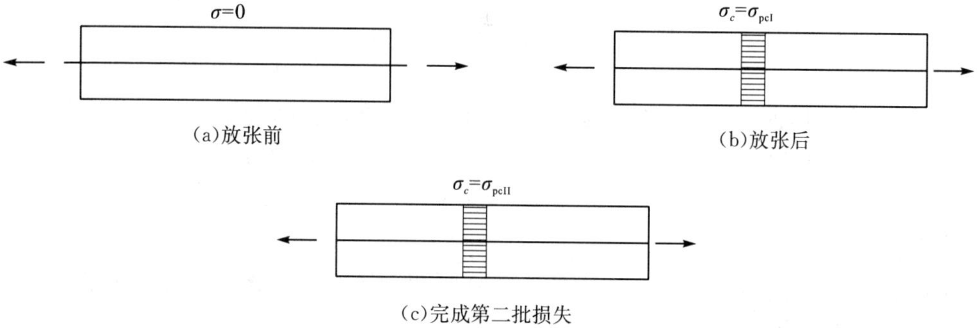

图 10-16 先张法施工阶段受力分析

(4)构件在预应力 σ_{peI} 的作用下，混凝土发生收缩和徐变，预应力钢筋继续松弛，构件进一步缩短，完成第二批应力损失 σ_{lII}。此时混凝土的应力由 σ_{pcI} 减少为 σ_{pcII}，非预应力钢筋的预压应力由 $\alpha_{E_s}\sigma_{pcI}$ 减少为 $\alpha_{E_s}\sigma_{pcII}+\sigma_{l5}$，预应力钢筋中的应力由 σ_{peI} 减少了 $\alpha_{E_p}\sigma_{pc}-\alpha_{E_p}\sigma_{pcI}+\sigma_{lII}$，因此，预应力钢筋的有效拉应力(图 10-16(c)) σ_{peII} 为

$$\begin{aligned}\sigma_{pe}&=\sigma_{peI}-(\alpha_{E_p}\sigma_{pc}-\alpha_{E_p}\sigma_{pcI})-\sigma_{lII}\\&=\sigma_{con}-\sigma_{lI}-\sigma_{lII}-\alpha_{E_p}\sigma_{pc}\\&=\sigma_{con}-\sigma_{l}-\alpha_{E_p}\sigma_{pc}\end{aligned} \tag{10-30}$$

式中，$\sigma_l=\sigma_{lI}+\sigma_{lII}$ 为全部预应力损失。

根据构件截面的内力平衡条件 $\sigma_{peII}A_p=\sigma_{pcII}A_c+(\alpha_{E_s}\sigma_{pcII}+\sigma_{l5})A_s$，可得

$$\sigma_{pcII}=\frac{(\sigma_{con}-\sigma_l)A_p-\sigma_{l5}A_s}{(A_c+\alpha_{E_s}A_s+\alpha_{E_p}A_p)}=\frac{N_{pII}}{A_0} \tag{10-31}$$

式中，$N_{p\mathrm{II}}=(\sigma_{con}-\sigma_l)A_p-\sigma_{l5}A_s$，即为预应力钢筋完成全部预应力损失后预应力钢筋和非预应力钢筋的合力。

式(10-31)说明，预应力钢筋按张拉控制应力 σ_{con} 进行张拉，在放张后并完成全部预应力损失 σ_l 时，先张法预应力混凝土轴心受拉构件在换算截面 A_0 上建立了预压应力 $\sigma_{pc\mathrm{II}}$。

2. 后张法

后张法预应力混凝土轴心受拉构件施工阶段的主要工序有浇筑混凝土并预留孔道、穿设并张拉预应力钢筋、锚固预应力钢筋和孔道灌浆。从施工工艺来看，后张法与先张法的主要区别虽然仅在于张拉预应力钢筋与浇筑混凝土先后次序不同，但是其应力状况与先张法有本质的差别。

(1)张拉预应力钢筋之前，即从浇筑混凝土开始至穿预应力钢筋后，构件不受任何外力作用，所以构件截面不存在任何应力，如图 10-17(a)所示。

(2)张拉预应力钢筋，与此同时混凝土受到与张拉力反向的压力作用，并发生了弹性压缩变形，如图 10-17(b)所示。同时，在张拉过程中预应力钢筋与孔壁之间的摩擦引起预应力损失 σ_{l2}，锚固预应力钢筋后，锚具的变形和预应力钢筋的回缩引起预应力损失 σ_{l1}，从而完成了第一批损失 $\sigma_{l\mathrm{I}}$。此时，混凝土受到的压应力为 $\sigma_{pc\mathrm{I}}$，非预应力钢筋所受到的压应力为 $\alpha_{E_s}\sigma_{pc\mathrm{I}}$。预应力钢筋的有效拉应力 $\sigma_{pe\mathrm{I}}$ 为

$$\sigma_{pe\mathrm{I}}=\sigma_{con}-\sigma_{l\mathrm{I}} \tag{10-32}$$

由构件截面的内力平衡条件 $\sigma_{pe\mathrm{I}}A_p=\sigma_{pc\mathrm{I}}A_c+\alpha_{E_s}\sigma_{pc\mathrm{I}}A_s$，可得

$$\sigma_{pc\mathrm{I}}=\frac{(\sigma_{con}-\sigma_{l\mathrm{I}})A_p}{A_c+\alpha_{E_s}A_s}=\frac{N_{p\mathrm{I}}}{A_n} \tag{10-33}$$

式中，$N_{p\mathrm{I}}$——完成第一批预应力损失后，预应力钢筋的合力；

A_n——构件的净截面面积，即扣除孔道后混凝土的截面面积与非预应力钢筋换算成混凝土的截面面积之和，$A_0=A_c+\alpha_{E_s}A_s$。

$$\sigma_c=0$$

$$\sigma_p=0$$

$$\sigma_{pe\mathrm{I}}=\sigma_{con}-\sigma_{l\mathrm{I}}$$

$$\sigma_{pe\mathrm{II}}=\sigma_{con}-\sigma_l$$

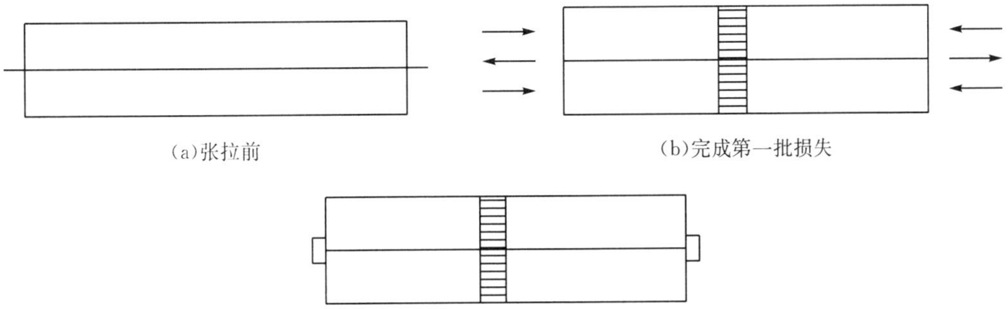

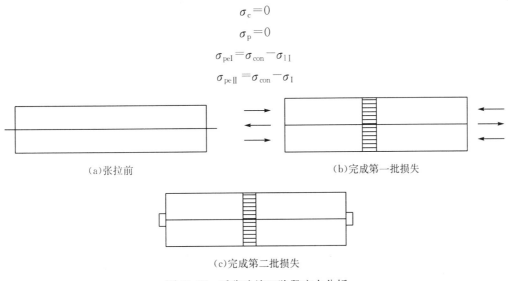

(a)张拉前　　(b)完成第一批损失

(c)完成第二批损失

图 10-17　后张法施工阶段应力分析

(3)在预应力张拉全部完成之后，构件中混凝土受到预压应力的作用而发生了收缩和徐变、预应力钢筋松弛以及预应力钢筋对孔壁混凝土的挤压，从而完成了第二批预应力损失 $\sigma_{l\text{II}}$，此时混凝土的应力由 σ_{pcI}减少为 σ_{pcII}；同时由于混凝土的收缩和徐变及弹性压缩，也使构件内的普通钢筋随混凝土构件而缩短，在普通钢筋中产生应力，这种应力减小了混凝土的法向预应力，使构件的抗裂性能降低，因而计算时应考虑其影响。为了简化，假定普通钢筋由于混凝土收缩、徐变引起的压应力增加与预应力筋的该项预应力损失值相同，即近似取值为 σ_{l5}。此时，非预应力钢筋的预压应力由 $\alpha_{Es}\sigma_{\text{pcI}}$为 $\alpha_{ES}\sigma_{\text{pcII}}+\sigma_{l5}$，如图 10-17(c)所示，预应力钢筋的有效应力 σ_{peII} 为

$$\begin{aligned}\sigma_{\text{pe}} &= \sigma_{\text{peI}} - \sigma_{l\text{II}} \\ &= \sigma_{\text{con}} - \sigma_{l\text{I}} - \sigma_{l\text{II}} \\ &= \sigma_{\text{con}} - \sigma_{l}\end{aligned} \tag{10-34}$$

由力的平衡条件 $\sigma_{\text{peII}}A_{\text{p}}=\sigma_{\text{pcII}}A_{\text{c}}+(\alpha_{E_s}\sigma_{\text{pcII}}+\sigma_{l5})A_{\text{s}}$ 可得

$$\sigma_{\text{pcII}} = \frac{(\sigma_{\text{con}} - \sigma_l)A_{\text{p}} - \sigma_{l5}A_{\text{s}}}{A_{\text{c}} + \alpha_{E_s}A_{\text{s}}} = \frac{N_{\text{pII}}}{A_{\text{n}}} \tag{10-35}$$

式中，$N_{\text{pII}}=(\sigma_{\text{con}}-\sigma_l)A_{\text{p}}-\sigma_{l5}A_{\text{s}}$，即为预应力钢筋完成全部预应力损失后预应力钢筋和非预应力钢筋的合力。

式(10-35)说明预应力钢筋按张拉控制应力 σ_{con}进行张拉，在放张后并完成全部预应力损失 σ_l时，后张法预应力混凝土轴心受拉构件在构件净截面 A_{n}上建立了预压应力 σ_{pcII}。

3. 先张法与后张法的比较

比较式(10-29)与式(10-33)、式(10-31)与式(10-35)，可得出如下结论。

(1)计算预应力混凝土轴心受拉构件截面混凝土的有效预压应力 σ_{pcI}、σ_{pcII} 时，可分别将一个轴向压力 N_{pI}、N_{pII} 作用于构件截面上，然后按材料力学公式计算。压力 N_{pI}、N_{pII} 由预应力钢筋和非预应力钢筋仅扣除相应阶段预应力损失后的应力乘以各自的截面面积并反向，然后再叠加而得(图 10-18)。计算时所用构件截面面积为：先张法用换算截面面积 A_0，后张法用构件的净截面面积 A_{n}。弹性压缩部分在钢筋应力中未出现，是由于其已经隐含在构件截面面积内了。

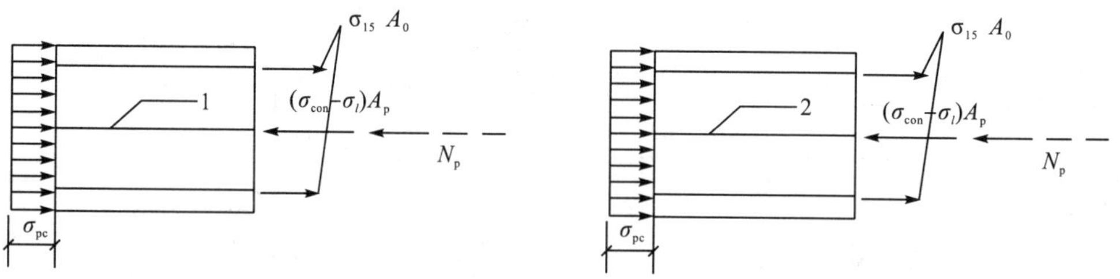

(a)先张法构件　　(b)后张法构件

图 10-18　轴心受拉构件预应力钢筋及非预应力钢筋合力位置

注：1-换算截面重心轴；2-净截面重心轴

(2)在先张法预应力混凝土轴心受拉构件中，存在着放松预应力钢筋后由混凝土弹性压缩变形而引起的预应力损失；在后张法预应力混凝土轴心受拉构件中，混凝土的弹性

压缩变形是在预应力钢筋张拉过程中发生的，因此没有相应的预应力损失。所以，相同条件的预应力混凝土轴心受拉构件，当预应力钢筋的张拉控制应力相等时，先张法预应力钢筋中的有效预应力比后张法的小，相应建立的混凝土预压应力也就比后张法的小，具体的数量差别取决于混凝土弹性压缩变形的大小。

(3)在施工阶段中，当考虑到所有的预应力损失后，计算混凝土的预压应力 σ_{pcII} 的公式(10-31)(先张法)与公式(10-35)(后张法)，从形式上来讲大致相同，主要区别在于公式中的分母分别为 A_0 和 A_n。由于 $A_0 > A_n$，所以先张法预应力混凝土轴心受拉构件的混凝土预压应力小于后张法预应力混凝土轴心受拉构件。

以上结论可推广应用于计算预应力混凝土受弯构件的混凝土预应力，只需将 N_{pI}、N_{pII} 改为偏心压力。

10.5.2　正常使用阶段应力分析

预应力混凝土轴心受拉构件在正常使用荷载作用下，其整个受力特征点可划分为消压极限状态、抗裂极限状态和带裂缝工作状态。

1. 消压极限状态

对构件施加的轴心拉力 N_0 在该构件截面上产生的拉应力 $\sigma_{c0}=N_0/A_0$ 刚好与混凝土的预压应力 σ_{pcII} 相等，即 $|\sigma_{c0}|=|\sigma_{pcII}|$，$N_0$ 称为消压轴力。此时，非预应力钢筋的应力由原来的 $\alpha_{E_s}\sigma_{pcII}+\sigma_{l5}$ 减小了 $\alpha_{E_s}\sigma_{pcII}$，即非预应力钢筋的应力 $\sigma_{s0}=\sigma_{l5}$；预应力钢筋的应力则由原来的 σ_{peII} 增加了 $\alpha_{E_p}\sigma_{pcII}$。

对于先张法预应力混凝土轴心受拉构件，结合式(10-31)，得到预应力钢筋的应力 σ_{p0} 为

$$\sigma_{p0}=\sigma_{con}-\sigma_l \tag{10-36}$$

对于后张法预应力混凝土轴心受拉构件，结合式(10-34)，得到预应力钢筋的应力 σ_{p0} 为

$$\sigma_{p0}=\sigma_{con}-\sigma_l+\alpha_{E_p}\cdot\sigma_{pcII} \tag{10-37}$$

预应力混凝土轴心受拉构件的消压状态，相当于普通混凝土轴心受拉构件承受荷载的初始状态，混凝土不参与受拉，轴心拉力 N_0 由预应力钢筋和非预应力钢筋承受，则

$$N_0=\sigma_{p0}A_p-\sigma_sA_s \tag{10-38}$$

将式(10-36)代入式(10-38)，结合式(10-31)，得到先张法预应力混凝土轴心受拉构件的消压轴力 N_0 为

$$\begin{aligned}N_0&=(\sigma_{con}-\sigma_l)A_p-\sigma_{l5}A_s\\&=\sigma_{pc}A_0\end{aligned} \tag{10-39}$$

将式(10-37)分别代入式(10-38)，结合式(10-35)，得到后张法预应力混凝土轴心受拉构件的消压轴力 N_0 为

$$\begin{aligned}N_0&=(\sigma_{con}-\sigma_l+\alpha_{E_p}\sigma_{pcII})A_p-\sigma_{l5}A_s\\&=\sigma_{pcII}(A_n+\alpha_{E_p}A_p)\\&=\sigma_{pcII}A_0\end{aligned} \tag{10-40}$$

2. 开裂极限状态

在消压轴力 N_0基础上，继续施加足够的轴心拉力，使得构件中混凝土的拉应力达到其抗拉强度 f_{tk}，混凝土处于受拉即将开裂但尚未开裂的极限状态，该轴心拉力称为开裂轴力 N_{cr}。此时混凝土所受到的拉应力为 f_{tk}；非预应力钢筋由压应力 σ_{l5} 增加了拉应力 $\alpha_{E_s} f_{tk}$，预应力钢筋的拉应力由 σ_{p0}增加了 $\alpha_{E_p} f_{tk}$，即 $\sigma_{s,cr}=\alpha_{E_s} f_{tk}-\sigma_5$，$\sigma_{p,cr}=\sigma_{p0}+\alpha_{E_p} f_{tk}$。

此时构件所承受的轴心拉力为

$$\begin{aligned} N_{cr} &= N_0 + f_{tk}A_c + \alpha_{E_s} f_{tk}A_s + \alpha_{E_p} f_{tk}A_p \\ &= N_0 + (A_c + \alpha_{E_s} A_s + \alpha_{E_p} A_p) f_{tk} \\ &= (\sigma_{pc\,II} + f_{tk}) A_0 \end{aligned} \tag{10-41}$$

3. 带缝工作阶段

当构件所承受的轴心拉力 N 超过开裂轴力 N_{cr}后，构件受拉开裂，并出现多道大致垂直于构件轴线的裂缝，裂缝所在截面处的混凝土退出工作，不参与受拉。轴心拉力全部由预应力钢筋和非预应力钢筋来承担，根据变形协调和力的平衡条件，可得预应力钢筋的拉应力 σ_p和非预应力钢筋的拉应力 σ_s分别为

$$\sigma_p = \sigma_{p0} + \frac{N - N_0}{A_p + A_s} \tag{10-42}$$

$$\sigma_s = \sigma_{s0} + \frac{N - N_0}{A_p + A_s} \tag{10-43}$$

由上可得以两点。

(1)无论是先张法还是后张法，消压轴力 N_0、开裂轴力 N_{cr}的计算公式具有对应相同的形式，只是在具体计算 $\sigma_{pc\,II}$ 时对应的分别为式(10-31)和式(10-35)。

(2)要使预应力混凝土轴拉构件开裂，需要施加比普通混凝土构件更大的轴心拉力，显然在同等荷载水平下，预应力构件具有较高的抗裂能力。

10.5.3 正常使用极限状态验算

1. 抗裂验算

对预应力轴心受拉构件的抗裂验算，通过对构件受拉边缘应力大小的验算来实现，应按两个控制等级进行验算，计算简图如图 10-19 所示。

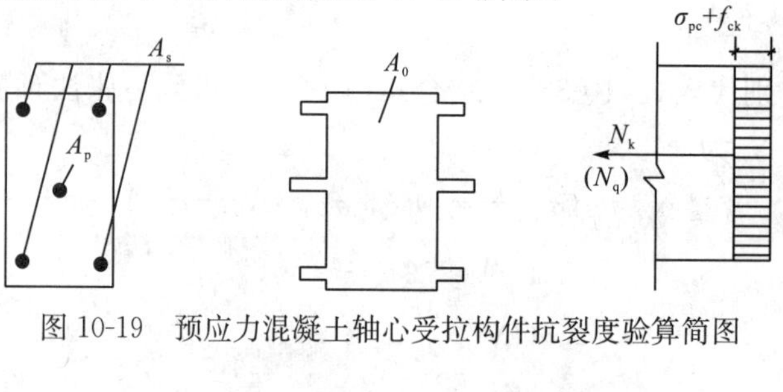

图 10-19 预应力混凝土轴心受拉构件抗裂度验算简图

1)严格要求不出现裂缝的构件

在荷载标准组合下轴心受拉构件受拉边缘不允许出现拉应力，即 $N_k < N_0$，结合式(10-39)、(10-40)得

$$N_k/A_0 - \sigma_{pcII} \leqslant 0 \tag{10-44}$$

2)一般要求不出现裂缝的构件

在荷载效应的标准组合下轴心受拉构件受拉边缘不允许超过混凝土轴心抗拉强度标准值 f_{tk}，即 $N_k < N_{cr}$，结合式(10-41)得

$$N_k/A_0 - \sigma_{pcII} \leqslant f_{tk} \tag{10-45}$$

在荷载效应的准永久组合下轴心受拉构件受拉边缘不允许出现拉应力，即 $N_q < N_0$，结合式(10-39)、(10-46)得

$$N_q/A_0 - \sigma_{pcII} \leqslant 0 \tag{10-46}$$

式中，N_k、N_q——按荷载的标准组合、准永久组合计算的轴心拉力。

2. 裂缝宽度验算

对在使用阶段允许出现裂缝的预应力混凝土轴心受拉构件，要求按荷载效应的标准组合并考虑荷载长期作用影响的最大裂缝宽度不应超过最大裂缝宽度的允许值。即

$$w_{max} \leqslant w_{lim} \tag{10-47}$$

式中，w_{max}——按荷载效应的标准组合并考虑长期作用影响的最大裂缝宽度；

w_{lim}—裂缝宽度限值，按结构工作环境的类别，由附表 17 查得。

预应力混凝土轴心受拉构件经荷载作用消压以后，在后续增加的荷载 $\Delta N = N_k - N_0$ 作用下，构件截面的应力和应变变化规律与钢筋混凝土轴心受拉构件十分类似，在计算 w_{max}时可沿用其基本分析方法，最大裂缝宽度 w_{max}按下式计算

$$w_{max} = \alpha_{cr}\psi\frac{\sigma_{sk}}{E_s}\left(1.9c + 0.08\frac{d_{eq}}{\rho_{te}}\right) \tag{10-48}$$

式中，α_{cr}——构件受力特征系数，对轴心受拉构件，取 $\alpha_{cr}=2.2$；

ψ——两裂缝间纵向受拉钢筋的应变不均匀系数，$\psi=1.1-0.65\dfrac{f_{tk}}{\rho_{te}\sigma_{sk}}$；当 $\psi<0.2$ 时，取 $\psi=.2$；当 $\psi>1.0$ 时，取 $\psi=1.0$；对直接承受重复荷载的构件，取 $\psi=1.0$；

ρ_{te}——按有效受拉混凝土截面面积计算的纵向受拉钢筋的配筋率，$\rho_{te}=\dfrac{A_s+A_p}{A_{te}}$；当 $\rho_{te}<0.01$ 时，取 $\rho_{te}=0.01$；

A_{te}——有效受拉混凝土截面面积，取构件截面面积，即 $A_{te}=bh$；

σ_{sk}——按荷载效应标准组合计算的预应力混凝土轴心受拉构件纵向受拉钢筋的等效应力，即从截面混凝土消压算起的预应力钢筋和非预应力钢筋的应力增量，由式(10-42)和式(10-43)得 $\sigma_{sk}=\dfrac{N_k-N_0}{A_p+A_s}$；

N_k——按荷载效应标准组合计算的轴心拉力；

N_0——预应力混凝土构件消压后，全部纵向预应力和非预应力钢筋拉力的合力；

c——最外层纵向受拉钢筋外边缘至构件受拉边缘的最短距离 mm，当 $c<20$ 时，取 $c=20$；当 $c>65$ 时，取 $c=65$；

A_p、A_s——受拉纵向预应力和非预应力钢筋的截面面积；

d_{eq}——纵向受拉钢筋的等效直径，按式(10-49)计算：

$$d_{eq}=\frac{\sum n_i d_i^2}{\sum n_i v_i d_i} \tag{10-49}$$

d_i——构件横截面中第 i 种纵向受拉钢筋的公称直径；

n_i——构件横截面中第 i 种纵向受拉钢筋的根数；

v_i——构件横截面中第 i 种纵向受拉钢筋的相对黏结特性系数，可按表 10-5 取用。

表 10-5 受拉钢筋的相对粘结特性系数

钢筋类别	非预应力钢筋		先张法预应力钢筋			后张法预应力钢筋		
	光圆钢筋	带肋钢筋	带肋钢筋	螺旋肋钢丝	钢绞线	带肋钢筋	钢绞线	光面钢丝
v_i	0.7	1.0	1.0	0.8	0.6	0.8	0.5	0.4

注：对于环氧树脂涂层带肋钢筋，其相对黏结特性系数应按表中系数的 80%倍取用

10.5.4 正截面承载力分析与计算

预应力混凝土轴心受拉构件达到承载力极限状态时，轴心拉力全部由预应力钢筋 A_p 和非预应力钢筋 A_s 共同承受，并且二者均达到其屈服强度，如图 10-20 所示。设计计算时，取用它们各自相应的抗拉强度设计值。

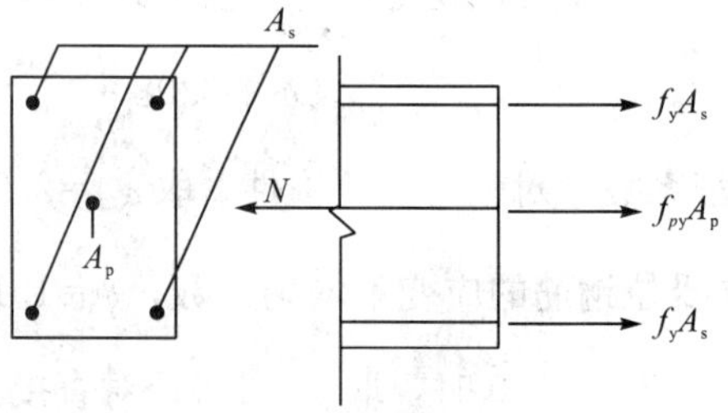

图 10-20 预应力混凝土轴心受拉构件计算简图

因此，预应力混凝土轴心受拉构件正截面承载力计算公式为

$$N \leqslant f_{py}A_p + f_yA_s \tag{10-50}$$

式中，N——构件轴心拉力设计值；

A_p、A_s——全部预应力钢筋和非预应力钢筋的截面面积；

f_{py}、f_y——与 A_p 和 A_s 相对应的钢筋的抗拉强度设计值。

由此可见，除了施工方法不同，在其余条件均相同的情况下，预应力混凝土轴心受拉构件与钢筋混凝土轴心受拉构件的承载力相等。

10.5.5　施工阶段局部承压验算

对于后张法预应力混凝土构件，预应力通过锚具并经过垫板传递给构件端部的混凝土，通常施加的预应力很大，锚具的总预压力也很大。然而，垫板与混凝土的接触面非常有限，导致锚具下的混凝土将承受较大的局部压应力，并且这种压应力需要经过一定的距离方能较均匀地扩散到混凝土的全截面上，如图 10-21 所示。

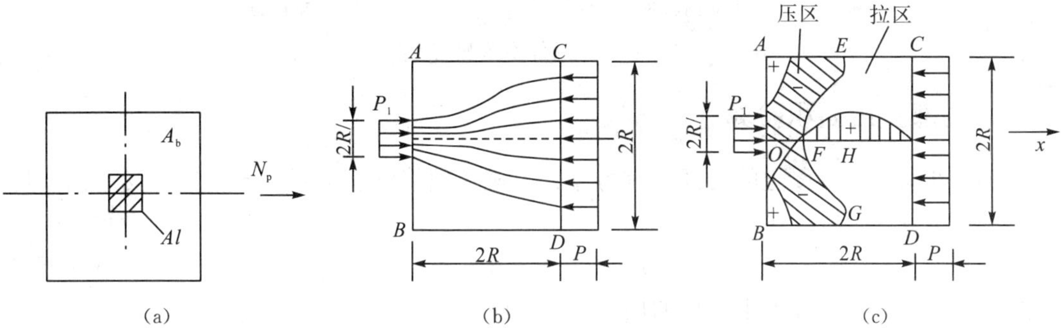

图 10-21　混凝土局部受压时的应力分布

从图中可以看出，在局部受压的范围内，混凝土既要承受法向压应力 σ_x作用，又要承受垂直于构件轴线方向的横向应力 σ_y和 σ_z作用，显然此时混凝土处于三向的复杂应力作用下。在垫板下的附近，横向应力 σ_y和 σ_z均为压应力，那么该处混凝土处于三向受压应力状态；在距离垫板一定长度之后，横向应力 σ_y和 σ_z表现为拉应力，此时该处混凝土处于一向受压、两向受拉的不利应力状态，当拉应力 σ_y和 σ_z超过混凝土的抗拉强度时，预应力构件的端部混凝土将出现纵向裂缝，从而导致局部受压破坏；也可能在垫板附近的混凝土因承受过大的压应力 σ_x而发生承载力不足的破坏。因此，必须对后张法预应力构件端部锚固区的局部受压承载力进行验算。

为了改善预应力构件端部混凝土的抗压性能，提高其局部抗压承载力，通常在锚固区段内配置一定数量的间接钢筋，配筋方式为横向方格钢筋网片或螺旋式钢筋，如图 10-22所示。并在此基础上进行局部受压承载力验算，验算内容包括两个部分：一是局部承压面积的验算，即控制混凝土单位面积上局部压应力的大小；二是局部受压承载力的验算，即在一定间接配筋量的情况下，控制构件端部横截面上单位面积上的局部压力的大小。

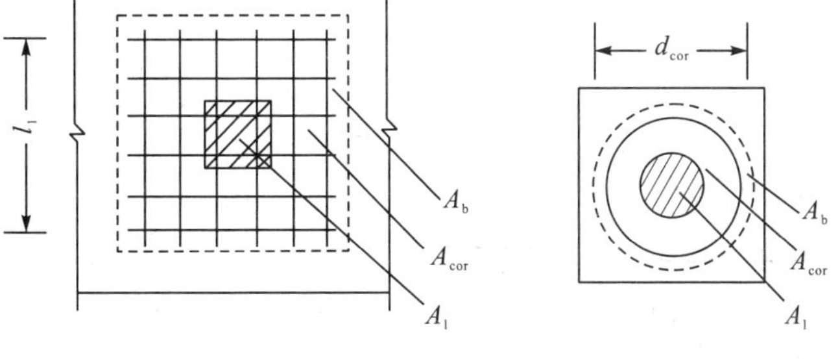

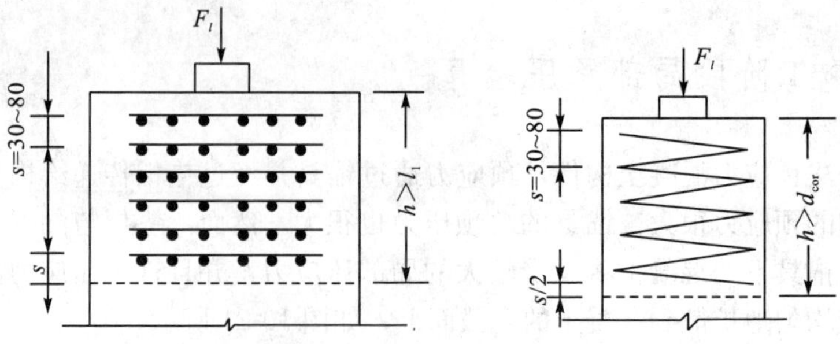

(a)横向钢筋网　　(b)螺旋钢筋

图 10-22　局部受压配筋简图

1. 局部受压面积验算

为防止垫板下混凝土的局部压应力过大，避免间接钢筋配置太多，局部受压面积应符合式(10-51)的要求，即

$$F_{\mathrm{l}} \leqslant 1.35\beta_{\mathrm{c}}\beta_{\mathrm{l}}f_{\mathrm{c}}A_{\mathrm{ln}} \tag{10-51}$$

式中，F_{l}——局部受压面上作用的局部压力设计值，取 $F_{\mathrm{l}}=1.2\sigma_{\mathrm{con}}A_{\mathrm{p}}$；

β_{c}——混凝土强度影响系数，当 $f_{\mathrm{cu,k}}\leqslant 50\mathrm{MPa}$ 时，取 $\beta_{\mathrm{c}}=1.0$；当 $f_{\mathrm{cu,k}}=80\mathrm{MPa}$ 时，取 $\beta_{\mathrm{c}}=0.8$；当 $50\mathrm{MPa}<f_{\mathrm{cu,k}}<80\mathrm{MPa}$ 时，按直线内插法取值；

β_{l}——混凝土局部受压的强度提高系数，即

$$\beta_{\mathrm{l}}=\sqrt{\frac{A_{\mathrm{b}}}{A_{\mathrm{l}}}} \tag{10-52}$$

其中，A_{b}——局部受压时的计算底面积，按毛面积计算，可根据局部受压面积与计算底面积按同形心且对称的原则来确定，具体计算可参照图 10-23 所示的局部受压情形来计算，且不扣除孔道的面积；

A_{l}——混凝土局部受压面积，取毛面积计算，具体计算方法与下述的 A_{ln} 相同，只是计算中 A_{l} 的面积包含孔道的面积；

f_{c}——在承受预压时，混凝土的轴心抗压强度设计值；

A_{ln}——扣除孔道和凹槽面积的混凝土局部受压净面积，当锚具下有垫板时，考虑到预压力沿锚具边缘在垫板中以 45°角扩散，传到混凝土的受压面积计算，参见图 10-24。

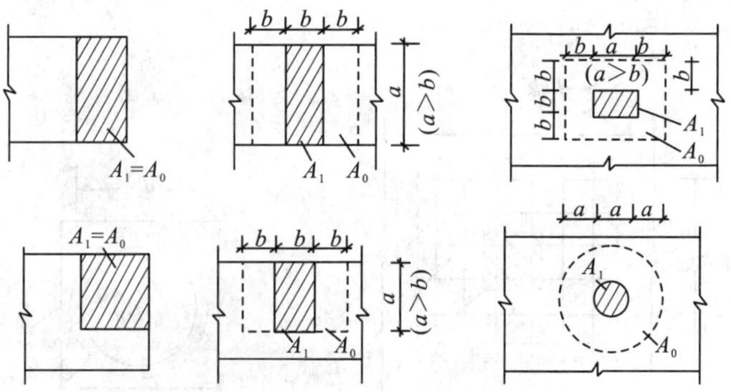

图 10-23　确定局部受压计算底面积简图

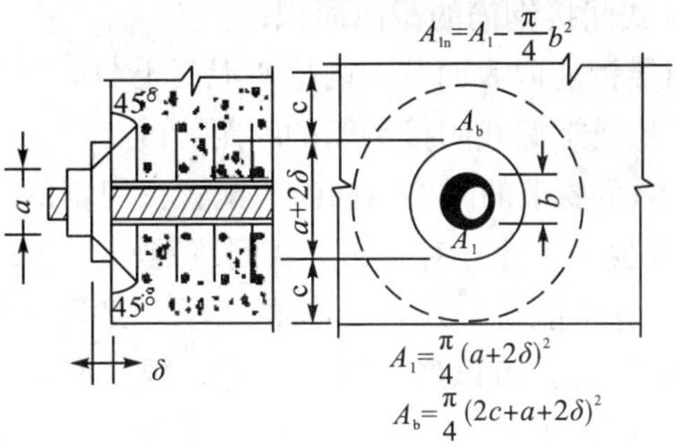

图 10-24　有孔道的局部受压净面积

应注意，式(10-51)是一个截面限制条件，即预应力混凝土局部受压承载力的上限限值。若满足该式的要求，构件通常不会引发因受压面积过小而局部下陷变形或混凝土表面的开裂；若不能满足该式的要求，说明局部受压截面尺寸不足，应根据工程实际情况，采取必要的措施，如调整锚具的位置、扩大局部受压的面积，甚至可以提高混凝土的强度等级，直至满足要求。

2. 局部受压承载力验算

后张法预应力混凝土构件，在满足式(10-51)的局部受压截面限制条件后，对于配置有间接钢筋(图 10-22 所示)的锚固区段，当混凝土局部受压面积 A_l 不大于间接钢筋所在的核心面积 A_{cor}时，预应力混凝土的局部受压承载力应满足

$$F_l \leqslant 0.9(\beta_c\beta_l f_c + 2\alpha\rho_v\beta_{cor}f_{yv})A_{ln} \tag{10-53}$$

式中，β_{cor}——配置有间接钢筋的混凝土局部受压承载力提高系数。即

$$\beta_{cor} = \sqrt{\frac{A_{cor}}{A_l}} \tag{10-54}$$

其中，A_{cor}——配置有方格网片或螺旋式间接钢筋核心区的表面范围以内的混凝土面积，根据其形心与 A_l 形心重叠和对称的原则，按毛面积计算，且不扣除孔道面积，并且要求 $A_{cor} \leqslant A_b$；

f_{yv}——间接钢筋的抗拉强度设计值；

ρ_v——间接钢筋的体积配筋率，即配置间接钢筋的核心范围内，混凝土单位体积所含有间接钢筋的体积，并且要求 $\rho_v \geqslant 0.5\%$，具体计算与钢筋配置形式有关。

当采用方格钢筋网片配筋时，如图 10-22(a)所示，那么

$$\rho_v = (n_1A_{s1}l_1 + n_2A_{s2}l_2)/A_{cor}s \tag{10-55}$$

并且要求分别在钢筋网片两个方向上单位长度内的钢筋截面面积的比值不宜大于 1.5。

当采用螺旋式配筋时，如图 10-22(b)所示，那么

$$\rho_v = 4A_{ss1} - d_{cor}s \tag{10-56}$$

式中，n_1、A_{s1}——方格式钢筋网片在 l_1 方向的钢筋根数和单根钢筋的截面面积；

n_2、A_{s2}——方格式钢筋网片在 l_2 方向的钢筋根数和单根钢筋的截面面积；

A_{ss1}——单根螺旋式间接钢筋的截面面积；

d_{cor}——螺旋式间接钢筋内表面范围内核心混凝土截面的直径。

s——方格钢筋网片或螺旋式间接钢筋的间距。

经式(10-53)验算，满足要求的间接钢筋尚应配置在规定的 h 高度范围内，并且对于方格式间接钢筋网片不应少于 4 片；对于螺旋式间接钢筋不应少于 4 圈。

相反的，如果经过验算不能符合式(10-53)的要求，必须采取必要的措施。例如，对于配置方格式间接钢筋网片者，可以增加网片数量、减少网片间距、提高钢筋直径和增加每个网片钢筋的根数等；对于配置螺旋式间接钢筋者，可以减少钢筋的螺距、提高螺旋筋的直径；当然也可以适当地扩大局部受压的面积和提高混凝土的强度等级。

【例 10-1】24 m 跨预应力混凝土屋架下弦拉杆，采用后张法施工(一端拉张)，截面构造如图 10-25 所示。截面尺寸为 280 mm×180 mm，预留孔道 2 Φ 50，非预应力钢筋采用 4 Φ 12(HRB400 级)，预应力钢筋采用 2 束 5 $\Phi^{s}1\times7(0d=12.7\ mm^2$，$f_{ptk}=1860\ N/mm^2$)钢绞线，OVM13−5 锚具；混凝土强度等级为 C50。张拉控制应力 $\sigma_{con}=0.65f_{ptk}$，当混凝土达设计强度时方可张拉。该轴心拉杆承受永久荷载标准值产生的轴心拉力 $N_{Gk}=520$ kN，可变荷载标准值产生的轴向拉力 $N_{Qk}=600$ kN，可变荷载的准永久值系数为 0.5，结构重要性系数 $\gamma_0=1.1$，按一般要求不出现裂缝控制。

要求：①计算预应力损失；②使用阶段正截面抗裂验算；③复核正截面受拉承载力；④施工阶段锚具下混凝土局部受压验算。

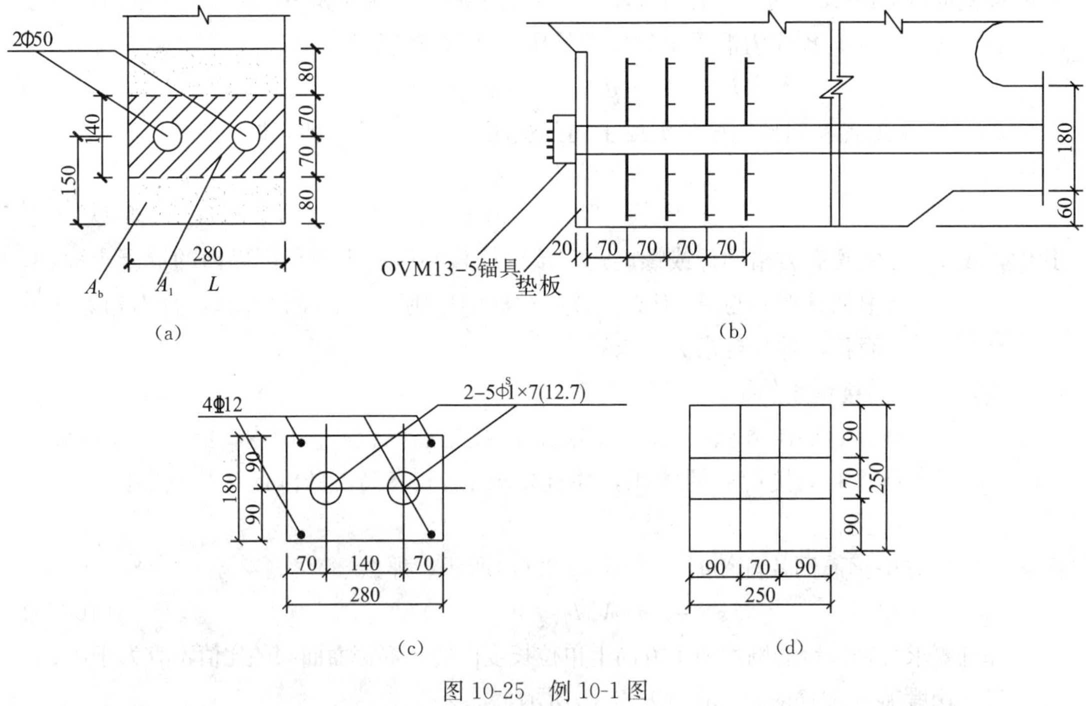

图 10-25 例 10-1 图

解：(1)截面的几何特性。

查附表 1、附表 2、附表 6、附表 8 和附表 10 得 HRB400 级钢筋 $E_s=2.0\times10^5\ N/mm^2$，$f_y=360\ N/mm^2$；钢绞线 $E_s=1.95\times10^5\ N/mm^2$，$f_{py}=1320\ N/mm^2$；C50 混凝土 $E_c=3.45$

$\times 10^4\ N/mm^2$，$f_{tk}=2.64\ N/mm^2$，$f_c=23.1\ N/mm^2$。

查附表 21 和附表 22 得 $A_s=452\ mm^2$，$A_p=987\ mm^2$

预应力钢筋

$$\alpha_{E1}=\frac{E_s}{E_c}=\frac{1.95\times 10^5}{3.45\times 10^4}=5.65$$

非预应力钢筋

$$\alpha_{E2}=\frac{E_s}{E_c}=\frac{2.0\times 10^5}{3.45\times 10^4}=5.80$$

混凝土净截面面积 $A_n=A_c+\alpha_{E2}A_s=280\times 180-2\times\frac{\pi}{4}\times 50^2+5.8\times 452=49096.6\ mm^2$

混凝土换算截面面积为　$A_0=A_n+\alpha_{E1}Ap=49096.6+5.65\times 987=54673.15\ mm^2$

(2)张拉控制应力。

$$\sigma_{con}=0.65f_{ptk}=0.65\times 1860=1209\ N/mm^2$$

(3)预应力损失。

①锚具变形和钢筋内缩损失 σ_{l1}。

查表 10-2 得 OVM13-5 锚具，$a=5$ mm，则

$$\sigma_{l1}=\frac{a}{l}E_s=\frac{5}{24000}\times 1.95\times 10^5=40.63\ N/mm^2$$

②摩擦损失 σ_{l2}。

按锚固端计算该项损失，$l=24$ m，直线配筋 $\theta=0°$，查表 10-3 得 $\kappa=0.0014$，则有

$$\kappa x=0.0014\times 24=0.0336<0.2$$

按近似公式计算得

$$\sigma_{l2}=(\kappa x+\mu\theta)\sigma_{con}=0.0336\times 1209=40.62\ N/mm^2$$

第一批预应力损失为

$$\sigma_{lI}=\sigma_{l1}+\sigma_{l2}=40.63+40.62=81.25\ N/mm^2$$

③预应力钢筋的应力松弛损失 σ_{l4}。

低松弛预应力钢筋

$$\sigma_{l4}=0.125\left(\frac{\sigma_{con}}{f_{ptk}}-0.5\right)\sigma_{con}=0.125\times(0.65-0.5)\times 1209=22.67\ N/mm^2$$

④混凝土的收缩和徐变损失 σ_{l5}。

$$\sigma_{pcI}=\frac{(\sigma_{con}-\sigma_{lI})A_p}{A_n}=\frac{(1209-81.25)\times 987}{49096.6}=22.7\ N/mm^2$$

$$\frac{\sigma_{pcI}}{f'_{cu}}=\frac{22.7}{50}=0.45<0.5$$

$$\rho=\frac{Ap+As}{An}=\frac{987+452}{49096.6}=0.029$$

$$\sigma_{l5}=\frac{35+280\times\frac{\sigma_{pcI}}{f'cu}}{1+15\rho}=\frac{35+280\times 0.45}{1+15\times 0.029}=112.20\ N/mm^2$$

第二批预应力损失为

$$\sigma_{l\mathrm{II}}=\sigma_{l4}+\sigma_{l5}=22.67+112.20=134.87\ \mathrm{N/mm^2}$$

总预应力损失为

$$\sigma_l=\sigma_{l\mathrm{I}}+\sigma_{l\mathrm{II}}=81.25+134.87=216.12\ \mathrm{N/mm^2}>80\ \mathrm{N/mm^2}$$

(4)使用阶段抗裂验算。

混凝土有效预压应力为

$$\sigma_{\mathrm{pc\,II}}=\frac{(\sigma_{\mathrm{con}}-\sigma_l)A_{\mathrm{p}}-\sigma_{l5}A_{\mathrm{s}}}{A_{\mathrm{n}}}=\frac{(1209-216.12)\times 987-112.20\times 452}{49096.6}=18.93\ \mathrm{N/mm^2}$$

荷载标准组合下拉力为

$$N_{\mathrm{k}}=N_{\mathrm{Gk}}+N_{\mathrm{Qk}}=520+600=1120\ \mathrm{kN}$$

$$\frac{N_{\mathrm{k}}}{A_0}-\sigma_{\mathrm{pc\,II}}=\frac{1120\times 10^3}{54673.15}-18.93=1.56\ \mathrm{N/mm^2}<f_{\mathrm{tk}}=2.64\ \mathrm{N/mm^2}$$

荷载准永久值组合下拉力为

$$N_{\mathrm{cq}}=N_{\mathrm{Gk}}+0.5N_{\mathrm{Qk}}=520+0.5\times 600=820\ \mathrm{kN}$$

$$\frac{N_{\mathrm{q}}}{A_0}-\sigma_{\mathrm{pc\,II}}=\frac{820\times 10^3}{54673.15}-18.93=-3.93\ \mathrm{N/mm^2}<0$$

抗裂满足要求。

(5)正截面承载力验算。

$$N=\gamma_0(1.2N_{\mathrm{Gk}}+1.4N_{\mathrm{Qk}})=1.1\times(1.2\times 520+1.4\times 600)=1464\ \mathrm{kN}$$

$$N_{\mathrm{u}}=f_{\mathrm{py}}A_{\mathrm{p}}+f_{\mathrm{y}}A_{\mathrm{s}}=1320\times 987+360\times 452=1465560\ N=1465.56\ \mathrm{kN}>N$$

正截面承载力满足要求。

(6)锚具下混凝土局部受压验算。

①端部受压区截面尺寸验算。

OVM13−5 锚具直径为 100 mm，垫板厚 20 mm，局部受压面积从锚具边缘起在垫板中按 45 度角扩散的面积计算，在计算局部受压面积时，可近似地按图 10-25(a)两条虚线所围的矩形面积代替两个圆面积计算，即

$$A_l=280\times(100+2\times 20)=39200\ \mathrm{mm^2}$$

局部受压计算底面积为

$$A_{\mathrm{b}}=280\times(140+2\times 80)=84000\ \mathrm{mm^2}$$

$$\beta_l=\sqrt{\frac{A_b}{A_l}}=\sqrt{\frac{84000}{39200}}=1.46$$

混凝土局部受压净面积

$$A_{l\mathrm{n}}=39200-2\times\frac{\pi}{4}\times 50^2=35273\ \mathrm{mm^2}$$

构件端部作用的局部压力设计值

$$F_l=1.2\sigma_{\mathrm{con}}A_{\mathrm{p}}=1.2\times 1209\times 987=1431.94\times 10^3\ N=1431.94\ \mathrm{kN}$$

$$1.35\beta_{\mathrm{c}}\beta_l f_{\mathrm{c}}A_{l\mathrm{n}}=1.35\times 1\times 1.46\times 23.1\times 35273=1606\times 10^3\ \mathrm{N}=1606\mathrm{kN}>F_l$$

截面尺寸满足要求。

②局部受压承载力计算。

间接钢筋采用 4 片Φ 8 焊接网片，见图 10-25(c)和图 10-25(d)，则有

$$A_{cor}=250\times250=62500\ mm^2>A_l=39200\ mm^2$$
$$<A_b=84000\ mm^2$$
$$\beta_{cor}=\sqrt{\frac{A cor}{A_l}}=\sqrt{\frac{62500}{39200}}=1.26$$

间接钢筋的体积配筋率为

$$\rho_v=\frac{n_1A_{s1}l_1+n_2A_{s2}l_2}{A cors}=\frac{4\times50.3\times250+4\times50.3\times250}{62500\times70}=0.023>0.5\%$$

$$(0.9\beta_c\beta_l f_c+2\alpha\rho_v\beta_{cor}f_y)A_{ln}$$
$$=(0.9\times1.0\times1.46\times23.1+2\times1.0\times0.023\times1.26\times210)\times35273$$
$$=1500\times10^3\ N=1500\ kN>F_l=1431.93\ kN$$

局部承压满足要求。

10.6　预应力混凝土受弯构件的设计

对于预应力混凝土受弯构件的设计计算，主要包括预应力张拉施工阶段的应力验算、正常使用阶段的裂缝控制和变形验算、正截面承载力和斜截面承载力计算及施工阶段的局部承压验算等内容，其中使用阶段的裂缝控制验算包括正截面抗裂和裂缝宽度验算及斜截面抗裂验算。

10.6.1　预应力张拉施工阶段应力分析

如图 10-26 所示的预应力混凝土受弯构件的正截面，在荷载作用下的受拉区(施工阶段的预压区)配置预应力钢筋 A_p和非预应力钢筋 A_s；同时为了防止在制作、运输和吊装等施工阶段，在荷载作用下的受压区(施工阶段的预拉区)出现裂缝，相应地配置预应力钢筋 A_p'和非预应力钢筋 A_s'。

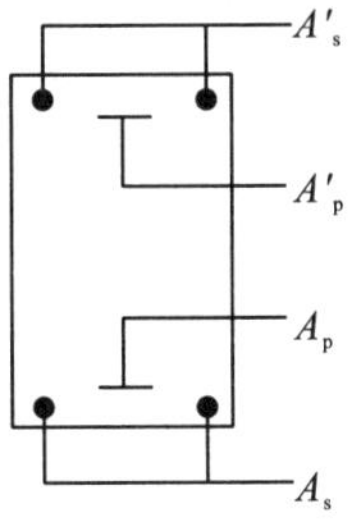

图 10-26　预应力混凝土受弯构件正截面钢筋布置

预应力混凝土受弯构件在预应力张拉施工阶段的受力过程同前述预应力混凝土轴心受拉构件，计算预应力混凝土轴心受拉构件截面混凝土的有效预压应力 σ_{pcI}、σ_{pcII}时，可分别将一个偏心压力 N_{pI}、N_{pII}作用于构件截面上，然后按材料力学公式计算。压力 N_{pI}、N_{pII}由预应力钢筋和非预应力钢筋仅扣除相应阶段预应力损失后的应力乘以各自的截面面积并反向，然后再叠加而得(图 10-27)。计算时所用构件截面面积为：先张法用换算截面面积 A_0，后张法用构件的净截面面积 A_n。公式表达时应力的正负号规定为：预应力钢筋以受拉为正，非预应力钢筋及混凝土以受压为正。

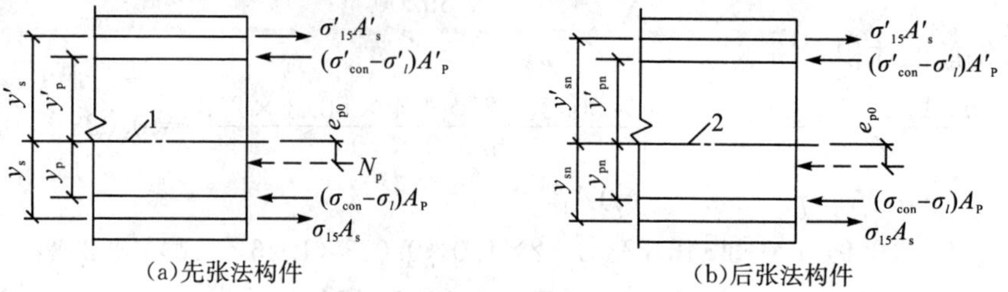

图 10-27 受弯构件预应力钢筋及非预应力钢筋合力位置

注：1-换算截面重心轴；2-净截面重心轴

1. 先张法

1)完成第一批预应力损失 σ_{lI}、σ'_{lI}后

预应力钢筋 A_p的应力为

$$\sigma_{peI} = (\sigma_{con} - \sigma_I) - \sigma_{E_p} \cdot \sigma_{pcIp} \tag{10-57}$$

预应力钢筋 A'_p的应力为

$$\sigma'_{peI} = (\sigma_{con} - \sigma_{lI} - \sigma'_{lI}) - \alpha_{E_p} \cdot \sigma'_{pcIp} \tag{10-58}$$

非预应力钢筋 A_s的应力为

$$\sigma_{sI} = \alpha_{E_p} \sigma_{pcIs} \tag{10-59}$$

非预应力钢筋 A'_s的应力为

$$\sigma'_{sI} = \alpha_{E_p} \sigma'_{pcIs} \tag{10-60}$$

预应力钢筋和非预应力钢筋的合力 N_{p0I}为

$$N_{p0I} = (\sigma_{con} - \sigma_{lI})A_p + (\sigma'_{con} - \sigma'_{lI})A'_p \tag{10-61}$$

截面任意一点的混凝土法向应力为

$$\sigma_{pcI} = \frac{N_{p0I}}{A_0} \pm \frac{N_{p0I} e_{P0I}}{I_0} y_0 \tag{10-62}$$

$$e_{p0I} = \frac{(\sigma_{con} - \sigma_{lI})A_p y_p - (\sigma'_{con} - \sigma'_{lI})A'_p y'_p}{N_{p0I}} \tag{10-63}$$

2)完成全部应力损失 σ_l、σ'_l后

预应力钢筋 A_p的应力为

$$\sigma_{peII} = (\sigma_{con} - \sigma_l) - \alpha_{E_p} \sigma_{pcIIp} \tag{10-64}$$

预应力钢筋 A'_p的应力为

$$\sigma'_{peII} = (\sigma'_{con} - \sigma'_l) - \alpha_{E_p} \cdot \sigma'_{pcIIp} \tag{10-65}$$

非预应力钢筋 A_s的应力为

$$\sigma_{sII} = \alpha_{E_s} \sigma_{pcIIs} + \sigma_{l5} \tag{10-66}$$

非预应力钢筋 A'_s的应力为

$$\sigma'_{sII} = \alpha_{E_s} \sigma'_{pcIIs} + \sigma_{l5} \tag{10-67}$$

预应力钢筋和非预应力钢筋的合力 $N_{p0\,\text{II}}$ 为

$$N_{p0\,\text{II}} = (\sigma_{con} - \sigma_l)A_p + (\sigma'_{con} - \sigma'_l)A_p - \sigma'_{l5}A_s - \sigma'_{l5}A'_s \tag{10-68}$$

截面任意一点的混凝土法向应力为

$$\sigma_{pc\,\text{II}} = \frac{N_{p0\,\text{II}}}{A_0} \pm \frac{N_{p0\,\text{II}}\,e_{p0\,\text{II}}}{l_0}y_0 \tag{10-69}$$

$$e_{po\,\text{II}} = \frac{(\sigma_{con} - \sigma l1)A_p y_p - (\sigma'_{con} - \sigma'_{l1})A'_p y'_p - \sigma_{l5}A_s y_s + \sigma'_{l5}A'_s y'_s}{N_{p0\,\text{II}}} \tag{10-70}$$

式中，A_0——换算截面面积，$A_0 = A_c + \alpha_{E_p}A_p + \alpha_{E_s}A_s + \alpha_{E_p}A'_p + \alpha_{E_s}A'_s$；

I_0——换算截面 A_0 的惯性矩；

$e_{p0\text{I}}$——$N_{p0\text{I}}$ 至换算截面重心轴的距离；

$e_{p0\,\text{II}}$——$N_{p0\,\text{II}}$ 至换算截面重心轴的距离；

y_0——换算截面重心轴至所计算的纤维层的距离；

y_p、y'_p——荷载作用的受拉区、受压区预应力钢筋各自合力点至换算截面重心轴的距离；

y_s、y'_s——荷载作用的受拉区、受压区非预应力钢筋各自合力点至换算截面重心轴的距离。

$\sigma_{pc\text{I}p}(\sigma_{pc\,\text{II}\,p})$、$\sigma'_{pc\text{I}p}(\sigma'_{pc\,\text{II}\,p})$——荷载作用的受拉区、受压区预应力钢筋各自合力点处混凝土的应力。

$\sigma_{pc\text{I}s}(\sigma_{pc\,\text{II}\,s})$、$\sigma'_{pc\text{I}s}(\sigma'_{pc\,\text{II}\,s})$——荷载作用的受拉区、受压区非预应力钢筋各自合力点处混凝土的应力。

2. 后张法

1)完成第一批预应力损失 $\sigma_{l\,\text{I}}$、$\sigma'_{l\,\text{I}}$ 后

预应力钢筋 A_p 的应力为

$$\sigma_{pe\text{I}} = \sigma_{con} - \sigma_{l\text{I}} \tag{10-71}$$

预应力钢筋 A'_p 的应力为

$$\sigma'_{pe\,\text{I}} = \sigma'_{con} - \sigma'_{l\,\text{I}} \tag{10-72}$$

非预应力钢筋 A_s 的应力为

$$\sigma_{s\,\text{I}} = \sigma_{E_p}\sigma_{pcls} \tag{10-73}$$

非预应力钢筋 A'_s 的应力为

$$\sigma'_{s\,\text{I}} = \alpha_{E_p}\sigma'_{pcls} \tag{10-74}$$

预应力钢筋和非预应力钢筋的合力 $N_{p\text{I}}$ 为

$$N_{p\,\text{I}} = (\sigma_{con} - \sigma_{l\,\text{I}})A_p + (\sigma'_{con} - \sigma'_{l\,\text{I}})A'_p \tag{10-75}$$

截面任意一点的混凝土法向应力为

$$\sigma_{pc\,\text{I}} = \frac{N_{p\,\text{I}}}{A_n} + \frac{N_{p\,\text{I}}\,e_{pn\,\text{I}}}{I_n}y_n \tag{10-76}$$

$$e_{pn\,\text{I}} = \frac{(\sigma_{con} - \sigma_{l\text{I}})A_p y_{pn} - (\sigma'_{con} - \sigma'_{l\text{I}})A'_p y'_{pn}}{N_{p\,\text{I}}} \tag{10-77}$$

2)完成全部应力损失 σ_l、σ_l'后

预应力钢筋 A_p的应力为

$$\sigma_{pe\text{II}} = \sigma_{con} - \sigma_l \tag{10-78}$$

预应力钢筋 A_p'的应力为

$$\sigma'_{pe\text{II}} = \sigma'_{con} - \sigma'_l \tag{10-79}$$

非预应力钢筋 A_s的应力为

$$\sigma_{s\text{II}} = \alpha_{E_s}\sigma_{pc\text{II}s} + \sigma_{l5} \tag{10-80}$$

非预应力钢筋 A_s'的应力为

$$\sigma'_{s\text{II}} = \alpha_{E_s}\sigma'_{pc\text{II}s} + \sigma_{l5} \tag{10-81}$$

预应力钢筋和非预应力钢筋的合力 $N_{p\text{II}}$ 为

$$N_{p\text{II}} = (\sigma_{con} - \sigma_l)A_p + (\sigma'_{con} - \sigma'_l)A'_p - \sigma_{l5}A_s - \sigma'_{l5}A'_s \tag{10-82}$$

截面任意一点的混凝土法向应力为

$$\sigma_{pc\text{II}} = \frac{N_{p\text{II}}}{A_n} + \frac{N_{p\text{II}}e_{pn\text{II}}}{I_n}y_n \tag{10-83}$$

$$e_{pn\text{II}} = \frac{(\sigma_{con} - \sigma_{lI})A_p y_{pn} - (\sigma'_{con} - \sigma'_{lI})A'_p y'_{pn} - \sigma_{l5}A_s y_{ns} + \sigma'_{l5}A'_s y'_{sn}}{N_{p\text{II}}} \tag{10-84}$$

式中，A_n——净截面面积，$A_n = A_c + \alpha_{E_s}A_s + \alpha_{E_s}A'_s$；

I_n——净截面 A_n的惯性矩；

e_{pnI}——N_{pI}至净截面重心轴的距离；

$e_{pn\text{II}}$——$N_{p\text{II}}$至净截面重心轴的距离；

y_n——净截面重心轴至所计算的纤维层的距离；

y_{pn}、y'_{pn}——荷载作用的受拉区、受压区预应力钢筋各自合力点至净截面重心轴的距离；

y_{sn}、y'_{sn}——荷载作用的受拉区、受压区非预应力钢筋各自合力点至净截面重心轴的距离。

$\sigma_{pcIp}(\sigma_{pc\text{II}p})$、$\sigma'_{pcIp}(\sigma'_{pc\text{II}p})$——荷载作用的受拉区、受压区预应力钢筋各自合力点处混凝土的应力。

$\sigma_{pcIs}(\sigma_{pc\text{II}s})$、$\sigma'_{pcIs}(\sigma'_{pc\text{II}s})$——荷载作用的受拉区、受压区非预应力钢筋各自合力点处混凝土的应力。

10.6.2 正常使用阶段应力分析

1. 消压极限状态

外荷载增加至截面弯矩为 M_0时，受拉边缘混凝土预压应力刚好为零，这时弯矩 M_0称为消压弯矩。则

$$\frac{M_0}{W_0} - \sigma_{pc\text{II}} = 0 \tag{10-85}$$

所以

$$M_0 = \sigma_{pcⅡ} W_0 \tag{10-86}$$

式中，W_0——为换算截面对受拉边缘弹性抵抗矩，$W_0 = I_0/y$，其中 y 为换算截面重心至受拉边缘的距离；

$\sigma_{pcⅡ}$——扣除全部预应力损失后，在截面受拉边缘由预应力产生的混凝土法向应力。

此时预应力钢筋 A_p 的应力 σ_p 由 $\sigma_{peⅡ}$ 增加 $\alpha_{E_p}\dfrac{M_0}{I_0}y_p$，预应力钢筋 A'_p 的应力 σ'_p 由 $\sigma'_{peⅡ}$ 减少 $\alpha_{E_p}\dfrac{M_0}{I_0}y'_p$，即

$$\sigma_p = \sigma_{peⅡ} + \alpha_{E_p}\frac{M_0}{I_0}y_p \tag{10-87}$$

$$\sigma'_p = \sigma'_{peⅡ} - \alpha_{E_p}\frac{M_0}{I_0}y'_p \tag{10-88}$$

相应的非预应力钢筋 A_s 的压应力 σ_s 由 $\sigma_{sⅡ}$ 减少 $\alpha_{E_s}\dfrac{M_0}{I_0}y_s$，非预应力钢筋 A'_s 的压应力 σ'_s 由 $\sigma'_{sⅡ}$ 增加 $\alpha_{E_s}\dfrac{M_0}{I_0}y'_s$ 和，即

$$\sigma_s = \sigma_{sⅡ} + \alpha_{E_s}\frac{M_0}{I_0}y_s \tag{10-89}$$

$$\sigma'_s = \sigma'_{sII} + \alpha_{E_s}\frac{M_0}{I_0}y'_s \tag{10-90}$$

2. 开裂极限状态

外荷载继续增加，使混凝土拉应力达到混凝土轴心抗拉强度标准值 f_{tk}，截面下边缘混凝土即将开裂。此时截面上受到的弯矩即为开裂弯矩 M_{cr}，则

$$M_{cr} = M_0 + \gamma f_{tk} W_0 = (\sigma_{pcⅡ} + \gamma f_{tk}) W_0 \tag{10-91}$$

式中，γ——受拉区混凝土塑性影响系数，可按 $\gamma = \left(0.7 + \dfrac{120}{h}\right)\gamma_m$ 计算，其中 γ_m 按附表 19 采用；

$\sigma_{pcⅡ}$——扣除全部预应力损失后，在截面受拉边缘由预应力产生的混凝土法向应力。

10.6.3　施工阶段混凝土应力控制验算

预应力混凝土受弯构件的受力特点在制作、运输和安装等施工阶段与使用阶段是不同的。在制作时，构件受到预压力及自重的作用，使构件处于偏心受压状态，构件的全截面受压或下边缘受压、上边缘受拉，如图 10-28(a)所示。在运输、吊装时图 10-28(b)，自重及施工荷载在吊点截面产生负弯矩图 10-28(d)，与预压力产生的负弯矩方向相同[图 10-28(c)]，使吊点截面成为最不利的受力截面。因此，预应力混凝土构件必须进行施工

阶段的混凝土应力控制验算。

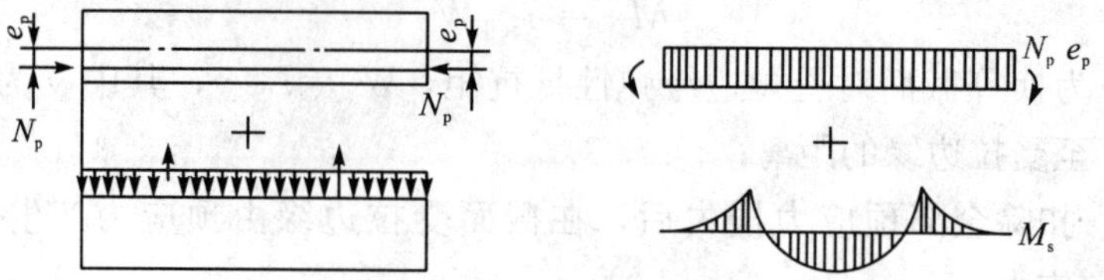

图 10-28　预应力构件制作、吊装时的内力图

预应力混凝土构件施工阶段应力计算如图 10-29 所示，截面边缘的混凝土法向应力为

$$\left.\begin{matrix}\sigma_{cc}\\ \sigma_{ct}\end{matrix}\right\}=\sigma_{pcⅡ}+\frac{N_k}{A_0}\pm\frac{M_k}{W_0} \tag{10-92}$$

式中，σ_{ct}、σ_{cc}——相应施工阶段计算截面边缘纤维的混凝土拉应力、压应力；

$\sigma_{pcⅡ}$——预应力作用下验算边缘的混凝土法向应力。可由式(10-69)、式(10-83)求得；

M_k——构件自重及施工荷载标准组合在计算截面产生的轴向力值、弯矩值。

W_0——验算边缘的换算截面弹性抵抗矩。

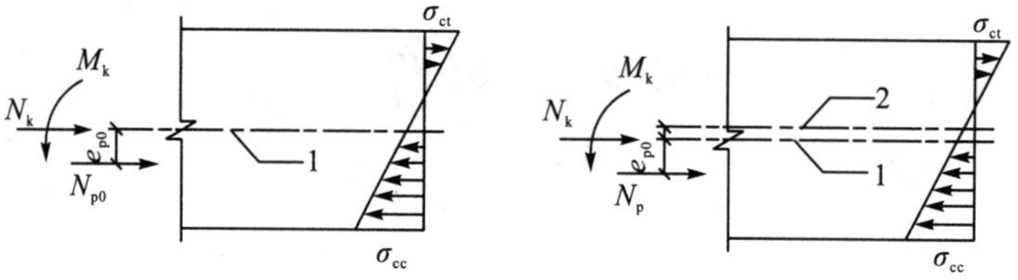

(a)先张法构件　　　　(b)后张法构件

图 10-29　预应力混凝土构件施工阶段验算

注：1-换算截面重心轴；2-净截面重心轴

对于制作、运输及安装等施工阶段允许出现拉应力的构件，或预压时全截面受压的构件，在预加力、自重及施工荷载作用下(必要时应考虑动力系数)截面边缘的混凝土法向应力宜符合下列规定：

$$\sigma_{ct}\leqslant f'_{tk} \tag{10-93}$$

$$\sigma_{cc}\leqslant 0.8f'_{ck} \tag{10-94}$$

简支构件的端部区段截面预拉区边缘纤维的混凝土拉应力允许大于 f'_{tk}，但不应大于 $1.2f'_{tk}$。

施工阶段预拉区允许出现拉应力的构件，预拉区纵向钢筋的配筋率$(A'_s+A_s)/A$ 不宜小于 0.15%，对后张法构件不应计入 A'_p，其中，A 为构件截面面积。预拉区纵向普通钢筋的直径不宜大于 14 mm，并应沿构件预拉区的外边缘均配置。

10.6.4　正常使用极限状态验算

1. 正截面抗裂验算

(1)严格要求不出现裂缝的构件。

在荷载标准组合下应满足

$$M_k/W_0-\sigma_{pc\mathrm{II}}\leqslant 0 \tag{10-95}$$

(2)一般要求不出现裂缝的构件、

在荷载标准组合下应满足

$$M_k/W_0-\sigma_{pc\mathrm{II}}\leqslant f_{tk} \tag{10-96}$$

在荷载永久组合下应满足

$$M_q/W_0-\sigma_{pc\mathrm{II}}\leqslant 0 \tag{10-97}$$

式中，M_k、M_q——标准荷载组合、永久荷载组合下弯矩值；

W_0——换算截面对受拉边缘的弹性抵抗矩；

f_{tk}——混凝土的轴心抗拉强度标准值。

$\sigma_{pc\mathrm{II}}$——扣除全部预应力损失后，在截面受拉边缘由预应力产生的混凝土法向应力。

比较式(10-91)和式(10-96)可见，在实际构件抗裂验算时忽略了受拉区混凝土塑性变形对截面抗裂产生的有利影响，使截面抗裂具有一定的可靠保障。

2. 斜截面抗裂验算

(1)混凝土主拉应力。

对于严格要求不出现裂缝的构件(一级控制)

$$\sigma_{tp}\leqslant 0.85f_{tk} \tag{10-98}$$

对于一般要求不出现裂缝的构件(二级控制)

$$\sigma_{tp}\leqslant 0.95f_{tk} \tag{10-99}$$

(2)混凝土主压应力。

对于以上两类构件(一、二级控制)

$$\sigma_{cp}\leqslant 0.6f_{tk} \tag{10-100}$$

式中，σ_{tp}、σ_{cp}——混凝土的主拉应力和主压应力。

如果满足上述条件，则认为斜截面抗裂，否则应加大构件的截面尺寸。

由于斜裂缝出现以前，构件基本上还处于弹性工作阶段，可用材料力学公式计算主拉应力和主压应力。即

$$\left.\begin{matrix}\sigma_{tp}\\ \sigma_{cp}\end{matrix}\right\}=\frac{\sigma_x+\sigma_y}{2}\pm\sqrt{\left(\frac{\sigma_x+\sigma_y}{2}\right)^2+\tau^2} \tag{10-101}$$

$$\sigma_x=\sigma_{pc}+\frac{M_k y_0}{I_0} \tag{10-102}$$

$$\tau = \frac{(V_k - \sum \sigma_{pe} A_{pb} \sin\alpha_p) S_0}{I_0 b} \tag{10-103}$$

式中，σ_x——由预应力和弯矩 M_k 在计算纤维处产生的混凝土法向应力；

σ_y——由集中荷载(如吊车梁集中力等)标准值 F_k 产生的混凝土竖向压应力，在 F_k 作用点两侧一定长度范围内；

τ——由剪力值 4_k 和预应力弯起钢筋的预应力在计算纤维处产生的混凝土剪应力(如果有扭矩作用，尚应考虑扭矩引起的剪应力)；当有集中荷载 F_k 作用时，在 F_k 作用点两侧一定长度范围内，由 F_s 产生的混凝土剪应力；

σ_{pc}——扣除全部预应力损失后，在计算纤维处由预应力产生的混凝土法向应力；

σ_{pe}——预应力钢筋的有效预应力；

M_k、V_k——按荷载标准组合计算的弯矩值、剪力值；

S_0——计算纤维层以上部分的换算截面面积对构件换算截面重心的面积矩。

对于预应力混凝土吊车梁，在集中荷载作用点两侧各 0.6h 的长度范围内，由集中荷载标准值产生的混凝土竖向压应力和剪应力，可按图 10-30 取用。

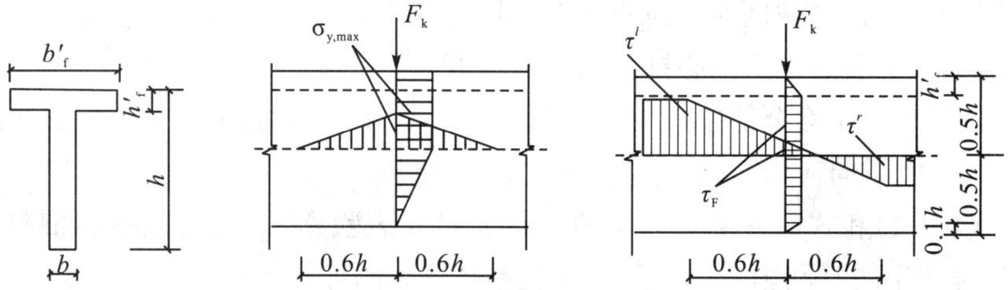

(a)截面　(b)竖向压应力 σ_y 分布　(c)剪应力 τ 分布

图 10-30　预应力混凝土梁集中力作用点附近应力分布图

F_v—集中荷载标准值；V_s^l、V_s^r—集中荷载标准值 F_s 产生的左端、右端的剪力值；

τ_l、τ_r—集中荷载标准值 F_s 产生的左端、右端的剪应力

3. 裂缝宽度验算

使用阶段允许出现裂缝的预应力受弯构件，应验算裂缝宽度。按荷载标准组合并考虑荷载的长期作用影响的最大裂缝宽度 w_{max}(mm)，不应超过附表 17 规定的允许值。

当预应力混凝土受弯构件的混凝土全截面消压时，其起始受力状态等同于钢筋混凝土受弯构件，因此可以按钢筋混凝土受弯构件的类似方法进行裂缝宽度计算，计算公式表达形式与轴心受拉构件相同，即

$$w_{max} = \alpha_{cr} \psi \frac{\sigma_{sk}}{E_s} \left(1.9c + 0.08 \frac{d_{ep}}{\rho_{te}}\right) \tag{10-104}$$

式中，对于预应力混凝土受弯构件，取 $\alpha_{cr} = 1.5$；计算 ρ_{te} 采用的有效受拉混凝土截面面积 A_{te} 取腹板截面面积的一半与受拉翼缘截面面积之和，即 $A_{te} = 0.5bh + (b_f - b)h_f$，其中 b_f、h_f 分别为受拉翼缘的宽度、高度。

纵向钢筋等效应力 σ_{sk} 可由图 10-31 对受压区合力点取矩求得，即

$$\sigma_{sk} = \frac{M_k - N_{p0}(z - e_p)}{(A_s + A_p) z} \tag{10-105}$$

$$z = [0.87 - 0.12(1 - \gamma_f')(h_0/e)^2]h_0 \tag{10-106}$$

$$e = \frac{M_k}{N_{p0}} + e_p \tag{10-107}$$

$$N_{p0} = \sigma_{p0}A_p + \sigma_{p0}'A_p' - \sigma_{l5}A_s - \sigma_{l5}'A_s' \tag{10-108}$$

$$e_{p0} = \frac{\sigma_{p0}A_p y_p - \sigma_{p0}'A_p' y_p' - \sigma_{l5}A_s y_s + \sigma_{l5}'A_s' y_s'}{N_{p0}} \tag{10-109}$$

式中，M_k——由荷载标准组合计算的弯矩值；

z——受拉区纵向非预应力和预应力钢筋合力点至受压区合力点的距离；

N_{p0}——混凝土法向预应力等于零时全部纵向预应力和非预应力钢筋的合力；

e_{p0}——N_{p0}的作用点至换算截面重心轴的距离；

e_p——N_{p0}的作用点至纵向预应力和非预应力受拉钢筋合力点的距离；

σ_{p0}——预应力钢筋的合力点处混凝土正截面法向应力为零时，预应力钢筋中已存在的拉应力，先先张法 $\sigma_{p0}=\sigma_{con}-\sigma_l$，后张法 $\sigma_{p0}=\sigma_{con}-\sigma_l+\alpha_{E_p}\sigma_{pcⅡp}$；

σ_{p0}'——受压区的预应力钢筋 A_p'合力点处混凝土法向应力为零时的预应力钢筋应力，先张法 $\sigma_{p0}'=\sigma_{con}'-\sigma_l'$，后张法 $\sigma_{p0}'=\sigma_{con}'-\sigma_l'+\alpha_{E_p}\sigma_{pcⅡp}'$。

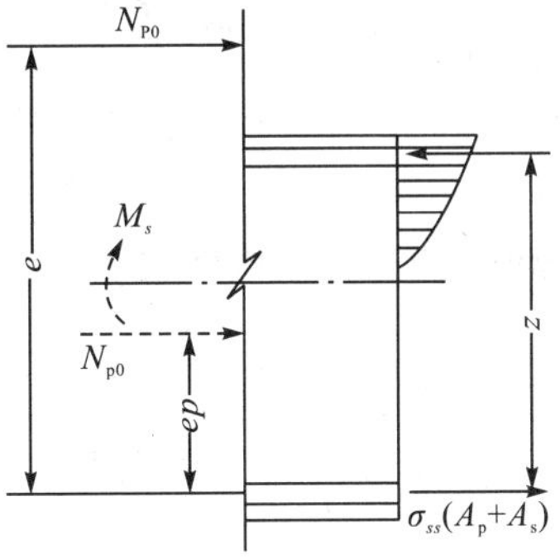

图 10-31　预应力混凝土受弯构件裂缝截面处的应力图形

4. 挠度验算

预应力混凝土受弯构件使用阶段的挠度由两部分所组成：①外荷载产生的挠度；②预加应力引起的反拱值。二者可以互相抵消部分，故预应力混凝土受弯构件的挠度小于钢筋混凝土受弯构件的挠度。

1)外荷载作用下产生的挠度 f_1

外荷载引起的挠度，可按材料力学的公式进行计算，即

$$f_1 = s\frac{M_k l_0^2}{B} \tag{10-110}$$

式中，s——与荷载形式、支承条件有关的系数；

B——荷载效应的标准组合并考虑荷载的长期作用的影响的长期刚度，按下列公式计算：

$$B = \frac{M_k}{M_q(\theta - 1) + M_k} B_s \tag{10-111}$$

其中，θ——考虑荷载长期作用对挠度增大的影响的系数，取θ=2.0；

B_s——荷载标准组合下预应力混凝土受弯构件的短期刚度，可按下列公式计算。

(1)不出现裂缝的构件。

$$B_s = 0.85 E_c I_0 \tag{10-112}$$

(2)出现裂缝的构件。

$$B_s = \frac{0.85 E_c I_0}{\frac{M_{cr}}{M_k} + \left(1 - \frac{M_{cr}}{M_k}\right)\omega} \tag{10-113}$$

$$\omega = \left(1.0 + \frac{0.21}{\alpha_{E_p}}\right)(1 + 0.45\gamma_f) - 0.7 \tag{10-114}$$

式中，ρ——纵向受拉钢筋配筋率，对预应力混凝土受弯构件，取为$(\alpha_1 A_p + A_s)/bh_0$，对于灌浆的后张预应力筋，取$\alpha_1$=1.0，对于无黏结后张预应力筋，取$\alpha_1$=0.3；

I_0——换算截面的惯性矩；

M_{cr}——换算截面的开裂弯矩，可按(10-91)计算。当$M_{cr}/M_k > 1.0$时，取M_{cr}/M_k=1.0；

γ_f——受拉翼缘面积与腹板有效面积的比值，$\gamma_f = (b_f - b)h_f/bh_0$，其中$b_f$、$h_f$分别为受拉翼缘的宽度、高度。

对于预压时预拉区允许出现裂缝的构件，B_s应降低10%。

2)预应力产生的反拱值f_2

由预加应力引起的反拱值，可按偏心受压构件求挠度的公式计算，即

$$f_2 = \frac{N_p e_p l_0^2}{8 E_c I_0} \tag{10-115}$$

式中，N_p——扣除全部预应力损失后的预应力钢筋和非预应力钢筋的合力，先张法为$N_{p0 \mathrm{II}}$，后张法为$N_{p \mathrm{II}}$；

e_p——N_p对截面重心轴的偏心距，先张法为$e_{p0 \mathrm{II}}$，后张法为$e_{pn \mathrm{II}}$。

考虑到预压应力这一因素是长期存在的，所以反拱值可取为$2a_{f2}$。

对于永久荷载所占比例较小的构件，应考虑反拱过大对使用上的不利影响。

3)荷载作用时的总挠度f

$$f = a_{f1} - a_{f2} \tag{10-116}$$

a计算值应满足附表18中的允许挠度值。

10.6.5 正截面承载力计算

1. 计算公式

当外荷载增大至构件破坏时，截面受拉区预应力钢筋和非预应力钢筋的应力先达到屈服强度f_{py}和f_y，然后受压区边缘混凝土应变达到极限压应变致使混凝土压碎，构件

达到极限承载力。此时，受压区非预应力钢筋的应力可达到受压屈服强度 f'_y。而受压区预应力钢筋的应力 σ'_p 可能是拉应力，也可能是压应力，但一般达不到受压屈服强度 f'_{py}。

矩形截面预应力混凝土受弯构件，与普通钢筋混凝土受弯构件相比，截面中仅多出 A_p 与 A'_p 两项钢筋，如图 10-32 所示。

根据截面内力平衡条件由 $\sum x = 0$ 可得

$$\alpha_1 f_c bx = f_y A_s - f'_y A'_s + f_{py} A_p + (\sigma'_{p0} - f'_{py}) A'_p \tag{10-117}$$

由 $\sum M = 0$ 可得

$$M \leqslant \alpha_1 f_c bx\left(h_0 - \frac{x}{2}\right) + f'_y A'_s (h_0 - a'_s) - (\sigma'_{p0} - f'_{py}) A'_p (h_0 - a'_p) \tag{10-118}$$

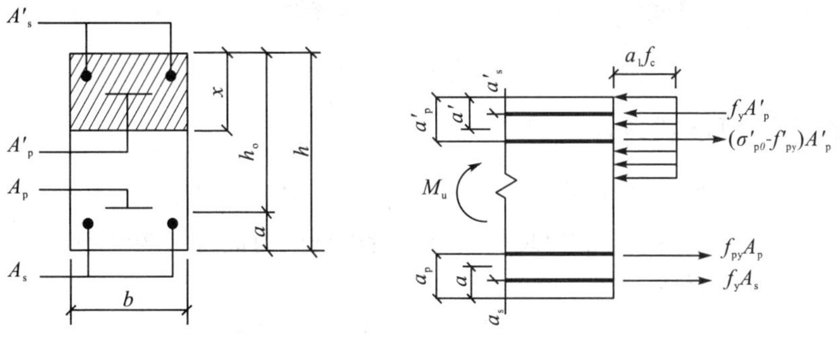

图 10-32　矩形截面梁正截面承载能力计算简图

式中，M——弯矩设计值；

α_1——系数，按表 4-4 取值；

h_0——截面有效高度，$h_0 = h - a$；

a——受拉区预应力钢筋和非预应力钢筋合力点至受拉区边缘的距离；

a'_p、a'_s——分别为受压区预应力钢筋 A'_p、非预应力钢筋 A'_s 各自合力点至受压区边缘的距离；

σ'_{p0}——受压区的预应力钢筋 A'_p 合力点处混凝土法向应力为零时的预应力钢筋应力。张法 $\sigma'_{p0} = \sigma'_{con} - \sigma'_l$，后张法 $\sigma'_{p0} = \sigma'_{con} - \sigma'_l + \alpha_{E_p}\sigma'_{pc\,\mathrm{II}\,p}$。

2. 适用条件

混凝土受压区高度 x 应符合下列要求

$$x \leqslant \xi_b h_0 \tag{10-119}$$

$$x \geqslant 2a' \tag{10-120}$$

式中，a'——受压区钢筋合力点至受压区边缘的距离；当 $\sigma'_{p0} - f'_{py}$ 为拉应力或 $A'_p = 0$ 时，式(10-120)中的 a' 应用 a'_s 代替。

当 $x < 2a'$，且 $\sigma'_{p0} - f'_{py}$ 为压应力时，正截面受弯承载力可按下列公式计算：

$$M \leqslant f_{py} A_p (h - a_p - a'_s) + f_y A_s (h - a_s - a'_s) - (\sigma'_{p0} - f'_{py}) A'_p (a'_p - a'_s) \tag{10-121}$$

式中，a_p、a_s——受拉区预应力钢筋 A_p、非预应力钢筋 A_s 各自合力点至受拉区边缘的距离。

预应力钢筋的相对界限受压区高度 ξ_b 应按下列公式计算：

$$\xi_b = \frac{\beta_1}{1.0 + \frac{0.002}{\varepsilon_{cu}} + \frac{f_{py} - \sigma_{p0}}{\varepsilon_{cu} E_s}} \tag{10-122}$$

式中，β_1——系数，按表 4-4 取值；

σ_{p0}——预应力钢筋的合力点处混凝土正截面法向应力为零时，预应力钢筋中已存在的拉应力。先张法 $\sigma_{p0}=\sigma_{con}-\sigma_l$，后张法 $\sigma_{p0}=\sigma_{con}-\sigma_l+\alpha_{E_p}\sigma_{pc\,\text{II}\,p}$。

10.6.6 斜截面承载力计算

1. 斜截面受剪承载力计算公式

试验表明，由于预压应力和剪应力的复合作用，增加了混凝土剪压区的高度和骨料之间的咬合力，延缓了斜裂缝的出现和发展，所以预应力混凝土构件的斜截面受剪承载力比钢筋混凝土构件要高。

对于矩形、T 形和工字形截面预应力混凝土梁，斜截面受剪承载力可按下面公式计算。

(1)当仅配置箍筋时

$$V \leqslant V_{cs} + V_p \tag{10-123}$$

(2)当配置箍筋和弯起钢筋时(图 10-33)

$$V \leqslant V_{cs} + V_{sb} + V_p + V_{pb} \tag{10-124}$$

$$V_p = 0.05 N_{p0} \tag{10-125}$$

$$V_{pb} = 0.8 f_y A_{pb} \sin\alpha_p \tag{10-126}$$

式中，V_{cs}——斜截面上混凝土和箍筋的受剪承载力设计值，按式(7-10)计算；

V_{sb}——非预应力弯起钢筋的受剪承载力，按式(7-11)计算；

V_p——由于预压应力所提高的受剪承载力；

N_{p0}——计算截面上混凝土法向应力为零时的预应力钢筋和非预应力钢筋的合力，按式(10-108)计算。当 $N_{p0}>0.3f_cA_0$ 时，取 $N_{p0}=0.3f_cA_0$；

V_{pb}——预应力弯起钢筋的受剪承载力；

α_p——斜截面处预应力弯起钢筋的切线与构件纵向轴线的夹角，如图 10-33 所示；

A_{pb}——同一弯起平面的预应力弯起钢筋的截面面积。

对 N_{p0} 引起的截面弯矩与外荷载引起的弯矩方向相同的情况，以及预应力混凝土连续梁和允许出现裂缝的简支梁，不考虑预应力对受剪承载力的提高作用，即取 $V_p=0$。

当符合式(10-127)或式(10-128)的要求时，可不进行斜截面的受剪承载力计算，仅需按构造要求配置箍筋。

对于一般受弯构件

$$V \leqslant 0.7 f_t b h_0 + 0.05 N_{p0} \tag{10-127}$$

对于集中荷载作用下的独立梁

$$V \leqslant \frac{1.75}{\lambda + 1} f_t b h_0 + 0.05 N_{p0} \tag{10-128}$$

预应力混凝土受弯构件受剪承载力计算的截面尺寸限制条件、箍筋的构造要求和验算截面的确定等，均与钢筋混凝土受弯构件的要求相同。

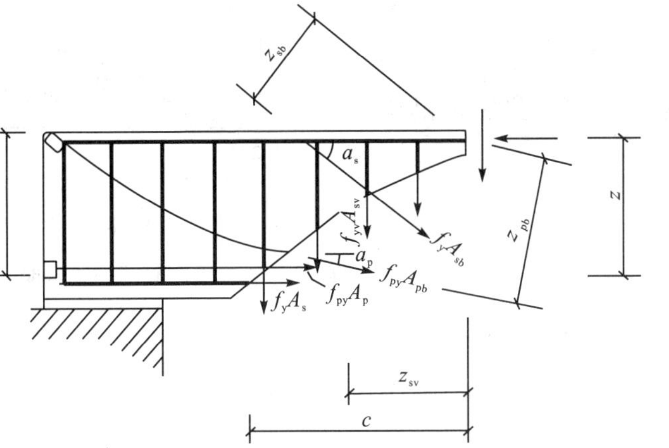

图 10-33　预应力混凝土受弯构件斜截面承载力计算图

2. 斜截面受弯承载力计算公式

预应力混凝土受弯构件的斜截面受弯承载力计算如图 10-33 所示，计算公式为

$$M \leqslant (f_y A_s + f_{py} A_p) z + \sum f_y A_{sb} z_{sb} + \sum f_{py} A_{pb} z_{pb} + \sum f_{yv} A_{sv} z_{sv} \tag{10-129}$$

此时，斜截面的水平投影长度可按下列条件确定：

$$V = \sum f_y A_{sb} \sin \alpha_s + \sum f_{py} A_{pb} \sin \alpha_p + \sum f_{yv} A_{sv} \tag{10-130}$$

式中，V——斜截面受压区末端的剪力设计值；

z——纵向非预应力和预应力受拉钢筋的合力至受压区合力点的距离，可近似取 $z = 0.9h_0$；

z_{sb}、z_{pb}——同一弯起平面内的非预应力弯起钢筋、预应力弯起钢筋的合力至斜截面受压区合力点的距离；

z_{sv}——同一斜截面上箍筋的合力至斜截面受压区合力点的距离；

当配置的纵向钢筋和箍筋满足 7.4 节规定的斜截面受弯构造要求时，可不进行构件斜截面受弯承载力计算。

在计算先张法预应力混凝土构件端部锚固区的斜截面受弯承载力时，预应力钢筋的抗拉强度设计值在锚固区内是变化的，在锚固起点处预应力钢筋是不受力的，该处预应力钢筋的抗拉强度设计值应取为零；在锚固区的终点处取 f_{py}，在两点之间可按内插法取值。

10.6.7　先张法预应力的传递长度

对先张法预应力混凝土构件端部进行正截面、斜截面抗裂验算及斜截面受剪和受弯承载力计算时，应该考虑预应力钢筋和混凝土在预应力传递长度 l_{tr} 范围内实际应力值是变化的。预应力钢筋和混凝土的实际预应力假定按线性规律增大，在构件端部取为零，在预应力传递长度的末端取有效预应力值 σ_{pe} 和 σ_{pc}；在两点之间可按线性内插法取值(图 10-34)。

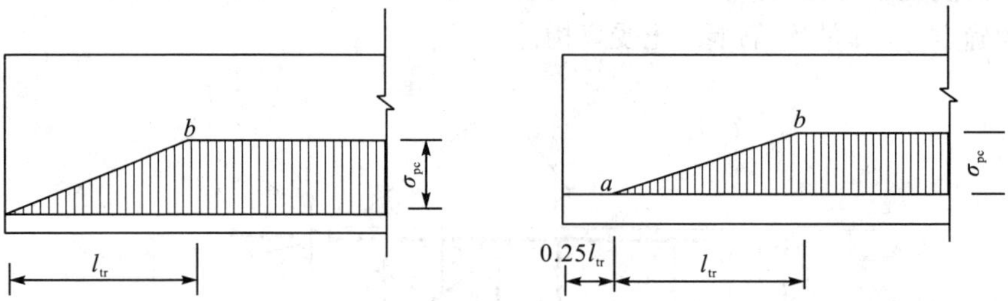

(a)应力分布　　(b)端部受损后的应力分布

图 10-34　预应力钢筋的预应力传递长度 ltr 范围内有效预应力值的变化图

预应力传递长 l_{tr} 计算公式为

$$l_{tr} = \alpha \frac{\sigma_{pe}}{f'_{tk}} d \tag{10-131}$$

式中，σ_{pe}——放张时预应力钢筋的有效预应力；

d——预应力钢筋的公称直径，按附表 20 或附表 21 取值；

α——预应力钢筋的外形系数；

f'_{tk}——与放张时混凝土立方体抗压强度相应的轴心抗拉强度标准值，按附表 1 以线性内插法确定。

当采用聚然放松预应力钢筋的施工工艺时，l_{tr} 的起点应从距构件末端 $0.25l_{tr}$ 处开始计算，如图 10-34(b)所示。

【例 10-2】预应力混凝土梁，长度 9 m，计算跨度 $l_0=8.75$ m，净跨 $l_n=8.5$ m，截面尺寸及配筋如图 10-35 所示。采用先张法施工，台座长度 80 m，镦头锚固，蒸汽养护 $\Delta t=20$℃。混凝土强度等级为 C50，预应力钢筋为 $\Phi^{HT}10$ 热处理钢筋，非预应钢筋为 HRB400 级钢筋，张拉控制应力 $\sigma_{con}=0.7f_{ptk}$，采用超张拉，混凝土达 75％设计强度时放张预应力钢筋。承受可变荷载标准值 $q_k=18.8$ kN/m，永久标准值 $g_k=17.5$ kN/m，准永久值系数 0.6，该梁裂缝控制等级为三级，跨中挠度允许值为 $l_0/250$。试进行该梁的施工阶段应力验算，正常使用阶段的裂缝宽度和变形验算，正截面受弯承载力和斜截面受剪承载力验算。

解：(1)截面的几何特性。

查附表 1、附表 2、附表 6、附表 8 和附表 10 得 HRB400 级钢筋 $E_s=2.0\times10^5$ N/mm²，$f_y=f'_y=360$ N/mm²；$\Phi^{HT}10$ 热处理钢筋 $E_s=2.0\times10^5$ N/mm²，$f_{py}=1040$ N/mm²，$f'_{py}=400$ N/mm²；C50 混凝土 $E_c=3.45\times10^4$ N/mm²，$f_{tk}=2.64$ N/mm²，$f_c=23.1$ N/mm²；放张预应力钢筋时 $f'_{cu}=0.75\times50=37.5$ N/mm²，对应 $f'_{tk}=2.30$ N/mm²，$f_{ck}=25.1$ N/mm²

查附表 21 和附表 22 得 $A_s=452$ mm²，$A_p=471$ mm²，$A'_p=157$ mm²，$A'_s=226$ mm²

$$\alpha_E = \frac{E_s}{E_c} = \frac{2.0\times10^5}{3.45\times10^4} = 5.8$$

将截面划分成几部分计算[图 10-35(c)]，计算过程见表 10-6。

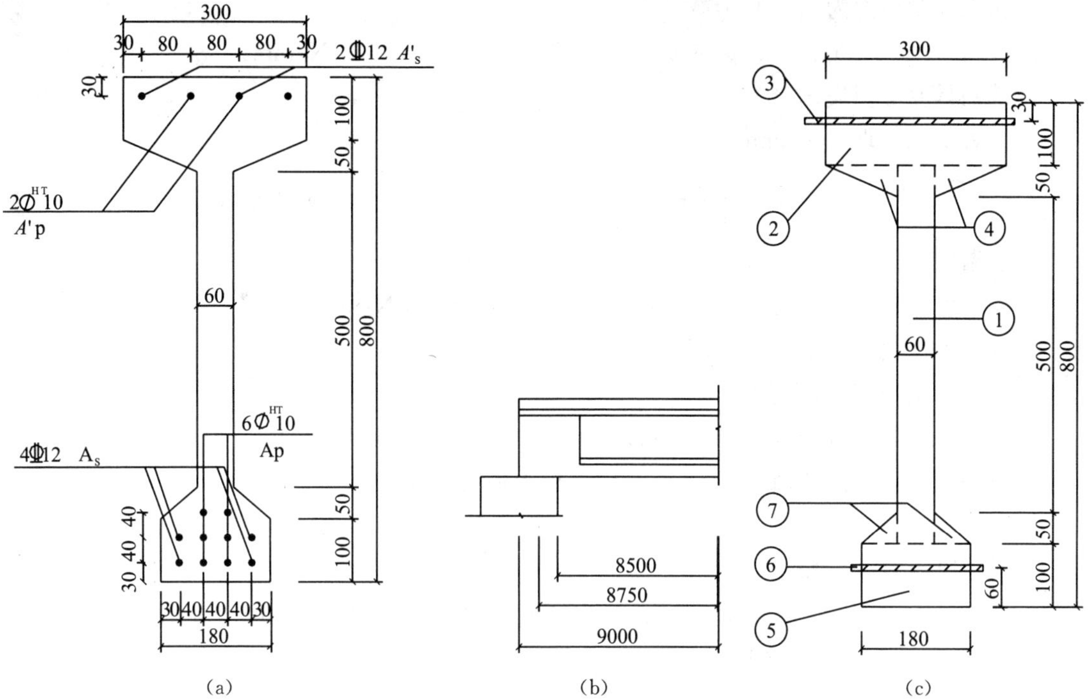

图 10-35 例 10-2 图

表 10-6 截面特征计算表

编号	A_i /mm²	a_i /mm	$S_i=A_ia_i$ /mm³	$y_i=y_0-a_i$ /mm	$A_iy_i^2$ /mm⁴	I_i /mm⁴
①	600×60=36000	400	144×10⁵	43	665.64×10⁵	10800×10⁵
②	300×100=30000	750	225×10⁵	307	28274.7×10⁵	250×10⁵
③	(5.8−1)×(226+157)=1838.4	770	14.16×10⁵	327	1965.8×10⁵	—
④	120×50=6000	683	41×10⁵	240	3456×10⁵	8.33×10⁵
⑤	180×100=18000	50	9×10⁵	393	27800.8×10⁵	150×10⁵
⑥	(5.8−1)×(471+452)=4430.4	60	2.66×10⁵	383	6498.9×10⁵	—
⑦	60×50=3000	117	3.51×10⁴	326	3188.3×10⁵	4.17×10⁵
∑	99268.8		4393.3×10⁴		71850.14×10⁵	11212.5×10⁵

下部预应力钢筋和非预应力钢筋合力点距底边距离为

$$a_{p,s}=\frac{(157+226)\times 30+(157+226)\times 70+157\times 110}{471+452}=60\ \text{mm}$$

$$y_0=\frac{\sum S_i}{\sum A_i}=\frac{4393.3\times 10^4}{99268.8}=443\ \text{mm}$$

$$y_0'=800-443=357\ \text{mm}$$

$$I_0=\sum A_iy_i{}^2+\sum I_i=71850.14\times 10^5+11212.5\times 10^5=83062.64\times 10^5\ \text{mm}^4$$

(2)预应力损失计算。

张拉控制应力为

$$\sigma_{con} = \sigma'_{con} = 0.7f_{ptk} = 0.7 \times 1470 = 1029\ \text{N/mm}^2$$

①锚具变形损失 σ_{l1}

由表 10-2，取 $a=1$ mm

$$\sigma_{l1} = \sigma'_{l1} = \frac{a}{l}E\text{s} = \frac{1}{80 \times 10^3} \times 2.0 \times 10^5 = 2.5\ \text{N/mm}^2$$

②温差损失 σ_{l2}。

$$\sigma_{l2} = \sigma'_{l2} = 2\Delta t = 2 \times 20 = 40\ \text{N/mm}^2$$

③应力松弛损失 σ_{l4}。

采用超张拉

$$\sigma_{l4} = \sigma'_{l4} = 0.035\sigma_{con} = 0.035 \times 1029 = 36\ \text{N/mm}^2$$

第一批预应力损失(假定放张前，应力松弛损失完成 45%)

$$\sigma_{lI} = \sigma'_{lI} = \sigma_{l1} + \sigma_{l2} + 0.45\sigma_{l4} = 2.5 + 40 + 0.45 \times 36 = 58.7\ \text{N/mm}^2$$

④混凝土收缩、徐变损失 σ_{l5}。

$$N_{p0I} = (\sigma_{con} - \sigma_{lI})A_p + (\sigma'_{con} - \sigma'_{lI})A'_p = (1029 - 58.7) \times (471 + 157)$$
$$= 609.35 \times 10^3\ \text{N} = 609.35\ \text{kN}$$

预应力钢筋到换算截面形心距离为

$$y_p = y_0 - a_p = 443 - 70 = 373\ \text{mm}, y'_p = y_0 - a'_p = 800 - 443 - 30 = 327\ \text{mm}$$

$$e_{p0I} = \frac{(\sigma_{con} - \sigma_{lI})A_{py p} - (\sigma'_{con} - \sigma'_{lI})A'_{py'p}}{N_{p0I}}$$
$$= \frac{(1029 - 58.7) \times 471 \times 373 - (1029 - 58.7) \times 157 \times 327}{609.35 \times 10^3}$$
$$= 198\ \text{mm}$$

$$\sigma_{pcI} = \frac{N_{p0I}}{A_0} + \frac{N_{p0I}e_{p0I}y_p}{I_0} = \frac{609.35 \times 10^3}{99268.8} + \frac{609.35 \times 10^3 \times 198 \times 373}{83062.64 \times 10^5}$$
$$= 11.56\ \text{N/mm}^2 < 0.5f_{cu}(0.5f_{cu} = 0.5 \times 0.75 \times 50 = 18.75\ \text{N/mm}^2)$$

$$\sigma'_{pcI} = \frac{N_{p0I}}{A_0} - \frac{N_{p0I}e_{p0I}y'_p}{I_0} = \frac{609.35 \times 10^3}{99268.8} - \frac{609.35 \times 10^3 \times 198 \times 327}{83062.64 \times 10^5}$$
$$= 1.39\ \text{N/mm}^2 < 0.5f_{cu}(0.5f_{cu} = 0.5 \times 0.75 \times 50 = 18.75\ \text{N/mm}^2)$$

$$\rho = \frac{A_p + A_s}{A_0} = \frac{471 + 452}{99268.8} = 0.0093, \rho' = \frac{A'_p + A'_s}{A_0} = \frac{157 + 226}{99268.8} = 0.0039$$

$$\sigma_{l5} = \frac{45 + 280\dfrac{\sigma_{pcI}}{f_{cu}}}{1 + 15\rho} = \frac{45 + 280 \times \dfrac{11.56}{0.75 \times 50}}{1 + 15 \times 0.0093} = 115.24\ \text{N/mm}^2$$

$$\sigma'_{l5} = \frac{45 + 280\dfrac{\sigma'_{pcI}}{f_{cu}}}{1 + 15\rho'} = \frac{45 + 280 \times \dfrac{1.39}{0.75 \times 50}}{1 + 15 \times 0.0039} = 52.32\ \text{N/mm}^2$$

第二批预应力损失为

$$\sigma_{l\text{II}} = 0.55\sigma_{l4} + \sigma_{l5} = 0.55 \times 36 + 115.24 = 135.04\ \text{N/mm}^2$$

$$\sigma'_{l\text{II}} = 0.55\sigma'_{l4} + \sigma'_{l5} = 0.55 \times 36 + 52.32 = 72.12\ \text{N/mm}^2$$

总应力损失

$$\sigma_l = \sigma_{l\text{I}} + \sigma_{l\text{II}} = 58.7 + 135.04 = 193.74\ \text{N/mm}^2 > 100\ \text{N/mm}^2$$

$$\sigma'_l = \sigma'_{l\text{I}} + \sigma'_{l\text{II}} = 58.7 + 72.12 = 130.82\ \text{N/mm}^2 > 100\ \text{N/mm}^2$$

(3)内力计算。

可变荷载标准值产生的弯矩和剪力为

$$M_{\text{Qk}} = \frac{1}{8}q_{\text{k}}l_0^2 = \frac{1}{8} \times 18.8 \times 8.75^2 = 179.92\ \text{kN} \cdot \text{m}$$

$$V_{\text{Qk}} = \frac{1}{2}q_{\text{k}}l_{\text{n}} = \frac{1}{2} \times 18.8 \times 8.5 = 79.9\ \text{kN}$$

永久荷载标准值产生的弯矩和剪力为

$$M_{\text{Gk}} = \frac{1}{8}g_{\text{k}}l_0{}^2 = \frac{1}{8} \times 17.5 \times 8.75^2 = 167.48\ \text{kN} \cdot \text{m}$$

$$V_{\text{Gk}} = \frac{1}{2}g_{\text{k}}l_{\text{n}} = \frac{1}{2} \times 17.5 \times 8.5 = 74.38\ \text{kN}$$

弯矩标准值为

$$M_{\text{k}} = M_{\text{Qk}} + M_{\text{Gk}} = 179.92 + 167.48 = 347.4\ \text{kN} \cdot \text{m}$$

弯矩设计值为

$$M = 1.2M_{\text{Gk}} + 1.4M_{\text{Qk}} = 1.2 \times 167.48 + 1.4 \times 179.92 = 452.86\ \text{kN} \cdot \text{m}$$

剪力设计值为

$$V = 1.2V_{\text{Gk}} + 1.4V_{\text{Qk}} = 1.2 \times 74.38 + 1.4 \times 79.9 = 201.12\ \text{kN}$$

(4)施工阶段验算。

放张后混凝土上、下边缘应力为

$$\sigma_{\text{pcI}} = \frac{N_{\text{p0I}}}{A_0} + \frac{N_{\text{p0I}}e_{\text{p0I}}y_0}{I_0} = \frac{609.35 \times 10^3}{99268.8} + \frac{609.35 \times 10^3 \times 198 \times 443}{83062.64 \times 10^5} = 12.57\ \text{N/mm}^2$$

$$\sigma'_{\text{pcI}} = \frac{N_{\text{p0I}}}{A_0} - \frac{N_{\text{p0I}}e_{\text{p0I}}y'_0}{I_0} = \frac{609.35 \times 10^3}{99268.8} - \frac{609.35 \times 10^3 \times 198 \times 357}{83062.64 \times 10^5} = 0.95\ \text{N/mm}^2$$

设吊点距梁端 1.0 m，梁自重 g=2.33 kN/m。，动力系数取 1.5，自重产生弯矩为

$$M_{\text{k}} = 1.5 \times \frac{1}{2}gl^2 = \frac{1.5}{2} \times 2.33 \times 1^2 = 1.75\ \text{kN} \cdot \text{m}$$

截面上边缘混凝土法向应力为

$$\sigma_{\text{ct}} = \sigma'_{\text{pcI}} - \frac{M_{\text{k}}}{I_0}y_0 = 0.95 - \frac{1.75 \times 10^6 \times 357}{83062.64 \times 10^5} = 0.87\ \text{N/mm}^2$$

$$< f'_{\text{tk}} = 2.30\ \text{N/mm}^2$$

截面下边缘混凝土法向应力为

$$\sigma_{\text{cc}} = \sigma_{\text{pcI}} + \frac{M_{\text{k}}}{I_0}y_0 = 12.57 + \frac{1.75 \times 10^6 \times 443}{83062.64 \times 10^5} = 12.66\ \text{N/mm}^2$$

$$< 0.8f'_{\text{ck}} = 0.8 \times 25.1 = 20.1\ \text{N/mm}^2$$

满足要求。

(5)使用阶段裂缝宽度计算。

$$N_{p0 II} = \sigma_{p0 II}A_p + \sigma'_{p0 II}A'_p - \sigma_{l5}A_s - \sigma'_{l5}A'_s$$
$$= (1029 - 193.74) \times 471 + (1029 - 130.82) \times 157 - 115.24 \times 452 - 52.32 \times 226$$
$$= 470.51 \times 10^3 (N) = 470.51\ kN$$

非预应力钢筋 A_s 到换算截面形心的距离为

$$y_s = 443 - 50 = 393\ mm$$

$$e_{p0 II} = \frac{\sigma_{p0 II}A_p y_p - \sigma'_{p0 II}A'_p - \sigma_{l5}A_s y_s + \sigma'_{l5}A'_s y'_s}{N_{p0 II}}$$
$$= \frac{(1029-193.74)\times471\times373-(1029-130.82)\times157\times327-115.24\times452\times393+52.32\times226\times327}{470.51\times10^3}$$
$$= 178.6\ mm$$

$N_{p0 II}$ 到预应力钢筋 A_p 和非预应力钢筋 A_s 合力点的距离

$$e_p = \frac{\sigma_{p0 II}A_p y_p - \sigma_{l5}A_s y_s}{\sigma_{p0 II}A_p - \sigma_{l5}A_s} - e_{p0 II}$$
$$= \frac{(1029 - 193.74) \times 471 \times 373 - 115.24 \times 452 \times 393}{(1029 - 193.74) \times 471 - 115.24 \times 452} - 178.6 = 191.4\ mm$$

$$e = e_p + \frac{M_k}{N_{p0 II}} = 191.4 + \frac{347.4 \times 10^6}{470.51 \times 10^3} = 929.7\ mm$$

$$\gamma'_f = \frac{(b'_f - b)h'_f}{bho} = \frac{(300 - 60) \times 125}{60 \times 740} = 0.676$$

$$z = \left[0.87 - 0.12(1 - \gamma'_f)\left(\frac{h0}{e}\right)^2\right]h0$$
$$= \left[0.87 - 0.12 \times (1 - 0.676) \times \left(\frac{740}{929.7}\right)^2\right] \times 740 = 625.6\ mm$$

$$\sigma_{sk} = \frac{M_k - N_{p0 II}(z - e_p)}{(A_p + A_s)z} = \frac{347.4 \times 10^6 - 470.51 \times 10^3 \times (625.6 - 191.4)}{(471 + 452) \times 625.6}$$
$$= 248.1\ N/mm^2$$

$$\rho_{te} = \frac{A_p + A_s}{0.5bh + (b_f - b)h_f} = \frac{471 + 452}{0.5 \times 60 \times 800 + (180 - 60) \times 125} = 0.024$$

$$\psi = 1.1 - \frac{0.65f_{tk}}{\sigma_{sk}\rho_{te}} = 1.1 - \frac{0.65 \times 2.64}{248.1 \times 0.024} = 0.81$$

$$d_{eq} = \frac{\sum n_i d_i^2}{\sum n_i v_i d_i} = \frac{6 \times 10^2 + 4 \times 12^2}{6 \times 10 \times 1.0 + 4 \times 12 \times 1.0} = 10.89\ mm$$

$$w_{max} = \alpha_{cr}\psi\frac{\sigma_{sk}}{E_s}\left(1.9c + 0.08\frac{d_{eq}}{\rho_{te}}\right) = 1.7 \times 0.81 \times \frac{248.1}{2.0 \times 10^5} \times \left(1.9 \times 25 + 0.08 \times \frac{10.89}{0.024}\right)$$
$$= 0.143\ mm < w_{lim}(w_{lim} = 0.2\ mm)$$

满足要求。

(6)使用阶段挠度验算。

截面下边缘混凝土预压应力为

$$\sigma_{pc\text{II}}=\frac{N_{p0\text{II}}}{A_0}+\frac{N_{p0\text{II}}e_{p0\text{II}}y_o}{I_0}=\frac{470.51\times10^3}{99268.8}+\frac{470.51\times10^3\times178.6\times443}{83062.64\times10^5}$$
$$=9.22\ \text{N/mm}^2$$

由$\frac{b_f}{b}=\frac{180}{60}=3$，$\frac{h_f}{h}=\frac{125}{800}=0.156$，非对称工字型截面 $b_f'>b_f$，γ_m在 1.35～1.5，近似取 $\gamma_m=1.41$。

$$\gamma=\left(0.7+\frac{120}{h}\right)\gamma_m=\left(0.7+\frac{120}{800}\right)\times1.41=1.2$$

$$M_{cr}=(\sigma_{pc\text{II}}+\gamma f_k)w_0=(9.22+1.2\times2.64)\times\frac{83062.64\times10^5}{443}$$
$$=232.3\times10^6\ \text{N}\cdot\text{mm}=232.3\ \text{kN}\cdot\text{m}$$

$$\kappa_{cr}=\frac{Mcr}{Mk}=\frac{232.3}{347.4}=0.668$$

纵向受拉钢筋配筋率为

$$\rho=\frac{A_p+A_s}{bh_0}=\frac{471+452}{60\times740}=0.021$$

$$\gamma_f=\frac{(b_f-b)h_f}{bh_0}=\frac{(180-60)\times125}{60\times740}=0.338$$

$$\omega=\left(1.0+\frac{0.21}{\alpha_{E}\rho}\right)(1+0.45\gamma_f)-0.7$$
$$=\left(110+\frac{0.21}{5.8\times0.021}\right)\times(1+0.45\times0.338)-0.7=2.43$$

$$B_s=\frac{0.85E_cI_0}{\kappa_{cr}+(1-\kappa_{cr})\omega}=\frac{0.85\times3.45\times10^4\times83062.64\times10^5}{0.668+(1-0.668)\times2.43}$$
$$=165.17\times10^{12}\ \text{N}\cdot\text{mm}^2$$

对预应力混凝土构件 $\theta=2.0$。

$$M_q=M_{Gk}+0.6M_{Qk}=167.48+0.6\times179.92=275.43\ \text{kN}\cdot\text{m}$$

$$B=\frac{M_k}{M_q(\theta-1)+M_k}B_s=\frac{347.4}{275.43\times(2-1)+347.4}\times165.17\times10^{12}$$
$$=92.13\times10^{12}\ \text{N}\cdot\text{mm}^2$$

荷载作用下的挠度为

$$a_{f1}=\frac{5}{48}\frac{M_kl_0^2}{B}=\frac{5}{48}\times\frac{347.4\times10^6\times8.75^2\times10^6}{92.13\times10^{12}}=30.1\ \text{mm}$$

预应力产生反拱为

$$B=E_cI_0=3.45\times10^4\times83062.64\times10^5=286.57\times10^{12}\ \text{N}\cdot\text{mm}^2$$

$$a_{f2}=\frac{2N_{p0\text{II}}e_{p0\text{II}}l_0^2}{8B}=\frac{470.51\times10^3\times178.6\times8.75^2\times10^6}{8\times286.57\times10^{12}}=5.6\ \text{mm}$$

总挠度为

$$a_f=a_{f1}-a_{f2}=30.1-5.6=24.5\ \text{mm}<a_{lim}=l_0/250=35.0\ \text{mm}$$

满足要求。

(7)正截面承载力计算。

$$h_0 = 800 - 60 = 740 \text{ mm}$$

$$\sigma'_{p0\text{II}} = \sigma'_{con} - \sigma'_l = (1029 - 130.82) = 898.18 \text{ N/mm}^2$$

$$\begin{aligned} x &= \frac{f_{py}A_p + f_yA_s - f'_yA'_s + (\sigma'_{p0\text{II}} - f'_{py})A'_p}{\alpha_1 f_c b'_f} \\ &= \frac{1040 \times 471 + 360 \times 452 - 360 \times 226 + (898.18 - 400) \times 157}{1.0 \times 23.1 \times 300} \\ &= 93.7 \text{ mm} < h'_f = 100 + 50/2 = 125 \text{ mm(平均)} \\ &> 2a' = 60 \text{ mm} \end{aligned}$$

属于第一类T形。

$$\sigma_{p0\text{II}} = \sigma_{con} - \sigma_l = 1029 - 193.74 = 835.26 \text{ N/mm}^2$$

$$\xi_b = \frac{\beta_1}{1 + \frac{0.002}{\varepsilon_{cu}} + \frac{f_{py} - \sigma_{p0\text{II}}}{E_s\varepsilon_{cu}}} = \frac{0.8}{1 + \frac{0.002}{0.0033} + \frac{1040 - 835.26}{2 \times 10^5 \times 0.0033}} = 0.42$$

$$\xi_b h_0 = 0.42 \times 740 = 310.8 \text{ mm} > x$$

$$\begin{aligned} M_u &= \alpha_1 f_c b'_f x(h_0 - \frac{x}{2}) + f'_yA'_s(h_0 - a'_s) - (\sigma'_{p0\text{II}} - f'_{py})A'_p(h_0 - a'_p) \\ &= 1.0 \times 23.1 \times 300 \times 93.7 \times \left(740 - \frac{93.7}{2}\right) + 360 \\ &\quad \times 226 \times (740 - 30) - (898.18 - 400) \times 157 \times (740 - 30) \\ &= 563.4 \times 10^6 \text{ N} \cdot \text{mm} = 563.4 \text{ kN} \cdot \text{m} > M(M = 452.86 \text{ kN} \cdot \text{m}) \end{aligned}$$

满足要求。

(8)斜截面抗剪承载力计算。

由 $h_w/b=500/60=8.3>6$

$0.2\beta_c f_c bh_0 = 0.2 \times 1.0 \times 23.1 \times 60 \times 740 = 205.13 \times 10^3 \text{ N} = 205.13 \text{ kN} > V(V = 201.12 \text{ kN})$

截面尺寸满足要求。

因使用阶段允许出现裂缝，故取 $V_p=0$。

$0.7f_tbh_0 = 0.7 \times 1.89 \times 60 \times 740 = 58.74 \times 10^3 \text{ N} = 58.74 \text{ kN} < V(V = 201.12 \text{ kN})$

需计算配置箍筋。采用双肢箍筋 φ8@120，$A_{sv}=100.6 \text{ mm}^2$。

$$\begin{aligned} V_u &= 0.7f_tbh_0 + 1.25f_{yv}\frac{A_{sv}}{s}h_0 = 58.74 + 1.25 + 210 \times \frac{100.6}{120} \times 740 \\ &= 221.6 \times 10^3 \text{N} = 221.6 \text{ kN} > V(V = 201.12 \text{ kN}) \end{aligned}$$

满足要求。

【例 10-3】12 m跨后张法预应力工字型截面梁如图 10-36 所示。混凝土强度等级为C60，下部预应力钢筋为3束 $3\phi^s1\times7(d=15.2 \text{ mm})$低松弛1860级钢绞线(其中1束为曲线布置，2束为直线布置)，上部预应力钢筋为1束 $3\phi^s1\times7(d=15.2 \text{ mm})$低松弛1860级钢绞线。采用OVM15-3锚具，预埋金属波纹管，孔道直径为45 mm。张拉控制应力 $\sigma_{con}=0.75f_{ptk}$，混凝土达设计强度后张拉钢筋(一端张拉)。该梁跨中截面承受永久荷载标准

值产生弯矩 $M_{Gk}=780\ kN\cdot m$，可变荷载标准产生弯矩 $M_{Qk}=890\ kN\cdot m$，准永久值系数为 0.5，按二级裂缝控制。试进行该梁正截面抗裂和承载力验算。

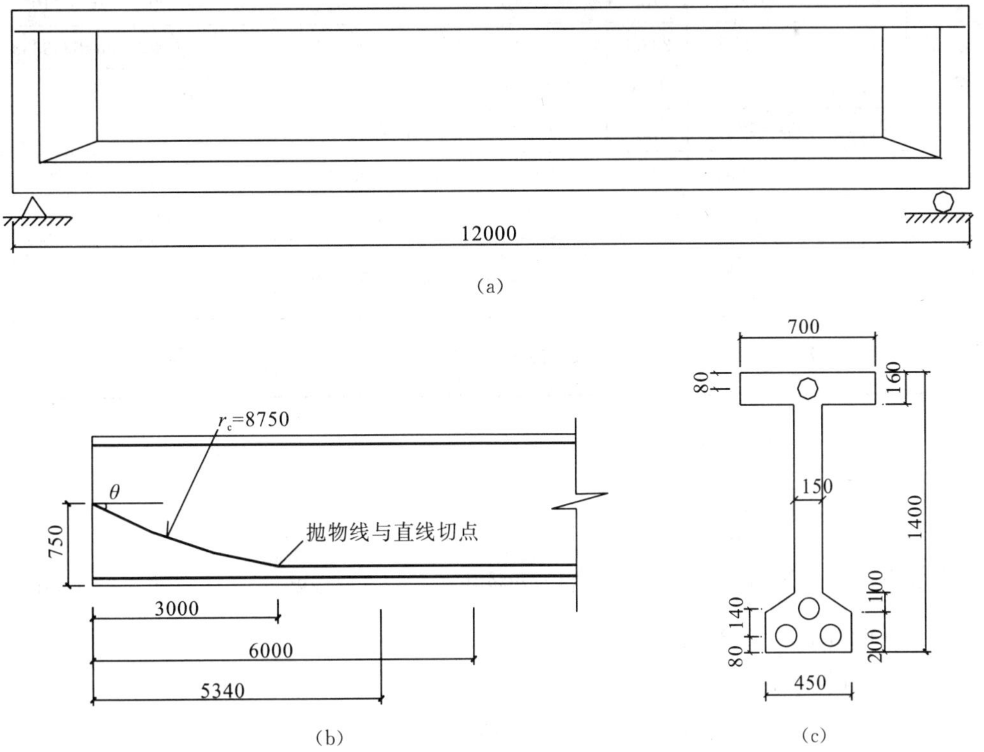

图 10-36　例 10-3 图

解：(1)截面的几何特性。

查附表 1、附表 2、附表 6、附表 8 和附表 10 得钢绞线 $E_s=1.95\times10^5\ N/mm^2$，$f_{py}=1320\ N/mm^2$，$f'_{py}=390\ N/mm^2$；C60 混凝土 $E_c=3.60\times10^4\ N/mm^2$，$f_{tk}=2.85\ N/mm^2$，$f_c=27.5\ N/mm^2$。

查附表 21 得，$A_p=2\times3\times139$(直)$+1\times3\times139$(曲)$=834$(直)$+417$(曲)$=1251(mm^2)$。

$A'_p=1\times3\times139=417\ mm^2$，则

$$\alpha_E=\frac{E_s}{E_c}=\frac{1.95\times10^5}{3.6\times10^4}=5.42$$

为方便计算，将截面划分成几部分计算，计算过程见表 10-7。下部预应力钢筋合力点到底边距离为

$$a_p=\frac{417\times220+834\times80}{1251}=127\ mm$$

表 10-7　截面特征计算表

编号	A_i/mm^2	a_i/mm	$S_i=A_ia_i/mm^3$	$I_{ia}=A_ia_i^2/mm^4$	I_{i0}/mm^4
①	$700\times160=112\times10^3$	1320	14784×10^4	1951488×10^5	$700\times160^3/12=23893\times10^4$
②	$150\times1040=156\times10^3$	720	11232×10^4	80870×10^5	$150\times1040^3/12=140608\times10^5$

续表

编号	A_i/mm^2	a_i/mm	$S_i=A_ia_i/mm^3$	$I_{ia}=A_ia_i^2/mm^4$	I_{i0}/mm^4
③	$450\times200=90\times10^3$	100	900×10^4	9000×10^5	$450\times200^3/12=3\times10^8$
④	$150\times100=15\times10^3$	233.3	350×10^4	8166666664	$150\times100^3\times2/36=8333333.3$
⑤	$5.24\times417=2260$	1320	29832×10^2	3937824×10^3	
⑥	$5.42\times1251=6780$	127	861060	109354620	
⑦	$\pi\times45^2/4=1590$	1320	20988×10^2	2770416×10^3	$\pi\times45^4/64=201289$
⑧	$3\pi45^2/4=4770$	127	605790	76935330	$3\pi\times45^4/64=603867$
$\sum_1^4-\sum_7^8$	366640		269955410	27488851×10^4	14607258×10^3
$\sum_1^6-\sum_7^8$	375680		273799670	27893569×10^4	14607258×10^3

$A_n=366640\ mm^2$

$$y_n=\frac{\sum s_i}{A_n}=\frac{269955410}{366640}=736\ mm$$

$$I_n=\sum I_{io}+\sum I^{ia}-y_n\sum S_i=14607258\times10^3+27488851\times10^4-736\times269955410$$
$$=90808586\times10^3\ mm^4$$

$A_0=375680\ mm^2$

$$y_0=\frac{\sum S_i}{A_o}=\frac{273799670}{375680}=729\ mm$$

$$I_0=\sum I^{io}+\sum I^{ia}-y_0\sum S_i=14607258\times10^3+27488851\times10^4-729\times273799670$$
$$=93942988\times10^3\ mm^4$$

(2)预应力损失。

张拉控制应力为

$$\sigma_{con}=\sigma'_{con}=0.75\times1860=1395\ N/mm^2$$

①锚具变形损失σ_{l1}。

OVM 锚具，查表 10-2，得 $a=5$ mm。

对于直线预应力钢筋，有

$$\sigma_{l1}=\sigma'_{l1}=\frac{a}{l}E_s=\frac{5\times1.95\times10^5}{12000}=81.25\ N/mm^2$$

曲线预应力钢筋的曲率半径 r_c=8.75 m，查表 10-3 得 μ=0.25、κ=0.0015，反向摩擦影响长度为

$$l_f=\sqrt{\frac{aE_s}{1000\sigma_{con}\left(\frac{\mu}{r_c}+\kappa\right)}}=\sqrt{\frac{5\times1.95\times10^5}{1000\times1395\times(0.25/8.75+0.0015)}}$$
$$=4.82\ m<l/2=6m$$

由于反向摩擦影响，曲线预应力钢筋跨中截面 $\sigma_{l1}=0$。

②摩擦损失 σ_{l2}。

对于直线预应力钢筋有

$$\kappa x = 0.0015 \times 6 = 0.009 < 0.2$$

$$\sigma_{l2} = \sigma'_{l2} = \kappa x \sigma_{\text{con}} = 0.009 \times 1395 = 12.56\ \text{N/mm}^2$$

曲线预应力钢筋，近似取 $x=6$ m，$\theta=2\times(750-220)/3000=0.353$，则

$$\kappa x + \mu\theta = 0.0015 \times 6 + 0.25 \times 0.353 = 0.097 < 0.2$$

$$\sigma_{l2} = (\kappa x + \mu\theta)\sigma_{\text{con}} = 0.097 \times 1395 = 135.32\ \text{N/mm}^2$$

第一批预应力损失如下。

直线预应力钢筋

$$\sigma_{l\text{I}} = \sigma'_{l\text{I}} = \sigma_{l1} + \sigma_{l2} = 81.25 + 12.56 = 93.81\ \text{N/mm}^2$$

曲线预应力钢筋

$$\sigma_{l\text{I}} = \sigma_{l2} = 135.32\ \text{N/mm}^2$$

③应力松弛损失 σ_{l4}。

$$\sigma_{l4} = \sigma'_{l4} = 0.2 \times \left(\frac{\sigma_{\text{con}}}{f_{\text{ptk}}} - 0.575\right)\sigma_{\text{con}} = 0.2 \times \left(\frac{1395}{1860} - 0.575\right) \times 1395 = 48.83\ \text{N/mm}^2$$

④混凝土压缩、徐变损失 σ_{l5}。

$$\begin{aligned} N_{\text{pI}} &= (\sigma_{\text{con}} - \sigma_{l\text{I}})A_{\text{p}} + (\sigma'_{\text{con}} - \sigma'_{l\text{I}})A'_{\text{p}} \\ &= (1395 - 93.81) \times 834 + (1395 - 135.32) \times 417 + (1395 - 93.81) \times 417 \\ &= 2153.08 \times 10^3\ \text{N} = 2153.08\ \text{KN} \end{aligned}$$

$$\begin{aligned} e_{\text{pI}} &= \frac{(\sigma_{\text{con}} - \sigma_{l\text{I}})A_{\text{p}}y_{\text{pn}} - (\sigma'_{\text{con}} - \sigma'_{l\text{I}})A'_{\text{p}}y'_{\text{pn}}}{N_{\text{pI}}} \\ &= (1395 - 93.81) \times 834 \times (736 - 80) + (1395 - 135.32) \times 417 \times (736 - 220) \\ &\quad - (1395 - 93.81) \times 417 \times (1320 - 736)/2153.08 \times 10^3 \\ &= 309\ \text{mm} \end{aligned}$$

下部直线预应力钢筋处混凝土法向应力为

$$\begin{aligned} \sigma_{\text{pcI}} &= \frac{N_{\text{pI}}}{A_{\text{n}}} + \frac{N_{\text{pI}}e_{\text{pI}}}{I_{\text{n}}}y_{\text{pn}} = \frac{2153.08 \times 10^3}{366640} + \frac{2153.08 \times 10^3 \times 309 \times (736 - 80)}{90808586 \times 10^3} \\ &= 10.68\ \text{N/mm}^2 \end{aligned}$$

下部曲线预应力钢筋处混凝土法向应力为

$$\begin{aligned} \sigma_{\text{pcI}} &= \frac{N_{\text{pI}}}{A_{\text{n}}} + \frac{N_{\text{pI}}e_{\text{pI}}}{I_{\text{n}}}y_{\text{pn}} = \frac{2153.08 \times 10^3}{366640} + \frac{2153.08 \times 10^3 \times 309 \times (736 - 220)}{90808586 \times 10^3} \\ &= 9.65\ \text{N/mm}^2 \end{aligned}$$

上部预应力钢筋处混凝土法向应力为

$$\begin{aligned} \sigma'_{\text{pcI}} &= \frac{N_{\text{pI}}}{A_{\text{n}}} - \frac{N_{\text{pI}}e_{\text{pI}}}{I_{\text{n}}}y'_{\text{pn}} = \frac{2153.08 \times 10^3}{366640} - \frac{2153.08 \times 10^3 \times 309 \times (1320 - 736)}{90808586 \times 10^3} \\ &= 1.59\ \text{N/mm}^2 \end{aligned}$$

$$\rho = \frac{A_{\text{p}}}{A_{\text{n}}} = \frac{1251}{366640} = 0.0034, \rho' = \frac{A'_{\text{p}}}{A_n} = \frac{417}{366640} = 0.0011$$

下部直线预应力钢筋的 σ_{l5} 为

$$\sigma_{l5}=\frac{35+280\dfrac{\sigma_{pcI}}{f'_{cu}}}{1+15\rho}=\frac{35+280\times\dfrac{10.68}{60}}{1+15\times 0.00034}=80.72\ \text{N/mm}^2$$

下部曲线预应力钢筋的 σ_{l5} 为

$$\sigma_{l5}=\frac{35+280\dfrac{\sigma_{pcI}}{f'_{cu}}}{1+15\rho}=\frac{35+280\times\dfrac{9.65}{60}}{1+15\times 0.0034}=76.15\ \text{N/mm}^2$$

上部预应力钢筋的 σ'_{l5} 为

$$\sigma'_{l5}=\frac{35+280\dfrac{\sigma_{pcI}}{f'_{cu}}}{1+15\rho'}=\frac{35+280\times\dfrac{1.59}{60}}{1+15\times 0.0011}=41.73\ \text{N/mm}^2$$

第二批预应力损失如下。

下部直线预应力钢筋

$$\sigma_{lII}=\sigma_{l4}+\sigma_{l5}=48.83+80.72=129.55\ \text{N/mm}^2$$

下部曲线预应力钢筋

$$\sigma_{lII}=\sigma_{l4}+\sigma_{l5}=48.83+76.15=124.98\ \text{N/mm}^2$$

上部预应力钢筋

$$\sigma'_{lII}=\sigma'_{l4}+\sigma'_{l5}=48.83+41.73=90.56\ \text{N/mm}^2$$

总预应力损失如下。

下部直线预应力钢筋

$$\sigma_l=\sigma_{lI}+\sigma_{lII}=93.81+129.55=223.36\ \text{N/mm}^2>80\ \text{N/mm}^2$$

下部曲线预应力钢筋

$$\sigma_l=\sigma_{lI}+\sigma_{lII}=135.32+124.98=260.3\ \text{N/mm}^2>80\ \text{N/mm}^2$$

上部预应力钢筋

$$\sigma'_l=\sigma'_{lI}+\sigma'_{lII}=93.81+90.56=184.37\ \text{N/mm}^2>80\ \text{N/mm}^2$$

(3)正截面承载力验算。

$h_0=1400-127=1273$ mm

$$\begin{aligned}N_p&=(\sigma_{con}-\sigma_l)A_p+(\sigma'_{con}-\sigma'_l)A'_p\\&=(1395-223.36)\times 834+(1395-260.3)\times 417+(1395-184.37)\times 418\\&=1955.15\times 10^3(\text{N})=1955.15\ \text{kN}\end{aligned}$$

$$\begin{aligned}e_{pn}&=\frac{(\sigma_{con}-\sigma_l)A_p y_{pn}-(\sigma'_{con}-\sigma'_l)A'_p y'_{pn}}{N_p}\\&=(1395-223.36)\times 834\times(736-80)+(1395-20.3)\times 417\times(736-220)\\&\quad-(1395-184.37)\times 417\times(1320-736)/1955.15\times 10^3\\&=302\ \text{mm}\end{aligned}$$

跨中截面弯矩设计值为

$$M=1.2M_{Gk}+1.4M_{Qk}=1.2\times 780+1.4\times 890=2182\ \text{kN}\cdot\text{m}$$

上部预应力钢筋合力点处混凝土法向应力为

$$\sigma_{pc}=\frac{N_p}{A_n}-\frac{N_p e_{pn} y'_{pn}}{I_n}=\frac{1955.15\times10^3}{366640}-\frac{1995.15\times10^3\times302\times(1320-736)}{90808586\times10^3}=1.54\ \text{N/mm}^2$$

$$\sigma'_{p0}=\sigma'_{con}-\sigma'_l+\alpha_E\sigma'_{pc}=1395-184.37+5.42\times1.54=1219.0\ \text{N/mm}^2$$

下部预应力钢筋合力点处混凝土法向应力为

$$\sigma_{pc}=\frac{N_p}{A_n}-\frac{N_p e_{pn} y_{pn}}{I_n}=\frac{1955.15\times10^3}{366640}-\frac{1995.15\times10^3\times302\times(736-127)}{90808586\times10^3}=9.29\ \text{N/mm}^2$$

计算 σ_{p0} 时偏于安全地取 σ_l=260.3 N/mm²，则

$$\sigma_{p0}=\sigma_{con}-\sigma_l+\alpha_E\sigma_{pc}=1395-260.3+5.42\times9.29=1185.05\ \text{N/mm}^2$$

查表 4-4 得 β_1=0.78，则

$$\varepsilon_{cu}=0.0033-(f_{cu,k}-50)\times10^{-5}=0.0033-(60-50)\times10^{-5}=0.0032$$

$$\xi_b=\frac{\beta_1}{1+\frac{0.002}{\varepsilon_{cu}}+\frac{f_{py}-\sigma_{p0}}{E_s\varepsilon_{cu}}}-=\frac{0.78}{1+\frac{0.002}{0.0032}+\frac{1320-1185.05}{1.95\times10^5\times0.0032}}=0.424$$

查表 4-4 得 α_1=0.98

$$\begin{aligned}\alpha_1 f_c b'_f h'_f-(\alpha_{p0}-f'_{py})A'_p&=0.98\times27.5\times700\times160-(1219.0-390)\times417\\&=2672.69\times10^3\ N=2672.9\ \text{kN}\\&>f_{py}A_p\end{aligned}$$

$$f_{py}A_p=1320\times(834+417)=1651.32\times10^3\ \text{N}=1651.32\ \text{kN}$$

为第二类 T 形截面。

$$\begin{aligned}x&=\frac{f_{py}A_p+(\sigma'_{p0}-f'_{py})A'_p-(b'_f-b)h'_f}{\alpha_1 f_c b}\\&=\frac{1651.32\times10^3+(1219.05-390)\times417-(700-150)\times160}{0.98\times27.5\times150}\\&=472\ \text{mm}>2\alpha'_p(2\alpha'_p=160\ \text{mm})\end{aligned}$$

$$\xi_b h_0=0.424\times1273=540\ \text{mm}$$

$$x<\xi_b h_0$$

$$\begin{aligned}M_u&=\alpha_1 f_c bx\left(h_0-\frac{x}{2}\right)+\alpha_1 f_c(b'_f-b)h'_f\left(h'_0-\frac{h'_f}{2}\right)-(\sigma'_{p0}-f'_{py})A'_p(h_0-a'_p)\\&=0.98\times27.5\times472\times\left(1273-\frac{472}{2}\right)+0.98\times27.5\times(700-150)\times160\\&\quad\times\left(1273-\frac{160}{2}\right)-(1219.0-390)\times417\times(1273-80)\\&=2430\times10^6\ \text{N}\cdot\text{mm}=2430\ \text{kN}\cdot\text{m}>M(M=2182\ \text{kN}\cdot\text{mm})\end{aligned}$$

满足要求。

(4)正截面抗裂验算。

截面下边缘混凝土的预压应力为

$$\sigma_{pc}=\frac{N_p}{A_n}+\frac{N_p e_{pn}}{I_n}y_n=\frac{1955.15\times10^3}{366640}+\frac{1955.15\times10^3\times302}{90808586\times10^3}\times736=10.12\ \text{N/mm}^2$$

①在荷载效应标准组合下截面边缘拉应力。

$$M_k=M_{Gk}+M_{Qk}=780+890=1670\ \text{kN}\cdot\text{m}$$

$$\sigma_{ck}=\frac{M_k}{I_o}y_0=\frac{1670\times10^6}{93942988\times10^3}\times729=12.96\ \text{N/mm}^2$$

$$\sigma_{ck}-\sigma_{pc}=12.96-10.12=2.84\ \text{N/mm}^2<f_{tk}=2.85\ \text{N/mm}^2$$

②在荷载效应准永久组合下截面边缘的拉应力

$$M_q=M_{Gk}+0.5M_{Qk}=780+0.5\times890=1225\ \text{kN}\cdot\text{m}$$

$$\sigma_{cq}=\frac{M_q}{I_0}y_0=\frac{1225\times10^6}{93942988\times10^3}=9.5\ \text{N/mm}^2$$

$$\sigma_{cq}-\sigma_{pc}=9.5-10.12=-0.62\ \text{N/mm}^2<0$$

满足要求。

10.7 预应力混凝土结构构件的构造要求

10.7.1 截面形式和尺寸

预应力混凝土构件的截面形式应根据构件的受力特点进行合理选择。对于轴心受拉构件，通常采用正方形或矩形截面；对于受弯构件，宜选用 T 形、工字形或其他空心截面形式。此外，沿受弯构件纵轴，其截面形式可以根据受力要求改变，如屋面大梁和吊车梁，其跨中可采用工字形截面，而在支座处，为了承受较大的剪力及提供足够的面积布置锚具，往往做成矩形截面。

由于预应力混凝土构件具有较好的抗裂性能和较大的刚度，其截面尺寸可比钢筋混凝土构件小些。对于一般的预应力混凝土受弯构件，截面高度一般可取跨度的 1/20～1/14，最小可取 1/35，翼缘宽度一般可取截面高度的 1/3～1/2，翼缘厚度一般可取截面高度的 1/10～1/6，腹板厚度尽可能薄一些，一般可取截面高度的 1/15～1/8。

10.7.2 纵向非预应力钢筋

当配置一定的预应力钢筋已能使构件符合抗裂或裂缝宽度要求时，则按承载力计算所需的其余受拉钢筋可以采用非预应力钢筋。非预应力纵向钢筋宜采用 HRB335 级。

对于施工阶段不允许出现裂缝的构件，为了防止由于混凝土收缩、温度变形等在预拉区产生裂缝，要求预拉区还需配置一定数量的纵向钢筋，其配筋率$(A'_s+A'_p)/A$ 不应小于 0.2%，其中 A 为构件截面面积。对后张法构件，则仅考虑 A'_s 而不计入 A'_p，因为在施工阶段，后张法预应力钢筋和混凝土之间没有黏结力或黏结力尚不可靠。

对于施工阶段允许出现裂缝而在预拉区不配置预应力钢筋的构件，当 $\sigma_{ct}=2f'_{tk}$ 时，预拉区纵向钢筋的配筋率 A'_s/A 不应小于 0.4%；当 $f'_{tk}<\sigma_{ct}<2f'_{tk}$ 时，则在 0.2% 和 0.4%之间按直线内插法取用。

预拉区的纵向非预应力钢筋的直径不宜大于 14 mm，并应沿构件预拉区的外边缘均匀配置。

10.7.3　先张法构件的要求

(1)预应力钢筋的净间距应根据便于浇筑混凝土、保证钢筋与混凝土的黏结锚固以及施加预应力(夹具及张拉设备的尺寸要求)等要求来确定。预应力钢筋之间的净间距不应小于其公称直径或等效直径的 1.5 倍，且应符合下列规定：对于热处理钢筋及钢丝，不应小于 15 mm；对于三股钢铰线，不应小于 20 mm；对于七股钢铰线，不应小于 25 mm。

(2)若采用钢丝按单根方式配筋有困难时，可采用相同直径钢丝并筋的配筋方式。并筋的等效直径，对双并筋应取为单筋直径的 1.4 倍，对三并筋应取为单筋直径的 1.7 倍。并筋的保护层厚度、锚固长度、预应力传递长度及正常使用极限状态验算均应按等效直径考虑。

(3)为防止放松预应力钢筋时构件端部出现纵向裂缝，对预应力钢筋端部周围的混凝土应采取下列加强措施。

①对于单根配置的预应力钢筋(如板肋的配筋)，其端部宜设置长度不小于 150 mm 且不少于 4 圈的螺旋筋[图 10-37(a)]；当有可靠经验时，也可利用支座垫板上的插筋代替螺旋筋，但插筋数量不应少于 4 根，其长度不宜小于 120 mm。

②对于分散布置的多根预应力钢筋，在构件端部 $10d$(d 为预应力钢筋的公称直径)范围内应设置 3～5 片与预应力钢筋垂直的钢筋网[图 10-37(b)]。

③对于采用预应力钢丝配筋的薄板(如 V 形折板)，在端部 100 mm 范围内应适当加密横向钢筋。

④对于槽形板类构件，应在构件端部 100 mm 范围内沿构件板面设置附加横向钢筋，其数量不应少于 2 根[图 10-37(c)]。

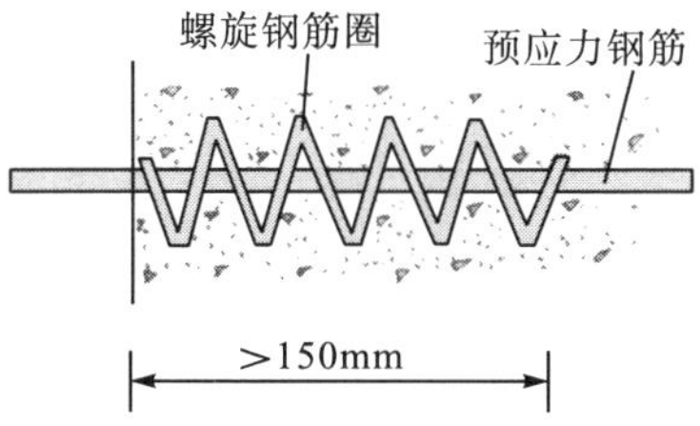

(a)附加螺旋筋

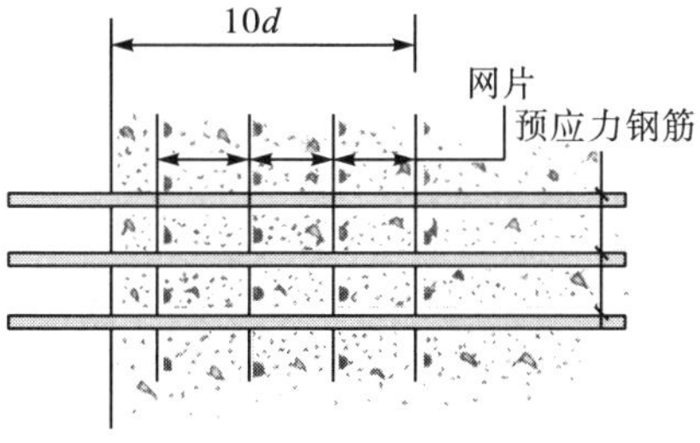

(b)附加钢筋网

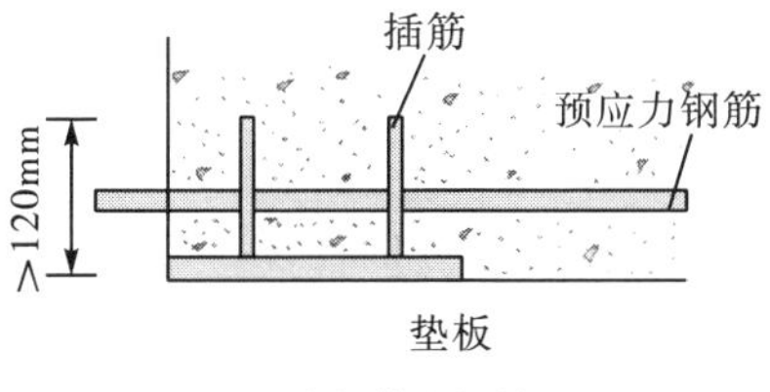

(c)附加横向钢筋

图 10-37　先张法构件端部加强措施

(4)在预应力混凝土屋面梁、吊车梁等构件靠近支座的斜向主拉应力较大部位，宜将一部分预应力钢筋弯起。

对预应力钢筋在构件端部全部弯起的受弯构件或直线配筋的先张法构件，当构件端部与下部支承结构焊接时，应考虑混凝土收缩、徐变及温度变化所产生的不利影响，宜在构件端部可能产生裂缝的部位设置足够的非预应力纵向构造钢筋。

10.7.4 后张法构件的要求

1. 预留孔道的构造要求

后张法构件要在预留孔道中穿入预应力钢筋。截面中孔道的布置应考虑到张拉设备的尺寸、锚具尺寸及构件端部混凝土局部受压的强度要求等因素。

(1)孔道的内径应比预应力钢丝束或钢绞线束外径及需要穿过孔道的连接器外径、钢筋对焊接头处外径及锥形螺杆锚具的套筒等的外径大 10～15 mm，以便穿入预应力钢筋并保证孔道灌浆的质量。

(2)对于预制构件，孔道之间的水平净间距不宜小于 50 mm；孔道至构件边缘的净间距不宜小于 30 mm，且不宜小于孔道的半径。

(3)在框架梁中，预留孔道在竖直方向的净间距不应小于孔道外径，水平方向的净间距不应小于 1.5 倍孔道外径；从孔壁算起的混凝土保护层厚度，梁底不宜小于 50 mm，梁侧不宜小于 40 mm。

(4)在构件两端及跨中应设置灌浆孔或排气孔，其孔距不宜大于 12 m。

(5)凡制作时需要预先起拱的构件，预留孔道宜随构件同时起拱。

2. 曲线预应力钢筋的曲率半径

曲线预应力钢丝束、钢绞线束的曲率半径不宜小于 4 m。

对折线配筋的构件，在预应力钢筋弯折处的曲率半径可适当减小。

3. 端部钢筋布置

(1)对后张法预应力混凝土构件的端部锚固区，应按局部受压承载力计算，并配置间接钢筋，其体积配筋率 $\rho_v \geq 0.5\%$。

为防止沿孔道产生劈裂，在局部受压间接钢筋配置区以外，在构件端部长度 l 不小于 $3e$(e 为截面重心线上部或下部预应力钢筋的合力点至邻近边缘的距离)但不大于 $1.2h$(h 为构件端部截面高度)、高度为 $2e$ 的附加配筋区范围内，应均匀配置附加箍筋或网片，其体积配筋率不应小于 0.5%(图 10-38)。

(2)当构件在端部有局部凹进时，为防止在预加应力过程中，端部转折处产生裂缝，应增设折线构造钢筋(图 10-39)。

(3)为防止施加预应力时构件端部产生沿截面中部的纵向水平裂缝，宜将一部分预应力钢筋在靠近支座区段弯起，弯起的预应力钢筋宜沿构件端部均匀布置。

(4)当预应力钢筋在构件端部需集中布置在截面的下部或集中布置在上部和下部时，应在构件端部 0.2h(h 为构件端部截面高度)范围内设置附加竖向焊接钢筋网、封闭式箍筋或其他形式的构造钢筋。

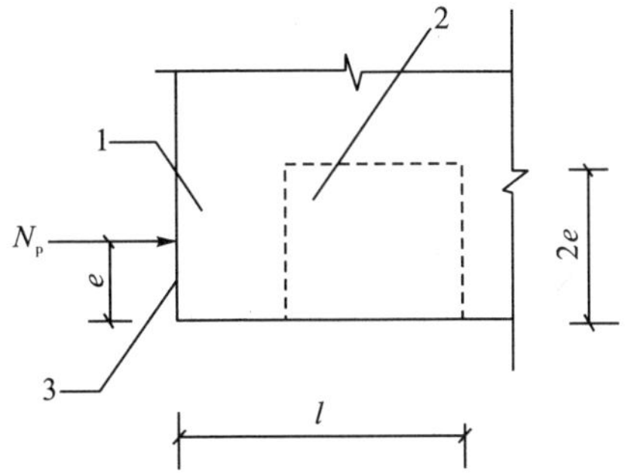

图 10-38　防止沿孔道劈裂的配筋范围

1-局部受压间接钢筋配置区；2-附加配筋区；3-构件端面

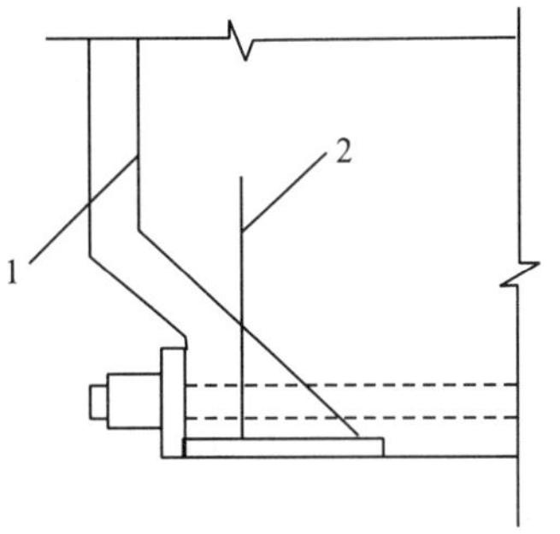

图 10-39　端部转折处构造配筋

1-折线构造钢筋；2-竖向构造钢筋

附加竖向钢筋宜采用带肋钢筋，其截面面积应符合下列要求。

当 $e \leqslant 0.1h$ 时

$$A_{sv} \geqslant 0.3\frac{N_p}{f_y} \tag{10-132}$$

当 $0.1 < e \leqslant 0.2h$ 时

$$A_{sv} \geqslant 0.15\frac{N_p}{f_y} \tag{10-133}$$

当 $e > 0.2h$ 时，可根据实际情况适当配置构造钢筋。

式中，A_{sv}——竖向附加钢筋截面面积；

N_p——作用在构件端部截面重心线上部或下部预应力钢筋的合力。此时仅考虑混凝土预压前的预应力损失值，且应乘以预应力分项系数 1.2；

f_y——附加竖向钢筋的抗拉强度设计值；

e——截面重心线上部或下部预应力钢筋的合力点至截面近边缘的距离。

当端部截面上部和下部均有预应力钢筋时，附加竖向钢筋的总截面面积应按上部和下部的预应力合力分别计算的数值叠加后采用。

4. 其他构造要求

(1)在后张法预应力混凝土构件的预拉区和预压区中，应设置纵向非预应力构造钢筋；在预应力钢筋弯折处，应加密箍筋或沿弯折处内侧设置钢筋网片。

(2)构件端部尺寸应考虑锚具的布置、张拉设备的尺寸和局部受压的要求，必要时应适当加大。在预应力钢筋锚具下及张拉设备的支承处，应设置预埋钢板并按局部承压设置间接钢筋和附加构造钢筋。

(3)对于外露金属锚具，应采取可靠的防锈措施。

10.8 本章小结

(1)预应力混凝土改善构件的抗裂性能，正常使用阶段混凝土不受拉或不开裂(裂缝控制等级为一级或二级)，有较强的适用能力，在大跨度、重载结构及具有防水、抗渗要求的结构中应用广泛。

(2)预应力的施加通常是通过张拉预应力钢筋传递给混凝土。根据张拉钢筋与混凝土浇筑的先后顺序不同，分为先张法和后张法。先张法依靠预应力钢筋与混凝土之间的黏结力传递预应力，预应力的传递在构件端部有一定的长度；后张法依靠锚具传递预应力，端部处于局部受压应力状态。

(3)预应力结构因事先预压，与普通钢筋混凝土构件相比，需考虑的问题较多：必须采用高强度钢筋及高强度等级混凝土，张拉控制应力应适当，对锚具、夹具、施工技术要求更高。

(4)预应力结构在荷载作用下的计算分析与钢筋混凝土在两种极限状态下的计算类似；对后张法需计算端部局部受压承载力。

(5)了解预应力各项损失的原因，掌握各项损失的计算方法及减少损失的措施，从而保证构件中建立的混凝土有效预应力水平。损失的发生有先后，需进行预应力损失分阶段组合。掌握先张法和后张法的损失种类以及其组合。

(6)预应力受拉构件及受弯构件全过程截面应力状态分析具有相同的原理，可归纳以下几点。

①施工阶段：对于先张法(后张法)，将预加力 N_p 作用在换算截面 A_0(净截面 A_n)上，按照材料力学公式计算。

②正常使用阶段，根据荷载效应组合(标准组合或准永久组合)产生的混凝土法向应力，按材料力学公式进行计算，且无论是先张法还是后张法，都用换算截面 A_0。

③使用阶段，在消压状态或即将开裂状态，无论先张法还是后张法计算公式形式相同，且均采用换算截面 A_0。

④普通钢筋及预应力钢筋任一时刻应力的计算，只需知道该钢筋与混凝土黏结在一起协调变形的起点应力状态，即可求解，而不依赖任何中间过程。

(7)对预应力轴心受拉及受弯构件的计算应与普通钢筋混凝土构件进行对比，并注意预应力构件计算的特殊性，施加预应力对结构的影响。此外，预应力构件需进行制作、运输、安装等施工阶段的验算，且应防止混凝土被压坏或影响正常使用而产生的裂缝。

思 考 题

10.1 为什么要对构件施加预应力？预应力混凝土结构的优缺点是什么？

10.2 为什么在预应力混凝土构件中可以有效地采用高强度的材料？

10.3　什么是张拉控制应力 σ_{con}？为什么取值不能过高或过低？

10.4　为什么先张法的张拉控制应力比后张法的高一些？

10.5　预应力损失有哪些？是由什么原因产生的？怎样减少预应力损失值？

10.6　预应力损失值为什么要分第一批和第二批损失？先张法和后张法各项预应力损失是怎样组合的？

10.7　预应力混凝土轴心受拉构件的截面应力状态阶段及各阶段的应力如何？何谓有效预应力？它与张拉控制应力有何不同？

10.8　预应力轴心受拉构件，在计算施工阶段预加应力产生的混凝土法向应力 σ_{pc} 时，为什么先张法构件用 A_0，而后张法构件用 A_n？而在使用阶段时，都采用 A_0？先张法、后张法的 A_0、A_n 如何进行计算？

10.9　如采用相同的控制应力 σ_{con}，预应力损失值也相同，当加载至混凝土预压应力 $\sigma_{pc}=0$ 时，先张法和后张法两种构件中预应力钢筋的应力 σ_p 时否相同，为什么？

10.10　预应力轴心受拉构件的裂缝宽度计算公式中，为什么钢筋的应力 $\sigma_{sk}=\dfrac{N_k-N_{p0}}{A_p+A_s}$？

10.11　当钢筋强度等级相同时，未施加预应力与施加预应力对轴拉构件承载能力有无影响？为什么？

10.12　试总结先张法与后张法构件计算中的异同点。

10.13　预应力混凝土受弯构件挠度计算与钢筋混凝土的挠度计算相比，有何特点？

10.14　为什么预应力混凝土构件中一般还需放置适量的非预应力钢筋？

习　　题

10.1　屋架预应力混凝土下弦拉杆，长度 24 m，截面尺寸及端部构造如图 10-40 所示，处于一类环境。采用后张法一端张拉施加预应力，并进行超张拉，孔道直径为 54 mm，充压橡胶管抽芯成型。预应力钢筋选用 2 束 3 Φ^s1×7(d=12.7 mm)低松弛 1860 级钢绞线，非预应力钢筋为 4 Φ 12 的 HRB335 级钢筋($A_s=452\ mm^2$)，采用 OVM13－3 锚具，张拉控制应力 $\sigma_{con}=0.7f_{tk}$。混凝土强度等级为 C40，达到 100％混凝土设计强度等级时施加预应力。承受永久荷载作用下的轴向力标准值 $N_{Gk}=410$ kN，可变荷载作用下的轴向力标准值 $N_{Qk}=165$ kN，结构重要系数＝1.1，准永久值系数为 0.5，裂缝控制等级为二级。试对拉杆进行施工阶段局部承压验算，正常使用阶段裂缝控制验算和正截面承载力验算。

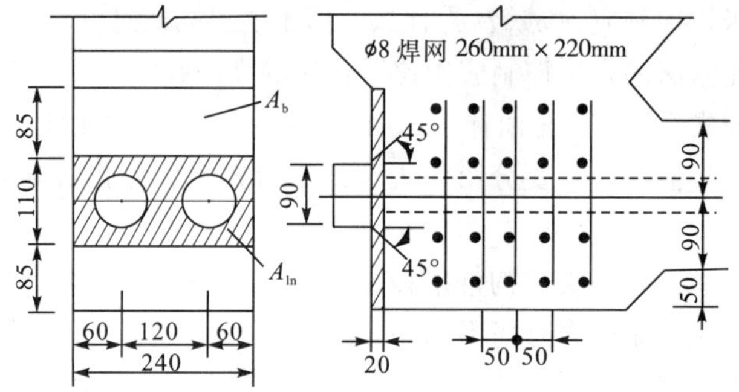

图 10-40 题 10.1 图

10.2 预应力混凝土空心板梁，长度 16 m，计算跨度 l_0=15.5 m，截面尺寸如图 10-41 所示，处于一类环境。采用先张法施加预应力，并进行超张拉。预应力钢筋选用 11 根ϕ^s1×7(d=15.2 mm)低松弛 1860 级钢绞线，非预应力钢筋为 5 Φ 12 的 HRB335 级钢筋(A_s=565 mm^2)，采用夹片式锚具，张拉控制应力 $\sigma_{con}=0.75f_{tk}$。混凝土强度等级为 C70，达到 100%混凝土设计强度等级时放张预应力钢筋。跨中截面承受永久荷载作用下的弯矩标准值 M_{Gk}=422 kN·m，可变荷载作用下的弯矩标准值 M_{Qk}=305 kN·m；支座截面承受永久荷载作用下的剪力标准值 V_{Gk}=110 kN，可变荷载作用下的剪力标准值 V_{Qk}=210 kN。结构重要系数 γ_0=1.0，准永久值系数为 0.6，裂缝控制等级为二级，跨中挠度允许值为 l_0/200。

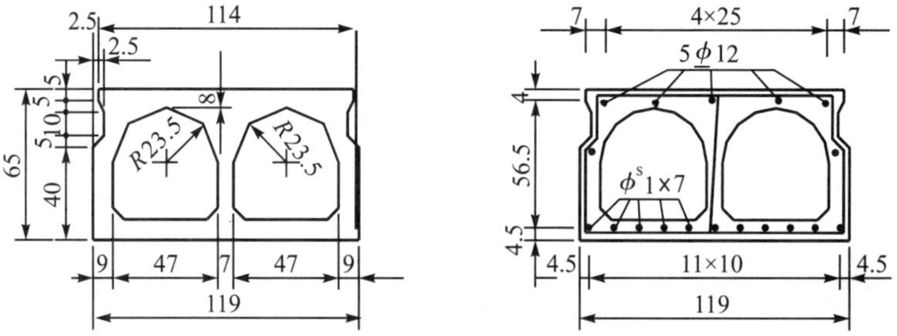

图 10-41 题 10.2 图

要求：①施工阶段截面正应力验算；②正常使用阶段裂缝控制验算；③正常使用阶段跨中挠度验算；④正截面承载力计算；⑤斜截面承载力计算。

10.3 已知某工程屋面梁跨度为 21 m，梁的截面尺寸见图 10-42。承受屋面板传递的均布恒载 g=49.5 kN/m，活荷载 q=5.9 kN/m。结构重要性系数 γ_0=1.1，裂缝控制等级为二级，跨中挠度允许值为 l_0/400。混凝土强度等级为 C40，预应力筋采用 1860 级高强低松弛钢绞线。预应力孔道采用镀锌波纹管成型，夹片式锚具。当混凝土达到设计强度等级后张拉预应力筋，施工阶段预拉区允许出现裂缝。纵向非预应力钢筋采用 HRB335 级热轧钢筋，箍筋采用 HPB235 级热轧钢筋。试进行该屋面梁的配筋设计。

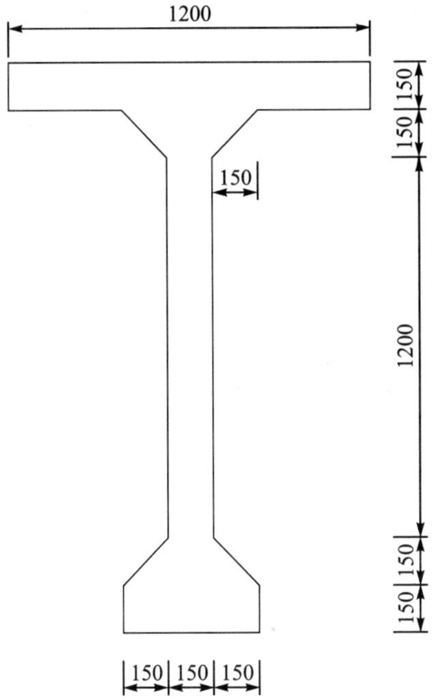

图 10-42　题 10.3 图

附　　录

附表 1　混凝土的强度值　　（单位：N/mm²）

强度	混凝土强度等级													
	C15	C20	C25	C30	C35	C40	C45	C50	C55	C60	C65	C70	C75	C80
f_{ck}	10.0	13.4	16.7	20.1	23.4	26.8	29.6	32.4	35.5	38.5	41.5	44.5	47.4	50.2
f_{tk}	1.27	1.54	1.78	2.01	2.20	2.39	2.51	2.64	2.74	2.85	2.93	2.99	3.05	3.11
f_c	7.2	9.6	11.9	14.3	16.7	19.1	21.1	23.1	25.3	27.5	29.7	31.8	33.8	35.9
f_t	0.91	1.10	1.27	1.43	1.57	1.71	1.80	1.89	1.96	2.04	2.09	2.14	2.18	2.22

附表 2　混凝土的弹性模量　　（单位：$\times 10^4$ N/mm²）

混凝土强度等级	C15	C20	C25	C30	C35	C40	C45	C50	C55	C60	C65	C70	C75
E_c	2.20	2.55	2.80	3.00	3.15	3.25	3.35	3.45	3.55	3.60	3.65	3.70	3.75

注：①当有可靠试验依据时，弹性模量可根据实测数据确定；

②当混凝土中掺有大量矿物掺合料时，弹性模量可按规定龄期根据实测数据确定。

附表 3　混凝土受压疲劳强度修正系数 γ_ρ

ρ_c^f	$0<\rho_c^f<0.1$	$0.1<\rho_c^f<0.2$	$0.2\leqslant\rho_c^f<0.3$	$0.3\leqslant\rho_c^f<0.4$	$0.4\leqslant\rho_c^f<0.5$	$\rho_c^f\geqslant0.5$
γ_ρ	0.68	0.74	0.80	0.86	0.93	1.00

附表 4　混凝土受拉疲劳强度修正系数 γ_ρ

ρ_c^f	$0<\rho_c^f<0.1$	$0.1\leqslant\rho_c^f<0.2$	$0.2\leqslant\rho_c^f<0.3$	$0.3\leqslant\rho_c^f<0.4$	$0.4\leqslant\rho_c^f<0.5$
γ_ρ	0.63	0.66	0.69	0.72	0.74
ρ_c^f	$0.5\leqslant\rho_c^f<0.6$	$0.6\leqslant\rho_c^f<0.7$	$0.7\leqslant\rho_c^f<0.8$	$\rho_c^f\geqslant0.8$	—
γ_ρ	0.76	0.80	0.90	1.00	—

注：直接承受疲劳荷载的混凝土构件，当采用蒸汽养护时，养护温度不宜高于 60 ℃。

附表 5　混凝土的疲劳变形模量　　（单位：$\times 10^4$ N/mm²）

强度等级	C30	C35	C40	C45	C50	C55	C60	C65	C70	C75	C80
E_c^f	1.30	1.40	1.50	1.55	1.60	1.65	1.70	1.75	1.80	1.85	1.90

附表 6　普通钢筋强度值　　（单位：N/mm^2）

牌号	符号	公称直径 d/mm	屈服强度标准值 f_{yk}	极限强度标准值 f_{stk}	抗拉强度设计值 f_y	抗压强度设计值 f'_y
HPB300	Φ	6～22	300	420	270	270
HRB335 HRBF335	Φ Φ^{F}	6～50	335	455	300	300
HRB400 HRBF400 RRB400	Φ Φ^{F} Φ^{R}	6～50	400	540	360	360
HRB500 HRBF500	Φ Φ^{F}	6～50	500	630	435	410

附表 7　预应力钢筋强度标准值　　（单位：N/mm^2）

种类		符号	公称直径 d/mm^2	屈服强度标准值 f_{pyk}	极限强度标准值 f_{ptk}
中强度预应力钢丝	光面 螺旋肋	Φ^{PM} Φ^{HM}	5、7、9	620	800
				780	970
				980	1270
预应力螺纹钢筋	螺纹	Φ^{T}	18、25、32、40、50	785	980
				930	1080
				1080	1230
消除应力钢丝	光面 螺旋肋	Φ^{P} Φ^{H}	5	—	1570
				—	1860
			7	—	1570
			9	—	1470
				—	1570
钢绞线	1×3 （三股）	Φ^{S}	8.6、10.8、12.9	—	1570
				—	1860
				—	1960
	1×7 （七股）		9.5、12.7、15.2、17.8	—	1720
				—	1860
				—	1960
			21.6	—	1860

注：极限强度标准值为 1960 N/mm^2 的钢绞线作后张预应力配筋时，应有可靠的工作经验。

附表 8　预应力钢筋强度设计值　　（单位：N/mm^2）

种类	极限强度标准值 f_{ptk}	抗拉强度设计值 f_{py}	抗压强度设计值 f'_{py}
中强度预应力钢丝	800	510	410
	970	650	
	1270	810	

续表

种类	极限强度标准值 f_{ptk}	抗拉强度设计值 f_{py}	抗压强度设计值 f'_{py}
消除应力钢丝	1470	1040	410
	1570	1110	
	1860	1320	
钢绞线	1570	1110	390
	1720	1220	
	1860	1320	
	1960	1390	
预应力螺纹钢筋	980	650	410
	1080	770	
	1230	900	

注：当预应力筋的强度标准值不符合表中规定时，其强度设计值应进行相应的比例换算。

附表 9 普通钢筋及预应力钢筋在最大力下的总伸长率限值

钢筋品种	普通钢筋			预应力钢筋
	HPB300	HRB335、HRBF335、HRB400、HRBF400、HRB500、HRBF500	RRB400	
$\delta_{gt}/\%$	10.0	7.5	5.0	3.5

附表 10 钢筋弹性模量 （单位：$\times 10^5$ N/mm^2）

牌号或种类	弹性模量 E_a
HPB300 钢筋	2.10
HRB335、HRB400、HRB500 钢筋 HRBF335、HRBF400、HRBF500 钢筋 RRB400 钢筋 预应力螺纹钢筋	2.00
消除应力钢丝、中强度预应力钢丝	2.05
钢绞线	1.95

注：必要时采用实测时的弹性模量。

附表 11 普通钢筋疲劳应力幅限值 （单位：N/mm^2）

疲劳应力比值 ρ_s^f	疲劳应力幅限值 Δf_y^f	
	HRB335	HRB400
0	175	175
0.1	162	162
0.2	154	156
0.3	144	149
0.4	131	137

续表

疲劳应力比值 ρ_s^f	疲劳应力幅限值 Δf_y^f	
	HRB335	HRB400
0.5	115	123
0.6	97	106
0.7	77	85
0.8	54	60
0.9	28	31

注：当纵向受拉钢筋采用闪光接触对焊连接时，其接头处的钢筋疲劳应力幅限值应按表中数值乘以 0.80 取用。

附表 12　预应力筋疲劳应力幅限值　（单位：N/mm^2）

疲劳应力比值 ρ_p^f	疲劳应力幅限值 Δf_y^f	
	钢绞线 $f_{ptk}=1570$	消除应力钢丝 $f_{ptk}=1570$
0.7	144	240
0.8	118	168
0.9	70	88

注：①当 ρ_p^f 不小于 0.9 时，可不作预应力筋疲劳验算；

②当有充分依据时，可对表中规定的疲劳应力幅限值作适当调整。

附表 13　混凝土保护层的最小厚度 *c*　（单位：mm）

环境类别	板、墙、壳	梁、柱、杆
一	15	20
二 a	20	25
二 b	25	35
三 a	30	40
三 b	40	50

注：①混凝土强度等级不大于 C25 时，表中保护层厚度数值应增加 5 mm；

②钢筋混凝土基础宜设置混凝土垫层，基础中钢筋的混凝土保护层厚度应从垫层顶面算起，且不应小于 40 mm。

附表 14　混凝土结构的环境类别

环境类别	条件
一	室内干燥环境；无侵蚀性静水浸没环境
二 a	室内潮湿环境； 非严寒和非寒冷地区的露天环境； 非严寒和非寒冷地区与无侵蚀性的水或土壤直接接触的环境； 严寒和寒冷地区的冰冻线以下与无侵蚀性的水或土壤直接接触的环境
二 b	干湿交替环境； 水位频繁变动环境； 严寒和寒冷地区的露天环境； 严寒和寒冷地区冰冻线以上与无侵蚀性的水或土壤直接接触的环境

续表

环境类别	条件
三 a	严寒和寒冷地区冬季水位变动区环境 受除冰盐影响环境； 海风环境
三 b	盐渍土环境； 受除冰盐作用环境； 海岸环境
四	海水环境
五	受人为或自然的侵蚀性物质影响的环境

注：①室内潮湿环境是指构件表面经常处于结露或湿润状态的环境；

②严寒和寒冷地区的划分应符合现行国家标准《民用建筑热工设计规范》GB50176 的有关规定；

③海岸环境和海风环境宜根据当地情况，考虑主导风向及结构所处迎风、背风部位等因素的影响，由调查研究和工程经验确定；

④受除冰盐影响环境是指受到除冰盐盐雾影响的环境；受除冰盐作用环境是指被除冰盐溶液溅射的环境以及使用除冰盐地区的洗车房、停车楼等建筑；

⑤暴露的环境是指混凝土结构表面所处的环境。

附表 15　结构混凝土材料的耐久性基本要求

环境等级	最大水胶比	最低强度等级	最大氯离子含量/%	最大碱含量/(kg/m³)
一	0.60	C20	0.30	不限制
二 a	0.55	C25	0.20	3.0
二 b	0.50(0.55)	C30(C25)	0.15	
三 a	0.45(0.50)	C35(C30)	0.15	
三 b	0.40	C40	0.10	

注：①氯离子含量系指其占胶凝材料总量的百分比；

②预应力构件混凝土中的最大氯离子含量为 0.06%；其最低混凝土强度等级宜按表中的规定提高两个等级；

③素混凝土构件的水胶比及最低强度等级的要求可适当放松；

④有可靠工程经验时，二类环境中的最低混凝土强度等级可降低一个等级；

⑤处于严寒和寒冷地区二 b、三 a 类环境中的混凝土应使用引气剂，并可采用括号中的有关参数；

⑥当使用非碱性活性骨料时，对混凝土中的碱含量可不作限制。

附表 16　纵向受力钢筋的最小配筋百分率 ρ_{min}

受力类型			最小配筋百分率/%
受压构件	全部纵向钢筋	强度等级 500MPa	0.50
		强度等级 400MPa	0.55
		强度等级 300MPa、335MPa	0.60
	一侧纵向钢筋		0.20
受弯构件、偏心受拉、轴心受拉构件一侧的受拉钢筋			0.20 和 $45f_t/f_y$ 中的较大值

注：①受压构件全部纵向钢筋最小配筋百分率，当采用 C60 及以上强度等级的混凝土时，应按表中规定增加 0.10；

②板类受弯构件(不包括悬臂板)的受拉钢筋，当采用强度等级 400MPa、500MPa 的钢筋时，其最小配筋百分率应允许采用 0.15 和 $45f_t/f_y$ 中的较大值；

③偏心受拉构件中的受压钢筋，应按受压构件一侧纵向钢筋考虑；

④受压构件的全部纵向钢筋和一侧纵向钢筋的配筋率以及轴心受拉构件和小偏心受拉构件一侧受拉钢筋的配筋率均应按构件的全截面面积计算；

⑤受弯构件、大偏心受拉构件一侧受拉钢筋的配筋率应按全截面面积扣除受压翼缘面积 $(b_f'-b)h_f'$ 后的截面面积计算；

⑥当钢筋沿构件截面周边布置时，“一侧纵向钢筋”系指沿受力方向两个对边中一边布置的纵向钢筋。

附表 17　结构构件的裂缝控制等级及最大裂缝宽度的限值　（单位：mm）

环境类别	钢筋混凝土结构		预应力混凝土结构	
	裂缝控制等级	w_{lim}	裂缝控制等级	w_{lim}
一	三级	0.30(0.40)	三级	0.20
二 a				
二 b		0.20	二级	0.10
三 a、三 b			一级	—

注：①对处于年平均相对湿度小于 60%地区一类环境下的受弯构件，其最大裂缝宽度限值可采用括号内的数值；

②在一类环境下，对钢筋混凝土屋架、托架及需做疲劳验算的吊车梁，其最大裂缝宽度限值应取为 0.20 mm；对钢筋混凝土屋面梁和托梁，其最大裂缝宽度限值应取为 0.30 mm；

③在一类环境下，对预应力混凝土屋架、托架及双向板体系，应按二级裂缝控制等级进行验算；对在一类环境下的预应力混凝土屋面梁、托梁、单向板，应按表中二 a 类环境的要求进行验算；在一类和二 a 类环境下需作疲劳验算的预应力混凝土吊车梁，应按裂缝控制等级不低于二级的构件进行验算；

④表中的规定的预应力混凝土构件的裂缝控制等级和最大裂缝宽度限值仅适用于正截面的验算；预应力混凝土构件的斜截面裂缝控制验算应符合《混凝土结构设计规范》第 7 章的有关规定；

⑤对于烟囱、筒仓和处于液体压力下的结构，其裂缝控制要求应符合专门标准的有关规定；

⑥对于处于四、五类环境下的结构构件，其裂缝控制要求应符合专门标准的有关规定；

⑦表中的最大裂缝宽度限值为用于验算荷载作用引起的最大裂缝宽度。

附表 18　受弯构件的挠度限值

构件类型		挠度限值
吊车梁	手动吊车	$l_0/500$
	电动吊车	$l_0/600$
屋盖、楼盖及楼梯构件	当 $l_0<7$ m 时	$l_0/200(l_0/250)$
	当 7 m$\leqslant l_0 \leqslant$9 m 时	$l_0/250(l_0/300)$
	当 $l_0>9$ m 时	$l_0/300(l_0/400)$

注：①表中 l_0 为构件的计算跨度；计算悬臂构件的挠度限值时，其计算跨度 l_0 按实际悬臂长度的 2 倍取用；

②表中括号内的数值适用于使用上对挠度有较高要求的构件；

③如果构件制作时预先起拱，且使用上也允许，则在验算挠度时，可将计算所得的挠度值减去起拱值；对预应力混凝土构件，尚可减去预加力所产生的反拱值；

④构件制作时的起拱值和预加力所产生的反拱值，不宜超过构件在相应荷载组合作用下的计算挠度值。

附表 19　截面抵抗矩塑性影响系数基本值 γ_m

项次	1	2	3		4		5
截面形状	矩形截面	翼缘位于受压区的T形截面	对称I形截面或箱形截面		翼缘位于受压区的倒T形截面		圆形和环形截面
			$b_f/b\leqslant 2$、h_f/h 为任意值	$b_f/b>2$、$h_f/h<0.2$	$b_f/b\leqslant 2$、h_f/h 为任意值	$b_f/b>2$、$h_f/h<0.2$	
γ_m	1.55	1.50	1.45	1.35	1.50	1.40	$1.6-0.24r_l/r$

注：①对 $b_f'>b_f$ 的I形截面，可按项次 2 与项次 3 之间的数值采用；对 $b_f'<b_f$ 的I形截面，可按项次 3 与项次 4 之间的数值采用；

②对于箱形截面，b 系指各肋宽度的总和；

③r_l 为环形截面的内环半径，对圆形截面取 r_l 为 0。

附表 20　钢丝的公称直径、公称截面面积及理论重量

公称直径/mm	公称截面面积/mm^2	理论重量/(kg/m)
5.0	19.63	0.154
7.0	38.48	0.302
9.0	63.62	0.499

附表 21　钢绞线的公称直径、公称截面面积及理论重量

种类	公称直径/mm	公称截面面积/mm^2	理论重量/(kg/m)
1×3	8.6	37.7	0.296
	10.8	58.9	0.462
	12.9	84.8	0.666

续表

种类	公称直径/mm	公称截面面积/mm^2	理论重量/(kg/m)
1×7 标准型	9.5	54.8	0.430
	12.7	98.7	0.775
	15.2	140	1.101
	17.8	191	1.500
	21.6	285	2.237

附表 22 钢筋的公称直径、公称截面面积及理论重量

公称直径(ρ_{min})	不同根数钢筋的公称截面面积/mm^2									单根钢筋公称质量(kg/m)
	1 根	2 根	3 根	4 根	5 根	6 根	7 根	8 根	9 根	
6	28.3	57	85	113	142	170	198	226	255	0.222
8	50.3	101	151	201	252	302	352	402	453	0.395
10	78.5	157	236	314	393	471	550	628	707	0.617
12	113.1	226	339	452	565	678	791	904	1017	0.888
14	153.9	308	462	615	769	923	1077	1231	1385	1.21
16	201.1	402	603	804	1005	1206	1407	1608	1809	1.58
18	254.5	509	763	1018	1272	1527	1781	2036	2290	2.00(2.11)
20	314.2	628	942	1256	1570	1884	2199	2513	2827	2.47
22	380.1	760	1140	1520	1900	2281	2661	3401	3421	2.98
25	490.9	982	1473	1964	2454	2945	3436	3927	4418	3.85(4.10)
28	615.8	1232	1847	2463	3079	3695	4310	4926	5542	4.83
30	706.9	1414	2121	2827	3534	4241	4948	5655	6362	5.55
32	804.2	1609	2413	3217	4021	4826	5630	6434	7238	6.31(6.65)
36	1017.9	2036	3054	4072	5089	6107	7125	8143	9161	7.99
40	1256.6	2513	3770	5027	6283	7540	8796	10053	11310	9.87(10.34)
50	1963.5	3928	5892	7856	9820	11748	13748	15712	17676	15.42(16.28)

注：括号内为预应力螺纹钢筋的数值。

附表 23 每米板宽各种钢筋间距时的钢筋截面面积

钢筋间距/mm^2	当钢筋直径为下列数值时的钢筋截面面积/mm^2										
	6	6/8	8	8/10	10	10/12	12	12/14	14	14/16	16
70	404	561	719	920	1121	1369	1616	1908	2199	2536	2872
75	377	524	671	859	1047	1277	1508	1780	2053	2367	2681
80	354	491	629	805	981	1198	1414	1669	1924	2218	2513
85	333	462	592	758	924	1127	1331	1571	1811	2088	2365

续表

钢筋间距/mm^2	当钢筋直径为下列数值时的钢筋截面面积/mm^2										
	6	6/8	8	8/10	10	10/12	12	12/14	14	14/16	16
90	314	437	229	716	872	1064	1257	1484	1710	1972	2234
95	298	414	529	678	826	1008	1190	1405	1620	1868	2116
100	283	393	503	644	785	958	1131	1335	1539	1775	2011
110	257	357	457	585	714	871	1028	1214	1399	1614	1828
120	236	327	419	537	654	798	942	1112	1283	1480	1676
125	226	314	402	515	628	766	905	1068	1232	1420	1608
130	218	302	387	495	604	737	870	1027	1184	1366	1547
140	202	281	359	460	561	684	808	954	1100	1268	1436
150	189	262	335	429	523	639	754	890	1026	1183	1340
160	177	246	314	403	491	599	707	834	962	1110	1257
170	166	231	296	379	462	564	665	785	906	1044	1183
180	157	218	279	358	436	532	628	742	855	985	1117
190	149	207	265	339	413	504	595	702	510	934	1058
200	141	196	251	322	393	479	565	668	770	888	1005
220	129	178	228	292	357	436	514	607	700	807	914
240	118	164	209	268	327	399	471	556	641	740	838
250	113	157	201	258	314	383	452	534	616	710	804
260	109	151	193	248	302	368	435	514	592	682	773
280	101	140	180	230	281	342	404	477	550	634	718
300	94	131	168	215	262	320	377	445	513	592	670
320	88	123	157	201	245	299	353	417	481	554	628

注：①表中钢筋直径 6/8、8/10、10/12 等是指两种直径的钢筋间隔放置；

②在求得每米板宽的钢筋面积 A_s 后，也可用试算法确定钢筋间距 s，其公式为

$$s=\frac{(28.01d)^2}{A_s}$$

例如，已求得每米板宽的钢筋面积 $A_s=357\text{mm}^2$，当选用 A8 时，则 $s=(28.01\times8)^2/357=140.4$ mm，可选 $s=140$ mm；若选用 A8/10，则 $s=(28.01\times9)^2/357=178.01$ mm，可选 $s=175$ mm，即 A8@350+A10@350，其余类推。

主要参考文献

程文瀼. 2012. 混凝土结构上册：混凝土结构设计原理［M］. 第三版. 北京：中国建筑工业出版社.

国家标准. 2008. 建筑结构荷载规范(GB 5009—2018)［S］. 北京：中国建筑工业出版社.

国家标准. 2011. 混凝土结构设计规范(GB 50010—2010)［S］. 北京：中国建筑工业出版社.

李国平. 2000. 预应力混凝土结构设计原理［M］. 北京：人民交通出版社.

李乔. 2013. 混凝土结构设计原理［M］. 第三版. 北京：铁道出版社.

梁兴文，史庆轩. 2011. 混凝土结构设计原理［M］. 第二版. 北京：中国建筑工业出版社.

刘文锋. 2004. 混凝土结构设计原理［M］. 北京：高等教育出版社.

沈蒲生. 2010. 混凝土结构设计原理［M］. 第三版. 北京：高等教育出版社.

夏军武，贾福萍，等. 2009. 结构设计原理［M］. 北京：中国矿业大学出版社.

许成祥，何培玲. 2006. 混凝土结构设计原理［M］. 北京：北京大学出版社.

杨霞林，丁小军. 2011. 混凝土结构设计原理［M］. 北京：中国建筑工业出版社.

袁锦根，余志武. 2012. 混凝土结构设计基本原理［M］. 第三版. 北京：铁道出版社.

张季超，陈原. 2011. 新编混凝土结构设计原理［M］. 北京：科学出版社.

张树仁. 2004. 钢筋混凝土及预应力混凝土桥梁结构设计原理［M］. 北京：人民交通出版社.

赵顺波. 2011. 混凝土结构设计原理［M］. 上海：同济大学出版社.

朱彦鹏. 2004. 混凝土结构设计原理：学习指导［M］. 重庆：重庆大学出版社.